中国国家标准汇编

2012年修订-9

中国标准出版社 编

中国标准出版社

北 京

图书在版编目(CIP)数据

中国国家标准汇编:2012年修订.9/中国标准出版社编.—北京:中国标准出版社,2013.9
ISBN 978-7-5066-7241-2

Ⅰ.①中… Ⅱ.①中… Ⅲ.①国家标准-汇编-中国-2012 Ⅳ.①T-652.1

中国版本图书馆CIP数据核字(2013)第186452号

中国标准出版社出版发行
北京市朝阳区和平里西街甲2号(100013)
北京市西城区三里河北街16号(100045)

网址 www.spc.net.cn
总编室:(010)64275323 发行中心:(010)51780235
读者服务部:(010)68523946

中国标准出版社秦皇岛印刷厂印刷
各地新华书店经销

*

开本 880×1230 1/16 印张 34 插页 6 字数 1 016 千字
2013年9月第一版 2013年9月第一次印刷

*

定价 220.00 元

出 版 说 明

1.《中国国家标准汇编》是一部大型综合性国家标准全集。自1983年起，按国家标准顺序号以精装本、平装本两种装帧形式陆续分册汇编出版。它在一定程度上反映了我国建国以来标准化事业发展的基本情况和主要成就，是各级标准化管理机构，工矿企事业单位，农林牧副渔系统，科研、设计、教学等部门必不可少的工具书。

2.《中国国家标准汇编》收入我国每年正式发布的全部国家标准，分为"制定"卷和"修订"卷两种编辑版本。

"制定"卷收入上一年度我国发布的、新制定的国家标准，顺延前年度标准编号分成若干分册，封面和书脊上注明"20××年制定"字样及分册号，分册号一直连续。各分册中的标准是按照标准编号顺序连续排列的，如有标准顺序号缺号的，除特殊情况注明外，暂为空号。

"修订"卷收入上一年度我国发布的、被修订的国家标准，视篇幅分设若干分册，但与"制定"卷分册号无关联，仅在封面和书脊上注明"20××年修订-1，-2，-3，……"字样。"修订"卷各分册中的标准，仍按标准编号顺序排列(但不连续)；如有遗漏的，均在当年最后一分册中补齐。需提请读者注意的是，个别非顺延前年度标准编号的新制定的国家标准没有收入在"制定"卷中，而是收入在"修订"卷中。

读者配套购买《中国国家标准汇编》"制定"卷和"修订"卷则可收齐由我社出版的上一年度我国制定和修订的全部国家标准。

3. 由于读者需求的变化，自1996年起，《中国国家标准汇编》仅出版精装本。

4. 2012年我国制修订国家标准共2 101项。本分册为"2012年修订-9"，收入新制修订的国家标准25项。

中国标准出版社

2013年7月

目　　录

ICS 03.120.01;03.120.30
L 05

GB

中华人民共和国国家标准

GB/T 9414.1—2012/IEC 60300-3-10:2001
代替 GB/T 9414.1—1988;GB/T 9414.3—1988

维修性 第1部分:应用指南

Maintainability—Part 1:Application guide

(IEC 60300-3-10:2001,Dependability management—
Part 3-10:Application guide—Maintainability,IDT)

2012-12-31 发布 2013-06-01 实施

中华人民共和国国家质量监督检验检疫总局
中国国家标准化管理委员会 发布

前　言

GB/T 9414《维修性》分为以下5个部分：

——第1部分：应用指南；

——第2部分：在设计阶段的维修性研究；

——第3部分：维修性验证和数据的收集、分析与表示；

——第4部分：维修和维护保障；

——第5部分：诊断测试。

本部分为GB/T 9414的第1部分。

本部分按照GB/T 1.1—2009和GB/T 20000.2—2009给出的规则起草。

本部分代替GB/T 9414.1—1988《设备维修性导则　第1部分：维修性导言》和GB/T 9414.3—1988《设备维修性导则　第3部分：维修性大纲》。与GB/T 9414.1—1988和GB/T 9414.3—1988相比，主要技术变化如下：

——标准的标题"设备维修性导则"改为"维修性"；

——标准结构采用IEC 60300-3-10的结构，对GB/T 9414.1—1988和GB/T 9414.3—1988中的内容进行整合；

——增加了"前言"和"引言"部分内容，说明了标准修改内容和结构的调整；

——通篇"设备"改为"产品"；

——本部分的相关内容需要与IEC标准的技术内容一致，对目前尚没有与IEC标准对应的国家标准的，在"规范性引用文件"和正文中直接引用IEC标准；

——增加了"规范性引用文件"和"术语、定义和缩略语"部分内容；

——对维修性大纲的各部分内容进行了较大修改，按照维修性的要素和任务，进行了结构的调整和完善，并对相关内容进行了修改和补充；

——按照GB/T 6992.2—1997中定义的寿命周期阶段，全面给出了产品全寿命周期中各个阶段的维修性工作要点；

——增加了维修性计划和限制的内容(见6.1)；

——增加了维修性项目管理的内容(见6.3)；

——增加了维修性设计中人因工程的内容(见6.4.5)；

——增加了维修保障计划的内容(见6.9)。

本部分使用翻译法等同采用IEC 60300-3-10:2001《可信性管理　第3部分：应用指南　第10节：维修性》。

与本部分中规范性引用的国际标准有一致性对应关系的我国如下：

——GB/T 5081　现场可信性数据收集(IEC 60300-3-2,IDT)

——GB/T 9414.3 维修性　第3部分：维修性检验和数据收集、分析和表示(IEC 60706-3,IDT)

——GB/T 9414.4 维修性　第4部分：维修和维护保障(IEC 60300-3-14,IDT)

——GB/T 9414.5 维修性　第5部分：诊断测试(IEC 60706-5,IDT)

上述国家标准正在修订中。

本部分与IEC 60300-3-10:2001相比，做了下列编辑性修改：

——标准名称进行了改变；

——"本国际标准"一词改为"本部分"或"GB/T XXXX"；

——删除了 IEC 60300-3-10:2001 的前言、引言和参考文献;
——增加了国家标准的前言;
——把"规范性引用文件"一章所列的引用文件用对应的等同采用该文件的我国国家标准代替,本部分对处于修订或计划修订中的国家标准仍然引用了 IEC 原文标准;
——6.3.2 部分增加下级标题"6.3.2.1 维修任务"和"6.3.2.2 交叉索引",以便于使用标准的人员区分 2 个部分内容。

本部分由中华人民共和国工业和信息化部提出。

本部分由全国电工电子产品可靠性与维修性标准化技术委员会(SAC/TC 24)归口。

本部分起草单位:工业和信息化部电子第五研究所。

本部分主要起草人:高军、周跃芬、刘雅智、李新祥、邝志礼、王忠。

本部分所代替标准的历次版本发布情况为:

——GB/T 9414.1—1988;
——GB/T 9414.3—1988。

引　言

国家标准 GB 9414.1—1988 和 GB 9414.3—1988 是等效采用 IEC 60706-1—1982 中的第 1 和第 3 部分编制而成的。IEC 60300-3-10 Ed.1.0—2001《可信性管理　第 3-10 部分：维修性应用指南》发布后，IEC 60706-1 标准被完全替代。因此本部分修订是依据 IEC 60300-3-10 Ed.1—2001，按照等同采用的原则进行修订。

GB/T 9414—1988 是等同采用 IEC 60706 形成的设备维修性系列标准，GB/T 9414—1988 标准结构为：

序号	标准编号	标准名称
第一部分	GB/T 9414.1—1988	设备维修性导则　第一部分：维修性导言
第二部分	GB/T 9414.2—1988	设备维修性导则　第二部分：规范与合同中的维修性要求
第三部分	GB/T 9414.3—1988	设备维修性导则　第三部分：维修性大纲
第四部分	GB/T 9414.4—1988	设备维修性导则　第五部分：设计阶段的维修性研究
第五部分	GB/T 9414.5—1988	设备维修性导则　第六部分：维修性检验
第六部分	GB/T 9414.6—1988	设备维修性导则　第七部分：维修性数据的收集、分析与表示
第七部分	GB/T 9414.7—2000	设备维修性导则　第四部分：诊断测试
第八部分	GB/T 9414.8—2001	设备维修性导则　第九部分：维修性评价的统计方法

根据国家标准管理委员会在国家标准清理整顿中关于标准修订的原则要求，本次修订分别将 GB/T 9414—1988 系列标准中的 1、3 部分、2、4 部分和 5、6 部分共 6 个分标准，按照等同采用的 IEC 60706 版本的变化情况进行了合并，形成三个标准，即：新 GB/T 9414.1、新 GB/T 9414.2 和新 GB/T 9414.3，因此，调整后的维修性标准的结构由以下 5 个部分组成：

序号	标准编号	标准名称	采用情况
第一部分	新 GB/T 9414.1	维修性应用指南	等同采用 IEC 60300-3-10 Ed.1—2001
第二部分	新 GB/T 9414.2	设计和开发阶段的维修性研究	等同采用 IEC 60706-2 Ed.2—2006
第三部分	新 GB/T 9414.3	维修性检验和数据收集、分析和表示	等同采用 IEC 60706-3 Ed.2—2006
第四部分	新 GB/T 9414.4	维修和维护保障	等同采用 IEC 60300-3-14 Ed.1—2004
第五部分	新 GB/T 9414.5	诊断测试	等同采用 IEC 60706-5 Ed.2—2007

其中，第四部分将等同采用 IEC 60300-3-14 Ed.1—2004 有待形成新的 GB/T 9414.4；而第五部分将在以后 GB/T 9414.7—2000 修订时，等同采用 IEC 60706-5 Ed.2—2007 形成新的 GB/T 9414.5。另外，原等同采用 IEC 60706-6 Ed.1—1994 的 GB/T 9414.8—2001 的技术内容，已由 IEC 60706-3 Ed.2—2006 包含，该标准已被 IEC 废止，因此，新的 GB/T 9414 中也无必要继续保留该部分。

维修性　第1部分:应用指南

1　范围

GB/T 9414 的本部分是维修性的应用指南,适用于产品从开始设计、开发到使用各个阶段维修性大纲的贯彻执行。GB/T 6992.2—1997 描述了产品寿命周期阶段的各项任务。

为了使产品获得最佳的维修性,本部分对如何考虑维修性方面的任务提供了指南。要说明的是,在本部分所述的完整的维修性大纲只适用于可能会长期使用的复杂产品。

对于相对简单的可维修产品,则需要通过剪裁以制定相对简单的维修性大纲,以满足不同复杂程度的产品和不同用户的要求。为了更加详细地说明如何承担维修性任务,本部分还采用了其他标准,特别是 GB/T 9414 标准系列,作为引用文件或工具。

由于不同企业的环境和条件各不相同,因此用户和供应商之间签订的合同也会存在较大差别。编写本部分的前提是,当把产品作为一个研发项目(DI)时,由承包商从满足用户的具体要求为基本出发点来进行研发。但在许多场合,产品已经存在并只需要一点或不需要进行研发,也就是说产品是一个非研发项目(NDI),此时就不需要采用本部分所述的完整的维修性大纲。但是,当需要时仍可应用标准中规定的一些原则,通过剪裁的办法使其符合项目的需要。

2　规范性引用文件

下列文件对于本文件的应用是必不可少的。凡是注日期的引用文件,仅注日期的版本适用于本文件。凡是不注日期的引用文件,其最新版本(包括所有的修改单)适用于本文件。

GB/T 2900.13　电工术语　可信性与服务质量(idt IEC 60050(191))

GB/T 5081　电子产品现场工作可靠性、有效性和维修性数据收集指南(idt IEC 60300-3-2)

GB/T 6992.1　可信性大纲管理指南(idt IEC 60300-1)

GB/T 6992.2—1997　可信性管理　第2部分:可信性管理大纲要素和工作项目(idt IEC 60300-2:1995)

GB/T 7289　可靠性、维修性和有效性预计报告编写指南(eqv IEC 60863)

GB/T 7826　系统可靠性分析技术　失效模式和效应分析(FMEA)程序(idt IEC 60812)

GB/T 7829　故障树分析程序(neq IEC 61025)

GB/T 9414(所有部分)　维修性

GB/T 9414.2　维修性　第2部分:设计和开发阶段维修性要求与研究(IEC 60706-2,IDT)

IEC 60300(所有部分)　可信性管理　第3部分:应用指南(Dependability management—Part 3:Application guide)

IEC 60300-3-2　可信性管理　第3部分:应用指南　第2节:现场可信性数据的收集(Dependability management—Part 3:Application guide—Section 2:Collection of dependability data from the field)

IEC 60300-3-3　可信性管理　第3部分:应用指南　第3节:寿命周期费用计算(Dependability management—Part 3:Application guide—Section 3:Life cycle costing)

IEC 60300-3-9　可信性管理　第3部分:应用指南　第9节:技术系统风险分析(Dependability management—Part 3:Application guide—Section 9:Risk analysis of technological systems)

IEC 60300-3-11　可信性管理　第3部分:应用指南　第11节:以可靠性为中心的维修(Dependability management—Part 3:Application guide—Section 11:Reliability centred maintenance)

IEC 60300-3-14 可信性管理 第3部分:应用指南 第14节:维修和维修保障(Dependability management—Part 3-14:Application guide—Maintenance and maintenance support)

IEC 60706(所有部分) 维修性指南(Guide on maintainability of equipment)

IEC 60706-3 维修性 第3部分:维修性检验和数据收集、分析和表示(Maintainability of equipment—Part 3:Verification and collection,analysis and presentation of data)

IEC 60706-5 维修性 第5部分:诊断测试(Maintainability of equipment—Part 5:Testability and diagnostic testing)

IEC 61160:1992 设计评审修改单1(1994)(Formal design review Amendment 1(1994))

3 术语、定义和缩略词

GB/T 2900.13 界定的以及下列术语和定义适用于本文件。

3.1 定义

3.1.1

维修性 maintainability(performance)

在规定的条件下并按规定的程序和资源实施维修时,产品在规定的使用条件下,保持或恢复能执行规定功能状态的能力。

注:术语"维修性"也可用于产品维修性能的一种度量。

[GB/T 2900.13,定义 191-02-07]

3.1.2

维修度 maintainability

在规定的条件下并按规定的程序和资源实施维修时,产品在规定的使用条件下和规定的时间区间内,保持或恢复能执行规定功能的概率。

注:术语"维修度"是通过概率来量化表示维修性。

[GB/T 2900.13,定义 191-13-01]

3.1.3

维修 maintenance

为保持或恢复产品处于能执行规定功能的状态所进行的所有技术和管理的活动,包括监督的活动。

3.1.4

维修梯队 maintenance echelon(line of maintenance)

按规定的维修等级对产品实施维修的场所。

注1:维修梯队举例:使用现场、修理车间、制造厂。

注2:维修梯队的区别在于,维修人员的技术水平、可利用的维修设备以及维修场地等。

3.1.5

维修等级 level of maintenance

在规定的维修约定级上进行的一组维修活动的安排。

注:维修活动的例子有更换元器件、印制电路板、分系统等。

3.1.6

维修方案 maintenance concept

把维修方针运用到具体产品上。

3.1.7

维修方针 maintenance policy

产品维修采用的维修等级、维修梯队和维修条件之间的相互关系。

3.1.8

供应规划 provisioning

在服务的初始阶段,确定和获得使用和维护产品所需的备件、修理件及保障和测试设备的范围和数量(深度)的过程。

3.1.9

保障性 supportability

系统的设计特性和计划的保障资源,包括人力能满足系统工作要求的程度。

3.2 缩略词

ATE:自动测试设备(automatic test equipment)

BIT:机内测试(built-in test)

BITE:机内测试设备(built-in test equipment)

DI:研发项目(development item)

FMEA:失效模式和影响分析(fault modes and effects analysis)

FMECA:失效模式、影响和危害度分析(fault modes,effects and criticality analysis)

FTA:故障树分析(fault tree analysis)

LCC:寿命周期费用(life cycle cost)

LRU:现场可更换单元(line replaceable unit)

MAMT:平均有效维修时间(mean active maintenance time)

MTTR:平均修复时间(修复或复原)(mean time to repair(or restoration or recovery))

NDI:非研发项目(non development item)

RCM:以可靠性为中心的维修(reliability centred maintenance)

4 维修性概述

4.1 概述

维修性是指一个产品必要的维修可简便、经济、安全、准确地进行,并可根据概率或维修所需的资源级别来度量。因此,维修性对于产品满足所需性能的能力会产生直接影响。维修就是为保持或恢复产品的这种能力所采取的活动。

维修性和维修两者之间的区别见 GB/T 2900.13 有关定义。

在一个产品的设计过程中,设计者应事先考虑系统及其组成部分应如何进行维修。因此产品的维修性和性能目标的实现都会受到设计活动和决定的直接影响。

在设计过程中设计者考虑人与系统和设备进行交互时,也要考虑安全性、人的因素以及接近设备难易程度等因素。

为了把这些因素与维修保障、备件供应、技术资料、培训等相关内容都结合起来,需要制定一个完整的维修性大纲。这样的维修性大纲包含系统的,并经仔细考虑的,与设计活动相结合的一系列工作任务。维修性大纲是可信性大纲的重要组成部分,对于整个项目管理具有十分重要的作用。

4.2 产品寿命周期

GB/T 6992.2—1997 第 4 章给出了产品寿命周期从概念到处置的详细说明。维修需求会严重影响产品寿命周期费用的高低,因此产品寿命周期的每个阶段都应充分考虑这些问题。这对于最终实现所要求的维修性目标或者所要求的利润范围都是十分关键的。如果没有达到维修性目标,则产品的可用性、经济性会受到严重影响。在以下条中将讨论产品寿命周期的每个阶段。

4.2.1 概念和定义阶段

从产品寿命周期最初阶段，即从概念和定义阶段起就考虑维修性，并制定一个清晰的维修方针是十分重要的。产品设计会受到维修需求的强烈影响，在此阶段应考虑以下几个重要方面：

a) 可用性要求；

b) 产品使用、维修所处的环境条件；

c) 预防性维修数量；

d) 产品要求的寿命和处置方法；

e) 安全要求。

4.2.2 设计和开发阶段

维修性作为产品整体设计的一部分应经过详细考虑。结合可靠性分析开展维修性分析可把使用要求转化成详细的维修性定性和定量指标要求以及设计准则。这些分析工作要特别考虑以下几个方面：

a) 维修人员的技术水平；

b) 建议的维修梯队；

c) 每个维修梯队承担的维修数量和类型；

d) 可达性；

e) 模块化；

f) 产品的功能互换性；

g) 平均修复时间(MTTR)；

h) 维修费用。

建议在产品设计工作中采用常规的并已得到验证的维修性标准。这些维修性标准在很多行业都是可利用的，并对该行业特有的各种维修性设计问题的解决提供指导。有关设计和开发阶段维修性研究和相关活动的进一步指南见 GB/T 9414.2。

设计和开发阶段同样要考虑维修保障问题，这样才能确保产品在投入使用后能得到全方位的保障。有关维修保障方面的进一步指南见 6.9 和 IEC 60300-3-14。

4.2.3 制造阶段

理论上，应在产品研制和样机或早期研制的标准产品试验期间就已进行功能参数的验证，然而这些结果不能代表整个生产模型达到的标准。另外，测试产品的方法也可能已在研究开发中。但是在制造阶段有些维修性验证试验的结果还是有用的，维修性目标是否已经达到的完全验证应要等到代表性的产品生产之后才能进行。有关验证试验的进一步指南见 6.7 和 IEC 60706-3。

4.2.4 安装阶段

产品的安装可能是对复杂系统或产品维修性特性进行测试的首次机会。此时，可达性、搬运、安装、调准和测试零部件的能力都是十分关键的因素。

4.2.5 使用和维修阶段

产品进入使用阶段后其维修性要通过测量来进行验证。为了估算维修性参数和识别维修问题，应建立一个维修数据收集系统。有关维修数据收集的进一步指南见 6.11 和 IEC 60706-3。

4.2.6 处置阶段

作出一个产品处置的决定，部分是由该产品继续完成规定功能的能力、产品维修性和可靠性水平，以及产品使用成本等因素确定的。而这些因素又取决于备件的持续供应情况、替换产品的保障性和可用性。

5 维修性大纲

5.1 概述

产品的固有可靠性和设计寿命只有通过开展适当的维修活动才能实现。如果产品被设计成一旦失效就丢弃，则无需考虑维修性的问题。但对于大多数产品而言，失效是不可避免的，因此需要修复性维修。另外，根据产品的失效特点、失效成本和危害度，预防性维修能有效地确保产品安全、经济地使用。如果实施经济、有效的预防性维修，就能增加产品使用可用度和降低修复性维修的频率。

为了使产品实现有计划和系统的可接受的维修性，维修性大纲与可靠性大纲应与整个项目设计过程结合在一起。

维修性大纲应包含以下要素：

a) 确保有效执行维修性大纲的管理和组织活动；

b) 在设计阶段开展的一系列维修性分析工作；

c) 为维修性大纲提供必要信息的专家支持活动。

维修性大纲的目标应是在以下约束条件下优化系统的有效性：

a) 产品可用性与产品寿命周期费用(LCC)之间的权衡；

b) 维修和维修保障需求与产品寿命周期费用(LCC)之间的权衡；

c) 安全隐患的消除。

图 1 给出了设计过程与维修性相关的设计工作之间的关系。

5.2 维修性大纲的制定准则

对于具体的产品或项目而言，应根据相关条件、要求以及复杂程度对产品维修性大纲进行必要的剪裁。以下内容所描述的完整的维修性大纲只适用于那些从概念阶段到生产阶段全过程开展研发的大型、复杂产品。对于较为简单的产品或已存在的设计研发，可根据不同产品的复杂程度和不同用户的要求对该维修性大纲进行剪裁，采用一个只用部分内容的较为简单的大纲。

如果要制定出在产品寿命周期各阶段有效的维修性大纲，则需要具有维修性原理、方法和技术方面的知识；同时还需要了解产品的自身特性、技术要求、目标用途、相关成本因素、产品设计以及用户期望。

为了获得满意的结果，应把维修性活动看作是整个工程活动的一部分，与其他设计或研发活动相结合，而不是单独管理。

维修性大纲的编制应考虑以下几个方面因素。

5.2.1 用户适用性

对于一个产品其维修性要求和执行维修性大纲及维修性保障的需求取决于在各种情况下的市场(终端用户)条件。

维修性的制定取决于产品寿命、可靠性、安全性和可用性等方面的要求，并取决于与不同市场(终端用户)状况相关的经济因素。例如，飞行系统和核电厂需要高度的安全性，这就促使对维修的需求。对于其他产品，与产品运营成本相关的维修费用可能成为决定维修性需要程度的重要因素。

不同类型的产品其维修性专项设计或保障方面的重要程度都不尽相同，因此需要对维修性大纲进行适当的剪裁以满足不同产品的需求。

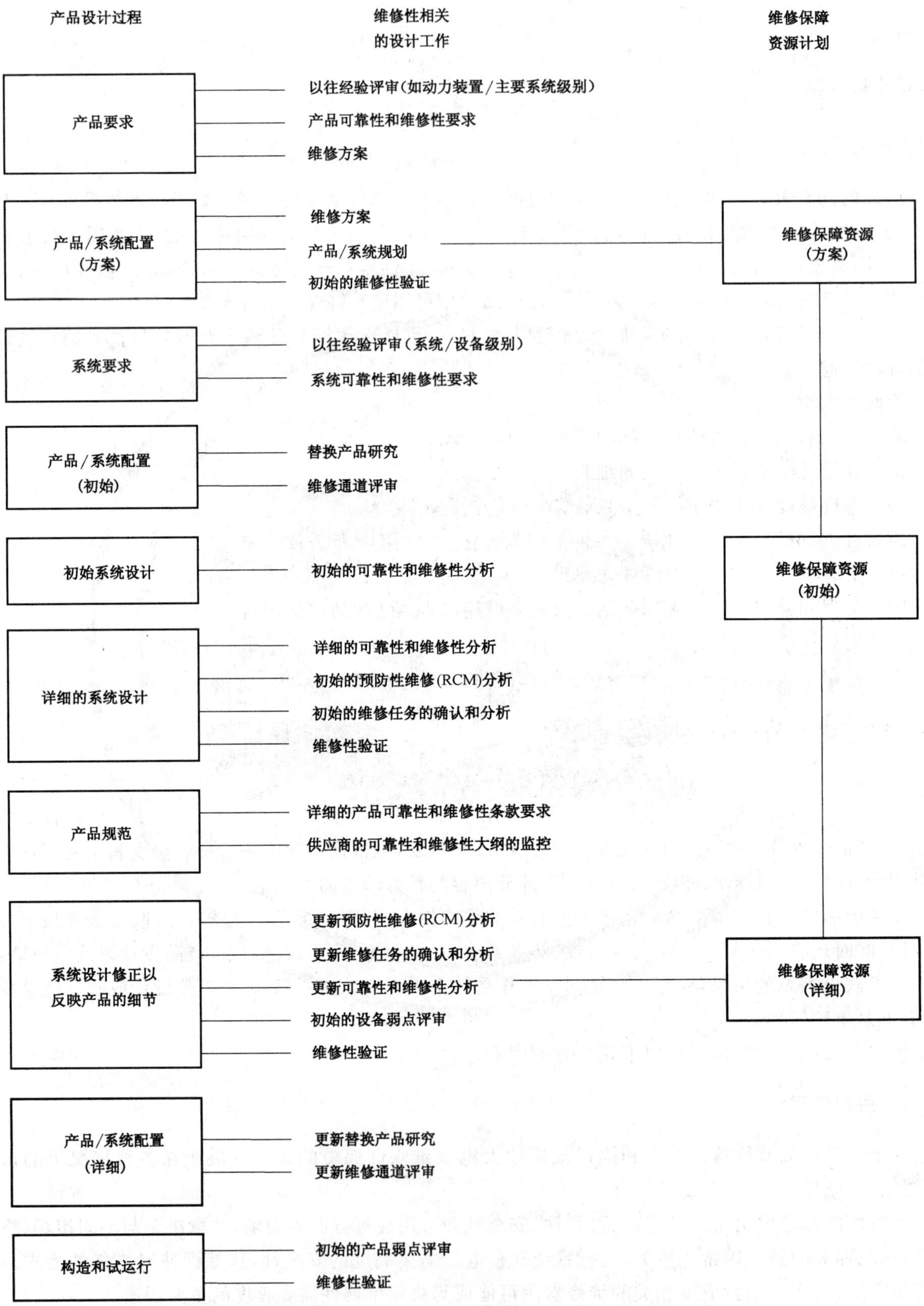

图 1　设计过程与维修性相关的设计工作

5.2.2 与产品有关的因素

应考虑以下与产品有关的因素：

a) 维修性要求　为提供规定的可用性而要求的维修性和维修保障的水平。

b) 复杂度　产品的复杂度将决定维修保障设备的复杂度。例如，机内测试设备(BITE)的复杂度取决于所要求的诊断能力的水平。

c) 成熟度　成熟的产品一般已建立了比较完善的维修程序，但对于还未成熟的产品，则需要考虑未经验证的技术的程度和想要制定的符合设计的程序。

d) 危害度　在首要关注安全性的重要场合，维修设计非常关键，核电厂和飞机是明显以安全性为关键的典例，运行的和/或经济的问题也可能是重要的，如生产过程或制造企业的失效。

e) 技术限制　当设计受到技术或物理参数的限制而超出设计者所能控制的范围时，则需要更为复杂的维修活动来帮助解决。

f) 大纲限制　紧迫的计划和资金的限制都会使设计受到限制，而使产品难以获得最佳可信性，因此应考虑附加的维修活动来满足产品的可信性要求。

g) 维修保障条件　维修方针和维修人员的技术水平都会使维修工作的有效性受到影响。

h) 使用条件　环境严酷度、产品使用时间和工作周期都会影响维修活动的频率。

i) 储存和运输　产品在储存、搬运和运输之前和之后都可能需要维修活动。

j) 用户相关的因素　用户的维修经验、用户执行维修活动的程度、产品对用户的重要性。

k) 供应商相关的因素　供应商的维修经验和供应商所能提供的维修保障的程度将决定可能采取的维修活动的场所和维修等级。

l) 法规要求　政府或其他法令部门制定的法规，以及任何相关的授权维修任务都应考虑纳入维修大纲。

m) 环境辐射　产品维修应保证当产品性能恶化时依然符合由用户或相关法规制定的辐射限制要求。

n) 寿命周期阶段　即使产品不需要制定完整的研制大纲，仍需要与满足产品要求的维修分析一起考虑相关的产品寿命期阶段要求。

6 维修性大纲的要素和任务

6.1 计划和限制

制定维修性大纲的首要任务是确定维修方针和维修方案。

6.1.1 维修方针

维修方针描述了产品维修所采用的维修等级、维修梯队、维修条件之间的总体关系。通过下面的信息说明如何构建维修保障组织及应产生的结果，给出用户的一般维修方针：

a) 与项目和产品类别的维修性相关的一套设计实践和设计目标　这些设计实践或设计目标一般是指如制造商使整个设备中相似的产品类型的标准化以及采用快速更换模块等内容。

b) 一个产品特定的、主要的、重要的部件的基本维修方法的表达，可包括：

   1) 维修什么，什么人来维修，在什么地方维修以及在什么工作状态下维修；

   2) 为缩短产品不可用时间(其组成要素如图 2 所示)的建议如状态监测、机内测试设备、简单调整和校验程序等。

c) 基本的维修(后勤)保障策略和要求，包括维修工具、测试和保障设备、备件供应、维修人员技能和培训、技术手册和保障软件。

这些因素将基于系统方法以提高产品和产品附件的可靠性和维修性。

如必要，维修方针应与设计过程一样周期性的进行评审和更新。

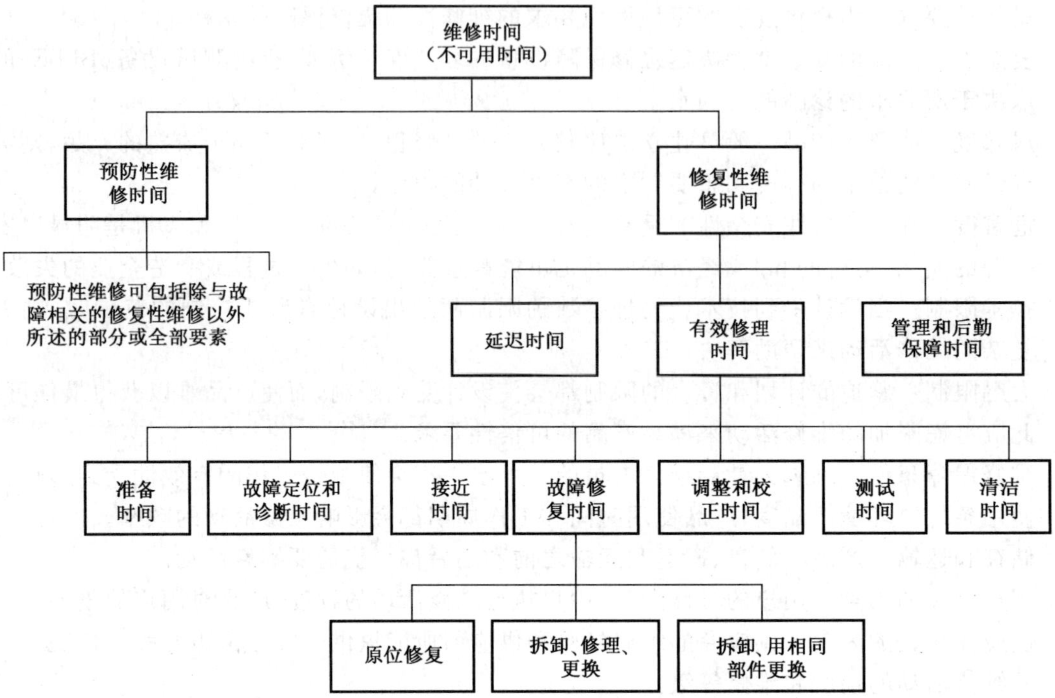

图 2　维修人员消耗的不可用时间组成

6.1.2　维修方案

维修方案是指将一般的维修方针运用到某个具体产品上。维修方案制定需要供应商或产品设计人员和用户及其维修顾问共同合作。

用户应说明对产品的明晰要求，例如：

a)　所要求的产品质量体系，在该体系下产品进行维修（如航空标准）；

b)　设计寿命；

c)　对技术维修手册要求；

d)　产品可升级性或可修改性；

e)　产品到寿后的处置方法；

f)　产品失效或不可用对用户使用产生的影响，包括经济方面的影响；

g)　产品成本限制。

用户应通过下面的信息进一步说明对产品的维修性要求：

a)　不同维修等级的定义；

b)　每个维修等级的修复性维修的程度；

c)　每个维修等级的环境条件；

d)　每个维修等级计划的或可用的资源；

e)　预防性维修的限制；

f)　可接受的最长检修时间；

g)　维修人员和操作人员的培训；

h)　有关健康、安全、环境影响的法律法规要求。

如适当，供应商应为用户提供实现上述维修性要求的可行性和费用方面的建议，以及可能实现最终设计的修改建议。为提出最佳效费的维修保障体系，维修方案可能会根据设计的进展而不断地加以修改。

维修方针和维修方案文档是制定维修性规范的基础。

6.1.3 维修性规范要求

维修性规范应由供应商或用户来制定，以适合于产品及其部件和产品的保障要求。

维修性规范为供应商和用户之间，以及其他参与产品设计或使用的不同组织之间提供一个相互理解的平台。

规范的制订首先应详细说明会影响产品有效使用的故障类型，然后，应通过分析确定下列内容：

a) 维修性的定量要求 系统的维修性规范与维修性演示验证和维修性保证要求，是维修性的定量要求的一部分，系统或分系统的维修性通常是用平均有效维修时间(MAMT)来定量的，同时给出了一个最大维修时间，它还可包括进一步详细的要求，如接近维修部位的难易程度、专用工具的使用、测试设备以及与其他现存的维修保障的关系；

b) 维修性的定性要求 包括产品功能的定义、故障判据、环境条件和使用条件以及应满足要求的有效使用寿命；

c) 测试性要求 包括测试功能和程序、产品各级别测试准确度、机内测试设备的要求等。

规范的每一项要求都应详细说明规范要求所处的寿命周期阶段，以及用于执行规范要求的方法和程序(分析方法、模拟、测试等)，在相应的寿命周期阶段应能证明产品维修性与规范要求的一致性。规范要求之间的关系应清晰地描述。

具体的要求应具备清晰性、完整性、可验证性、连续性以及可追溯性。

6.2 维修性研究

作为维修性大纲的组成部分，开展维修性研究是为了量化维修性要求。这部分内容可合并到设计和研制过程。维修性研究包含以下内容：

a) 维修性分配；

b) 维修性分析；

c) 要求说明。

有关维修性研究更详细的指南见 GB/T 9414.2。

6.2.1 维修性分配

用户的系统级维修性要求需要分配成各分系统的维修性要求。维修性分配过程包含把维修性要求分配到各分系统上，这样，当各分系统满足要求时，系统的要求就能得以满足。维修性分配过程中需要考虑的参数是使故障系统(或分系统)恢复到正常使用状态所需的时间和费用。

维修性分配的目的在于尽可能早地明确维修性要求，以便将其纳入该分系统的技术规范要求之中。当一个特定的分系统设计被转包出去时，维修性分配就显得更为重要。

在进行维修性分配时应明白：可靠性最差的产品其可维修性应是最好的。

把维修性要求分配到产品的各个组成部分，要考虑以下几个方面：

a) 产品结构和系统或分系统；

b) 需要对维修性要求验证和确认；

c) 设计过程。

维修性分配应包括最终产品的所有转包产品的规范说明。这是验证、确认、测试程序规范和设计的基础。维修性分配应考虑设计过程权衡研究的结果。

6.2.2 维修性分析

设计师可通过维修性分析把用户要求转换成设计要求。

设计师首先要明白产品的操作使用、可用性、可靠性和维修性要求然后才对下列内容进行分析：

a) 准备产品的功能说明资料；

b) 准备维修所需空间和接近维修部位的信息；

c) 如果需要，根据系统装配图制定维修作业流程图，在用户的维修方案（级别、程度、修复性维修、预防性维修）中对想到的每个维修作业都要说明操作的顺序（分解、拆卸、测试、校准、修复、重新装配等）；

d) 明确在制造、存储、包装、运输、搬运和安装特种类型产品时对维修造成的影响；

e) 说明用户在操作特种类型产品时所需的新技能或使用的技巧；

f) 列出现场可更换单元(LRU)清单。

设计师可与用户的维修专家进行讨论，以便通过修改设计方案或者更改维修方案来找到解决问题的办法。

产品及其测试设备的并行研制可能会带来一些问题。因为产品本身的测试要求随着研制的深入在变化，所以测试设备的性能直到最后才能明确。

6.2.3 要求说明

要求说明应包括产品预期使用时会影响其维修性的典型条件和限制的分析。主要内容包括：

a) 使用和维修条件，如任务类型和持续时间，以及明确在预期使用中加载在产品上的负荷和工作周期；

b) 明确维修方针、维修人员的技术水平等因素带来的限制，并应提出合适的修改建议；

c) 任何经协商一致的要求说明都应形成正式文件并附在规范中。

6.3 项目管理

应为设计和研发过程的管理建立一个有效的把维修性和维修保障要求考虑在内的结构体系，作为整个可信性工作的一部分，完成维修性大纲的制定。

6.3.1 维修性管理

维修性管理计划应由供应商或设计师制定，以确保在设计的每个相关阶段都把维修性考虑在内。维修性管理应包括所有与项目相关的内容，包括项目管理。维修性管理应较详细描述如何对维修性活动进行管理和对二级供应商进行监管。

维修性管理计划应考虑维修性策略的要求以及如何才能实现。因此任何必要的时候应与用户交换意见。

维修性管理计划应明确：

a) 确保产品具有良好维修性的相关责任；

b) 维修性大纲中各方的责任；

c) 建立控制维修性大纲的程序。

对于项目设计而言，维修性管理计划是维修性大纲制定的基础。

6.3.2 维修性大纲计划

6.3.2.1 维修任务

维修性大纲计划应细化应执行的维修性大纲任务，对于每项任务应包括以下信息：

a) 该任务的详细说明,包括在大纲的各个阶段应达到的具体目标以及所需工时;
b) 该任务与整个计划相关的阶段,阶段数量要足以保证该任务得到满意的控制,每个阶段应用对评审有用的信息进行描述;
c) 该任务的目的及预期结果,包括监控方法、评价方法、报告方法,以及改正问题所采取的恰当的方法;
d) 不同供应商和转包商之间的联系;
e) 根据对任务的了解,明确预期可能产生的问题以及解决这些问题的建议。

6.3.2.2 交叉索引

应提供一个交叉索引说明大纲各项任务与下列内容之间的关系:

a) 可应用的一般标准,如 GB/T 6992.1 和 GB/T 6992.2—1997;
b) 其他参考文件;
c) 供应商的策略和标准;
d) 预计工时。

6.3.3 项目决策管理

大纲的每个阶段都要设置工作里程碑和检查点。

应建立一定的程序和标准确保在每一个工作里程碑或检查点所取得的成绩都已符合维修性的要求。

6.3.4 配置管理

在产品寿命周期的任何阶段都需说明产品及其维修保障的改动,所以应建立一个配置管理系统,对产品及其维修保障进行控制、监管以及文档更改进行系统化的处理。

有关配置控制方面的进一步内容详见 6.10.2。

6.4 维修性设计

6.4.1 维修性设计

好的维修性将使产品容易维护和修理,而且只需要很少的维修工作量。这可通过一些设计方法实现,如采用自动维修技术、机内测试设备(BITE)以及软件引发故障的自动重启、模块设计、快速切断按钮等。

应从产品的规定要求中得出详细的维修性设计标准,并对其进行定期检查,例如,设计标准应说明一定的方法和技术,以使下列各方面减少到最小限度:

a) 产品研制完成后难以维修或维修成本很高的故障;
b) 复杂的维修;
c) 产品设计所规定的计划性维修的频率;
d) 产品技术规格导致的不可用时间;
e) 产品设计所规定的维修保障费用;
f) 维修人员技术水平要求;
g) 潜在的维修差错;
h) 接近维修部位和更换零部件的难度;
i) 要使用的特殊工具或设备;
j) 要使用的影响身体健康的有毒或辐射材料。

为了在给定的维修方针下实现所需的维修性,应根据产品使用特点指导设计工作,维修方针即包括以下相互关系：

a） 系统、分系统和设备；

b） 维修等级；

c） 维修梯队。

如果可能，应采用以可靠性为中心的维修分析（见 6.6.3）。这样就可使状况监测工作并入设计工作之中，以便以最有效的方式开展监测工作。

维修性评定项目应根据规定的评定标准和定义进行确定。从设计和开发阶段到生产安装阶段，为控制和专门处理评定产品，应编制一个大纲。

当设计工作是基于现有产品时，那么应用文件清楚地说明产品的维修性，以及在开发阶段发现的任何问题。

6.4.2 可靠性和维修性的综合权衡

有时既要获得高可靠性，又要获得好的维修性是不可能的。在这种情况下可综合权衡可靠性和维修性，采取折衷的办法解决。

采用好的设计技术可使产品获得高的可靠性，这有利于避免失效（无论是明显的还是潜在的故障）的发生，或者减小失效的影响（故障容限），对于某些产品基于安全或使用的原因也许是十分重要的。但是在多数情况下，更要考虑的是产品的可用性，这是产品可靠性、维修性以及维修保障的一项综合性功能。

所以当实现一个高标准的设计，因其费用太高并不可行，而需要考虑采用较低级别的可靠性和维修性设计时，需要根据寿命周期费用和所有使用情况，针对其达到的可用性进行权衡分析。分析中还需要考虑增加的维修保障等级。

6.4.3 维修保障设计

与产品的使用寿命期间一样，在产品的安装或调试阶段也需要维修保障资源及其管理活动。

需要的维修保障资源是由产品的设计、规定的维修方针，以及执行该维修方针所需的程序、工具、测试设备、文件、培训大纲和设施等决定的。

另外还应考虑以下内容：

a） 为收集、分析和评估故障、维修报告以及可靠性、维修性和维修保障相关数据所需方法和资源；

b） 为处理修改要求和产品改动所需确认的资源和方法；

c） 产品分别由供应商保障和用户保障的时间区间的确认。

当设计工作是基于现有产品时，应对产品的维修保障条件进行复审并考虑现存的问题。

更详细的指南见 IEC 60300-3-14。

6.4.4 测试性

产品的可靠性与维修性一样，受内部或外部设备对故障监控、检测和定位，以及产品性能退化等多种因素的影响。

规范中涉及的测试性要求（产品测试的功能、程序和各级的测试准确度等）应指导维修性设计工作。

当设计工作是基于现有产品时，应对产品的测试性性能用文件加以说明并且在开发阶段考虑现存的问题。

更详细的指南见 IEC 60706-5。

6.4.5 人因工程

6.4.5.1 概述

一个重要的维修性要素是人机界面或人因工程，设计师在设计时应时刻想到人因工程问题，以使维修工作能以有效的或用户容易掌握的方式进行。

人因工程应包含以下内容：

a) 要求　维修性要求中应包括人因工程计划，它是作为从概念到交付使用整个产品项目的一部分；该计划可包括经过评审的维修性设计研究；

b) 方针　维修方针要考虑以下几点：

1) 实施预防性维修的程度；

2) 谁承担维修作业，其级别和频度；

3) 如何修理产品或恢复使用，有缺陷的零部件是否需要废弃或者返修；

4) 维修人员所需的培训水平；

5) 体能的限制(如能提升的最大重量)；

6) 使用或维修人员的安全。

6.4.5.2 易维修性

维修通常是维修人员在预定的时间，或要求对故障进行定位时，或由机内测试设备如传感器发出信号要求时进行的。

通过考虑以下因素，可使维修活动变得更加容易，因此，更加快捷，费用更低：

a) 环境条件　产品应允许在规定极限环境和使用条件下进行维修；

b) 维修通道　产品单元摆放时产品周围应有工作空间，要提供足够的照明和合理的通道以接近被确定的分组件、元器件，特别是需要频繁更换的短寿命产品，在任何情况下应避免需要拆装其他系统；

c) 紧固件　整个产品可通过采用通用型和标准化尺寸的方法使所用的紧固件标准化，在需要频繁维修的地方，应使用快卸紧固件，这些紧固件不是通过手工操作就是仅需要使用简单的工具就能完成安装；

d) 工具　要尽可能使用标准工具，尽量减少对专用工具和设备的要求；

e) 安全性措施　产品的设计应考虑进行维修时要有充分的安全防护措施，要符合法律规定的健康和安全规则；

f) 润滑/保养　设计师应考虑维修整个系统的一部分时，如何润滑、补充或更换单元；

g) 系统工作时的保养　应考虑当系统正在工作时，如果需要进行保养，如何保证产品的安全工作，需要采取哪些隔离措施。

6.4.5.3 环境条件

在恶劣环境下即使是操作极为简单的作业，人的能力也会受到极大程度的影响。所以考虑维修的环境条件是必要的。应考虑的典型环境条件如下：

a) 严酷的外部环境(如在离地面很高的高空或者在极度高温或低温条件下工作)；

b) 严酷的内部环境(如高温、高压、湿热、辐射危险等)；

c) 特殊服装要求以及穿着特殊服装对工作的影响(如防护衣，冬衣)；

d) 维修人员的身体限制，如身高、体重等(如进入某些隔间的限制)；

e) 在极值环境下需要维修或者操作的特殊产品(如加热器、空调设备)。

6.5 外部提供的产品

6.5.1 转包产品

当产品的某些零部件是由二级供应商(转包商)供应时，一级供应商应保证对这些零部件提出合适的维修性大纲要求，而且这些要求应充分符合整个可交付产品的维修性要求。

6.5.2 用户提供的产品

如果在可交付产品中包含了用户提供的某些零部件，那么产品供应商应要求用户提供以下信息：

a) 零部件是根据认可的维修性大纲进行设计和生产的证明；

b) 产品维修性分析所需的有关用户提供的零部件的相关数据和信息；

c) 用户提供的零部件可能遇到的任何问题的确认。

6.6 分析和预测方法

6.6.1 FMEA 和 FMECA 中有关维修性的内容

理论上，作为可靠性设计过程的一部分要进行 FMEA(FMECA)分析，其结果被用于分析建议的维修和测试原理。维修和测试原理是制定测试、预防性维修和修复性维修计划的基础。

维修性分析程序将确认以下内容：

a) 所提议的维修活动符合维修性要求。

b) 发生的每个故障对操作者而言都是明显的，否则，维修性分析要说明是否需要建立故障告警系统或者需要通过定期检查发现潜在的故障隐患。

c) 维修人员能够定位故障，并且能判断故障是否是由硬件、固件或软件的失效引发的。反之，这也确定了是否需要采用机内测试设备(BITE)或外部检测设备。

d) 使用通用工具是否可完成修理，或维修是否需要专用工具。

这些要素是维修性设计功能和维修性设计标准的基础。FMEA 和 FMECA 技术的详细指南见 GB/T 7826。诊断测试和 BITE 的应用详细指南见 IEC 60706-5。

6.6.2 故障树分析

故障树分析(FTA)是一种自上而下的分析方法，它指出了产品中导致故障的可能原因。该方法还能用于识别每种故障模式，查找和定位故障。它是用于确定故障率、修理时间和备件使用之间关系的有效分析工具，也是某些用于此目的的电脑分析程序的基础。同样它还可用来确定计划性维修周期和决定产品是否进行修理或更换。

故障树特别适用于分析由多个相关的或独立的、具有不同工作目的的分系统组成的复杂系统。故障树分析程序广泛用于大型装置，如飞机、通信系统或者化工和其他工业生产过程和企业。

故障树应用的详细说明见 GB/T 7829。

6.6.3 以可靠性为中心的维修(RCM)

RCM 是建立初始的预防性维修大纲的一种方法，其目的在于保证产品及其结构体系达到和保持固有的可靠性和安全性水平。

RCM 根据每个失效造成的安全和使用的影响和造成这些失效的退化机理，应用决策逻辑树确认产品和结构体系的维修要求。逻辑决策的最终结果是判断开展维修工作的必要性和何时进行维修工作的依据。

所有维修工作都要基于安全、环境、使用和经济上的考虑。然而应注意并不是在每个大纲中都机械地需要这些描述的维修工作，而是应逐一地加以说明。RCM 的成功应用需要了解产品及其结构体系，它们的系统、分系统，设备的零部件，以及它们的失效和失效所产生的影响。

RCM 的合理运用对于达到维修性大纲的目标，即以最低的寿命周期费用获得最大的产品有效性，是有很大帮助的。

IEC 60300-3-11 提供了实施 RCM 大纲的指南。

6.6.4 维修性预计

6.6.4.1 概述

在设计阶段要对产品的维修性进行预计以确保其满足要求。当发现某些地方的维修性不足时，则需要在早期阶段对产品进行重新设计或者通过改进维修方法解决该问题。由于更改设计的费用会随着时间增加，因此应尽早采取上述步骤。

6.6.4.2 方法

维修性预计的基本方法是分析类似产品已达到的水平，通过比较产品的设计判断其可靠性和维修性提高的程度。

如果没有类似产品作为参考，则可通过分析新产品组成的材料，以及它们相互结合的方法对维修性进行预计。

在有关维修性的课本中可找到许多维修性预计方法。

GB/T 9414.2 给出了更详细的维修性预计方法，相关内容 GB/T 7289 也有论述。

6.6.4.3 维修环境条件

确定了使用模式并已估计了所需的修理时间后，有必要将维修环境条件一起考虑，再对产品进行维修性预计。了解维修环境条件对于确定实际的修理时间是十分重要的，同时还需要考虑 6.4.5.3 中给出的相关条件因素。

6.6.5 权衡分析

在 6.4.2 中已经讨论过产品设计和开发阶段进行权衡分析的可能性。这种权衡分析可采取多种形式，包括产品执行和满足设计功能的方式。为使产品的维修性在可承受的成本下达到最佳结果，有很多方面可应用权衡分析，可应用的方面有：

a) 是修理还是废弃；

b) 自动化的程度高低；

c) 采用自动的，还是机内的或人工的测试设备；

d) 现场和非现场的修理等级；

e) 模块化的程度高低；

f) 采用冗余设计还是提高自身可靠度。

为了在可承受的成本下获得最佳的性能，可对产品的维修性、可靠性和可用性全部进行修改。利用寿命周期费用分析技术可找到两者之间的平衡点(见 6.8)。

6.6.6 风险分析

风险可能会以各种形式出现，如资金、市场、财产、环境、或者人身安全等。产品功能失效或者不满足维修大纲要求导致的风险可能是经济上的或人身安全方面的。

本部分只针对产品可能发生的风险，以及如何用适当的维修来处理。更多的指导见 IEC 60300-3-9。

需要分析风险有下列几种可能性：

a) 确定潜在风险以及解决途径；

b) 判断这些风险的可接受性；

c) 评估这些风险对于满足大纲和规定要求的影响。

为保证大纲要求得以满足,应对维修性大纲加以监控。如果没有达到大纲的要求,就会有产品不满足其功能特性和导致危险,或使效率降低和使用成本比规定更高的风险。

应把任何未解决的风险信息传递给买方和终端用户。

6.6.7 设计评审

在产品寿命周期的每个阶段都要对维修性和维修保障进行评审,并在项目接受正式设计评审时,评审小组中应当有该学科的专家。

在使用阶段的设计评审应考虑在设计中完成的维修性及其维修预计已经实现的程度。这可能导致当前或将来产品的维修性改进。

可靠性和维修性之间的权衡应和技术手册标准、备件的供应以及所要求的维修设备一起进行评审。IEC 61160:1992 给出了进一步指南。

6.7 验证、确认和试验

6.7.1 维修性验证

维修性验证是确定产品是否已达到规范中强制要求的过程。一旦获得分析和测试结果就可开始进行维修性验证工作,并可从项目开发一直延续到现场使用。

应在规范中明确所用的维修性验证方法,其范围可从由供应商提供适当的数据或信息,到要求进行专门的演示验证训练。

维修性验证是一个不断产生、收集并评估项目研制过程中的维修性相关数据的过程,同时也是将结果与规定要求进行比较的过程。它包括以下几个方面:

a) 历史数据的分析和设计评审结果与维修性预计的比较;

b) 用于调查一般或详细问题的专题研究,如如何使维修性评估或模拟容易的研究;

c) 操作经验和现场数据的评审,并适当结合相关的历史数据的评审和分析。

用于验证维修性要求的方法取决于产品类型和规模,而且通常是在合同中规定的。在不同的寿命周期阶段维修性验证的性能特点不同。维修性试验应包含人工维修和自动维修。应采用回归试验和再次试验以检验因设计改动和产品研制对产品的维修性产生的任何影响。

6.7.2 确认和试验计划

确认就是确定最终产品及其支持的功能是否与可信性规范相一致的过程。

一般而言,维修性试验分成以下两个主要类别:

a) 维修性鉴定试验 这是进行维修性试验的第一阶段,包括在最初研究、原型样机的开发和标准产品的早期研制期间所做的工作,这些试验的目的是为了确保承包商的产品符合用户要求;

b) 维修性演示验证 这是更为正式的维修性试验阶段,即采用具有充分代表性的产品进行维修性演示验证,顾名思义就是向用户证明产品能满足维修性要求。

6.7.2.1 维修性鉴定试验

对复杂系统而言,进行一系列专门是为直接证明维修性特性的鉴定试验也许是不经济的。

产品原型样机及其元器件的功能参数可用适合它们的标准进行试验。但是,这些标准可能并不是在生产阶段所采用的标准。另外,在产品研发的同时,试验产品、系统和部件的程序也可能在同时研发。

在研发的早期阶段,由这种并行研发所产生的任何问题应在 6.2.2 描述的维修性分析期间采用适当的方法进行确认。但是,承包商应继续充分利用研制大纲所涉及的各种试验,如结构、环境、可靠性、兼容性和运行性试验所获得的全部信息进行监测维修性目标的进展。

在研制大纲接近完成的阶段，为了确定维修性要求已经满足，承包商可选择进行试验，以提供事实依据证明其设计的可行性。特别是合同中要求要进行正式的维修性演示验证时，这样的试验是有利的。

6.7.2.2 维修性演示验证

作为维修性鉴定试验大纲的结论，合同可要求承包商使用户相信维修性要求已经实现。这种情况下，要在交付产品前进行维修性演示验证。演示验证可由用户和技术支撑机构或承包商的人员进行承担。

可预期演示验证发生的结果对整个研制过程十分有用，它可验明以下几方面留存的任何不足：

a) 系统设计及其测试设备；
b) 维修性手册的编辑；
c) 培训维修人员的计划；
d) 后勤保障研究。

应与用户联合制定演示验证计划，并应包含：

a) 演示验证用的产品应是标准产品，或是接近典型的标准产品；
b) 演示验证由符合规定资格和培训要求的合格维修人员进行执行；
c) 演示验证场地尽可能代表实际使用中的维修环境和接近通道的限制；
d) 演示验证项目应按要求进行预防性维修或修复性维修；
e) 演示验证要考虑产品研制中产生的背景信息(即 FMEA、维修性分析和维修性评估)；
f) 只要维修性特性不符合要求或不能再次试验，就要重新开展修复活动。

6.8 寿命周期费用

寿命周期费用是一种可应用于产品寿命周期的所有阶段的决策工具，包括从是否构建或制造一个产品的初始决定直到其使用和维修阶段。

当在概念或设计阶段比较备选方案时，产品的维修和使用成本将成为一项重要的输入，因为这些费用在产品的整个使用寿命阶段都将产生。当在产品早期阶段应用寿命周期费用分析时，有必要计算在这些早期阶段时间上产品寿命周期的使用和维修成本的在整个寿命周期中的价值，这可用如折旧等技术进行实现。

在维修和使用寿命阶段，寿命周期费用可用于评价选择维修保障策略或采用修理还是替换或者其他类似的决策。

在产品寿命周期阶段，尽管部分必需的维修数据可能是被合成的，维修数据的收集对于寿命周期费用分析是有极大帮助的，所以应对收集的数据进行整理。

有关寿命周期费用的详细内容见 IEC 60300-3-3。

6.9 维修保障计划

对于一个寿命较长的产品，其使用和维修成本往往是初始成本的好几倍。正是由于这个原因，在概念和设计阶段要仔细考虑产品使用和维修所要求的维修保障费用。

在维修保障计划方面 IEC 60300-3-14 给出了进一步指南。

6.9.1 维修保障计划制定

在维修概念的定义阶段就初步确定基本的维修(后勤)保障方针及要求，维修任务分析的结果为制定初始的维修保障资源计划提供了基础，这是寿命周期费用分析的一个重要输入。而寿命周期费用分析又会影响产品设计的进行，以优化在产品寿命期间产生的费用，包括初始成本和使用与维修成本。

维修保障计划同样可用于机内测试设备(BITE)性能最大化和减少维修费用的评审。它可使产品当前的设计得以评估，为圆满完成预防性和修复性维修确定所需的维修工具、设备和操作技能。

图3给出了维修保障计划的主要内容，应确定的事项有以下几点：

a) 维修人员的数量、技能及培训；

b) 技术手册和软件(详细的图纸、常用零部件的数量，如轴承、密封件)；

c) 测试和保障设备；

d) 备件的供应；

e) 维修和保障设施。

保障计划应定期更新以及时反映反复的设计修改。

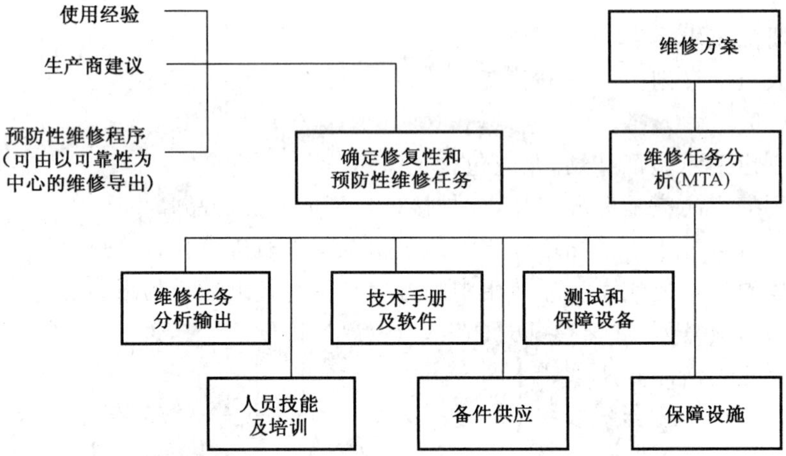

图3 维修和维修保障计划

6.9.2 安装

当产品进行安装时，应安排相应的验收试验(通常称为试运行)。验收试验应包括验证维修性要求已被满足和应记录试验过程中收集到的任何数据。

应在设计和开发阶段就制定好验收试验程序。

维修性验证和数据的收集、分析与表示的程序见IEC 60706-3。

6.9.3 保障服务

在产品设计和开发阶段，设计队伍中的维修专家应准备好详细的维修任务分析。这些分析应确认早期确定的维修保障资源需求是否仍然有效。维修资源可与产品一起被提供，但多数情况是由用户自己或由第三方或由双方共同提供。

当把产品投入到现场使用时，应对使用中出现的维修保障问题和缺陷进行诊断和补救。这些问题可能是由维修人员操作失误、培训及保障服务不充分、保障供应不充足、技术文件缺乏以及维修设施不足造成的。

另外还要确定产品维修方针的修订职责。

有关维修保障的详细内容见IEC 60300-3-14。

6.10 改进和修改

6.10.1 改进大纲

需要改进的内容有：

a) 改进功能性操作；

b） 改进维修性。

需要进行功能改进是因为产品的初始设计已经不能满足使用要求，或者产品的功能性要求在产品寿命期间发生了变化。

需要进行维修性改进是因为发现产品的初始设计已经不能满足维修性要求，或者产品的工作性能要求在产品寿命期间发生了变化，需要有更好的维修性。对此，产品的维修关键部件需要特别引起注意。作为维修性研究的内容，维修关键部件应在产品设计和研制中尽早明确。

产品寿命期间信息的收集反馈可帮助确认产品何时何地需要进行改进。这部分内容可见6.11。

6.10.2 更改控制

需要建立和保持一个正式的配置控制程序用以处理产品的更改。这个程序应符合更改的要求、更改后果的评估、批准和授权的程序，以及执行和验证的职责。

当设计发生变化并应进行时，应考虑在适当的系统级别对产品的可信性进行回归试验。

由于对产品及其维修保障的现场更改控制不够可能会严重影响产品的维修性。作为一般原则，产品及其保障的任何更改应与原先的产品和保障受到同样的保证。这就是要考虑本部分的所有条款，并建立一套更改程序，并进行维持和定期复审。这对于具有较长使用寿命的产品以及包含需要经常更新和改版软件的产品是特别重要的。

更改过程应由配置管理系统来保障。

产品结构更改和修复后试验结果的分析可衡量产品的功能互换性。

在实施之前，所有设计更改的建议应进行筛选，以确保不会对维修性产生不良的影响。

6.11 维修性数据的收集与分析

产品的维修性演示验证是确保系统在初始和可控状态下能满足维修性要求。但是维修性演示验证并不能覆盖所有修理活动，以解决所有可能发生的失效或对付所有可能的由单个或多个故障引发的失效迹象，也不能包括因使用不当、操作失误或者事故导致产品损坏而应进行的维修活动。

正是由于上述原因，在系统使用寿命期间，维修活动应加以监控和评估，以便找到改进维修性的机会使维修费用最小化。监控和评估过程能产生对后续的或相似系统设计有用的信息，包括故障和修理数据的收集和分析。

下面的内容给出了数据收集的理由和所需数据的类型，而更详细内容见IEC 60706-3和GB/T 5081。

6.11.1 数据收集

建议收集产品维修作业数据的理由如下：

a） 为了确认各种维修作业的频率，以使维修改进能够着重于最需要改进之处；

b） 为了确认零部件故障发生频率和趋势，以采取相应的修复活动；

c） 为了提供实际修理时间和费用的相关信息，以提高将来维修性分析和寿命周期费用估计的有效性；

d） 为了支持可能的产品变更决策而进行的权衡分析，提供基于经验的成本数据。

应收集的维修性数据要包含产品被监控的全面记录，包括产品的更改状态。理论上，应建立一个数据库，它应能方便地进行数据输入，并能产生常规的标准化输出给出可用于产品维修和性能的维修参数。另外，它还应能够解决产品性能和维修历史的结构化查询。可用电子数据表或数据库程序建立这样的数据库，或买专门设计好的软件包。

在维修活动中，收集的数据应包括以下几个方面的信息：

a） 维修产品的标识（零部件号、序列号、修改状态）；

b） 维修管理数据（产品标识、维修人员名字、维修起始日期，以及其他预订服务或信息表，如用户

姓名或用户身份);

c) 失效机理或已报告的缺陷(已报告的失效征兆);

d) 采取的排故工作的说明和实际失效原因的确定;

e) 采取的修理工作的说明;

f) 花费的时间包括:

1) 将故障隔离到失效的单元和组件;

2) 修理产品;

3) 测试已维修的产品确保维修的有效性;

4) 记录维修数据,完成与维修相关的管理工作;

5) 把实际维修时间(工时)从任何过程等待时间(如烘干时间)中分离开来,并分别记录;

g) 简要说明维修中所使用的零部件和备件:

1) 名称;

2) 零部件号及其序列号(或数据编码或批号);

3) 所用的数量;

4) 成本或价格;

h) 维修人员的评价和建议。

建议制定和使用标准化的维修记录表格,以便所有需要的数据定期的、统一的进行记录。

在市场上有很多设计好的商业数据库具备这样的数据记录功能。

6.11.2 数据分析

利用维修记录表格收集的维修数据应集中存放到一个统一的文件夹或者数据库中,然后根据系统类型或维修等级的不同类别进行分类,例如产品类型、维修等级、失效分类(根据失效模式或征兆)、修理类型等。

如果采用自动化数据库收集数据,利用对不同类别数据进行分类的功能非常有助于发现维修性或可靠性问题。

被记录和分类的维修数据,既可用于确定已经历的实际的维修性性能(如平均修理时间、费用、可靠性、可用性、不可用时间等),又可用于确认任何可靠性和维修性所关心的或出现的问题,例如:

a) 异常高的零部件(或应用程序)的故障率;

b) 不必要花费时间的维修工作;

c) 多重故障(一个部位的故障导致其他部位发生故障——多米诺骨牌效应);

d) 对搬运或使用损伤的敏感性;

e) 从最常见到最少见的失效模式的排序(用于提高故障隔离过程的优先顺序);

f) 用性能监控设备(如机内测试设备)进行故障检测和指示缺陷;

g) 以前的维修活动及频率的评审。

维修数据还能被分析用来确认实际使用的人力、零部件及备件的使用率,并且根据以上分析结果分配人员和确定维修设施的补给需求。维修信息还可用于将来大纲的分析和权衡研究。

ICS 21.020
K 04

中华人民共和国国家标准

GB/T 9414.2—2012/IEC 60706-2:2006
代替 GB/T 9414.2—1988、GB/T 9414.4—1988

维修性 第2部分:设计和开发阶段维修性要求与研究

Maintainability of equipment—Part 2:Maintainability requirements and studies during the design and development phase

(IEC 60706-2:2006,IDT)

2012-12-31 发布 2013-06-01 实施

中华人民共和国国家质量监督检验检疫总局
中国国家标准化管理委员会 发布

前　言

GB/T 9414《维修性》已经或计划发布以下部分：

——第1部分：应用指南；

——第2部分：设计和开发阶段维修性要求与研究；

——第3部分：验证和数据的收集、分析与表示；

——第4部分：维修和维护保障计划指南；

——第5部分：诊断测试。

本部分为 GB/T 9414 的第2部分。

本部分按照 GB/T 1.1—2009 给出的规则起草。

本部分代替 GB/T 9414.2—1988《设备维修性导则　第二部分：规范与合同中的维修性要求》和 GB/T 9414.4—1988《设备维修性导则　第五部分：设计阶段的维修性研究》。本部分与 GB/T 9414.2—1988 和 GB/T 9414.4—1988 相比主要变化如下：

——标准名称将“设备维修性导则”统一改为“维修性”；

——标准结构采用 IEC 60706-2:2006；

——新增加了3章：第4章一般方法，第5章维修性原则，第6章寿命周期中的维修性工作；

——在其他章中也有相关内容的修订，如增加了故障树分析(见8.4.8)和 RCM 分析(见8.4.9)；

——增加了2个附录：附录A维修性分配、附录C失效率不为常数的系统可靠性分配以及维修方针选择举例。

本部分使用翻译法等同采用 IEC 60706-2:2006《设备维修性　第2部分：设计和开发阶段维修性要求与研究》。

与本部分中规范性引用的国际文件有一致性对应关系的我国文件如下：

——GB/T 2900.13—2008　电工术语　可信性与服务质量(IEC 60050(191):1990,IDT)；

——GB/T 7826—2012　系统可靠性分析技术　失效模式与影响分析(FMEA)程序(IEC 60812:2006,IDT)；

——GB/T 9414.1—2012　维修性　第1部分：应用指南(IEC 60300-3-10:2001,IDT)；

——GB/T 9414.3—2012　维修性　第3部分：维修性数据的检验、收集、分析与表示(IEC 60706-3:2006,IDT)；

——GB/T 9414.7—2000　设备维修性导则　第四部分：诊断测试(idt IEC 60706-5:1994)。

本部分由全国电子电工产品可靠性与维修性标准化技术委员会(SAC/TC 24)归口。

本部分起草单位：工业和信息化部邮电工业标准化研究所、北京邮电大学。

本部分主要起草人：武冰梅、夏海轮、张天魁、胡怡红、曾志民、郭彩丽、朱新宁。

本部分所代替标准的历次版本发布情况为：

——GB/T 9414.2—1988；

——GB/T 9414.4—1988。

引　　言

维修性是指产品在使用期间能否得到维修及维修保障的特征。有必要把维修性作为产品设计和开发过程中的组成部分来考虑，因此把维修性要求作为最初规范的一部分是十分重要的。

GB/T 9414 标准的目的是指导设计师如何才能将高水准的维修性更好地结合到一个产品当中，从而使得维修费用降低到一个可以接受的水平。确保可以采取必需的维护，使产品工作在安全的环境中，并保证产品能按要求的性能运行是很重要的。

GB/T 9414 的本部分介绍了维修性的概念，并为维修性如何能结合到规范和合同中，以及如何将维修性作为设计过程的一部分来考虑给出了指导。本部分构成了下述可信性标准体系中的一个部分。

GB/T 6992.1 和 GB/T 6992.2 是可信性的顶层标准，它们为如何将可信性（含可靠性、可用性和维修性）结合到产品制造中提供了指导。GB/T 9414.1 是维修性的顶层标准，它作为应用指南是 GB/T 6992.2描述的任务中的一部分，可用于贯彻完成包括产品的设计、开发和工作阶段的维修性计划。本部分也为要达到最佳的维修性，该如何考虑维修任务提供了指南。

维修性　第2部分:设计和开发阶段维修性要求与研究

1　范围

GB/T 9414的本部分提出了维修性要求及相关的设计和使用参数,讨论了为达到维修性要求而需要进行的必要工作以及这些工作与维修性计划的关系,描述了达到此目的的一般方法以及在合同或规范中该如何说明维修性特性。

本部分并没有给出如何详细说明维修性以及如何订立维修性合同的全部指南。只规定了在(只提出当维修性特性包含在一个)产品研发初期,如何考虑维修性的要求。

本部分详细描述了在初步设计阶段和详细设计阶段的维修性研究,至于这两个阶段与其他维修性和维修保障任务的相互联系,将在相关标准中描述。本部分还包括了在设计评审中的维修性考虑。

本部分有助于产品用户确定维修性目标和相关的维修性计划。

2　规范性引用文件

下列文件对于本文件的应用是必不可少的。凡是注日期的引用文件,仅注日期的版本适用于本文件。凡是不注日期的引用文件,其最新版本(包括所有的修改单)适用于本文件。

IEC 60050(191):1990　电工术语　可信性与服务质量(International Electrotechnical Vocabulary (IEV)—Chapter 191:Dependability and quality of service)

IEC 60300-3-1　可信性管理　第3-1部分:应用指南　可信性的分析技术　方法指南(Dependability management—Part 3-1:Application guide—Guide on methodology)

IEC 60300-3-3　可信性管理　第3-3部分:应用指南　寿命周期费用计算(Dependability management—Part 3-12:Application guide—Life cycle costing)

IEC 60300-3-10:2001　可信性管理　第3-10部分:应用指南(Dependability management—Part 3-10:Application guide-maintainability)

IEC 60300-3-11　可信性管理　第3-11部分:应用指南　以可靠性为中心的维修(Dependability management—Part 3-12:Application guide—Reliability centred maintenance)

IEC 60300-3-12　可信性管理　第3-12部分:应用指南　综合后勤保障(Dependability management—Part 3-12:Application guide—Integrated logistic support)

IEC 60300-3-14　可信性管理　第3-14部分:应用指南　维修和维修保障(Dependability management—Part 3-14: Application guide—Maintenance and Maintenance support)

IEC 60706-3　设备维修性导则　第3部分:维修性数据的检验、收集、分析与表示(Guide on maintainability of equipment—Part 3:Verification and collection, analysis and presentation of data)

IEC 60706-5　设备维修性导则　第4部分　诊断测试(Guide on maintainability of equipment—Part 5:Diagnostic testing)

IEC 60812　系统可靠性分析技术　失效模式与影响分析(FMEA)程序(Analysis techniques for system reliability—Procedure for failure mode and effects analysis (FMEA))

IEC 61025　故障树分析(FTA)(Fault tree analysis (FTA))

IEC 61160　设计评审(Design review)

IEC 61649 威布尔分布数据的置信下限、置信区间和拟合优度检验(Goodness-of-fit tests,confidence intervals and lower confidence limits for Weibull distributed data)

3 术语、定义和缩略语

IEC 60050(191):1990 界定的以及下列术语、定义和缩略语适用于本文件。

3.1 术语和定义

3.1.1

维修性 maintainability

在给定条件下,使用所述的程序和资源实施维修时,产品在给定的使用条件下保持或恢复能完成要求的功能状态的能力。

3.1.2

维修度 maintainability

在给定条件下,使用所述的程序和资源实施维修时,对给定使用条件下的产品能在所述的时间区间内完成给定的实际维修工作的概率。

3.1.3

维修 maintenance

为保持或恢复产品处于能完成要求的功能的状态而进行的所有技术和管理活动的组合,也包括监督活动。

3.1.4

维修方案 maintenance concept

产品维修中应用的维修场所等级、维修层次及维修活动等级之间的相互关系的说明。

3.1.5

维修方针 maintenance policy

提供维修和维修保障的一般方法,它是建立在所有者、使用者、客户目标和原则基础上的。

3.2 缩略语

BITE	机内测试设备(built-in test equipment)
FMEA	失效模式及影响分析(failure modes and effects analysis)
FTA	故障树分析(fault tree analysis)
ILS	综合保障(integrated logistic support)
LCC	寿命周期费用(life cycle cost)
LRU	现场可更换单元(line replaceable unit)
LSA	保障性分析(logistic support analysis)
MART	平均有效修理时间(mean active repair time)
MTTR	平均修复时间[mean time to repair (or restoration or recovery)]
RCM	以可靠性为中心的维修(reliability centered maintenance)
SSI	软件重大项目(与软件相关的项目)(software significant item)

4 一般方法

产品成本中很重要的部分是花费在那些使产品保持或者修复到满意状态所必需的任务上的资金总

和。其所付出的努力与这些任务的数量、复杂程度和持续时间相关。

产品的设计应保证如下三点：

a) 产品应达到它所要求的性能；

b) 产品是可靠的；

c) 产品是可维修的。

上述第二、三点直接影响整个产品的维修效果，对于整个产品，实际可靠性反映了不定时维修的频率，而维修性反映了完成所有维修必需付出的努力。

因此在产品的设计过程中，完成能够影响失效率和故障严重性的工作主要需要可靠性技术；而那些影响预防性维修、设备保养以及维修任务的持续时间、成本和保障要求的工作主要需要维修性技术。

能够易于维修并能够得到一个胜任、有效的维修机构保障的产品与那些没有如此保障的产品相比较而言更具有可用性且能够减少寿命周期费用。其保障的程度取决于产品的类型和用途，而且也建立在运行、经济和安全等因素的基础上。

在设计阶段，器件的损耗及其寿命都应当用相关的方法，例如用威布尔分析(见 IEC 61649)来确定。选择长寿命期限的器件与预防维修或保养成本间的权衡应被记载下来。只有这样，系统才能设计成最优化的维修。

5 维修性原则

本部分提出了维修性要求及相关的设计和使用参数；讨论了为达到维修性要求而需要进行的必要工作以及这些工作与维修性计划的关系。

维修性在保障费用和设备可用性方面有重要影响，维修性与设计、制造和安装过程中的特性有关，这些特性能够影响一个产品与指定的用途和维修要求相符的能力。这种能力一般在定性和定量两方面加以衡量。

注：本部分描述的“产品”的概念能够应用于小型产品或者专业工程。正如 IEC 60050(191)中定义的一样，“产品”用来定义能够被单独考虑的任何零部件、元器件、装置、分系统、功能单元、设备或系统。

维修性特征依赖以下几点：

a) 产品保持和修复的能力(在便于诊断和部件可获得等条件下)，应考虑所有使用的条件。产品的维修性与这些因素有关，也受条件 b)的约束。

b) 实际应用的维修保障(人员、训练、备件、保障设备、技术手册等)。维修保障系统的效率决定修理所需的时间。

6 寿命周期中的维修性工作

6.1 总则

本部分基本上着眼于在设计和开发阶段的维修性工作，但在与维修性和维修相关的产品寿命周期的其他阶段，某些工作的确定和完成有助于提供产品的可用性和确保一个有成本效益的系统。这些工作如下所述。

6.2 概念和定义阶段

6.2.1 一般原则

维修方案受到产品的使用条件和维修条件的限制，所以有必要在可行性研究和估算寿命周期费用时就要考虑。基本的制约因素有两方面,即工作条件和保障资源,其主要内容见6.2.2和6.2.3。

6.2.2 工作条件

在概念和定义阶段,应考虑以下因素:

——工作的需要和执行;

——用户要求;

——影响运行和维修的环境条件;

——确定维修需要的方法,尤其是失效检测的方法和失效原因定位的方法(更详细的可测试性方法的描述见IEC 60706-5);

——达到维修目的的制约因素;

——人为因素的影响;

——为达到维修目的,应对设备、软件、软硬综合的产品进行划分,这种划分取决于位置、维修级别和维修者的技能等级。

6.2.3 保障资源

由于初始评估需要有现存可能使用的支持性资源的组合,因此这里不考虑具体的保障资源,但是需要考虑以下因素:

——存在或需要的组织、地区、人员和训练;

——已确定的保障资源;

——获取新资源的灵活性。

IEC 60300-3-12和IEC 60300-3-14给出了提供维修保障资源的更详细说明。

6.2.4 确定维修性要求

维修性要求应当考虑到工作要求、可靠性和安全性要求以及费用限制。所以,一个定量和定性的维修性说明应考虑维修方案和产品的其他要求。第7章给出了在规范及合同中维修性条款的指南。本阶段要考虑的是要确认IEC 60706-3中说明的那些要求。

6.3 设计和开发阶段

6.3.1 满足维修性需要

一个满足维修性需要的有效方法是实现一个维修性计划,这个计划应作为整个工程计划的一个逻辑部分进行设计。IEC 60300-3-10中给出了一个综合的维修性计划的指南。

6.3.2 提供维修保障计划数据

维修保障计划应与产品开发同步,以保证当产品投入使用时维修保障的可用性。在维修保障计划中包含的主要要素为:

——产品维修的程序(包括大修和软件升级);

——最初准备的备件、设施、测试设备、工具;

——维护人员的培训和胜任性;

——技术手册等;

——可测试性;

——维修数据收集系统。

这个计划应该和维修方案相一致并且需要定期更新。

应该设立一个记录数据分析和反馈的系统。IEC 60706-3 给出了推荐的程序。

6.4 制造和安装阶段

继设计、开发直至产品使用之后，本阶段重要的维修性活动是验证产品内在的维修性是否设计完成。这是提高性的活动，活动的范围取决于产品的特性和复杂性，包含了修理、维护和维修测试，活动最初开始在原始设备中，随后是在早期生产的产品中，以此来保证产品满足维修性指标。IEC 60706-3 给出了在验证和维修数据收集方面更多的指南。

6.5 使用和维修阶段

在安装或装配之后，预防性和修复性维修是按要求进行的。与本阶段相关联的维修性活动是维修数据的收集、分析和反馈。这些数据能够：

——评价维修活动的效率；

——改进产品的设计；

——做出维修期限和可能需要更新产品的决定，包括预先确定产品的寿命。

6.6 报废阶段

决定产品报废部分取决于它延续良好功能的能力及其可靠性和维修性水平以及运行费用。这些因素依赖于备件的持续供应和保障以及替代产品的可用性。

出于环境安全考虑，产品的报废变得越来越重要，并有可能被法规所规范。

7 维修性规范要求

7.1 维修性要求

维修性应通过设计人员对维修需求和产品保养方式的清晰理解来确定。这方面可在一个合同里要强制执行的需求陈述中反映出来。然而，不是所有的维修性陈述都归入一份合同，例如，当一个新产品在内部开发时，维修性要求和目标可能基于公司规定和预期使用的环境。但无论如何，有必要清楚地指定目标并且该目标可以被验证。

注：在本部分中，术语“要求”是用来表示本标准规定的目标，是否强制执行要根据具体合同而定。

一份规范中的维修性要求可能包含定性或定量的要求（可能二者皆有）。应规定如何检验要求已经满足的方法，同样也应规定可能影响产品维修性特征的任何限制条件。

要求、规范和合同之间的关系如下：

——要求是用户向潜在供应商投标时提出的工作特性的最初陈述。它可能作为一个未来产品市场调研结果而在内部公布。

——规范是对商品提出的对要求作出预期反应的工作特性。

——如果提出的产品规范被接受，约定的工作特性可以写入合同，成为约定的要求。维修性要求是规范的一部分内容，详细的条款包括在这些内容中。

一个维修性要求的完整陈述包含以下四个主要方面：

——产品设计可达到的维修性特性；

——在产品配置上，影响它维修的限制条件；

——由厂商完成的维修性大纲要求，以保证交付的产品有必需的维修性特性；

——维修保障计划的提供。

维修性规范应详述维修性要求和达到维修性要求的方法。

规范应该根据维修性要求来陈述，应明确指出哪些要求是必需的，而另一些是建议的。给出的这些要求应该是可验证的，可以是定性的或者定量的；这些要求应该依照规定的程序在后续的阶段被证实。

一个维修性规范通常包含了在运行水平上维修性达到的要求。然而，由于维修性作为一个产品特性影响到维修和保障费用，且不同的维修水平导致不同的维修次数，所以，规范应覆盖维修方案下的各级水平。

7.2 维修性特性

7.2.1 定量的维修性特性

要求的定量维修性特性通常是确定一个产品由于维修而处于非运行状态的时间，并且通常要求这个时间持续最短。有很多标准规定了与处于维修状态时间相关的要求特性，这些特性在表1中给出。这些特性之间的差别是它们所表达相关产品特性时考虑的优先权不同，在以后的流程中，它们也被允许交替使用。在写入一个规范之前，考虑这些因素是至关重要的，也需要为预防维修而规定一些限制。

表1 定量维修性特性举例

术　语	统计特性	验证方法
实际维修时间	平均值、中值或最大值[a]	设计评价，演示验证，或者使用评价
实际修复性维修时间	平均值、中值或最大值[a]	设计评价，演示验证，或者使用评价
实际预防性维修时间	平均值、中值或最大值[a]	设计评价，演示验证，或者使用评价
接近时间	数值	设计评价，使用评价
每工作小时的维修小时数[b]	平均值	设计评价，使用评价
每次维修中熟练人员数	平均值、最大值或最小值	设计评价，使用评价

[a] 最大值用百分数给出，通常取值为95%。

[b] 其他时间单位可以酌情选择，如日、月、年。

实际维修时间常常用来指定维修性并且包含了以下几个子要素：

——诊断(故障检测、失效检查和隔离、原因定位)；

——技术性延迟(典型的技术性延迟包括安装时间、冷却、信息解释与应用、显示的解释、读出)；

——恢复(拆卸、安装软件补丁、替换、更改控制编码、重新组装、调整等)；

——最终检查(必需的测试程序)。

其他维修性特征由产品来确定。表1描述了一些与维修时间和验证方法的不同种类相关的其他特性类型。

一个产品的维修性也可能包括更详细的特征，如专用工具和测试设备的接入和使用，以及与任何现存的维修性保障的联系。

维修性可以作为可用性的一个间接量度，可用性的表达式为：

$$可用性=MTBF/(MTBF+MTTR)$$

式中：

MTBF——平均失效间隔时间；

MTTR——平均修复时间。

假定一个产品的MTBF是恒量，就修理的时间而言可用性是维修性的一个量度。

IEC 60300-3-10:2001 图2给出了所有的维修不可用时间的各种要素之间的关系。

7.2.2 定性的维修性特性

要求的定性维修性特性包括产品功能的定义、故障标准、环境、运行条件和产品的可用寿命，在可用寿命期间要求是需要满足的。定性特征与产品特有的维修性和保障政策的程度相关。定性特征若用一数值表示，则可用满足度来表述。满足度可由案例和事件的比例，信用水平或者其他概率来实现。其符合性应该通过观查和查阅文献来判断。判断的内容包含如下几个方面：

——修理是由规定技术水平的人员来进行的；

——修理是由指定水平的产品来替代的；

——替代部分应是可插入式单元；

——维修应根据用户确定和建立的程序来执行；

——失效部件的隔离应该由机内测试设备来执行。

另有多种其他可能的定性问题值得关注，如下所列：

——可达性；

——维修技术水平要求；

——对专用工具和测试设备的需要；

——对调节的需要；

——部件标准化；

——清晰的子系统功能鉴定；

——构型控制，适配性和功能；

——目测途径；

——机内测试设备；

——标明正确的测试点；

——适当的彩色编码和标志；

——插入单元的使用；

——可拆卸紧固件的使用；

——可更换单元的使用；

——技术手册的范围；

——设备报废的风险；

——产品设计中人为因素的限制；

——维修和操作人员的安全。

7.2.3 测试性

可测试性是一种定性的设计特性，这一特性表明了一个产品在指定条件下被测试的程度。诊断测试的目的是提供一个成本合理和便捷的故障判定方法，用来使维修成本最小化，使设备运行最优化。迅速而精确的故障诊断是达到高维修性的一个主要因素。

为了在新产品中使用现有的测试设备，或者留给设计者通过为任务、标准测试设备或机内测试设备(BITE)而设计的产品来达到基本的实用性目标，可以放弃要求的可测试性特性。IEC 60706-5 给出了可测试性特性的更多信息。

7.3 约束

当编写一个规范时，要求指出如何组织和采取维修，以及给出对维修人员和供应商的约束(例如，在某段时间内不允许任何预防性维修)。

规范中需要的约束依赖于维修性要求的种类，并已在 7.1 中给出。为每一个规定的目标来清楚的检查需求是明智的。约束也应该包括费用的限制。

通常，这些约束将包含但不限于以下方面：

——现有的或定义的维修性与保障政策间的分界；

——重要资源的限制，比如昂贵的使用仪器、高成本的备用品、组织内各个水平技术人员的数量；

——对要求或对预防性维修的数量和种类限制的描述；

——环境方面；

——在现场保持重要资源的约束要求；

——当进行预防性维修时，相对于设备期望的使用时间，对维修时间周期的约束；

——在参考的其他规范、国家标准(或 IEC 出版物)或者其他出版物中规定的约束。

7.4 维修性大纲要求

7.4.1 总则

建议在规范中应该包含正式的维修性大纲要求，以使得供应商去努力满足要求，其理由如下：

——它使几个交付给同一个系统使用的产品的供应商之间的协调变得容易；

——它能在产品开发和维修与保障系统的开发之间建立一个界面；

——由大纲确定的顾客和供应商之间的相互作用，可以看作是对满足要求的验证的一部分；

——有正式大纲要求所允许的交易将更具灵活性。

IEC 60300-3-10:2001 中给出了维修性大纲的详尽细节。正式的维修性大纲可能不需要独立存在，因为这个工作可以统一到一个更宽的可信性大纲或者综合后勤保障计划中(见 IEC 60300-3-12)。然而，通过某种形式来开展这项工作是很重要的。

7.4.2 维修保障

一个节省成本的系统要求产品设计满足维修性要求和提供能够达到维修方案的维修保障系统。为此目的，有必要获得维修和保障系统需要的资源。这可能与被保障的产品所需资源结合起来。

一个产品的保障可以通过 3 个主要途径或由它们结合起来完成：

a) 供应商有责任提供一些必需资源来满足维修要求及由购买者安排或者他自己采取的维修行动，例如：训练、指南、测试设备、备用品等。

b) 供应商提供维修保障的责任。

c) 第三方提供的维修保障的责任。

维修保障计划通常通过保障分析来制定。

7.5 验证

维修性要求的验证是一个考核产品维修性是否已达到规范要求的确认过程。验证可能在不同水平下进行，取决于设备的类型及确定和提供维修保障的责任。验证的方法可以延伸，这种延伸来自于供应商提供的准确数据、有关性能符合性测试信息或维修性示例。

规范应包含维修性要求的验证要求，以及相关方法。应该提出定性和定量两方面的要求以及如果要求没有达到所采取的必要措施。那些表示运行时间、周期或类似执行数目等适合计数的要求应被考虑作为验证过程中用来帮助计算的有用量度。

能否达到规范要求经常关系到合同的可接受度和(或)如未达到其要求需作出的补偿费用，因此规范中应清楚和明确地指出维修性参数以及提供验证和保障的方法。

8 设计和开发阶段的维修性研究

8.1 总则

本章概述了设计和开发阶段的维修性研究以及这些研究工作与本标准其他部分描述的维修性和维修保障工作的关系，描述了选用的维修性和设计研究方法，其中也包括设计评审中的维修性分析。

8.2 目的

维修性研究的目的是：

——为设计决策提供支持；

——预计产品定量的维修性特性；

——确定产品的设计变更和(或)要求的变更，以满足给定约束条件下的工作要求。

应当把维修性作为产品设计的必要组成部分详细考虑。维修性研究与可靠性研究一起将工作要求转换成详细的定性和定量的维修性要求和设计标准，其结果供设计决策使用。

8.3 设计过程中的维修性研究

8.3.1 概述

维修性研究是实施维修性大纲的一个组成部分，旨在确保交付使用的产品满足维修性要求。这项工作应由供货商安排执行，即使合同上未予规定，也应进行。因为维修性研究可以检验供货商的设计能力，确定维修工作能够很容易地完成以及直接影响产品使用者的开销费用。

在维修性研究中包括以下这些内容：

——维修人员的能力水平；

——提出维修途径；

——每条维修途径执行的维修类型和数量；

——可达性；

——模块性；

——产品的功能交换性；

——维修的次数；

——产品各部分的估计寿命；

——识别次品的简易程度；

——诊断测试的程度；

——维修费用。

8.3.2 维修性分析

维修性分析是维修性研究的一个组成部分，是一个把工作要求转换成详细的定性和定量的维修性要求的过程，维修性分析包括在综合权衡的研究中，它还能评价一个维修性设计是否符合定性和定量的设计准则。维修性分析通过以下的这些文件为设计过程提供信息：

——设计中具体实现的维修性要求；

——为确保设计包含所要求的维修性特性的设计指南及检查表；

——基本维修功能及保障要求概要；

——零部件费用及预防性和修复性维修费用。

维修性分析包括在反复的设计综合权衡研究中，在选定最佳设计方案之前，要反复进行设计综合权衡研究。维修性分析还用于评价维修性设计要求的实现程度。

为了提供最佳结果，分析应基于为最优化设计而确定的维修观念。分析应该符合产品的工作概念和在用户群中的维修限制(维修水平、维修途径和维修环境的相互关系)。工作概念导致任务的定义、工作的部署、寿命周期、使用及工作环境。维修方案的原理在 IEC 60300-3-10:2001)和 IEC 60300-3-14 中详述。

8.3.3 设计过程

设计者的责任是在时间和费用的约束条件下实现包括维修性要求在内的各种工作要求。为此，从设计过程的开始就应规定维修性要求，并在设计过程中进行必要的维修性研究。维修性大纲应当能够确定进行这些维修性研究的责任，除非它们包括在整个 ILS 分析过程当中(如 IEC 60300-3-12 中所述)。维修性大纲的范围和深度由它们自身以及系统复杂性程度、涉及产品危险程度方面的安全性、可用性、可靠性的特殊要求所决定。

设计是一个反复过程，每次工作都为同时进行的其他研究和后继研究提供信息。本标准未包括下述基本的维修性分析的输入信息：

——由可靠性研究的输出；

——设备供应商提供的作为他们维修性大纲一部分的下层设备维修性分析的结果。

对于一个高水平的设计而言，一个全面的维修大纲是很重要的。高水平的设计很大程度上取决于分包商。因此，在这些设计中有必要将分包商纳入整个维修大纲中。

图 1 和表 2 是设计过程中维修性研究与设计任务之间关系的一个例子。它也表明了同时开展的维修性分析与维修保障分析的关系(见 IEC 60300-3-14)。应当关注的是应在主要的决策点上开展设计评审。

在图 1 中，阴影部分表示具体的维修性任务。

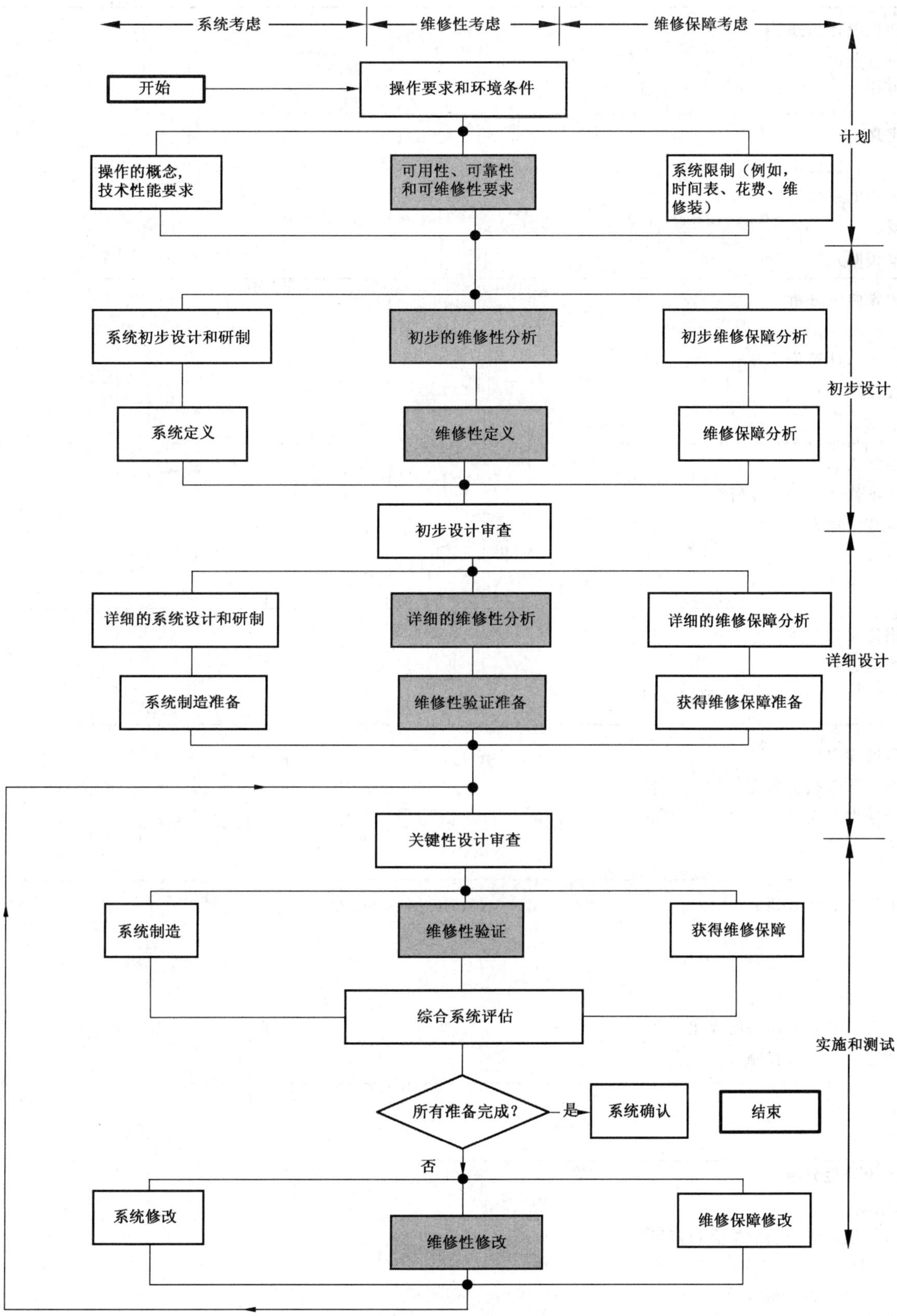

图1　设计阶段的维修性研究

表2 可维修性研究的详细任务

系统初步设计和开发 设计备选方案 初步设计
系统定义 系统级综合权衡研究 选择最佳的系统设计 系统规范 选择分包商
初步的维修性分析 维修性框图 维修性可行性评价 维修性分配 设计准则
维修性定义 系统级维修性综合权衡研究 系统规范的输入 选择分包商的输入 设计检查表的评审
初步维修保障分析 系统维修方案 初步可靠性、维修性和维修保障分析
维修保障定义 保障系统综合权衡研究 寿命周期费用研究 维修方案开发
详细的系统设计和研制 功能图 模型 技术参数 测试过程的开发及结果的表述 对转承包商的设计控制
系统制造准备 制造流程
详细的维修性分析 维修性预计 下层设备维修性分析的综合权衡研究 设计联络 失效模式与影响分析 维修性研究的难易度 分包商维修性大纲的控制

表 2（续）

维修性验证准备 研制测试的分析 验证/演示过程
详细的维修保障分析 维修任务分析 修理层次分析 修理/处理分析 可测试性分析 维修计划
为获取维修保障而进行的准备 后勤保障资源定义：人员，培训，测试设备，保障设备，技术资料，备件，工具
系统制造 制造 功能试验
维修性验证 验证/示范数据的评价
维修保障获取 维修保障确认 后勤保障资源最优化 维修保障获取
综合系统评估 综合运行试验 最终可靠性/维修性/安全性分析

8.4 分析工具及分析过程

8.4.1 前提条件

维修性研究的重要前提是产品有维修性要求。这些要求成为设计任务的条款之前，或者由用户在合同中明确规定，或者在“工作要求”的条款中规定。“工作要求”应包括具体的功能、性能、可靠性、维修性及安全性的要求。为了恰当地安排计划和进行设计，维修性要求宜用定性和定量的条款明确规定。

当系统更多地建立在软件的基础上时，传统的硬件维修性分析就应当延伸到包含软件部分在内的维修性分析。设计过程中最简单的方法就是确定硬件和软件的维修性目标，然后分别完成它们各自的维修性分析，在产品或者系统层面上将它们结合起来。这种方法的主要缺点是失效数据往往是针对系统或产品的,而不是对特定硬件或软件的鉴别。同样地,较为合理的方法应该是任何合同中的对象应该根据整个的性能来定义,因为这样能够防止责任归属的争论,也使得设计团队能综合权衡软件和硬件的设计内容。

8.4.2 方框图

在维修性分析的过程中,可借助于方框图来方便地描述产品,即可按产品的功能层次也可按其硬件层次进行分解。

产品功能层次的分解是通过把产品细分出不同的功能,从而得到其所有主要功能的描述,并且作为失效模式与影响分析(FMEA)、测试分析和维修需求鉴别的根据。

产品硬件层次的分解主要在确定硬件的功能方面,而不是专门出于维修方面的考虑。这容易区别于专为维修性而进行的设计。那些由于失效,而可被替换再进行修复的部分,应能从那些不可替换但可修复的部分区别出来。

图 2 给出了硬件层次维修性功能图的一个示例。图 2 中标明了故障定位点、故障隔离点以及测试点。

制定一份包括软件在内的可维修性层次图的最容易方法是用硬件和软件相结合的维修性功能层次图来确定硬件和软件维修性部分。软件部分应该看成一个模块,这个模块能够独立地被定义且可以作为分离的产品而被替换。这些通常被当作软件的重要单元,或者 SSIs,它们也被认为是所驻存的硬件单元中的一部分。SSIs 包括了具有存储功能(RAM 或 ROM)的软件或具有可编程功能的模块。

一个软件模块最初载入一个设备的位置,然后通过系统或者网络多次复制则最初的载入点被认为是该软件模块的驻存点。

8.4.3 可行性评价

在设计过程中,存在一些需要考虑各种备用方案可行性的决策点。在产品的早期设计阶段,在进行详细设计之前,还缺乏足够的信息来详细地预计和确认设计是否符合规定的维修性要求。因此有必要使用基于以往经验的简易方法,对维修性进行粗略的预计。可以使用以往设计的维修性数据,并把这些数据与新的设计特征及维修条件联系起来。这时仅需论证主要的修复性维修及预防性维修任务及其持续时间。可行性分析的结果可用于系统设计及其备用方案的评价。可行性分析也可用来证明在规定的约束条件下,若系统的维修性要求不能满足,则宜服从综合权衡分析。

8.4.4 维修性分配

把系统维修性要求转换到较低功能层次的过程称为维修性分配。维修性分配是一个迭代的过程,在早期设计阶段就应开展。然而由于在早期设计阶段的信息有限,维修性分配只能涉及系统的较高层次,随着详细设计过程的展开,反复进行分配直至更低的功能层次。

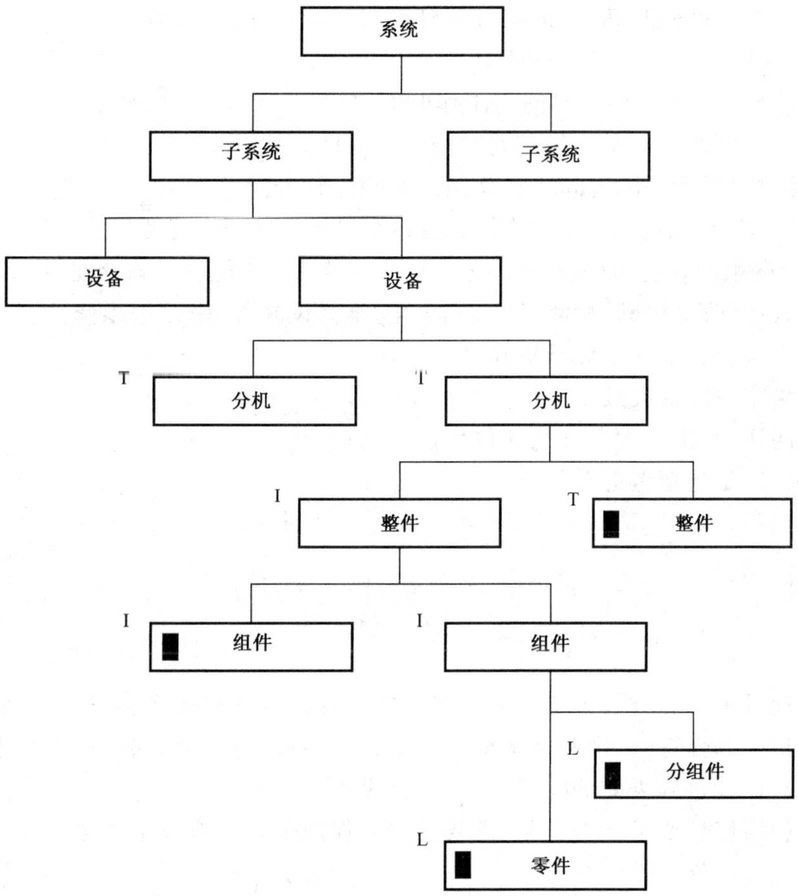

说明：

I ——隔离点，在该点能确定设备的故障症状；

L ——定位点，在该点能确定设备的故障件；

T ——测试(检验)点，在该点能测试产品的性能；

□——不可更换但可修复的产品；

■——可更换的产品(通常作为LRU——可更换单元)。

图2　硬件层次的维修性方框图

维修性分配的第一步是要将系统分解到指定要求深度的功能层次，这可用8.4.2所述的硬件和软件层次的方框图来进行。在初始阶段，功能分解不可能做到所要求的深度，一旦可以得到更详细的信息时，功能分解就可以继续进行。在功能层次图上所示的各组成部分的可靠性估计值是一个基本的信息。因此需要可靠性工程师和维修性工程师从一开始就密切合作，并使用相同的用于可靠性、人为因素、维修性、后勤保障、安全性、设计和系统工程的功能层次图，可靠性工程师和维修性工程师最好能同时得到所有的最新信息。类似地，当ILS在进行的过程中，一样的数据对于LSA也是很必要的，两者密切的合作减少了重复工作，使得一致性和有用数据的应用达到最佳效果。关于ILS方法的更多内容详见IEC 60300-3-12。

第二步是利用产品设计和环境所得到的最佳信息，对每个确定的单元进行维修性特性指标分配。分配应以所涉及的单元的相对复杂性为基础。对于长期使用的产品，产品的失效率或寿命周期可用来衡量复杂性。以前使用类似设备的任何经验都应该考虑在内。

维修性分配中使用的参数通常和明确规定的维修性要求相一致，例如：

a)　平均实际修理时间(MART)，此参数可进一步细分成诊断时间、修复时间和检验时间；

b)　最长实际修理时间，如果有需要且可行的话，可用此参数；

c) 平均实际预防性维修时间；

d) 最长实际预防性维修时间，如果有需要且可行的话，可用此参数；

e) 平均维修工时与工作小时比(MMH/OH)；

f) 由于修理而产生的平均停工时间与工作时间之比；

g) 由于预防维修而产生的平均停工时间与工作时间之比。

如果需要，也可以对后勤保障时间和管理延迟时间进行分配。

第三步是对硬件和软件层次的方框图中标记的每个单元的维修性特性指标分配进行可行性研究。研究结果与以往经验及分配的改进和/或修正部分相比较。若认为不能满足该分配值，则应开展下述工作：

1) 通过重新设计(改进诊断、检测窗口、模块化、维修设施等)来改进维修性特性；

2) 在满足整个系统要求的条件下重新分配；

3) 通过改进可靠性降低失效率；

4) 如果可行的话，给重要的可靠性部位增加冗余；

5) 最后一种办法是重新考虑系统要求。

维修性分配示例参见附录B。

8.4.5 维修性预计

8.4.5.1 目的

维修性预计是通过解析的方法评定产品维修性的过程。这个过程还包括使用规定的维修性解析模型来计算产品定量的维修性特性，维修性解析模型是建立在规定的维修保障条件之上的。

维修性预计应在设计过程需要的时候进行，以提供：

——评价分配的维修性要求能否满足，需要的维修保障是否能有效地满足工作要求；

——发现需要改进或修改设计的部分。

预计的结果应提供给管理部门，以确保设计的顺利进行和指出需改变的设计方向和需修改的设计区域。

图3给出了每一个解析循环中应遵循的步骤。

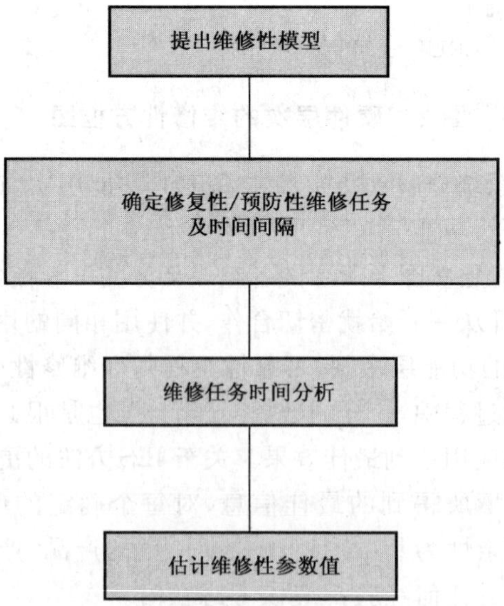

图3 维修性预计的基本步骤

8.4.5.2 维修性模型

应拟定一个恰当的反映维修性特性与产品研究中的关系的解析模型。维修性模型应建立在8.4.2中描述的功能或硬件软件层次的方框图的基础上,在给定的约束下综合产品各组成部分的维修性参数,以确定数学方法。通常宜用简单的解析模型,然而在某些特定的情况下也需采用较复杂的模型。

8.4.5.3 维修任务及时间间隔

维修性预计应考虑修复性维修和预防性维修,并以其各自对全部维修费用的影响以及对系统安全性、危险程度的影响作为根据,具体如下:

——修复性维修分析的信息由可靠性分析提供。用FMEA(见8.4.7)分析可能发生的故障,提出修复的要求。作为可靠性分析的一部分,平均修复性维修间隔时间由相应的失效率决定,失效率还包括了有使用年限的产品的寿命周期。

——预防维修的分析应以维修计划为根据。维修计划确定了预防维修任务及其相应的以工作次数和周期表示的时间间隔。

以可靠性为中心的维修(见IEC 60300-3-11)提出了一种方法,这个方法能确定那些需要满足安全性或者工作约束的任务以及那些应当延期的维修任务。它同样可以确定设计中的哪些部分需要重新检查或修正从而使得设备可以满足一定的性能参数。

维修服务工作,如补给润滑剂,应按具体情况包括在修复性维修或预防性维修工作之中。

8.4.5.4 维修任务时间分析

8.4.5.3所确定的维修工作,可分解成实际工作部分、技术延迟及保障工作部分(如测试设备或者器材的配置)。只要各工作部分完全取决于设备的设计,各部分所需的时间就应予以估计。这就意味着在可以马上得到所有资源的条件下,各工作部分是根据已经被认可的指南和通过那些训练有素的员工完成的。各部分所需时间的估计值应以历史数据或以往经验为基础,并按照有关的维修任务的内容进行综合。这样的话,维修任务每个重要阶段(如准备阶段、故障定位阶段、接近阶段、更换阶段、调整/校正阶段、为了工作使用或存储而进行的验证和准备阶段)都应当估计设计细节中的维修任务时间。

在分析实际应用的时候,许多不属于设计细节的额外时间也应当考虑进去,比如管理等待时间和后勤延迟时间。这一部分时间主要是受维修保障机构的影响,且应当个别对待。有关维修保障机构在IEC 60300-3-14中给出。

8.4.5.5 维修性参数估计

根据8.4.5.2～8.4.5.4确定的信息,可对设计所达到的维修性目标进行定量的估计。

按照给定的维修性要求,应对所有有关的维修措施分别地或综合地进行维修性预计。

预计使用维修性参数宜与维修性分配参数相同,运用维修性模型,即可由有关的任务频数及任务时间的数据计算出维修性参数。

8.4.6 综合权衡研究

综合权衡研究是一种评价多个备择方案的决策技术。在选定最佳方案之前,应系统的和充分的考虑所有有关的主要因素。维修性权衡分析用于确定一种备择设计方案及其维修规则是否优于其他方案。在初步设计中,综合评价集中于高层系统参数,例如性能、可用性、可靠性、维修性和寿命周期费用等。另一方面,在具体的较低层次产品的详细设计中,应该考虑一些较低层次的参数,如可达性、测试及保障设备、包装、备件等。

综合权衡研究通常按下述的几个步骤进行：

——明确问题：说明需要解决的具体问题和需要考虑的具体因素；

——确定可行的备择方案：首先列出所有可能的解决问题的方案，然后从中选择从整个系统看来是可接受的方案；

——选择评价准则：选择评价过程中使用的参数，并按其重要程度划分等级，参数可以加权，以利评价；

——评价过程中包括下列步骤：获得数据，建立模型，进行分析，并作出决策与报告。

在进行综合权衡研究时应谨慎小心，以消除个人偏见。验证分析的数据和结果，采用灵敏度分析以确定结果对输入参数变化的敏感程度是非常有用的。

寿命周期费用(LCC)是综合权衡研究所要考虑的最重要的参数之一。在设计评价过程中，用寿命周期费用研究来找出各种设计特性的最佳组合。特别的，寿命周期费用研究包括了维修规则和维修性特性的评价。

综合权衡研究(包括 LCC 研究和其他研究)为系统评价提供了依据，并借以选定最佳设计方案。更进一步的描述见 IEC 60300-3-3。

8.4.7 失效模式与影响分析(FMEA)

FMEA 是一种可靠性分析方法，目的是发现产品所有可能出现的故障的模式及原因。FMEA 通过鉴别失效模式、失效频次及需要的维修措施为维修性预计提供信息，FMEA 也利于维修性分配的开展。此外，FMEA 还可用来作为设计和配置状态监控、故障传感装置以及设计自动检测、故障诊断程序的依据，以减少修复性维修的时间。

进行 FMEA 的基本步骤如下：

——明确产品性能要求；

——将系统分解成功能单元；

——鉴别失效模式、发生的频率以及效应；

——鉴别失效状态；

——为查明失效描述设计特征；

——列出修复产品的基本维修措施清单。

FMEA 程序的细节见 IEC 60812。

8.4.8 故障树分析

故障树分析(FTA)是一种自上而下的方法，这种方法能够确定导致产品故障的可能原因。FTA 也是一种能用来确定每个故障模式的方法，而且还可以用来检测和定位故障，以及确定失效率、修理时间和备用之间的关系。FTA 还能够用来确定预定维修时间以及确定是否需要修理或更换。

故障树特别适合于复杂的系统分析，这种复杂的系统包含了一些功能相关的或者相互依赖的子系统，而这些子系统又具有不同的性能目标。这个分析更多地应用于主要的装置，比如航天器、通信系统或化工，还有就是其他工业过程和预设。

FTA 程序的细节见 IEC 61025。关于 FTA 应用的全部细节见 IEC 60300-3-1。

8.4.9 RCM 分析

RCM 分析为决策逻辑结构的使用提供信息，从而确定可用的有效的预防性维修要求以及措施。这些措施是出于识别故障的安全、工作及经济的原因，还出于针对故障的退化机制。RCM 提出了 FMEA 的延伸内容，从而能够得到合乎逻辑的决策，这个决策是有关采取特定的维修措施的必要性、重新设计的必要性或工作要求方面的。

存在一些使用RCM方法的技术。IEC 60300-3-11描述了一个基于MSG3技术的方法。其他技术可能应用到工业的一些特定应用上。RCM的使用需要对设备或者系统有详细的了解，而且代价昂贵。因此RCM一般只用在设备或系统的故障有重要的安全性、环境或工作影响的情况下。

8.4.10 其他的维修性分析

除了上述的维修性分析以外，还可进行其他的分析，如诊断要求，诊断效率水平和修理的定位。维修及维修保障研究与分析(如修理水平分析)、维修任务分析和技能分析在IEC 60300-3-14中有详述。

9 维修性设计保障

9.1 联系

维修性工程师应通过下列活动不断地为设计提供保障：

——与承包商和分包商一起提供维修性关联服务；

——作为顾问一起参加设计过程并发挥作用；

——提供维修性经验数据；

——监督设计，以确保在图纸和设备规范中规定维修性特性；

——监督设计变更，以确保其不违反维修性要求；

——参与维修性有密切关系的其他工作(如可靠性、维修保障、后勤、安全性、人为因素、系统工程、成本效益/价值工程)。

9.2 维修性设计准则及检查表

对于一个选定的设计方案，在规定的维修性要求、维修方案及维修性分配的基础上，应拟定出详细的维修性设计准则。这些准则构成具体的维修性目标及设计的各种预期特性，可包括以下内容：

——标准化；

——互换性；

——模块化；

——修理与报废；

——冗余；

——可达性；

——可测试性；

——附属设备。

有些准则可以在通用的设计规范中规定，而另一些则宜按特定工程专门规定，这些准则可用定性和定量的形式予以说明，并为设计师们实现系统或产品的维修性要求提供指南。

为了验证设计过程中每个阶段都有充分的维修性分析，检查表的制定通常是以维修性的设计准则及过去设计中出现的维修方面的问题为基础。它是设计师的备忘录。有些问题非常简单和实际，但在设计中往往又最容易忽视。标准检查表通常包括在设计部门的设计规范和公开出版的有关文件中，检查表也可用来作为设计评审的指南。

检查表可包含如下内容：

——标准化；

——安全预防措施；

——环境保护；

——功能组件的封装、小型化和模块化；

——设备围栏、控制台、支架、组装、电缆、连接器；

——人机界面、控制、显示、测试点；
——人为因素；
——维修保障要求与预定的维修要求；
——性能退化风险；
——运行期间的维修；
——容错；
——耗损监控；
——可达性、搬运、快速交付能力；
——校准、矫正、润滑、涂油；
——轴承、耦合、液压系统。

上述内容仅是使用指南和检查表的一些例子，并不全面。对于新系统或新产品的设计，应鉴别出会反复出现问题的地方，并拟定出相应的设计准则和检查表。

9.3 设计评审

设计评审是对系统（或产品）设计方案的一种正式的、系统的研究，设计评审应形成文件并由不直接参与设计的专家进行。

设计评审的目的是：
——评价设计是否满足系统的全部要求，包括维修性要求；
——发现有问题的区域，提出解决方法；
——对研制试验、验证试验及检查计划的必要性提供预测；
——提升设计成果。

在设定的设计过程管理上维修性评估应成为设计评审的一个部分。评估的结果可为批准维修性特性及细节提供依据。为了做好设计评审的准备，每次评审考虑的定性和定量要求，应预先按评价准则及检查表的格式给出。

应关注下面列举的问题：
——维修性要求是否已明确到了必要的详细程度？
——维修方案是否已制定完成，并与维修性要求及给定的约束条件一致？
——维修保障要求是否已明确？并与维修性要求、维修方案及给定的约束条件一致？
——设计方案是否与维修性要求一致？
——是否进行了包括寿命周期费用在内的可行性研究及最优化研究？
——是否已对测试和诊断设备规定了要求？

通过对上述有关问题的回答，可以说明设计是否与维修性要求充分一致。在不一致的情况下，可能需要进行下列工作：
——重新分配或重新规定维修性要求；
——重新分配或重新规定设计要求；
——重新论证设计是否恰当；
——重新设计已确定的特性；
——重新检查维修方案。

如果上述工作完全无效，则可以不顾设计与维修性要求的不一致，而接受方案，这时不得不对这种偏离作出让步。

在整个设计过程中，当需要时，就应进行包含维修性的非正式的设计评审。无论是正式的和非正式的设计评审的结果，都应形成文件，以便为设计过程提供说明。

IEC 61160 给出了设计评审的进一步指南。

附 录 A
(资料性附录)
维修性分配

A.1 维修性分配介绍

在设计阶段,维修性研究需要考虑的任务之一是将产品维修性要求分配到子产品或较低层次上。这是一个迭代过程,开始于产品寿命周期的早期,以初步设计信息为基础,并随着其后更多可利用数据和信息的出现不断更新。附录B给出了早期维修性分配的一个例子。该例子假设子产品维修性需求与其复杂度成反比。

附录A介绍了对早期维修性分配进行修正的推荐方法。当有附加的设计数据可利用时,该方法应被采用,以便将产品的功能随同其对所有子产品失效率或寿命时间的分配,分解到较低层次的子产品中。该方法适用于修复性维修时间满足对数正态分布并有十分详细设计信息可利用的所有系统,比如在产品定义阶段或其后期。为了应用该方法,需要对实际修复性维修的最大允许时间作出详细说明。

A.2 定义和缩写

注:在第3章中的所有定义适用于附录A。另外,在下列条款中使用的术语、定义和缩略语也同样适用附录A。

A.2.1 定义

A.2.1.1

实际修复性维修时间　active corrective maintenance time

对产品实施修复性维修所用的实际维修时间。

[IEC 60050(191):1990-08-07]

A.2.1.2

现场可更换单元　line replaceable unit

适合并打算在第一线(现场)维修中,从系统中取出的进行单独维修的部分。

A.2.1.3

最大实际修复性维修时间　maximum active corrective maintenance time

按照修改惯例指实际修复性维修时间分布的95%分位点,即在这个时间内占总体95%的修复性维修项目都可以完成。

A.2.1.4

中位实际修复性维修时间　median active corrective maintenance time

在该时间内占总体50%的修复性维修项目都可以完成。

A.2.1.5

平均实际修复性维修时间　mean active corrective maintenance time

实际修复性维修时间的期望(平均)值。

A.2.2 缩写

ACMT　　实际修复性维修时间(active corrective maintenance time)

LRU　　现场可更换单元(line replaceable unit)

$ACMT_{95}$　　最大实际修复性维修时间(maximum active corrective maintenance time)

$ACMT_{50}$　　中位实际修复性维修时间(median active corrective maintenance time)

MACMT　　平均实际修复性维修时间(mean active corrective maintenance time)

A.3　维修性分配要求和方法

A.3.1　要求

当有足够的设计信息可用来将所考虑的产品功能细分至更低层次时，应采用下述维修性分配方法，其所需的基本信息如下：

——产品失效率 λ 的要求值或者预计值；

——对 n 个子产品分配的失效率数值 λ_i，由此 $\sum_{i=1}^{n}\lambda_i(t)=\lambda$；

——产品平均实际修复性维修时间 MACMT 的规定值(或可规定 $\lambda\times$MACMT 值，即产品的失效率乘以平均实际修复性维修时间，它是单位运行时间内的平均实际修复性维修时间)；

——最大实际修复性维修时间 $ACMT_{95}$ 的规定值。

由此，应对每个子产品 i 分配各自需要达到的 $ACMT_i$。

A.3.2　方法

本方法假设受供应方控制的维修时间尤其是实际修复性维修时间，可以用均值为 MACMT 和其95%分位点为 $ACMT_{95}$ 的对数正态分布来描述。实际修复性维修时间长于 $ACMT_{95}$，且可以为产品指定的累加平均实际修复性维修时间提供补充。

A.4　维修性分配过程

A.4.1　第一步

首先确认符合对数正态分布(标准差为 σ)，$ACMT_{95}$ 是最初已知的分布中的一个点，平均修复性维修时间 MACMT 也已给定。由公式

$$\frac{ACMT_{95}}{MACMT}=e^{1.645\sigma-0.5\sigma^2}$$

及

$$\frac{ACMT_{50}}{MACMT}=e^{-0.5\sigma^2}$$

导出

$$\frac{ACMT_{50}}{MACMT}=\frac{ACMT_{95}}{MACMT}e^{-1.645\sigma}=f\left\{\frac{ACMT_{95}}{MACMT}\right\}$$

从而可确定 $ACMT_{50}$ 的值(见图 A.1)，这给出了分布函数的第 2 个点，此时，在对数正态图中可以划出一条直线(见图 A.2)。

注：通常用对数正态分布函数不同的标准差和均值，本算法会得出二个不同的结果。可选择一个变异系数较小的分布函数。例如，在对数正态分布情况下，其变异系数为$(e^{\sigma^2}-1)^{0.5}$。

A.4.2　第二步

确认所有的 LRU，并按失效率递减的顺序将其列成清单。

A.4.3 第三步

计算每个 LRU_i 的相对频率 f_i：

$$f_i = \frac{\lambda_i}{\sum_{k=1}^{n} \lambda_k}$$

A.4.4 第四步

求出所有 LRU_i 相对频率累加和 F_i：

$$F_i = f_1 + f_3 + \cdots + f_i$$

A.4.5 第五步

对于每一个 LRU_i，计算 $F_i - \frac{1}{2} f_i$ 的值，并用（$F_i - \frac{1}{2} f_i < 0.95$）对所有 LRU 在对数正态分布图 A.2 中找到相应的 $ACMT_i$ 值。

A.4.6 第六步

对所有满足 $F_i - \frac{1}{2} f_i < 0.95$ 的 LRU，确定：

$$ACMT_{i,95} = \frac{MACMT - \sum_{i=1}^{l} \lambda_i \times ACMT_i}{\lambda - \sum_{i=1}^{l} \lambda_i}$$

这里 1 指的是满足条件（$F_i - \frac{1}{2} f_i < 0.95$）的第一个单元号。

A.5 示例

产品被划分为 15 个子产品。产品要求：

$\lambda = 0.037\,2/OH = \sum_{i=1}^{15} \lambda_i$（$\lambda_i$ 的取值见表 A.1）

$\lambda MACMT = 0.060\ h/OH$

$ACMT_{95} = 4.0\ h$

其遵循

$MACMT = \frac{0.06}{0.037\,2} = 1.61\ h$

$\frac{ACMT_{95}}{MACMT} = \frac{4.0}{1.61} = 2.48$

对于具有较小偏离系数的对数正态分布函数（见第一步的注意事项），$\frac{ACMT_{50}}{MACMT}$ 的关系见表 A.1。

可得 $\frac{ACMT_{50}}{MACMT} = 0.78$。

这是图 A.2 对数正态分布图给出的第 2 点信息。现在，第二步至第五步都已完成（表 A.1 中 2～5 列）。从图 A.2 中我们可以得到子产品 1-9 所对应的 $\frac{ACMT_i}{MACMT}$ 值，从而计算出 $ACMT_i$ 的值（列 6、7）。

对于子产品 10-15,第六步为

$$\mathrm{ACMT}_{i,95}=\frac{0.06-0.05142}{0.0372-0.0360}=7.15。$$

每个子产品的 ACMT_i 值可以通过乘各自的 λ_i 计算得到(列 8、列 9 的累加和)。表 A.1 给出了计算结果。

表 A.1 维修性分配于子产品水平

<table>
<tr><td>1</td><td>2</td><td>3</td><td>4</td><td>5</td><td>6</td><td>7</td><td>8</td><td>9</td></tr>
<tr><td>子产品</td><td>$\lambda_i 10^6$</td><td>f_i</td><td>F_i</td><td>$F_i-\frac{1}{2}f_i$</td><td>$\frac{\mathrm{ACMT}_i}{\mathrm{MACMT}}$</td><td>$\mathrm{ACMT}_i$</td><td>$\mathrm{ACMT}_i\cdot\lambda_i\cdot 10^3$</td><td>$\sum\mathrm{ACMT}_i\cdot\lambda\cdot 10^3$</td></tr>
<tr><td>1</td><td>10 000</td><td>0.268</td><td>0.268</td><td>0.134</td><td>0.355</td><td>0.57</td><td>5.70</td><td rowspan="9">51.42</td></tr>
<tr><td>2</td><td>8 000</td><td>0.215</td><td>0.483</td><td>0.377</td><td>0.617</td><td>0.99</td><td>7.92</td></tr>
<tr><td>3</td><td>5 000</td><td>0.134</td><td>0.617</td><td>0.551</td><td>0.847</td><td>1.36</td><td>6.80</td></tr>
<tr><td>4</td><td>3 000</td><td>0.081</td><td>0.698</td><td>0.659</td><td>1.023</td><td>1.65</td><td>4.95</td></tr>
<tr><td>5</td><td>2 500</td><td>0.067</td><td>0.765</td><td>0.731</td><td>1.180</td><td>1.90</td><td>4.75</td></tr>
<tr><td>6</td><td>2 500</td><td>0.067</td><td>0.832</td><td>0.600</td><td>1.400</td><td>2.25</td><td>5.63</td></tr>
<tr><td>7</td><td>2 500</td><td>0.067</td><td>0.899</td><td>0.865</td><td>1.660</td><td>2.67</td><td>6.68</td></tr>
<tr><td>8</td><td>1 500</td><td>0.040</td><td>0.939</td><td>0.920</td><td>2.051</td><td>3.30</td><td>4.95</td></tr>
<tr><td>9</td><td>1 000</td><td>0.027</td><td>0.966</td><td>0.954</td><td>2.512</td><td>4.04</td><td>4.04</td></tr>
<tr><td>10</td><td>500</td><td>0.013</td><td>0.979</td><td></td><td></td><td rowspan="6">7.15</td><td>3.58</td><td rowspan="6">8.57</td></tr>
<tr><td>11</td><td>200</td><td>0.005</td><td>0.984</td><td></td><td></td><td>1.43</td></tr>
<tr><td>12</td><td>200</td><td>0.005</td><td>0.989</td><td></td><td></td><td>1.43</td></tr>
<tr><td>13</td><td>100</td><td>0.003</td><td>0.992</td><td></td><td></td><td>0.71</td></tr>
<tr><td>14</td><td>100</td><td>0.003</td><td>0.995</td><td></td><td></td><td>0.71</td></tr>
<tr><td>15</td><td>100</td><td>0.003</td><td>0.998</td><td></td><td></td><td>0.71</td></tr>
<tr><td colspan="9">注:列 5 中出现的数值(百分比的形式)仅是图 A.2 的 X 坐标值的百分之一。</td></tr>
</table>

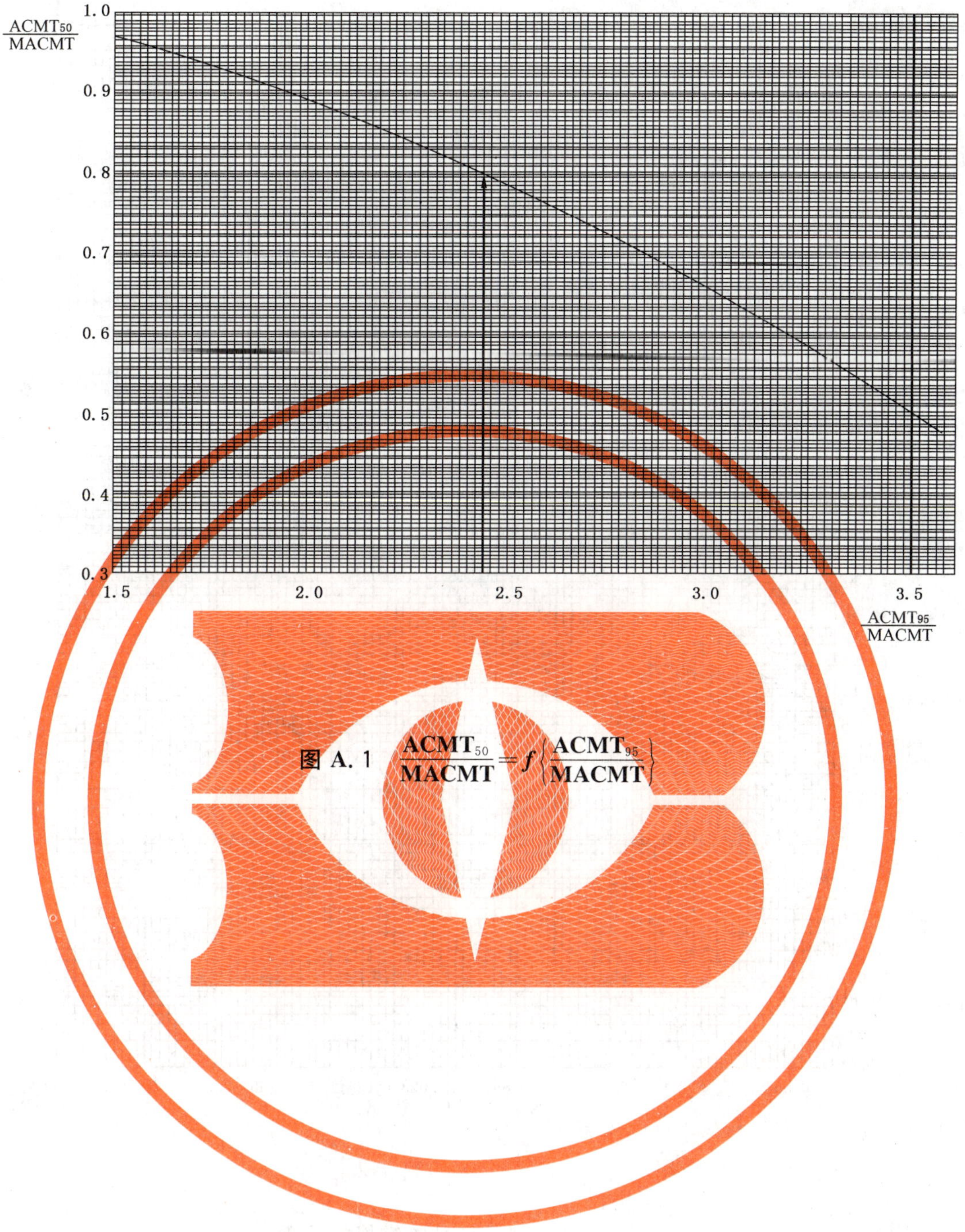

图 A.1 $\dfrac{ACMT_{50}}{MACMT}=f\left\{\dfrac{ACMT_{95}}{MACMT}\right\}$

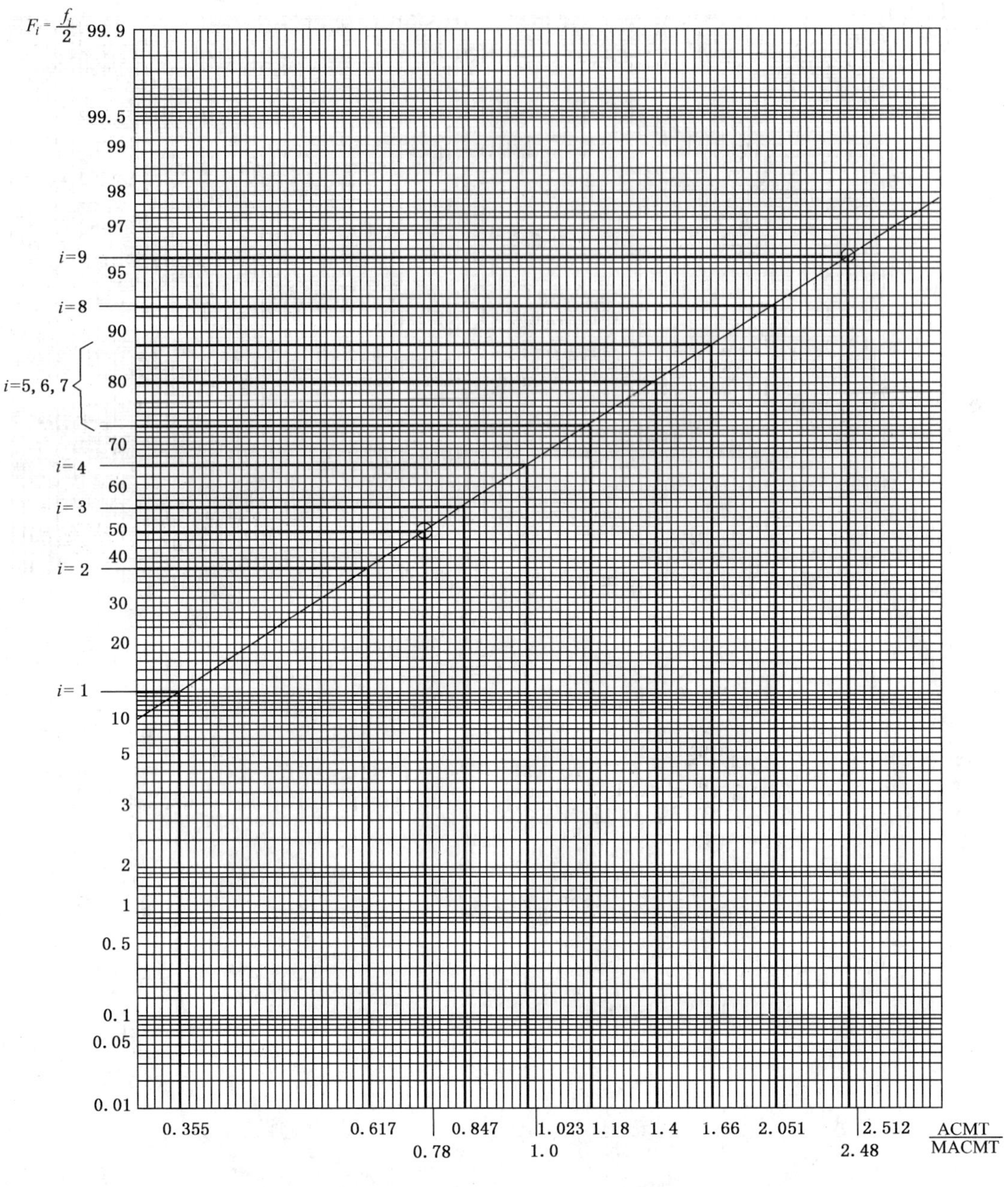

图 A.2 分配到子产品的维修性分配

附 录 B
(资料性附录)
维修性分配示例

B.1 维修性分配的基本工作

一个由 K 种可替换或可修理的子产品所组成的产品，应满足总特性要求表明的某一维修性要求。如产品的平均有效修理时间 MART，根据 8.4.5.4，当将 MART 目标值向各子产品进行分配时，会遇到下列情况：

a) 情况 1——新设计

分配应以各子产品的相对复杂性为根据，在无其他度量单位情况下，子产品的相对复杂性可用失效率表示。于是，对于子产品 i：

$$M_i \sim \frac{1}{n_i\lambda_i}$$

式中：

M_i——子产品 i 的 MART；

n_i——子产品 i 的数量；

λ_i——子产品 i 的失效率。

如果产品由 K 种子产品组成，则

$$M_i = \frac{M\sum_{i=1}^{K} n_i\lambda_i}{Kn_i\lambda_i}$$

式中：

M——系统所要求的 MART。

b) 情况 2——局部新设计

产品的 K 种子产品中，只有$(K-1)$种子产品属于新设计，其余 1 种子产品有过去的资料可供使用，这时对于新设计的子产品 j：

$$M_j = \frac{M\sum_{i=1}^{K} n_i\lambda_i - \sum_{i=1}^{l} n_i\lambda_i M_i}{(K-l)n_j\lambda_j}$$

式中：

$j=l+1, l+2, \cdots, K$；

M_j——子产品 j 的 MART；

n_j——子产品 j 的数量；

λ_j——子产品 j 的失败率。

c) 情况 3——有参考资料

全部 K 种子产品都有过去的资料可供使用，若子产品 i 的 MART 预期值为 M_i，则：

$$\overline{M} = \frac{\sum_{i=1}^{K} M_i n_i\lambda_i}{\sum_{i=1}^{K} n_i\lambda_i}$$

式中：

$\overline{M}$ ——所有子产品的平均 MART。

当 $\overline{M} \leqslant M$ 时，符合给定的维修性要求；当 $\overline{M} > M$ 时，不符合要求，应根据 8.4.4 的规定，作进一步的改进。

注：该维修性分配仅起参考性作用，主要用在一些重要数据上。

B.2 举例

$M_i = 0.5$；功能层次图见图 B.1。

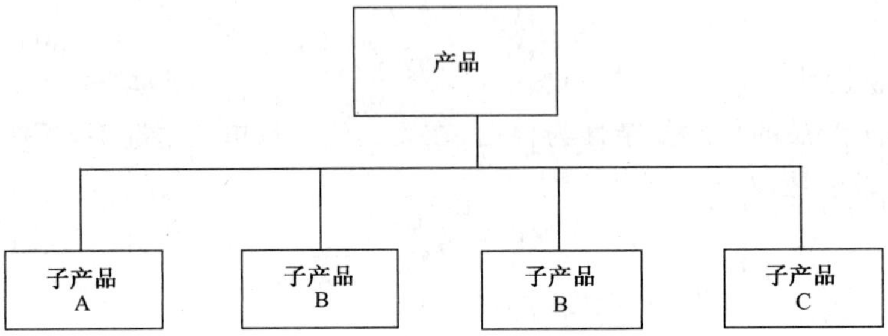

图 B.1 功能层次示意图

a) 情况 1

$$M_A = M_i \frac{\lambda_i}{k\lambda_A n_A}$$

$$M_A = \frac{0.5 \times 2.73}{3 \times 1.71 \times 1} = 0.266$$

(约等于 0.27)

类似地

$$M_B = \frac{0.5 \times 2.73}{3 \times 0.48 \times 2} = 0.474$$

(约等于 0.47)

$$M_C = \frac{0.5 \times 2.73}{3 \times 0.06 \times 1} = 7.58$$

(约等于 7.6)。

b) 情况 2

根据过去的资料，假设

$$M_B = 0.5$$

$$M_C = 1.0$$

于是

$$M_A = \frac{M_i\lambda_i - M_B\lambda_B n_B - M_C\lambda_C n_C}{\lambda_A}$$

$$M_A = (0.5 \times 2.73 - 0.5 \times 0.48 \times 2 - 1 \times 0.06 \times 1)/1.71 = 0.482$$

(约等于 0.48)。

c) 情况 3

根据过去的资料，假设

$$M_A = 0.4$$

$$M_B = 0.5$$
$$M_C = 1.0$$

于是

$$M_i = \frac{M_A \lambda_A n_A + M_B \lambda_B n_B + M_C \lambda_C n_C}{n_i \lambda_i}$$

$$M_i = (0.4 \times 1.71 \times 1 + 0.5 \times 0.48 \times 2 + 1.0 \times 0.06 \times 1)/2.73 = 0.448$$

（约等于 0.45）。

分配过程可用类似表 B.1 的分配表。

表 B.1　分配表

子产品类型	数量	失效率 λ	累积失效率 λ_n	情况 1	情况 2	情况 3
A	1	1.71	1.71	0.27	0.48	0.4
B	2	0.48	0.96	0.47	0.5	0.5
C	1	0.06	0.06	7.6	1.0	1.0

附 录 C
(资料性附录)
失效率不为常数的系统可靠性分配以及维修方针选择举例

C.1 概述

下面的简单说明性例子显示了对一件产品的维修如何做到优化成本以及考虑操作上的约束条件。该例子可以运用于一个真实的系统上。

C.2 系统

以一个正在被设计的生产系统中的某部分简单子系统为例。通过方框图的形式，该系统可以被分解为一个电子微型组件，一台电动机以及一个传动和耦合组件。

上述组件有如下已知条件(见图 C.1)：

- 电子微型组件的可靠性可以用失效率 $\lambda = 25\ 000$ FIT(MTBF=40 000 h)的指数分布函数来表示。
- 电动机可以从供应商 A 处购买，其产品满足故障时间服从 Weibull 分布，形状参数 $\beta=5$，寿命特性 $\eta=5\ 400$ h，也可以从供应商 B 处购买，其产品满足形状参数 $\beta=1.4$，寿命特性 $\eta=10\ 000$ h。
- 传动和耦合组件可以从先前产品中获得。该组件的故障时间服从 Weibull 分布，形状参数 $\beta=4$，寿命特征 $\eta=5\ 000$ h。

分配的目的在于决定电动机是从供应商 A 处购进还是从 B 处购进，从而进一步决定是否需要采取预防性维修，如果需要的话又该如何维修。

该系统每天工作 20 h，一年工作 365 d。一旦损坏(不可用)，不仅对工业设备造成破坏，还会导致产量的损失。

C.2.1 符号及估计成本表

B1(A)	电动机 A 的寿命值 B1(2 300 h)
B1(B)	电动机 B 的寿命值 B1(400 h)
B5(G&C)	传动和耦合组件的寿命值 B5(2 300 h)
B1(G&C)	传动和耦合组件的寿命值 B1(1 500 h)
DC	失效情况下的损失(2 000 货币单位(Mu))
ERC(E)	电子微型组件的预期修理费(400 Mu)
F(E;1Y)	电子微型组件每年失效的概率
F(MA;100 000H)	发动机 A 每 100 000 h 预期维修的次数
F(MB;100 000H)	发动机 B 每 100 000 h 预期维修的次数
F(G&C;100 000H)	传动和耦合组件每 100 000 h 预期维修的次数
FC(E)	电子微型组件每年的失效费用
FC(MA;1Y)	发动机 A 每年的失效费用
FC(MB;1Y)	发动机 B 每年的失效费用
FC(G&C;1Y)	传动和耦合组件每年的失效费用

FC(PM;A;B1;1Y)　发动机 A 每年达到寿命值 B1 所需的预防性维修成本

FC(PM;B;B1;1Y)　发动机 B 每年达到寿命值 B1 所需的预防性维修成本

FC(PM; G&C;B1;1Y)　传动和耦合组件每年达到寿命值 B1 所需的预防性维修成本

FC(PM; G&C;B5;1Y)　传动和耦合组件每年达到寿命值 B5 所需的预防性维修成本

MRC(M)　每个发动机的平均修理费(1 200 Mu)

MRT(E)　电子微型组件的平均修理时间(2 h)

MSRC(G&C)　传动和耦合组件的平均定期维修费用(1 600 Mu)

MSRT(G&C)　传动和耦合组件的平均定期维修时间(4 h)

MSRT(M)　发动机的平均定期维修时间(3 h)

注：在系统停下来维修之前，可以配备好备件和工具。

MURC(G&C)　传动和耦合组件的平均非定期维修费用(6 000 Mu)

MURT(G&C)　传动和耦合组件的平均非定期维修时间(24 h)

MURT(M)　发动机的平均非定期维修时间(6 h)

PF(A;1Y)　发动机 A 在经过预防维修达到寿命值 B1 的条件下，每年不定期维修的概率

PF(B;1Y)　发动机 B 在经过预防维修达到寿命值 B1 的条件下，每年不定期维修的概率

PF(G&C;B1;1Y)　传动和耦合组件在经过预防维修达到寿命值 B1 的条件下，每年不定期维修的概率

PF(G&C;B5;1Y)　传动和耦合组件在经过预防维修达到寿命值 B5 的条件下，每年不定期维修的概率

PL　系统不可用情况下的生产损失(6 000 Mu)

PM(A;1Y)　发动机 A 每年预防性维修的次数

PM(B;1Y)　发动机 B 每年预防性维修的次数

PM(G&C;B1;1Y)　传动和耦合组件每年达到寿命值 B1 所需的预防性维修次数

PM(G&C;B5;1Y)　传动和耦合组件每年达到寿命值 B5 所需的预防性维修次数

C.2.2 电子微型组件

假设电子微型组件的失效率为常量 25 000 FIT(MTBF=40 000 h)。因此，预防性维修是不可能的，唯一的办法是当组件失效的时候再维修。如果有两套备用的印刷电路组件(PWA)，维修时间就能减少。

每年维修的预期值为：

$$F(E;1Y)=25\,000\ \text{FIT}\times10^{-9}\times20\times365=0.182\,5$$

如果运行的时候电子微型组件失效，工业设备就会损坏。

电子微型组件的损失费用为：

$$FC(E)=F(E;1Y)\times(DC+ERC(E)+MRT(E)\times PL)=0.182\,5\times(2\,000+400+2\times6\,000)$$
$$=2\,628\ \text{Mu}$$

C.2.3 发动机

发动机的失效率不恒定。这可由供应商提供的 Weibull 分布来建模，通过 Monte Carlo 法作分析。一种情况，考虑对发动机进行预防性维修，使其达到寿命值 B1(1%的预期故障)。如果发动机失灵，电子监视系统会让系统停止工作以不损害加工设备。在该简化的例子中，不考虑发动机失效前就更换它所占用的潜在操作时间。另一种情况，认为发动机是不能维修的，只有当它失效的时候才能修理它。

C.2.4 从供应商A处购进的发动机

从供应商A处购进的发动机和从供应商B处购进的发动机相比，寿命特性值较短，但是形状参数(β)更高。

C.2.4.1 从供应商A处购进的发动机—无预防性维修

在无预防性维修的情况下，发动机只有在失效的时候才被修理。故障时间可以用Weibull分布描述。根据Monte Carlo分析，100 000 h(10年)的平均维修数目为19.68。维修的上极限为23，下极限为17。由此，维修方针成本可以按以下公式计算：

FC(MA;1Y)＝F(MA;100 000 h)×20×365/100 000×(MRC(M)＋MURT(M)×PL)

＝19.68×20×365/100 000×(1 200＋6×6 000)＝53 443 Mu

注：经过多次维修后，系统的失效率接近一个恒定值，即便此时单独发动机的失效率仍然是非恒定的(叠加的更新过程)。

如果参考失效率为常数的系统制定维修计划，那么有关发动机非恒定失效率的信息就会无效，预防性维修的可能性也无从考虑。

C.2.4.2 从供应商A处购进的发动机—为达到寿命值B1所做的预防性维修

在这种情况下，发动机工作2 300 h后会更换。于是，一年内预防性维修次数可由下式计算得到：

PM(A;1Y)＝20×365/2 300＝3.17

进一步分析，在未达到2 300 h的时候，发动机失效的概率仅为1%。于是，对于每一个新发动机，其计划外的维修概率可以认为是1%，即预防性更换的数目加1或者说一年内不定期维修的概率为：

PM(A;1Y)＝(PM(A;1Y)＋1)×0.01＝0.041 7

这些发动机的更换时间可忽略不计(一种保守近似)。

为达到寿命值B1采用预防维修方针所花费的全部成本为：

FC((PM);A;B1;1Y)＝PM(A;1Y)×MRC(M)＋PF(A;1Y)×(MRC(M)＋MURT(M)×PL)

＝3.17×1 200＋0.041 7×(1 200＋6×6 000)＝5 355 Mu

C.2.5 从供应商B处购进的发动机

从供应商B处购进的发动机和从供应商A处购进的发动机相比，寿命特性值较长，但是形状参数较低。

C.2.5.1 从供应商B处购进的发动机—无预防性维修

在无预防性维修的情况下，发动机只有在失效的时候才被修理。故障时间可以用Weibull分布描述。根据Monte Carlo分析，100 000 h(10年)的平均维修数目为11。维修的上极限为17，下极限为6。由此，维修方针成本可以按以下公式计算：

FC(MB;1Y)＝F(MB;100 000 h)×20×365/100 000×(MRC(M)＋MRT(M)×PL)

＝11×20×365/100 000×(1 200＋6×6 000)＝29 872 Mu

C.2.5.2 从供应商B处购进的发动机—为达到寿命值B1所做的预防性维修

在这种情况下，发动机工作400 h后会更换。于是，一年内预防性维修次数可由下式计算得到：

PM(B;1Y)＝20×365/400＝18.25

进一步分析，在未达到400 h的时候，发动机失效的概率仅为1%。于是，对于每一个新发动机，其计划外的维修概率可以认为是1%，即预防性更换的数目加1或者说一年内不定期维修的概率为：

PM(B;1Y)=(PM(B;1Y)+1)×0.01=0.192 5

这些发动机的更换时间可忽略不计(一种保守近似)。

为达到生命值 B1 采用预防性维修方针所花费的全部成本为:

FC((PM);B;B1;1Y)=PM(B;1Y)×MRC(M)+PF(B;1Y)×(MRC(M)+MURT(M)×PL)
=18.25×1 200+0.192 5×(1 200+6×6 000)=29 061 Mu

C.2.6 选择发动机供应商和维修程序

预期成本如下:

从供应商 A 购进的发动机——无预防性维修　　53 443 Mu
从供应商 A 购进的发动机——预防性维修　　5 355 Mu
从供应商 B 购进的发动机——无预防性维修　　29 872 Mu
从供应商 B 购进的发动机——预防性维修　　29 061 Mu

可以看出,从供应商 A 中购进,并进行预防性维修发动机成本最低,即便该发动机的寿命特性和 MTTF 都最低。

C.3 传动和耦合组件

传动和耦合组件用于先前的产品,所以存在一些维修数据。

传动和耦合组件的失效时间可以用 Weibull 分布建模,形状参数 $\beta=4$,寿命特性值 $\eta=5\ 000$ h。

传动和耦合组件失效的情况下,传动和耦合组件经常会被损坏。于是,其不定期维修成本(修护成本)比定期维修成本高。

C.3.1 传动和耦合组件—无预防性维修

在无预防性维修的情况下,传动和耦合组件只有在失效的时候才被修理。故障时间可以用 Weibull 分布描述。根据 Monte Carlo 分析,100 000 h(10a)的平均维修数目为 21.52。维修的上极限为 26,下极限为 18。由此,维修方针成本可以按以下公式计算:

FC(G&C;1Y)=F(G&C;100 000 h)×20×365/100 000×(MURC(G&C)+MURT(G&C)×PL)
=21.52×20×365/100 000×(6 000+24×6 000)=235 644 Mu

C.3.2 传动和耦合组件—为达到寿命值 B5 所做的预防性维修

在这种情况下,传动和耦合组件工作 2 300 h 后会更换。于是,一年内预防性维修次数可由下式计算得到:

PM(G&C;B5;1Y)=20×365/2 300=3.17

进一步分析,在未达到 2 300 h 的时候,传动和耦合组件失效的概率仅为 5%。于是,对于每一次维修,其计划外的传动和耦合组件维修概率可以认为是 5%,即预防性更换的数目加 1 或者说一年内不定期维修的概率为:

PM(G&C;B5;1Y)=(PM(G&C;1Y)+1)×0.05=0.208 5

这些传动和耦合组件的更换时间可忽略不计(一种保守近似)。

为达到生命值 B5 采用预防维修方针所花费的全部成本为:

FC((PM);G&C;B5;1Y)=PM(G&C;B5;1Y)×MSRC(G&C)+PF(G&C;B5;1Y)×
(MURC(G&C)+MURT(G&C)×PL)
=3.17×1 600+0.208 5×(6 000+24×6 000)=36 347 Mu

C.3.3 传动和耦合组件—为达到寿命值 B1 所做的预防性维修

在这种情况下，传动和耦合组件工作 1 500 h 后会更换。于是，一年内预防性维修次数可由下式计算得到：

$$PM(G\&C;B1;1Y)=20\times 365/1\ 500=4.866\ 7$$

进一步分析，在未达到 1 500 h 的时候，传动和耦合组件失效的概率仅为 1%。于是，对于每一次维修，其计划外的传动和耦合组件维修概率可以认为是 1%，即预防性更换的数目加 1 或者说一年内不定期维修的概率为：

$$PM(G\&C;B1;1Y)=(PM(G\&C;1Y)+1)\times 0.01=0.058\ 67$$

这些传动和耦合组件的更换时间可忽略不计(一种保守近似)。

为达到生命值 B1 采用预防维修方针所花费的全部成本为：

$$\begin{aligned}FC((PM);G\&C;B1;1Y)&=PM(G\&C;B1;1Y)\times MSRC(G\&C)+PF(G\&C;1Y)\times\\&\quad(MURC(G\&C)+MURT(G\&C)\times PL)\\&=4.866\ 7\times 1\ 600+0.058\ 67\times(6\ 000+24\times 6\ 000)=16\ 587\ \text{Mu}\end{aligned}$$

C.3.4 为传动和耦合组件选择维修程序

几种比较的成本如下：

传动和耦合组件—无预防性维修	235 644 Mu
传动和耦合组件—为达到寿命值 B5 所做的预防性维修	36 347 Mu
传动和耦合组件—为达到寿命值 B1 所做的预防性维修	16 587 Mu

显而易见，应使传动和耦合组件的寿命值达到 B1，且需要提供预防性维修。

C.4 结论

系统的设计阶段，在评估所选组件的维修费用以及维修方针的制定上都可以节省开支。

上述例子的花费如表 C.1 所示。

表 C.1 费用对照表

每年的费用/Mu	无预防性维修/Mu	为达到生命值 B1 所做的预防性维修/Mu	为达到生命值 B5 所做的预防性维修/Mu
电子微型组件	2 628	—	—
发动机 A	53 443	5 355	—
发动机 B	29 872	29 061	—
传动和耦合组件	235 644	16 587	36 347

花费最大的解决方案是没有预防性维修的发动机 B 以及没有预防性维修的传动和耦合组件——加起来总共 268 144 Mu。

如果仅仅考虑恒定的风险因素(MTTF/MTBF)，这种解决方案或许可以被采纳。

花费最少的解决方案是具有预防性维修的发动机 A 以及具有预防性维修的传动和耦合组件——加起来总共 24 570 Mu。

通过分析系统，考虑非常量失效率每年可以节省 243 574 Mu。

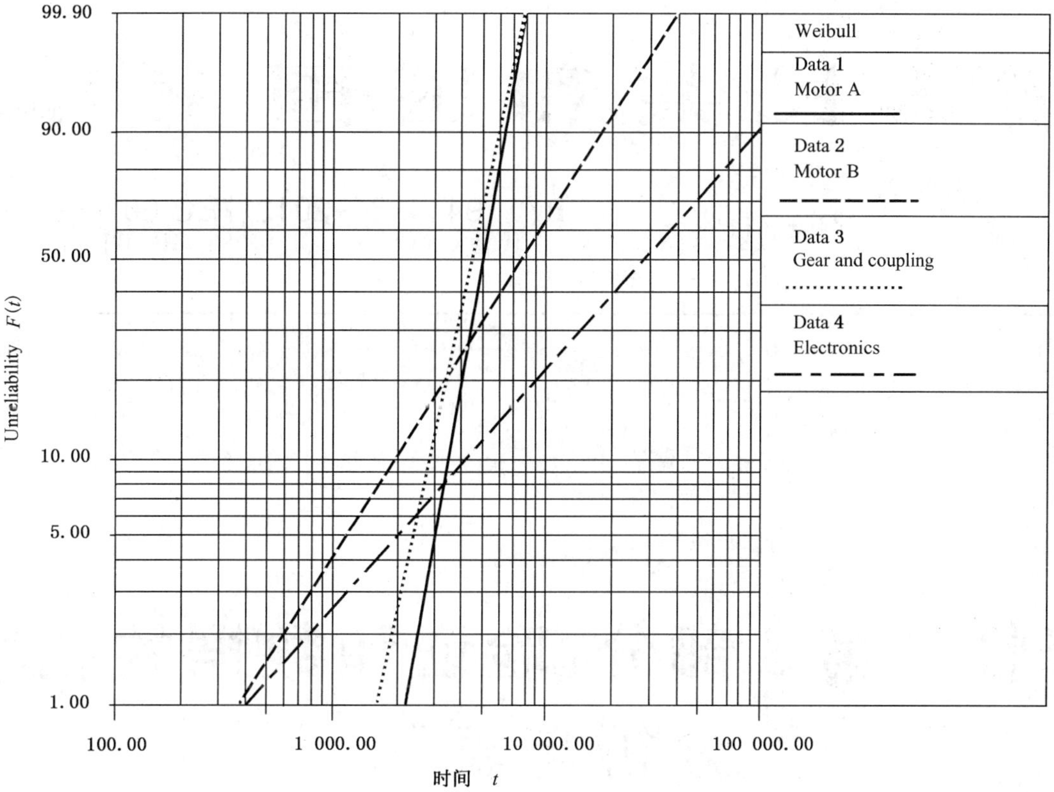

$\beta_1=5.000\ 0$　　$\eta_1=5\ 400.000\ 0$　　$\rho=0$

$\beta_2=1.400\ 0$　　$\eta_2=10\ 000.000\ 0$　　$\rho=0$

$\beta_3=4.000\ 0$　　$\eta_3=5\ 000.000\ 0$　　$\rho=0$

$\beta_4=1.000\ 0$　　$\eta_4=4.000\ 0E+4$　　$\rho=0$

图 C.1　系统中元件的 Weibull 分布

ICS 21.020
K 04

中华人民共和国国家标准

GB/T 9414.3—2012/IEC 60706-3:2006
代替 GB/T 9414.5—1988,GB/T 9414.6—1988

维修性　第3部分:验证和数据的收集、分析与表示

Maintainability of equipment—Part 3:Verification and collection,analysis and presentation of data

(IEC 60706-3:2006,IDT)

2012-12-31 发布　　　　2013-06-01 实施

中华人民共和国国家质量监督检验检疫总局
中国国家标准化管理委员会　发布

前　言

GB/T 9414《维修性》已经或计划发布以下部分：

——第1部分：应用指南；

——第2部分：设计和开发阶段维修性要求与研究；

——第3部分：验证和数据的收集、分析与表示；

——第4部分：维修和维护保障计划指南；

——第5部分：诊断测试。

本部分为GB/T 9414的第3部分。

本部分按照GB/T 1.1—2009给出的规则起草。

本部分代替GB/T 9414.5—1988《设备维修性导则　第六部分：维修性验证》和GB/T 9414.6—1988《设备维修性导则　第七部分：维修性数据的收集、分析与表示》。本部分与GB/T 9414.5—1988和GB/T 9414.6—1988相比主要变化如下：

——标准名称将“设备维修性导则”统一改为“维修性”；

——标准结构采用IEC 60706-3:2006；

——在相关章条中有内容的修订，如增加了修复性维修(见9.6.2)；

——增加了两个附录：附录B维修性演示验证试验方法、附录C维修性相关数据分析。

本部分使用翻译法等同采用IEC 60706-3:2006《设备维修性　第3部分：验证和数据的收集、分析与表示》。

与本部分中规范性引用的国际文件有一致性对应关系的我国文件如下：

——GB/T 2900.13—2008　电工术语　可信性与服务质量(IEC 60050(191):1990,IDT)

——GB/T 7828—2012　设计评审(IEC 61160 Ed.2:2005,IDT)

——GB/T 9414.1—2012　维修性　第1部分：应用指南(IEC 60300-3-10:2001,IDT)

——GB/T 9414.2—2012　维修性　第2部分：设计和开发阶段要求与研究(IEC 60706-2:2006,IDT)

本部分由全国电子电工产品可靠性与维修性标准化技术委员会(SAC/TC 24)归口。

本部分起草单位：北京邮电大学、工业和信息化部邮电工业标准化研究所。

本部分主要起草人：胡怡红、武冰梅、夏海轮、曾志民、冯春燕、张天魁、雷岳俊、贺新颖、邱禹、刘琦、康亮、王康、张旭。

本部分所代替标准的历次版本发布情况为：

——GB/T 9414.5—1988；

——GB/T 9414.6—1988。

引　言

产品设计要求包括有效的维修技术，以确保产品能正常持续地工作。在产品投入使用之前，有必要验证提出的维修程序能够像设计的那样执行，收集和分析数据也是整个验证过程不可缺少的一部分。

用于验证的数据可以有很多来源，在特定情况下使用的数据源取决于很多因素，包括可获得的历史数据以及设计的状态。验证维修性目标是否已经达到，比产品测试更好的是产品验证中产生的数据。历史数据被分类到相关的主题，从中选择有用的数据，分析这些数据以提供所需的信息。

GB/T 9414 的本部分使用相关的分析技术解释了一些验证程序。设计验证程序来验证维修程序，维修所需的工具和仪器，技术资料及产品维修的方便程度。这能改进维修方案，必要时还可以修改产品来改进其可维修性。重要的是要尽可能早地、如可能的话最好在开始生产产品之前将产品设计所需的改动包含进去，以将成本降到最低。

大多数情况下，这个初步的分析是基于小样本数据的统计分析。因此，在产品进入使用之后，最好继续收集和分析数据，使验证过程得到精确改进。由于评价初步验证分析不太容易，所以这些数据很重要，将决定是否有足够的维修保障。

本部分包含在可信性标准体系中，该体系在下面将会详述。

GB/T 6992.1 和 GB/T 6992.2 是可信性技术的顶层标准，它们为如何将可信性(含可靠性、可用性和维修性)结合到产品制造中提供了指南。IEC 60300-3-10 是维修性的顶层标准，它作为应用指南是 GB/T 6992.2 中描述的任务一部分，可用于贯彻完成包括产品的设计、开发和工作阶段的维修性计划。本部分也为要达到最佳的维修性该如何考虑维修任务提供了指南。

维修性　第3部分:验证和数据的收集、分析与表示

1　范围

GB/T 9414 的本部分给出了维修性验证所必需的各个方面,以确保满足产品规定的维修性要求;本部分还提供了适当的程序和试验方法。维修性验证应是任何维修性大纲中必不可少的一部分(见IEC 60300-3-10:2001),对于每个不同的场合都需要仔细地选择适宜的方法,以保证总的费效。

本部分还涉及产品在设计期间、设计完成、生产和使用期间,可能需要的维修性相关数据的收集、分析和表示。

2　规范性引用文件

下列文件对于本文件的应用是必不可少的。凡是注日期的引用文件,仅注日期的版本适用于本文件。凡是不注日期的引用文件,其最新版本(包括所有的修改单)适用于本文件。

IEC 60050(191):1990　电工术语　可信性与服务质量(International Electrotechnical Vocabulary (IEV)—Chapter 191:Dependability and quality of service)

IEC 60300-3-10:2001　可信性管理　第3-10部分:应用指南(Dependability management—Part 3-10:Application guide-maintainability)

IEC 60300-3-12　可信性管理　第3-12部分:应用指南　综合后勤保障(Dependability management—Part 3-12:Application guide—Integrated logistic support)

IEC 60300-3-14　可信性管理　第3-14部分:应用指南　维修和维修保障(Dependability management—Part 3-14: Application guide—Maintenance and Maintenance support)

IEC 60706-2　维修性　第2部分:设计和开发阶段要求与研究(Maintainability of equipment—Part 2: Maintainability studies during the design phase)

IEC 61160　设计评审(Design review)

IEC 61649　威布尔分布数据的置信下限、置信区间和拟合优度检验(Goodness-of-fit tests, confidence intervals and lower confidence limits for Weibull distributed data)

IEC 61710　幂律模型的　拟合优度检验和估计方法(Power law model—Goodness-of-fit tests and estimation methods)

3　术语和定义

IEC 60050(191):1990 界定的以及下列术语和定义适用于本文件。

3.1

用户选定的设备　customer selected equipment

产品中由用户指定的部分。

注:一般来说,供货商对这一部分的维修性无法控制,但在产品的设计过程中又应考虑其维修性。显然需要用户和供货商之间合作。

3.2

维修性演示验证　maintainability demonstration

为了明确达到具体维修要求或/和获得维修性数据，在个别产品或样品上进行的试验工作。

3.3

维修性验证　maintainability verification

为确定承包方是否已使某种产品的维修性要求得到满足而进行的一系列监测、检查工作。

3.4

维修方案　maintenance concept

产品维修中应用的维修场所等级、维修层次及维修活动等级之间的相互关系的说明。

3.5

维修方针　maintenance policy

提供维修和维修保障的一般方法，它是建立在所有者、使用者、客户目标和原则基础上的。

3.6

软件支持中心　software support center

集中的软件维护服务。

4　维修性验证导论

4.1　验证目的

维修性验证目的是验证产品在一定的性能范围内，其定性和定量的维修性要求是否已经达到。包括验证规定的维修活动是否使产品的性能恢复到了规定的水平。验证适用于硬件、软件及维修设施。

维修性验证是一个评价各种维修性研究结果的过程。只要数据和结果可用，评价就能开始，并且贯穿于整个工程，延伸到使用现场。

进一步扩充至：

——维修性定性要求，见第5章；

——维修性定量要求，见第6章。

演示验证方法将在第7章中描述。

4.2　影响维修性验证的维修保障因素

在进行维修性验证时，以下的维修保障因素对维修活动效果具有决定性的影响：

——维修设施；

——保障设备；

——材料保障；

——维修人员和训练；

——技术文件和手册；

——运输、装卸和储存条件。

IEC 60300-3-14 将对维修保障作进一步阐述。

4.3　验证方法

维修性验证是一个连续的产生、收集、分析和评价工程各个阶段获得的维修性相关数据，并将结果与规定的维修性要求相比较的过程。

对于工程不同阶段，维修性验证采用如下不同的验证方法：

a)　分析与评审：包括分析历史数据，比较设计评审结果和维修性预计结果。包括分析产品寿命周期中的现场数据。

b) 专题研究:概念和定义阶段或者设计和研制阶段针对一般的或者具体的问题所作的研究。例如,易维修性研究、维修任务分析及仿真研究等。

c) 演示验证试验:在产品设计研制阶段末期或生产早期,如果用分析的方法或具体的研究都未能给出足够的证据来表明产品的维修性是否满足了规定的要求时所进行的试验。

d) 操作使用评审:可通过产品的操作使用和对现场数据的评审,也可以在适当的时候结合对历史数据的评审和分析来完成维修性验证。

e) 三维成像仿真:在整个设计过程的适当时候,可以进行维修动作的三维计算机仿真,来验证所提出的维修顺序、途经和其他工作空间是否达到必需的维修性水平要求。

4.4 验证程序

验证程序的步骤如下:

a) 明确维修性数据的来源

在工程早期阶段,仅有以前相似产品的历史数据可用。而设计、制造、试验和最后的现场数据都是可用的。在本部分中的维修性演示验证提供了一种在仿真条件下产生维护数据的专用数据源。

b) 数据的收集和分析

数据的收集和分析包括数据的收集、审查和为了保证数据的适用性而进行的筛选。

c) 评估

用数学模型或检查清单对数据进行处理,以获得产品维修性的定量指针或定性特性。

d) 与要求相比较

将评估的结果与规定的维修性指标和特性相比较,以检查是否满足维修性要求。

此外,作为一个完整的维修性验证,下列信息也是必需的:

e) 产品维修计划

产品维修计划是产品维修方案对该产品的应用,对产品维修计划应加以定义,这样才能对历史数据和其他来源的数据做出正确的解释。维修计划还明确规定了维修性验证过程中应考虑的维修和保障的条件与限制。

f) 可靠性数据

根据对单一维修活动次数的估计或观察,需要采用相关的可靠性指标,如预期的维修活动频度,来计算某些维修性指标。可靠性数据将会影响维修性验证的某些方面,例如,确定验证的顺序,给出评价的先决条件等。如果这些信息是不可得到的或者是不完整的,则宜提出假设。可用信息的质量及所作的假设将影响到验证结果。

4.5 条件和限制

维修性验证所采用的方法应由客户规定,或者由承包方选择并在维修性大纲中加以说明(详见IEC 60706-2)。因此,在选择与每个维修性要求有关的验证方法时要考虑以下方面:

a) 可利用的资源

如果合同规定了费用的限额,将会影响验证方法的选择,应考虑验证设施未来的可用性。

b) 接收判据

对每个规定的维修性要求,其接收判据宜与费用和时间进行权衡。

c) 时间限制

在选择不同的验证方法时,要考虑时间方面的要求。维修性验证程序宜与总的工程进度相一致。

d) 三维图像仿真

如没有可用的试验样品或保障设备时,可使用本方法。

e) 能用于维修性验证的试验样品和(或)保障设备

特别是当实施维修性验证试验时,宜保证试验进度与总的工程进度一致,并且保证试验过程中所要求的试验样品和设备是容易得到的。

f) 维修分析的技能水平和经验

维修性验证是以设计评审或分析为基础的,因此需要技术素质好的和经验丰富的人员去分析图纸和方案。

g) 错误决策带来的风险

应根据产品的复杂性及其质量和数量的历史数据来评估该风险。

h) 具体的保障要求

在计划中的适当时间需要用的,如必需的检测设备、设施和人员资格等。

i) 环境条件或假设的影响

任何与实际操作环境(如维修或检测设备、设施、备件、人员技术水平等)的偏差宜详细地予以估计。

j) 数据收集

在试验和操作使用期间,宜明确规定收集有代表性的维修性数据的要求。这些要求包括格式、代码、数据处理等。

k) 客户和承包商的关系

宜明确规定客户具有的监控、拒收或管理权。

l) 维修性担保

合同中宜规定在没有达到维修性要求或者接收标准的情况下的处理办法,例如,罚款或不予奖励。

m) 验证的真实性

维修性验证宜包括具有代表性的实际操作环境和在操作环境中预期的具有代表性的维修技术人员。

4.6 定性和定量的验证程序

维修性验证的作用在于提供及时和恰当的有关维修性要求已达到何等程度的信息。由于这些要求可能是定性的也可能是定量的,所以设计维修性验证程序应相应地采用以下方法之一或它们的组合:

——分析和评审;

——设计研究、试验和三维图像仿真;

——通过试验或实际操作。

定性和定量的两种维修性验证方法,可通过选择表1所述的方法来实现。

表1 定性和定量维修性验证方法

方法的类型		分析和评审	设计研究和试验	演示验证	操作使用
定性验证方法	设计评审	×			
	试验过程评审	×	×	×	
	易维修研究		×		
	维修任务分析的评审	×		×	

表 1（续）

方法的类型		分析和评审	设计研究和试验	演示验证	操作使用
定性验证方法	操作过程的评审				×
	三维图像仿真		×	×	
定量验证方法	维修性预计	×	×		
	以试验数据为基础的验证		×	×	
	以现场数据为基础的验证				×

5 定性的验证程序

5.1 设计评审

在产品进行常规的设计评审时，维修性定性验证可以依据一组设计要求和工程标准（参阅 IEC 61160）对设计文件进行评价。

根据工程的不同类型性质，可用一份说明产品各种维修性特性的检查清单，作为验证指导。

这类研究要求对一个设计的维修性特性做出良好的工程判断并应建立在先前的经验上。为了逐步改进设计，它能作为常规工程实践的一部分应用于设计阶段。出于维修性验证的目的，设计评审通常要与其他一些方法结合起来使用。

5.2 试验过程评审

在产品操作使用期间，通常不可能获得维修性数据，或者不可能及时用于维修性验证。因此，这些数据可能需要从工程早期阶段中获得，或者通过接近实际情况的模拟环境下专门的演示验证试验获得。为使这样的试验具有代表性和再现性，应当明确定义试验条件。任何与现实情况的偏差应充分估计，当从工程中或从试验中都能获得维修性数据时，就能发现这些主要偏差。

5.3 维修难易度研究

通过针对某些具体问题的维修难易程度的研究，也许可以找到一些典型的维修性问题快速解决的方法。如果有产品的模型或者三维 CAD 可用的话，可直接开展这些问题的研究。在一些场合，应用虚拟模型（三维计算机模型），则可以获得更清晰的维修性演示验证的信息。例如：

——维修工具的使用空间；

——维修部位的可达性；

——不同条件下不同任务的持续时间；

——可利用的工作场地；

——不同小组人员同时进行维修工作的可能性；

——维修任务的技术复杂性；

——演示验证目的、要求、目标的可行性；

——高压、高温部件的安全防护措施等。

5.4 维修任务分析评审

维修任务分析是用于明确产品维修所需的资源，通常是维修计划的一部分，并在维修操作前开展。

维修任务分析是 IEC 60300-3-12 中描述的综合后勤保障的一个基本部分，在 IEC 60300-3-14 也有相关的讨论。

维修任务分析的评审可用于定性验证。

5.5 操作过程评审

产品维修性定性评价可通过观测产品在工作期间的状态来实现，其要点是：

a) 事先规定的维修和保障方案的足够性
   是否存在由于实际使用环境而引起的无法预料的困难？
   是否已存在额外的备件消耗量？
b) 所提供的工具和测试设备的适用性
   是否为检测提供了足够的测试点？
   是否需要额外的工具或测试设备？
c) 实施维修活动人员所需的技术水平
   是否存在由于人员缺乏训练或人事管理方面的原因而引起维修方面的问题？
   所需的技术水平是否恰当？
d) 维修活动的可行性
   是否制定了适当的故障诊断和隔离的检测方法？
   是否可完全接近被更换的单元？
e) 技术手册的齐套性
   维修说明书是否完全和易懂？
f) 维修性软件的完善性
   是否已对维修过程中所需的各种软件，如涉及测试、训练、技术手册等，进行了充分的考虑？
g) 安全预防措施的有效性
   维修活动中是否存在任何发生危险情况的可能性？

根据操作实践获得的这类信息和问题，可以对产品维修性定性特征做出真实的评价。但是，它需要长期的跟踪观测和收集处理。

6 定量的验证程序

6.1 维修性预计

维修性预计既可对整个产品进行也可在较低的维修层次上进行。在设计风险很小，或者用户认为在产品研制期间已获得足够的证据证明维修性要求已得到满足的情况下，维修性预计也可作为一种验证。

维修性预计的详细内容见 IEC 60706-2。

6.2 基于演示试验的验证

维修性数据可以在相对短的时间里，在模拟环境下，使用样机、模型或三维仿真系统，从有限的维修性演示验证试验中获得。这是验证是否满足合同的唯一方法。在这种情况下，数据的收集贯穿于整个试验，并且是试验人员日常的工作的一部分，所以数据的收集不成问题。

然而，由于不恰当的环境模拟可能带来与实际运行数据不同的偏差，宜认真审查这些结果。如有可能，应借助修正因子对明显的偏差进行修正。

维修性演示验证详见第 7 章。

6.3 基于现场数据的验证

在产品操作使用期间收集的维修数据是维修性定量特征的最佳信息来源。为了能从这些数据中得出正确的结论，它们至少应包括如下信息：

——产品、部件、分部件等的标识；

——维修原因；

——实施维修的类型；可以是定期维修（如产品各部分的保养、检查、校准、检修、更新）或者是不定期维修（如站点维修、拆卸并更换、工厂维修）；

——维修耗用的工时；

维修占用的时间；

——总的维修停工时间（维修主动停工时间、维修延误的时间）；

——每个产品的工作时数；

——维修人员数量和技术水平；

——占用的试验/检查设备；

——维护的可达性；

——备件和材料的耗损量。

这些数据是在足够长的时间里收集的，其统计计算结果可为定量的维修性验证提供真实的依据。现场数据对以后的工程项目具有指导意义，可以为以后的维修性验证提供可靠的历史数据。

然而，这个过程只能用于产品使用阶段，它需要耗费大量时间和有效的数据收集系统，因此，其结果只能在产品开发过程的后期才能利用。

7 演示验证方法

7.1 引言

维修性演示验证仅是整个维修性验证过程的一个方面。然而，演示验证结果通常是产品交付前维修性验证的唯一合同依据。因此，演示验证方法的要点概述如下。

7.2 演示验证程序

维修性演示验证的步骤主要包括以下几点：

a) 可行性试验

该试验通常是在产品研制期间，在实物模型、工程模型或使用三维仿真程序进行。其目的是为了得到有关维修难易度、安装、维护和修理时间方面的信息。

b) 设计试验

该试验如同初步的设计评审，不能用于正式的产品鉴定，通常客户代表不监控。试验的结果形成文件，并且可用于提高维修性评价的置信度。设计试验可在样机和生产产品上进行。

c) 正式的维修性演示验证

正式的演示验证是产品正式鉴定的一部分，应在预生产或正式生产的产品上进行。它是依据互相认可的条件，并在客户代表监控下进行。

7.3 演示验证方案

维修性试验和演示验证方案是维修性大纲的一部分。它将作为基本的计划编制文件，用于所有正式的维修性试验，它应包括：

a) 演示验证任务及其费用（包括软件部分）清单，它将根据下面的准则选定：

——预防性维修:应从产品预定的操作使用中选择一些具有代表性的任务。

——修复性维修:选择的任务应能达到总的预计修理时间的具有代表性的百分数。

附录 A 的 A.2 中进一步叙述了任务选择的方法。

b) 试验工作组及其职责和权力的说明。试验工作组的组成和职责从以下几方面规定:

——工作团队组织;

——具体职责分配;

——对试验工作组成员的资格、数量、招募来源及培训要求(见 A.4)。

c) 保障物资、设施和文件数据的清单包括:

——需要演示验证的维修性参数;

——维修可达性及其局限的说明;

——维修工具、试验和检测设备,包括自动检测设备;

——工作和维修所需的技术手册的说明;

——问题解答;

——必要的备件和耗材;

——保险装置和程序;

——校准设备;

——专用维修设施的说明。

d) 演示验证试验程序的说明,统计试验方法和程序参阅表 A.1。

e) 有关重新试验的规定。

7.4 条件和限制

维修性演示验证试验宜作为总的研制和鉴定试验大纲的一个组成部分,以保证演示验证试验费用的有效性和提高试验样品、人员和设施等的利用率。

不在承包方职责之内的设备将不进行演示验证,如客户自己选择的设备。

然而,承包方应保证在演示验证试验期间不会因承包方自己的设备接口不匹配而使设备的维修性下降。

7.5 改进后的演示验证

对于没有满足规定要求的产品,其中的任何缺陷应加以修正。其修正部分及受其影响的部分应重新试验。维修可达性发生改变或受到限制时所有受影响的部分都要重新试验。

8 验证程序的要点

8.1 使用的数据源

以下类型的数据信息可用于后续工程阶段的维修性验证:

——类似产品的历史数据;

——设计或制造数据;

——演示验证和现场数据。

作为验证程序的第一步(见 9.3)应提供上述所有可能的各种数据源。

8.2 数据的收集和分析

有关现场维修及相关费用方面的历史数据应从可以利用的正式来源和相关的出版物中获取。尤其在军用和民用航空、航天、电子及其他工业领域都已进行了系统的数据收集。但是,这些数据的获取有时局限于一定的用户范围内。另外，有些单位拥有自身产品的维修经验，能获得有关的维修性数据。

维修性设计或制造方面的数据可从图纸和检测中获得，例如，从常规的质量保证监控和返修工作中获得。如果维修性验证不是基于历史或设计数据，而是基于实际的产品数据，那么这些数据可从演示验证试验、专题研究或产品的操作使用获得。一个综合的数据收集系统应当记录所有的故障和维修数据。这个数据收集系统应和下述要求相一致：

——为验证开展的试验数据评价；

——操作实践，以促使下一步的验证工作进入到实用阶段，因此，所有的维修作业应根据用户的维修任务予以确认，数据收集的组织、程序和职责宜详细地予以规定(见第9章)。

由于以下一个或几个因素，有必要对数据进行调整和检查。

a) 系统的相似性

从其获得历史数据的产品是否与待评价的产品相似？

b) 设计修改

维修性数据的有效性是否因设计或结构的改变而受到影响？

c) 维修方案

数据的可移植性是否因不同的维修方案而受到影响？

d) 维修条件

维修数据是否基于相同的标准，如人员技术水平、维修工具和设施、检测设备等？

e) 环境

整个数据收集期间(操作、试验期间)产品的功能和环境应力与所期望的相比较是否相当？

f) 数据收集过程

数据收集过程是否可靠？

在应用到维修验证之前，应该检查和筛选所有数据。对于技术、条件或流程上的偏差，这些数据可利用修正系数予以修正。

8.3 评价

8.3.1 定性评价

维修性数据的定性评价是借助于维修性设计检查清单进行的，这是定性的维修性分析的主要工具。检查清单通常由通用的标准判据部分和系统特有的部分组成(见第5章)。

8.3.2 定量评价

维修性数据的定量评价可借助于统计方法、数学模型或者对比研究来完成。可应用的方法如下：

a) 工作数据的统计评价

在给定时期内大量维修活动生成了现场维修原始数据，因此，统计评价通常包括按要求对数据进行排序和分组，对各数据组内的数据进行编辑并计算全部的维修性指标，如每工作小时的工时。

b) 试验数据的统计评价

进行维修性演示验证试验的目的是为了从有限的试验样品来确定对产品总体给出接受或拒收的判断。根据不同的维修性要求，可采用不同的试验方法。进行的维修次数应与规定的统计方法一致，以得出最终的结论。用这种方法得到的维修性描述不是绝对的，但可以得到在给定的风险下，达到规定要求的概率。

c) 历史数据和设计数据的评价

可以利用类似产品先前经历的维修性数据或产品直接的设计和制造信息，作为所构造的数学模型的输入，以分析计算规定的维修性特性。该数学模型的构造取决于数据的类型。

8.3.3 例外情况与排除

上述评价方法应该说明哪些事件应排除在考虑之外。这些事件通常包括：

——试验仪器失效而引起的维修；

——由于故障模拟而导致的二次失效所引起的维修；

——意外损坏带来的维修等。

8.4 比较

维修性验证过程中的最后一步是将评价结果与规定的维修性要求相比较。这时可能产生下述各种问题：

——评价结果从统计角度看是否可认为是有效的？

——评价结果是否满足规定的维修性要求？

——评价结果是否与以前类似系统的经验有明显差异？

合同中宜说明由于没有满足规定维修性要求或接受判据的后果。

9 维修性数据的收集、分析和表示

9.1 引言

本章概述维修性相关数据收集、分析及表示时需考虑的内容。

对产品的维修性进行评价，需要产品寿命周期内不同时刻的维修性相关数据。

维修性数据的收集、分析与表示，要求在产品的设计和完成期间，以及生产和工作期间进行。这些数据一般由产品的供货商以维修性数据报告的形式提供给未来的用户，该维修性数据报告将数据连同其相关说明一起提交。

所关心的关键维修性数据是修复性和预防性维修活动的停工时间和维修工时。也应提供说明所需人员及设施的维修保障信息。

在表示维修性数据时，重点要考虑的是维修概念、名词术语及定义、数据来源说明、分析程序和数据表示方法。这些要素已在第8章中叙述。

9.2 维修方案

为了清楚地理解所表示的维修性数据，定义可应用于数据的具体产品的维修方案是必不可少的。下面检查清单说明了所需的有代表性信息类型。

下列的维修方案信息是必需的：

——产品参考目录；

——产品说明；

——产品功能；

——日期；

——维修方案：

- 技能要求；
- 保障设备要求；
- 技术文件要求；
- 培训要求。

对维修所需的不同维修场所，如原位、本地、仓库或保障中心等，应提供与维修方案相关的信息。

9.3 数据来源

9.3.1 引言

维修性相关数据可以从以下几个方面得到：

——相似产品的历史数据；

——产品设计和制造数据；

——产品演示验证和现场数据。

这些数据可用基本的维修性度量值，例如 MTTR 的改进值（真值、预计值、估计值、外推值）表示。

在说明上述各种数据来源时，应考虑下述要点：

9.3.2 历史数据

首先应说明产品及其历史数据的来源（如现场使用、修理车间、软件保障中心），以及历史数据适用到当前产品的理由。还应说明收集数据使用的方法、维修人员的训练和技能级别，以及历史数据对所研究产品的适用性的差异。

历史数据应用于产品初期的规范、概念和定义阶段。在产品寿命的后期阶段，应考虑它们与现行产品上所得到的实际数据的关系。历史数据也可作为维修性验证（见第 6 章）的一个辅助信息来源。

9.3.3 产品设计和制造数据

如果维修性数据是从设计、研制和制造阶段（如研制试验、生产或装配作业），通过采用设计分析、预测或 3D 软件获得，则使用的方法宜予以确认。应详细说明如何选择、应用这些方法，并应注意数据在精度方面可能存在的局限。IEC 60706-2 叙述了设计分析和评价方法。

产品设计和制造数据可以作为下列方面的基础：

——产品维修性要求的鉴定和验收；

——评审历史数据的相关性及前期维修性估计的有效性；

——预防性的维修计划制订；

——修复性维修改进；

——维修费用改进。

9.4 产品演示验证及现场数据

维修性数据可以在真实或模拟环境下从模型机、原型机或生产产品的演示验证试验中得到，也可以从产品使用（如保障中心、修理店或工作现场）期间产生的数据中得到。应说明选用的维修方法、数据监控和记录技术以及维修人员的技术水平及其受到的培训。第 5 章和第 6 章叙述了几种维修性验证技术。在产品寿命周期的工作和维修期间，演示验证及现场数据的反馈是支撑工程活动的基本方法，它突出强调了产品的不足，如维修性差，维修保障系统欠缺。

9.5 分析流程

9.5.1 引言

当演示验证试验和测定试验（即：得出一个定量的维修性水平）提交维修性数据时，应说明所用的分析程序，有关要点包括：

——数据编辑；

——数据统计分布分析；

——参数计算。

9.5.2 数据编辑

应说明为保证数据的准确性、完整性及有效性所采取的措施，如果对数据进行任何删改处理，应对所进行的工作说明原因及使用的规则。

9.5.3 数据统计分布分析

如果要对数据进行统计分析，首先必需确定数据的分布。对分布实验的方法以及选择的理由应加以说明。常用的方法有 χ^2 检验、柯尔莫洛夫-斯米尔洛夫检验和图估检验。附录 B 提供了这些方法的详细资料。

9.5.4 参数计算

对要提交的所有维修性参数的计算依据应加以说明。应对选择的参数计算是根据积累的还是某一时间间隔的数据计算的方法加以详述。如果采用的是维修性数学模型，应对其进行充分的描述。附录 B 对维修性最常用的一些算术和几何方法，以及正态对数分布、正态分布和多态混合分布的置信区间与所选的分位元点提供了指南。对于其他的分布类型，相应的值可以查看统计学课本。对于与之相关的耗损或早期故障的零部件，可以使用 Weibull 分布（IEC 61649）。对于非恒定故障强度的可修理系统，可以使用幂律模型（IEC 61710）。

9.6 数据表示

9.6.1 引言

维修性数据表示主要是针对：

——修复性维修；

——预防性维修；

——修正性维修。

此外，应提供维修保障数据，以提供必要的背景资料。

维修性数据通常用 IEC 60050(191) 中定义的参数表示。所使用的但不包括在上述标准中的术语，作为数据表示的一部分应当充分定义。

9.6.2 修复性维修

修复性维修时间通常用有效修理时间表示，由若干分项组成。表 2 给出了一个象征性一览表，以记录修复性维修中一系列有效的修理项目的细节。

该表格标明了故障单元（相关单元）、故障（失效）类型、维修技术人员、需要的人数和各项停工细目。这些信息适用于从研制和操作试验得到的数据。

表示从历史或预测得到的数据，根据经验，可能用均值或中位数，比用单个产品数据表示更好。表 3 给出了从这些来源汇总的（平均的）试验数据可采用的表示形式。此表给出了产品各主要子单元的平均有效修复时间及其分项的标准偏差。如果需要，也可以选用分位点代替标准偏差来表示，如 95% 分位点。

用于修复性维修特性方面的其他参数有：

——故障自动检测率（产品工作时）；

——故障自动恢复率；

——有定位精度说明的自动或手工故障定位；

——手工或自动修复过程的效率；

——有效修复时间的均值或分位点。

这些参数的平均值可从历史、预测和汇总试验数据得到。

9.6.3 预防性维修

预防性维修数据的表示，要求将各项任务的持续时间连同发生的频率分别予以表示。表4给出了这些数据可以采取的形式。维修持续时间一般用有效的预防性维修时间表示。对观测到的非预防性维护实施的停机时间，需要时可进行附加。为了有助于维修计划安排，需要估计出每种任务的维修工时。在详细的任务信息中，还应给出全部预防性维修的总次数。

9.6.4 修正性维修

开展修正性维修可提高产品的性能或改善产品的维修性和可靠性。如果经济上可行，在产品寿命期内任何时候都可以进行。非紧急情况，通常安排在计划维修中或在修复性维修中进行。为确保备件和文件可供改装和维修产品使用，保持一个准确和最新配置的控制系统很重要。

一个以维修性或可靠性差为理由而做出修改零部件的决定，很可能是从一个强调某些细节部分的维修数据系统的数据分析得到的。任何修改的零部件一旦完成，有必要对其进行单独确认，以便从最新数据方面，确定该修改已达到预期结果。

9.6.5 维修性保障数据

为帮助产品用户制定维修保障方案，需要维修保障数据。应提供的主要数据内容有：推荐的维修方案、培训要求、专用工具或其他保障设备及需要的技术文件。此外，应按以下内容详细说明预防性维修要求：

——预防性维修的主要任务；

——所需的人员技能和保障设备；

——对停机和维修工时的影响。

关于管理时间、备件使用和交付等进一步的维修性保障数据，可以根据需要补充。更多关于维修保障的信息可查阅IEC 60300-3-14。

表2 有效修理任务数据一览表

					有效修理时间细目/h					
任务序号	相关单元	故障	技术员	人员数量	诊断	技术延迟	修复	完工检查	总修复时间	总工时
1	LRA-1	CR-1		1	0.2	0.1	0.1	0.1	0.5	0.5
2	LRA-1	C-24		2	0.7	0.2	0.2	0.2	1.3	2.6
3	LRA-5									
注：LRA——现场可更换的组件。										

表3 有效修理时间一览表

相关单元	诊断时间		技术性拖延		修复时间		完工检查时间		总时间	
	平均值	标准差	平均值	标准差	平均值	标准差	平均值	标准差	平均值	标准差
LRA-1	0.2	0.05	0.1	0.05	0.1	0.05	0.1	0.05	0.5	0.05
LRA-5	0.7	0.1	0.2	0.05	0.2	0.05	0.2	0.05	1.3	0.09
注：LRA——现场可更换的组件。										

表 4 预防性维修一览表

任务序号	相关单位	任务描述	任务 发生频率	任务程序(见注)	需要人员数量	工时	有效预防性维修时间
1	LRA-1	清洁空气滤波器	每 500 h	A-1	1	0.5	0.5
2	LRA-1	替换刷子	每 2 000 h	A-2	2	1.5	0.75
3							
注：参考预防性维修的工作过程的详细说明。							
[a] LRA——现场可更换的组件。							

附　录　A
（规范性附录）
维修性演示验证程序

A.1　维修性试验方法

在维修性演示验证中应用的试验方法取决于产品的具体参数或潜在使用者的其他目的。推荐的维修性统计试验方法概括于表A.1，其中 X 表示具体参数，与试验方法标号相对应的具体方法介绍在附录B中。

表A.1　试验方法

试验方法	试验指标	假定条件	固定或连续	推荐样本(近似)
1	均值	对数正态 $\ln X$ 方差真值的估计	固定	30
2	均值	参数 X 方差真值的估计	固定	30
3	均值	无	固定	50
4	分位点	对数正态 $\ln X$ 方差真值的估计	固定	20
5	见注释	对数正态分布	固定	20
6	见注释	无	固定	无
7	见注释	无	连续	无
注：维修时间超出规定值的百分比。				

A.2　维修任务选择方法

在维修性演示验证中，应分别演示验证预防性维修和修复性维修任务。

应根据下列比值的递减顺序选择各种预防性维修任务的类型。

$$\frac{t_p}{\mathrm{MDT}_p}$$

式中：

t_p　　——预防性维修任务的平均持续时间；

MDT_p——所有预防性维修停机的平均时间。

修复性维修任务应以演示验证期间更实用的原则来选择下述中的一种方法：

——自然故障方法，即在实际运行或模拟运行状态下自然发生的维修任务；

——故障诱发方法，即在产品上诱发故障然后实施维修。

演示验证样本最少应由 n 个独立的任务组成，n 满足下列条件：

$$n=\sum_i n_i$$

$$n_i=n\cdot\frac{\lambda_i}{\sum_i \lambda_i}$$

式中:

n_i ——分配给失效率为 λ_i 的零部件 i 的任务数;

n ——大于或等于表 A.1 中所推荐的样本大小。

A.3 故障诱发方法

故障诱发所导致的维修(如故障症状及所需的修理程序)对于设计和维修要素而言,应具有代表性。对于电子产品,可以通过下述各种方法诱发故障,而导致修复性维修任务:

——内部断线;

——接地;

——将好的元件、电路或组件用带有适当故障类型的相同产品替换;

——去除一段导线或某一线路插板;

——插入额外的不易探测的部件,如旁路电阻,来模拟额定条件以外的情况;

——故意失调;

——使用不良焊接点以引起间歇现象。

注:经验说明,有意地制造不良焊接点是非常困难的。因此为了维修性演示验证试验建议从生产在线收集间歇性故障模块。

对于机械产品,可通过下述各种方法诱发故障,而导致修复性维修任务:

——把好的元件或组件用带有相应故障类型的产品替换;

——故意失调;

——使一个正在工作的机械装置突然故障;

——松动一个适当的零部件;

——断开电源;

——断开一个相应的连接。

对于软件产品,可通过下述各种方法诱发故障,而导致修复性维修任务:

——插入一段错误代码;

——删除关键代码;

——修改命令路径;

——改变计数器指针变量的值;

——有意误配通用模块;

——误导结果;

——插入不会产生明显错误的错误代码;

——用一个常量代替一个关键变数。

A.4 人员选择

参与维修性演示验证试验的技术人员和监督人员,不但在总体上而且在具体产品方面,其技术水平、受教育程度、维护训练及经验,都具有代表性。一个可行的方法是征得承包方的同意后,从用户单位挑选这些人员。

维修性演示验证小组的职责包括:维修作业的实施和监督、数据评估、试验准备工作的检查、试验结果的评审和评价,以及试验报告的准备等。

附 录 B
(规范性附录)
维修性演示验证试验方法

B.1 引言

附录B介绍了用于验证如第8章所述的维修性定量要求是否达到的统计试验方法。当维修性事件统计独立时,这些方法可用于所有的维修性演示验证。试验条件应能代表实际使用的情况。

B.2 试验方法1

试验指标: 均值试验,如:MACMT

假定: 有效的修复性维修时间(ACMT)完全能够用对数正态分布表示。$\tilde{\sigma}^2$ 是 ACMT 的对数方差由先验信息得知。

试验假设: 原假设 H_0: 均值 $\mu \leqslant \mu_0$

备择假设 H_1: 均值 $\mu > \mu_0$

接受概率 P_a: $P_a = 1-\alpha$ 当 $\mu=\mu_0$ 时

$P_a = \beta$ 当 $\mu=\mu_1$ 时

这里 α=生产方风险,β=使用方风险,$\mu_1 > \mu_0$

样本大小 n: $n=\frac{(u_{1-\alpha}\mu_0+u_{1-\beta}\mu_1)^2}{(\mu_1-\mu_0)^2}(e^{\sigma^2}-1)$

式中:

σ^2 ——有效的修复性维修时间对数方差的先验估计值;

$u_{1-\alpha}, u_{1-\beta}$ ——标准正态偏差;

μ_0 ——最小可接受的维修性均值,如 MACMT;

μ_1 ——不可接受的 MACMT 的均值。

注:μ_1 和 μ_0 的值是在协议中给出或者根据用户的要求给出的。

最小样本数为30。

判决过程: 由 n 个有效的修复性维修时间的随机样本 $x_1, x_2, \cdots, x_n$ 计算出

样本均值:$\bar{X}=\frac{1}{n}\sum_{i=1}^{n} X_i$

样本方差:$s^2=\frac{1}{n-1}(\sum_{i=1}^{n} x_i^2 - n \cdot \bar{x}^2)$

当 $\bar{x} \leqslant \mu_0 + u_{1-\sigma}\frac{s}{\sqrt{n}}$ 时接受 H_0

否则,拒绝 H_0。

B.3 试验方法2

试验指标: 均值试验,如 MACMT

假定: 有效的修复性维修时间(ACMT)的分布没有具体的假设。而 ACMT 的方差 σ^2

是由先验的信息得知。

试验假设：　见试验方法 1

接受概率 P_a：　见试验方法 1

样本大小 n：　$n=\sigma^2(\frac{u_{1-\alpha}+u_{1-\beta}}{\mu_1-\mu_0})^2$

式中：

σ^2 ——有效的修复性维修时间方差的先验估计值；

$u_{1-\alpha}, u_{1-\beta}$ ——标准正态偏差。

最小样本数为 30。

判决过程：　见试验方法 1。

B.4　试验方法 3

试验指标：　均值试验，如 MACMT

假定：　无

试验假设：　见试验方法 1

接收概率 P_a：　见试验方法 1

样本大小 n：　$n=\sigma^2(\frac{u_{1-\alpha}+u_{1-\beta}}{\mu_1-\mu_0})^2$

式中：

σ^2 ——一个样本有效的修复性维修时间的样本方差；

$u_{1-\alpha}, u_{1-\beta}$ ——标准正态偏差。

最小样本数为 50。

判决过程：　见试验方法 1。

B.5　试验方法 4

试验指标：　分位点试验

假定：　ACMT 完全能够用对数正态分布表示，σ^2 由先验信息中获得。

试验假设：　原假设 $H_0: \chi_p \leqslant T_0$

备择假设 $H_1: \chi_p \geqslant T_0$

χ_p 是 χ 的 P 分位点，T_0 是分隔试验时间分位点接受和拒绝区域的具体时间。

接受概率 P_a：　$P_a=1-\alpha$　当 $\chi_p=T_0$

$P_a=\beta$　当 $\chi_p=T_1$

α=生产方风险，β=使用方风险，$T_1>T_0$

样本大小 n：　$n=\left(1+\frac{u_p^2}{2}\right)\sigma^2\left(\frac{u_{1-\alpha}+u_{1-\beta}}{\ln T_1-\ln T_0}\right)^2$（向高位整数进位）

式中：

σ^2 ——σ^2 先验估计值；

$u_{1-\alpha}, u_{1-\beta}, u_p$ ——标准正态偏差。

最小样本数为 20(大约)。

判决过程：　由 n 个有效修复性维修时间的随机样本 $x_1, x_2, \cdots, x_n$ 计算出样本的 $\ln x_i$ 均值

$$\bar{y}=\frac{1}{n}\sum_{i=1}^{n}\ln x_i$$

样本方差：$s^2=\frac{1}{n-1}\left[\sum_{i=1}^{n}(\ln x_i)^2-n\bar{y}^2\right]$

然后计算

$$U=\ln T_0+u_{1-\alpha}\cdot s\left[\frac{1}{n}+\frac{u_p^2}{2(n-1)}\right]^{\frac{1}{2}}$$

当 $\bar{y}+u_p s\leqslant U$ 就接受 H_0

否则就拒绝 H_0。

B.6 试验方法 5

试验指标： ACMT 超出规定值的比例。

假定： ACMT 完全能够用对数正态分布表示。

试验假设： 零假设 H_0： $P_r[X>T]\leqslant p_0$

对立假设 H_1： $P_r[X>T]>p_0$

其中，$P_r[X>T]$表示随机变量 X 大于时间 T 的概率。

接受概率 P_a： $P_a=1-\alpha$ 当 $P_r[X>T]=p_0$

$P_a=\beta$ 当 $P_r[X>T]=p_1$

α=生产方风险，β=使用方风险，$p_1>p_0$。

样本大小 n： $n=\left(1+\frac{k^2}{2}\right)\left(\frac{u_{1-\alpha}+u_{1-\beta}}{u_{1-p_0}-u_{1-p_1}}\right)^2$（向高位整数进位）

式中：

$$k=\frac{u_{1-\alpha}\cdot u_{1-p_1}+u_{1-\beta}\cdot u_{1-p_0}}{u_{1-\alpha}+u_{1-\beta}};$$

$u_{1-\alpha},u_{1-\beta},u_{1-p_1}$——标准正态偏差。

最小样本数为 20。

判决过程： 由 n 个有效修复性维修时间的随机样本 $x_1,x_2,\cdots,x_n$ 计算样本 $\ln x_i$

平均值 $\bar{y}=\frac{1}{n}\sum_{i=1}^{n}\ln x_i$

样本方差 $s^2=\frac{1}{n-1}\left[\sum_{i=1}^{n}(\ln x_i)^2-n\bar{y}^2\right]$

当 $\bar{y}+ks\leqslant T$ 就接受 H_0

否则就拒绝 H_0。

B.7 试验方法 6

试验指标： ACMT 超出规定值的比例。

假定： 无。

试验假设： 见试验方法 5。

接受概率 P_a： 见试验方法 5。

样本大小 n 和接受值 c： n 和 c 由以下方程组解得，n 为满足条件的最小整数：

$$\sum_{w=0}^{c}\binom{n}{w}p_0{}^w(1-p_0)^{n-w}\geqslant 1-\alpha$$

$$\sum_{w=0}^{c}\binom{n}{w}p_1{}^w(1-p_1)^{n-w}\leqslant\beta$$

解方程可通过下列方法：

——当 $0.2 < p_0 < 0.8$ 用正态近似估计；

——当 $p_0 < 0.2$ 用泊松近似估计(见表 B.2)；

——用计算机直接解得。

判决过程： 从 n 个有效修复性维修时间的随机样本 $x_1, x_2, \cdots, x_n$ 计算出超过规定观察时间 T 的次数，这个数为 r。

当 $r \leqslant c$ 接受 H_0

当 $r > c$ 拒绝 H_0。

B.8 试验方法 7

试验指标： ACMT 超出规定值的比例。

假定： 无。

试验假设： 见试验方法 5。

接受的概率 P_a： 见试验方法 5。

样本大小 n： 这是序贯试验，没有固定的样本数存在(见表 B.1)。

判决过程： 连续抽取有效修复性维修时间的随机样本 $x_1, x_2, \cdots, x_n$，直到作出接受或拒绝判决为止。计算超过规定的有效修复性维修时间 T 的次数 d_N。然后将每次观察得出的 d_N 与接受数 a_N 和拒绝数 r_N 相比较(见表 B.1)：

$a_N = -b_1 \times kN$

$r_N = -b_2 + kN$

式中：

$$b_1 = \frac{\ln \dfrac{1-\alpha}{\beta}}{\ln \dfrac{p_1}{p_0} + \ln \dfrac{1-p_0}{1-p_1}}$$

$$b_2 = \frac{\ln \dfrac{1-\beta}{\alpha}}{\ln \dfrac{p_1}{p_0} + \ln \dfrac{1-p_0}{1-p_1}}$$

$$k = \frac{\ln \dfrac{1-p_0}{1-p_1}}{\ln \dfrac{p_1}{p_0} + \ln \dfrac{1-p_0}{1-p_1}}$$

当 $d_N < a_N$ 时接受 H_0；

当 $d_N > r_N$ 时拒绝 H_0。当 $r_N > d_N > a_N$ 将继续试验进行 $N+1$ 个观察(见图 B.1 及参考 GB/T 5080.1 关于序贯试验方案的说明)。

当维修次数达到 N_E 时应终止试验

$$N_E \geqslant \frac{3b_1}{k}$$

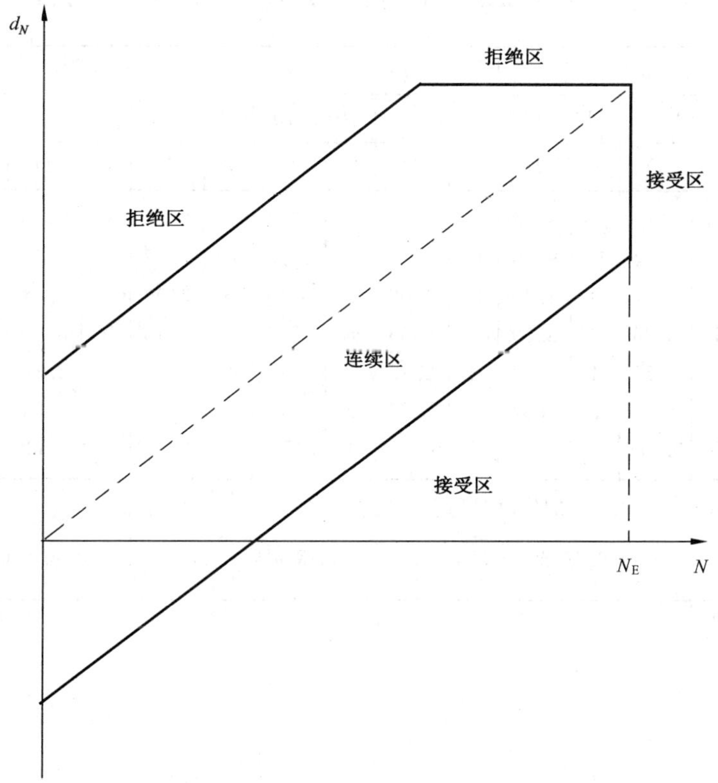

图 B.1 试验方法 7——序贯试验方案

表 B.1 试验方法 7——接受和拒绝值

观测数 N	接受值 a_N	拒绝值 r_N	观测数 N	接受值 a_N	拒绝值 r_N
3		3	54	6	11
6		3	55	7	12
7		4	60	7	12
12		4	61	8	13
13	0	5	66	8	13
18	0	5	67	9	14
19	1	6	72	9	14
24	1	6	73	10	15
25	2	7	78	10	15
30	2	7	79	11	16
31	3	8	84	11	16
36	3	8	85	12	17
37	4	9	90	12	17
42	4	9	91	13	17
43	5	10	96	13	17
48	5	10	97	14	17
49	6	11	99	14	17
			100	16	17

表 B.2　对于规定的 p_0，p_1，α，β（p_0＜0.2）的抽样方案

$k=\frac{p_1}{p_0}$	α=0.05						α=0.10						α=0.20					
	β=0.05		β=0.10		β=0.20		β=0.05		β=0.10		β=0.20		β=0.05		β=0.10		β=0.20	
	c	D	c	D	c	D	c	D	c	D	c	D	c	D	c	D	c	D
1.5	66	54.1	54	43.3	39	30.2	51	43.0	40	33.0	29	23.2	36	31.8	27	23.5	17	14.4
2.0	22	15.7	18	12.4	14	9.25	17	12.8	14	10.3	10	7.02	12	9.91	9	7.29	6	4.73
2.5	13	8.46	10	6.17	8	4.70	10	7.02	8	5.43	6	3.90	7	5.58	5	3.84	3	2.30
3.0	9	5.43	7	3.98	6	3.29	7	4.66	5	3.15	4	2.43	4	3.09	3	2.30	2	1.54
4.0	6	3.29	5	2.51	4	1.97	4	2.43	3	1.75	2	1.10	3	2.30	2	1.54	1	0.824
5.0	4	1.97	3	1.37	3	1.37	3	1.75	2	1.10	2	1.10	2	1.54	1	0.824	1	0.824
10.0	2	0.818	2	0.818	1	0.353	1	0.532	1	0.532	1	0.532	1	0.824	1	0.824	0	0.227

对于给定的 p_0，p_1，α，β，D 除以 p_0 的值就是所要找的样本大小 n（舍去小数点）。

例如：$p_0=0.05$，$p_1=0.20$，$\alpha=0.10$，$\beta=0.05$，$k=\frac{0.20}{0.05}=4$，得 $n=\frac{D}{0.05}=\frac{2.43}{0.05}=48$，接受值 $c=4$。

附　录　C
（规范性附录）
维修性相关数据分析

C.1　引言

在第9章中简要描述了维修性相关数据分析方面的内容，相关数据可从原始资料（如历史资料，开发或演示验证试验，生产，装配和现场运行）中获得，以及哪些数据可用于维修性鉴定或演示验证试验。该分析的一个重要部分是决定数据的分布。在附录C中，将介绍最常用的分布检验方法，柯尔莫哥洛夫-斯米诺夫检验（也叫 d 检验）。这种检验方法适用于所有类型的数据和所有分布形式。其他几种可能的方法（如 χ^2 检验、图估检验）可参考相关的统计学课本。

C.2　柯尔莫哥洛夫-斯米诺夫检验

C.2.1　在维修性中用到的分布

在维修性中最通常用到的分布函数是：

——对数正态分布；

——多态混合分布（在特定情况下）。

在大多数情况下，对数正态分布是用得最好的模型。然而，在某些情况下正态分布也可作为一种近似模型。对于用多于一个时间因素的数据样本（故障机理、维修类型等），有时候可采用多态混合分布表现。

如何选择一种合适的分布模型已超出附录C的范围。对此，应参考相关统计学课本。

C.2.2　柯尔莫哥洛夫-斯米诺夫的分布检验

为了进行参数（如均值和标准偏差）估计，柯尔莫哥洛夫-斯米诺夫检验或 d 检验是利用观测数据绘制合适的假设理论分布（如对数正态）图形。围绕该理论分布，构造正或负 d 个概率单位的边界。表C.1给出了 d 的临界值，它的选择要根据进行检验的数据样本大小及显著性水平（α）。其后是将观察到的数据分布（画）到图上。如果观测数据在任何点上超出了边界，那么假设理论分布就与数据不符。相反，如果观测数据始终在边界之内，则不能拒绝假设分布。

表C.1　d 的临界值

样本大小	显著性水平 α			
	0.15	0.10	0.05	0.01
5	0.474	0.510	0.565	0.669
10	0.342	0.368	0.410	0.490
15	0.283	0.304	0.338	0.404
20	0.246	0.264	0.294	0.356
30	0.20	0.22	0.24	0.29
40	0.18	0.19	0.21	0.25

表 C.1(续)

样本大小	显著性水平 α			
	0.15	0.10	0.05	0.01
50	0.16	0.17	0.19	0.23
>50	$\frac{1.14}{\sqrt{n}}$	$\frac{1.22}{\sqrt{n}}$	$\frac{1.36}{\sqrt{n}}$	$\frac{1.63}{\sqrt{n}}$

注:上面显示 d 值是依据一个完全规范的假设分布。假如用样本数据来估计参数,对于指数分布检验,表中的 d 要乘以 0.8;对于正态分布检验,表中的 d 要乘以 0.67。

参 考 文 献

[1] GB/T 5080.1 设备可靠性试验 总要求(idt IEC 605-1:1978)

[2] GB/T 6992.1 可信性大纲管理指南(idt IEC 300-1:1995)

[3] GB/T 6992.2 可信性管理 第2部分:可信性大纲要素和工作项目(idt IEC 60300-2:1995)

[4] GB/T 9414.8 设备维修性导则 第九部分:维修性评价中的统计方法(idt IEC 60706-6:1994)

[5] IEC 60300-3(所有部分) 可靠性管理 第3部分:应用指南

[6] RADC-TR-69-356 维修性预测和演示验证技术.卷2,1970.1:维修性演示验证 Grafton H. Griswold 等

ICS 31.100
L 38

中华人民共和国国家标准

GB/T 9435—2012
代替 GB/T 9435—1988

彩色显像管有效屏面尺寸

Useful screen dimensions for color picture tubes

2012-11-05 发布 2013-02-15 实施

中华人民共和国国家质量监督检验检疫总局
中国国家标准化管理委员会 发布

前　言

本标准按照 GB/T 1.1—2009 给出的规则起草。

本标准代替 GB/T 9435—1988《彩色显像管有效屏面尺寸》。

本标准与 GB/T 9435—1988 相比主要变化如下：

——增加了第 2 章规范性引用文件；

——修改了球面彩色显像管有效面积的计算方法；

——增加了 4∶3 非球面彩色显像管有效径及有效面积的计算方法；

——增加了 16∶9 彩色显像管有效径及有效面积的计算方法；

——调整并增加了附录 A 的计算示例。

本标准由中华人民共和国工业和信息化部提出。

本标准由全国电真空器件标准化技术委员会(SAC/TC 167)归口。

本标准起草单位：彩虹集团公司。

本标准主要起草人：黄宁歌、秦云庆、牛少梅。

本标准所代替标准的历次版本发布情况为：

——GB/T 9435—1988。

彩色显像管有效屏面尺寸

1 范围

本标准规定了彩色显像管屏面有效径和有效面积的计算方法。

本标准适用于彩色显像管有效屏面计算。

2 规范性引用文件

下列文件对于本文件的应用是必不可少的。凡是注日期的引用文件，仅注日期的版本适用于本文件。凡是不注日期的引用文件，其最新版本(包括所有的修改单)适用于本文件。

GB/T 8170 数值修约规则与极限数值的表示和判定

3 术语和定义

下列术语和定义适用于本文件。

3.1

屏面 screen

沿管轴平行方向所看到的管屏面部分。

3.2

内面过渡半径 inside transition radius

屏内表面与内侧面的过渡半径。

3.3

中心距 center distance

在同一对称轴上，两内面过渡半径中心的间距。

3.4

有效径 useful screen dimensions

3.4.1

球面屏有效径 spherical panel useful screen dimensions

长轴、短轴及对角轴的“最小有效尺寸”。如图1所示，对称轴上内面过渡半径的中心距(IL、IS、ID)至内面过渡半径 R 与管轴形成30°的位置。内面过渡半径及中心距采用屏的设计值。

3.4.2

非球面屏有效径 non-spherical panel useful screen dimensions

长轴、短轴及对角轴的“中心值及相对误差”。如图3所示，内曲面 $Z=f(x,y)$ 与内面过渡圆弧两者切点 P 至管轴的距离的2倍。内曲面 $Z=f(x,y)$ 与内面过渡半径 R 采用屏的设计值。

3.5

有效面积 useful area

3.5.1

球面屏有效面积 spherical panel useful area

以最小有效面曲率半径的轨迹为边界所围成的面积。

3.5.2

非球面屏有效面积　non-spherical panel useful area

用长轴有效径与短轴有效径的乘积表示。

4　符号、单位及数值取舍

4.1　符号

R ——内面过渡半径

R_1 ——长边半径

R_2 ——短边半径

R_3 ——内面拐角半径

D_W ——长轴有效径

D_H ——短轴有效径

D_D ——对角轴有效径

W ——二分之一的长轴有效径

H ——二分之一的短轴有效径

D ——二分之一的对角轴有效径

XS ——从短轴到拐角半径中心的距离

YS ——从长轴到拐角半径中心的距离

IL ——长轴过渡半径的中心距

IS ——短轴过渡半径的中心距

ID ——对角轴过渡半径的中心距

α ——过 S 点的长边半径与短轴的夹角

β ——过 S 点的短边半径与长轴的夹角

γ ——过 S 点的长边半径与短边半径的夹角

A ——有效面积

4.2　单位

本标准计算过程中长度单位为毫米(mm)、面积单位为平方毫米(mm^2)、角度单位为弧度(rad)、计算结果有效面积应换算为平方厘米(cm^2)。

4.3　数值取舍

计算过程中的尺寸数值精确到小数点后两位,其中弧度的数值精确到小数点后八位。计算结果面积取整数值。取舍方法按 GB/T 8170。

5　计算方法

5.1　球面彩色显像管

5.1.1　有效径计算

有效径按式(1)～式(3)计算(见图 1):

长轴：$D_W = 2W = IL + R$ ……………………………（1）

短轴：$D_H = 2H = IS + R$ ……………………………（2）

对角轴：$D_D = 2D = ID + R$ ……………………………（3）

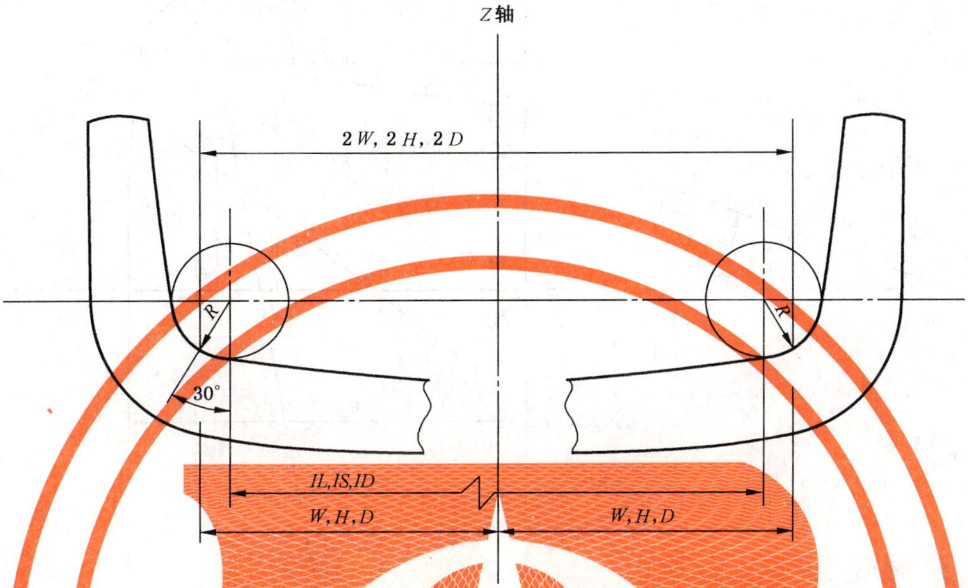

图 1

5.1.2 有效面积计算

5.1.2.1 有效面曲率半径计算

有效面曲率半径按式(4)～式(9)计算(见图 2)：

$$R_3 = D - \sqrt{XS^2 + YS^2} \quad (D > \sqrt{XS^2 + YS^2}) \qquad \cdots\cdots(4)$$

$$R_1 = H - \frac{XS^2 + YS^2 - (R_3 - H)^2}{2(R_3 - H + YS)} \qquad \cdots\cdots(5)$$

$$R_2 = W - \frac{XS^2 + YS^2 - (R_3 - W)^2}{2(R_3 - W + XS)} \qquad \cdots\cdots(6)$$

$$\alpha = \sin^{-1}\frac{XS}{R_1 - R_3} \qquad \cdots\cdots(7)$$

$$\beta = \sin^{-1}\frac{YS}{R_2 - R_3} \qquad \cdots\cdots(8)$$

$$\gamma = \frac{\pi}{2} - \alpha - \beta \qquad \cdots\cdots(9)$$

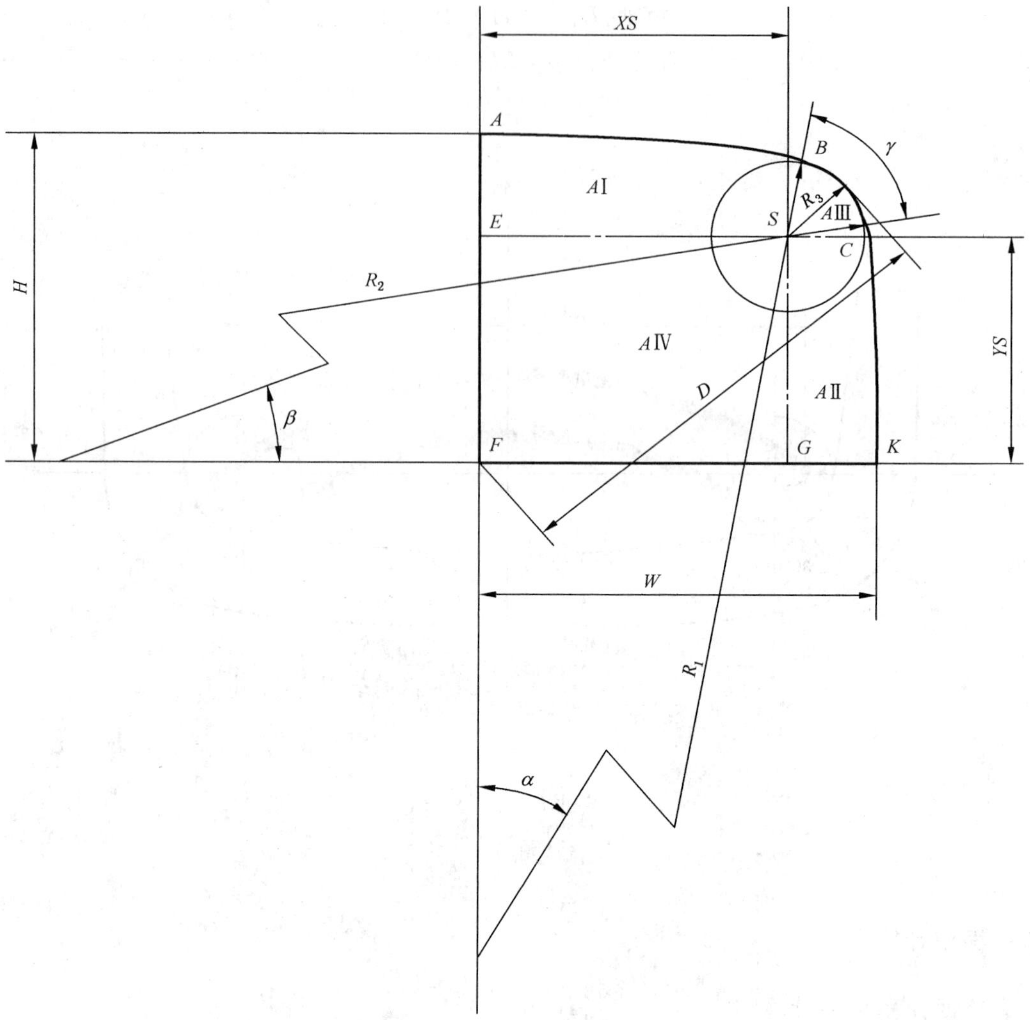

图 2

5.1.2.2 **分面积计算**

如图 2 所示，四分之一的屏面可分为 AⅠ、AⅡ、AⅢ、AⅣ四部分。其中，$ABCE$ 表示 AⅠ部分的面积；$SCKG$ 表示 AⅡ部分的面积；BCS 表示 AⅢ部分的面积；$ESGF$ 表示 AⅣ部分的面积。分别按式(10)～式(13)计算：

$$A\text{Ⅰ}=\frac{1}{2}\left[\alpha\times R_1^2-XS\times\sqrt{(R_1-R_3)^2-XS^2}\right] \quad \cdots\cdots(10)$$

$$A\text{Ⅱ}=\frac{1}{2}\left[\beta\times R_2^2-YS\times\sqrt{(R_2-R_3)^2-YS^2}\right] \quad \cdots\cdots(11)$$

$$A\text{Ⅲ}=\frac{1}{2}\gamma\times R_3^2 \quad \cdots\cdots(12)$$

$$A\text{Ⅳ}=XS\times YS \quad \cdots\cdots(13)$$

5.1.2.3 **有效面积计算**

有效面积按式(14)计算：

$$A=4\times(A\text{Ⅰ}+A\text{Ⅱ}+A\text{Ⅲ}+A\text{Ⅳ}) \quad \cdots\cdots(14)$$

5.2 非球面彩色显像管

5.2.1 宽高比 4∶3 彩色显像管

5.2.1.1 有效径中心值

如图 3 所示，有效径中心值指内曲面 $Z=f(x,y)$ 与内面过渡圆弧两者切点 P 至管轴的距离的 2 倍。

$$长轴:D_W=2W$$

$$短轴:D_H=2H$$

$$对角轴:D_D=2D$$

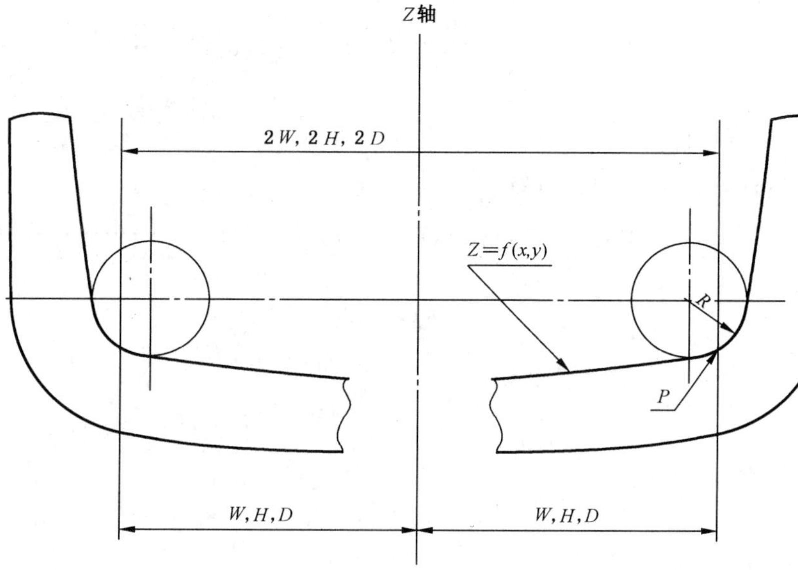

图 3

5.2.1.2 有效径计算

有效径指长轴、短轴及对角轴的中心值及相对误差。假设误差为中心值的 0.5%，则有效径按式(15)～式(17)计算：

$$长轴:D_W=2W(1\pm0.5\%) \qquad (15)$$

$$短轴:D_H=2H(1\pm0.5\%) \qquad (16)$$

$$对角轴:D_D=2D(1\pm0.5\%) \qquad (17)$$

5.2.1.3 有效面积计算

有效面积按式(18)计算：

$$A=D_W\times D_H \qquad (18)$$

5.2.2 宽高比 16∶9 彩色显像管

5.2.2.1 有效径中心值

有效径中心值如下：

$$对角轴:D_D=2D$$

$$长轴:D_W=\left(\frac{16}{\sqrt{16^2+9^2}}\right)2D$$

$$短轴:D_H=\left(\frac{9}{\sqrt{16^2+9^2}}\right)2D$$

5.2.2.2 有效径计算

有效径指长轴、短轴及对角轴的中心值及相对误差。假设误差为中心值的0.5%，则有效径按式(19)～式(21)计算：

$$对角轴:D_D=2D(1\pm0.5\%) \quad\cdots\cdots(19)$$

$$长轴:D_W=\left(\frac{16}{\sqrt{16^2+9^2}}\right)2D(1\pm0.5\%) \quad\cdots\cdots(20)$$

$$短轴:D_H=\left(\frac{9}{\sqrt{16^2+9^2}}\right)2D(1\pm0.5\%) \quad\cdots\cdots(21)$$

5.2.2.3 有效面积的计算

有效面积按式(22)计算：

$$A=D_W\times D_H=(144/337)\times(2D)^2 \quad\cdots\cdots(22)$$

附　录　A
（资料性附录）
计算示例

A.1　球面屏彩色显像管

A.1.1　设计值

以37SX110Y22型彩色显像管为例，在屏设计图上查出设计值如下：

$$R=7.00\ \text{mm}$$
$$IL=273.80\ \text{mm}$$
$$IS=203.60\ \text{mm}$$
$$ID=328.40\ \text{mm}$$
$$XS=126.98\ \text{mm}$$
$$YS=90.76\ \text{mm}$$

A.1.2　最小有效径计算

将 IL、R 值代入

$$2W=IL+R=273.80+7.00=280.80\ (\text{mm})$$

将 IS、R 值代入

$$2H=IS+R=203.60+7.00=210.60\ (\text{mm})$$

将 ID、、R 值代入

$$2D=ID+R=328.40+7.00=335.40\ (\text{mm})$$

A.1.3　最小有效曲率半径计算

$$R_3=D-\sqrt{XS^2+YS^2}$$
$$=\frac{335.40}{2}-\sqrt{126.98^2+90.76^2}$$
$$=167.70-156.08=11.62\ (\text{mm})$$
$$R_1=H-\frac{XS^2+YS^2-(R_3-H)^2}{2(R_3-H+YS)}$$
$$=\frac{210.6}{2}-\frac{126.98^2+90.76^2-\left(11.62-\frac{210.60}{2}\right)^2}{2\left(11.62-\frac{210.60}{2}+90.76\right)}$$
$$=105.30-\frac{16\ 123.92+8\ 237.38-8\ 775.94}{-2\times 2.92}$$
$$=2\ 774.03\ (\text{mm})$$
$$R_2=W-\frac{XS^2+YS^2-(R_3-W)^2}{2(R_3-W+XS)}$$
$$=\frac{280.80}{2}-\frac{126.98^2+90.76^2-\left(11.62-\frac{280.80}{2}\right)^2}{2\left(11.62-\frac{280.80}{2}+126.98\right)}$$

$$=140.40-\frac{16\ 123.92+8\ 237.38-16\ 584.29}{-2\times 1.8}$$

$$=2\ 300.68\ (\mathrm{mm})$$

$$\alpha=\sin^{-1}\frac{XS}{R_1-R_3}$$

$$=\sin^{-1}\frac{126.98}{2\ 774.03-11.62}$$

$$=\sin^{-1}0.045\ 967\ 11$$

$$=0.045\ 983\ 31\ (\mathrm{rad})$$

$$\beta=\sin^{-1}\frac{YS}{R_2-R_3}$$

$$=\sin^{-1}\frac{90.76}{2\ 300.68-11.62}$$

$$=\sin^{-1}0.039\ 649\ 46$$

$$=0.039\ 659\ 86\ (\mathrm{rad})$$

$$\gamma=\frac{\pi}{2}-\alpha-\beta$$

$$=1.570\ 796\ 33-0.045\ 983\ 31-0.039\ 659\ 86$$

$$=1.485\ 153\ 16\ (\mathrm{rad})$$

A.1.4 分面积计算

$$A\,\text{I}=\frac{1}{2}\left[\alpha\times R_1^2-XS\times\sqrt{(R_1-R_3)^2-XS^2}\right]$$

$$=\frac{1}{2}\left[0.045\ 983\ 31\times 2\ 774.03^2-126.98\times\sqrt{(2\ 774.03-11.62)^2-126.98^2}\right]$$

$$=1\ 726.34\ (\mathrm{mm}^2)$$

$$A\,\text{II}=\frac{1}{2}\left[\beta\times R_2^2-YS\times\sqrt{(R_2-R_3)^2-YS^2}\right]$$

$$=\frac{1}{2}\left[0.039\ 659\ 86\times 2\ 300.68^2-90.76\times\sqrt{(2\ 300.68-11.62)^2-90.76^2}\right]$$

$$=1\ 166.51\ (\mathrm{mm}^2)$$

$$A\,\text{III}=\frac{1}{2}\gamma\times R_3^2$$

$$=\frac{1}{2}\times 1.485\ 153\ 16\times 11.62^2$$

$$=100.27\ (\mathrm{mm}^2)$$

$$A\,\text{IV}=XS\times YS$$

$$=126.98\times 90.76$$

$$=11\ 524.70\ (\mathrm{mm}^2)$$

A.1.5 有效面积计算

将 AⅠ、AⅡ、AⅢ、AⅣ值代入

$$A=4\times(A\,\text{I}+A\,\text{II}+A\,\text{III}+A\,\text{IV})$$

$$=4\times(1\ 726.34+1\ 166.51+100.27+11\ 524.70)$$

$$=4\times 14\ 517.82$$

$$=58\ 071.28\ (\mathrm{mm}^2)$$

$$=581\ (\mathrm{cm}^2)$$

A.2 宽高比 16∶9 彩色显像管

A.2.1 设计值

以 W76CPAA00X01 型 16∶9 彩色显像管为例，在屏设计图上查出设计值如下：

$$D=380.10\ (\mathrm{mm})$$

A.2.2 有效径计算

$$D_D=2D=380.10\times 2=760.2\ (\mathrm{mm})$$

$$D_W=\left(\frac{16}{\sqrt{16^2+9^2}}\right)2D=\left(\frac{16}{\sqrt{16^2+9^2}}\right)\times 760.2=662.57\ (\mathrm{mm})$$

$$D_H=\left(\frac{9}{\sqrt{16^2+9^2}}\right)2D=\left(\frac{9}{\sqrt{16^2+9^2}}\right)\times 760.2=372.70(\mathrm{mm})$$

A.2.3 有效面积计算

$$A=D_W\times D_H=\frac{144}{337}(2D)^2=\frac{144}{337}\times(760.20)^2=246\ 938\ (\mathrm{mm}^2)=2\ 469\ (\mathrm{cm}^2)$$

参 考 文 献

EIAJ ED-2136A:1992 Useful screen dimensions and area of glass bulbs for cathode-ray tube.

ICS 25.200
J 36

中华人民共和国国家标准

GB/T 9452—2012
代替 GB/T 9452—2003

热处理炉有效加热区测定方法

Testing method for working zone of heat treatment furnace

2012-09-03 发布

2013-03-01 实施

中华人民共和国国家质量监督检验检疫总局
中国国家标准化管理委员会
发布

前 言

本标准按 GB/T 1.1—2009 给出的规则起草。

本标准代替 GB/T 9452—2003《热处理炉有效加热区测定方法》。本标准与 GB/T 9452—2003 相比，主要内容变化如下：

——增加了“GB/T 1598、GB/T 2903、GB/T 4990、GB/T 4994、GB/T 5977、GB/T 13324、GB/T 17615、GB/T 18404”(见第 2 章)；

——删除了第 2 章中 GB/T 3772、JB/T 8205、JB/T 8901；

——将术语“保温精度”修改为“温度均匀性”(见 3.3)；

——增加了ⅢA 类±8 ℃炉型(见表 1)；

——增加和修改了第 5 章内容，在 5.1.2 中给出可以不进行有效加热区重复测定的情况；

——删除了原标准表 2 中“仪表检定周期”项和原图 1、图 2；

——增加了“图 1　测量线路的连接图”；

——修改了 6.1、6.2、6.3、6.4 内容，在表 3 中增加了 R、B、N、J、T、PRT 热电偶和铂电阻，表 4 中增加了 RC、NX、JX、TX 补偿导线型号；

——将“7.1 检测要求”改为“一般要求”，并补充了有关内容；

——修改了“检测点数量和位置”(见 7.2)；

——增加修改了“检测顺序及步骤” 的内容(见 7.4)；

——将原标准“10 标志”及“11 管理”合并为“10 管理”。

本标准由全国热处理标准化技术委员会(SAC/TC 75)提出并归口。

本标准主要起草单位：广东世创金属科技有限公司、北京机电研究所、江苏丰东热技术股份有限公司、北京航空材料研究院、天津市热处理研究所有限公司。

本标准参加起草单位：长春一汽嘉信热处理科技有限公司、湖北赛地科技发展有限公司、西安福莱特热处理有限公司、天津创真金属科技有限公司、中国航空工业集团公司长城计量测试技术研究所。

本标准主要起草人：董小虹、徐跃明、向建华、王广生、宋宝敬、陈志强、梁先西、李俏、陈战、牟宗山、姜敬东、杨鸿飞、邢志松、刘丹英、吕国义。

本标准所代替标准的历次版本发布情况为：

——GB/T 9452—1988、GB/T 9452—2003。

热处理炉有效加热区测定方法

1 范围

本标准规定了热处理炉按温度均匀性分类、实施条件和测定周期、检测装置、检测方法、有效加热区的评定、检测报告和管理。

本标准适用于评定热处理炉内满足热处理工艺规定的加热温度及温度均匀性的有效加热区。不适用于连续加热炉中没有固定的工艺规定加热温度或不要求温度均匀性的加热区。

2 规范性引用文件

下列文件对于本文件的应用是必不可少的。凡是注日期的引用文件，仅注日期的版本适用于本文件。凡是不注日期的引用文件，其最新版本(包括所有的修改单)适用于本文件。

GB/T 1598 铂铑10-铂热电偶丝、铂铑13-铂热电偶丝、铂铑30-铂铑6热电偶丝

GB/T 2614 镍铬-镍硅热电偶丝

GB/T 2903 铜-铜镍(康铜)热电偶丝

GB/T 4989 热电偶用补偿导线

GB/T 4990 热电偶用补偿导线合金丝

GB/T 4993 镍铬-铜镍(康铜)热电偶丝

GB/T 4994 铁-铜镍(康铜)热电偶丝

GB/T 5977 电阻温度计用铂丝

GB/T 7232 金属热处理工艺术语

GB/T 13324 热处理设备术语

GB/T 16839.2 热电偶 第2部分:允差

GB/T 17615 镍铬硅-镍硅镁热电偶丝

GB/T 18404 铠装热电偶电缆及铠装热电偶

3 术语和定义

GB/T 7232、GB/T 13324 中界定的以及下列术语和定义适用于本文件。

3.1

工艺规定温度 process temperature

根据工件热处理的目的和材料种类，由热处理工艺规定的加热温度。

3.2

保温温度 soaking temperature

在工艺规定温度下保持必要时间，工件或加热设备内加热介质的温度。

3.3

温度均匀性 temperature uniformity

热处理炉实际保温温度相对于工艺规定温度的精确程度，是指各测试点温度相对于设定温度的最大温度偏差。

3.4

有效加热区　working zone

在加热炉中,经温度检测而确定的满足热处理工艺规定温度及温度均匀性的工作空间。

3.5

假定有效加热区　previewed work zone

为判断热处理炉的有效加热区,在进行检测前,根据热处理炉的结构、控制方式及其他条件而预先假定的测温空间,一般为热处理炉制造厂或有关标准所规定的工作空间。

3.6

空载试验　no load test

在不装入工件或代用品的情况下测定有效加热区的试验。

3.7

装载试验　load test

装入一定量工件或代用品情况下测定有效加热区的试验。装入炉子额定装载量一半的载荷情况下的装载试验,称为半装载试验;装入炉子额定装载量的载荷情况下的装载试验,称为满载试验。

4　热处理炉按温度均匀性分类

热处理炉按有效加热区的温度均匀性分为七类,其控温仪表准确度级别、记录仪表准确度级别要求如表1所示。

表1　热处理炉按温度均匀性分类及其仪表准确度级别

热处理炉类型	有效加热区温度均匀性 ℃	控温仪表准确度级别 级	记录仪表准确度级别 级
Ⅰ	±3	0.1	0.2
Ⅱ	±5	0.2	0.3
ⅢA	±8	0.5	0.5
Ⅲ	±10	0.5	0.5
Ⅳ	±15	0.5	0.5
Ⅴ	±20	0.5	0.5
Ⅵ	±25	1.0	1.0

5　实施条件和测定周期

5.1　实施条件

5.1.1　热处理炉凡属下列状况之一者,均应测定有效加热区:

a)　新添置的热处理炉首次应用于生产;

b)　经过大修或技术改造的热处理炉;

c)　热处理炉生产对象或工艺变更,需要改变温度均匀性时;

d)　控温或记录温度传感器位置变更时;

e)　定期或临时需要进行有效加热区检测时;

f)　改变有效加热区位置和扩大体积;

g) 扩大工作温度范围；

h) 炉气流动方式、速度(如档板位置、风扇速度、风量等)改变；

i) 耐火材料型号或厚度改变；

j) 加热元件数量、类型或位置改变；

k) 燃烧器尺寸、数量、类型或位置改变；

l) 燃烧压力设定改变；

m) 炉子压力设定改变；

n) 温度控制配置改变；

o) 稳定常数调整。

5.1.2 炉子较小的修理、损坏或故障元件替换、恢复炉子至初始状态，不影响炉子温度均匀性的维护，都不要求进行有效加热区重复测定。包括：

a) 用完全相同燃烧器或炉砖部分更换燃烧器或炉砖；

b) 用具有相似热性能的材料部分修理耐火材料；

c) 更换控制或监测温度传感器至其以前相同的位置；

d) 更换加热系统元件(例如气体调整器、阀、仪表、部分加热元件等)；

e) 恢复初始燃烧压力设定或整定常数；

f) 用具有相同整定常数的相同控制仪表更换控制仪表；

g) 系统精度校验不合格；

h) 纠正炉子压力控制问题；

i) 维修炉门密封。

5.2 测定周期

热处理炉有效加热区的测定周期如表 2 所示。

表 2 热处理炉有效加热区测定周期

单位为月

热处理炉类型	有效加热区测定周期
Ⅰ	2
Ⅱ	2
ⅢA	6
Ⅲ	6
Ⅳ	6
Ⅴ	6
Ⅵ	12

注 1：利用率较低的热处理炉，其测定周期可适当延长。

注 2：仅用作退火、正火和消除应力等预备热处理的加热炉，以及经连续三个周期检测合格、使用正常的热处理炉，其测定周期可延长至一年。

6 检测装置

6.1 组成

热处理炉有效加热区检测装置由温度传感器、补偿导线、铜导线、检测仪表、转换器及测温架等组成。测量线路如图 1 所示。

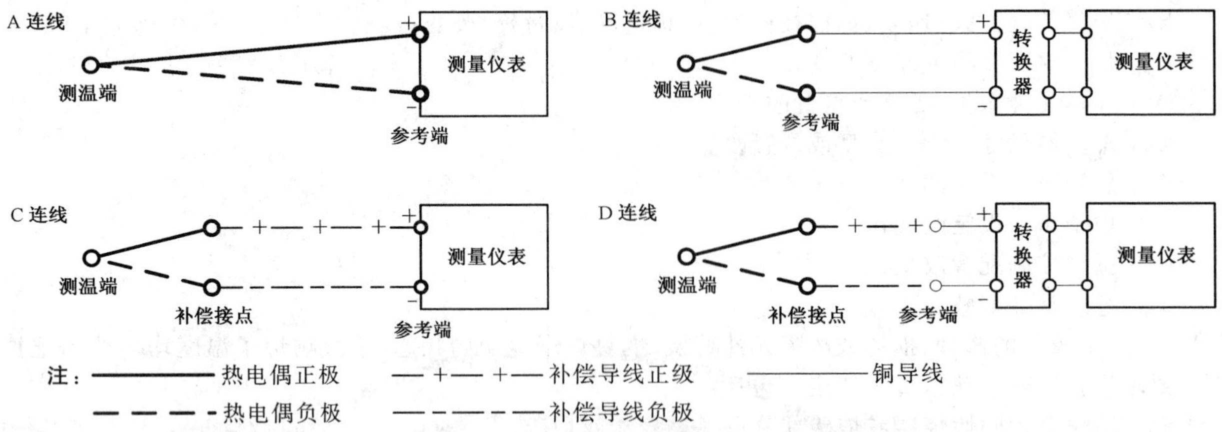

图 1 测量线路的连接图

6.2 温度传感器

检测用温度传感器应符合 GB/T 1598、GB/T 2614、GB/T 2903、GB/T 4993、GB/T 4994、GB/T 5977、GB/T 17615、GB/T 16839.2 及相关标准的规定，按检测温度及温度均匀性要求按表 3 选择。对于真空炉、气氛炉应采用铠装热电偶，铠装热电偶应符合 GB/T 18404 及相关标准的规定。

表 3 热处理炉有效加热区检测用温度传感器

温度传感器名称	分度号	等级	使用温度 ℃	允差[a] ℃	检定周期[b] 月
铂铑 10-铂	S	Ⅰ	0～1 100	±1	12
			1 100～1 600	±[1+0.003×(t−1 100)]	
		Ⅱ	0～600	±1.5	6
			600～1 600	±0.25%t	
铂铑 13-铂	R	Ⅰ	0～1 100	±1	12
			1 100～1 600	±[1+0.003×(t−1 100)]	
		Ⅱ	0～600	±1.5	6
			600～1 600	±0.25%t	
铑 30-铂铑 6	B	Ⅱ	0～600	±1.5	12
			600～1 700	±0.25%t	
镍铬-镍硅	K	Ⅰ	0～375	±1.5	6
			375～1 000	±0.4%t	
		Ⅱ	−40～333	±2.5	
			333～1 200	±0.75%t	
镍铬硅-镍硅	N	Ⅰ	0～375	±1.5	6
			375～1 000	±0.4%t	
		Ⅱ	−40～333	±2.5	
			333～1 200	±0.75%t	

表 3（续）

温度传感器名称	分度号	等级	使用温度 ℃	允差[a] ℃	检定周期[b] 月
镍铬-铜镍(康铜)	E	Ⅰ	−40～375	±1.5	6
			375～800	±0.4%t	
		Ⅱ	−40～333	±2.5	
			333～900	±0.75%t	
铁-铜镍(康铜)	J	Ⅰ	−40～375	±1.5	6
			375～750	±0.4%t	
		Ⅱ	−40～333	±2.5	
			333～750	±0.75%t	
铜-铜镍(康铜)	T	Ⅰ	−40～125	±0.5	6
			125～350	±0.4%t	
		Ⅱ	−40～133	±1	
			133～350	±0.75%t	
		Ⅲ	−67～40	±1	
			−200～−67	±1.5%t	
铂电阻	PRT	A	−100～450	±(0.15+0.2%t)	6
		B	−196～600	±(0.30+0.5%t)	

[a] t 为被测温度的绝对值。

[b] 允许按实际需要缩短检定周期。

6.3 补偿导线

检测用热电偶补偿导线应符合 GB/T 4989、GB/T 4990 的规定，根据热电偶和环境温度范围按表 4 选择。

表 4 有效加热区检测热电偶推荐使用的补偿导线

热电偶分度号	补偿导线型号	补偿导线名称	代号	温度范围 ℃	允差 ℃
S	SC	铜-铜镍 0.6 补偿线型导线	SC-GS	0～100	±2.5
R	RC	铜-铜镍 0.6 补偿线型导线	RC-GS	0～100	±2.5
K	KX	镍铬 10-镍硅 3 延长型导线	KX-GS	−20～100	±1.5
N	NX	镍铬 14 硅-镍硅延长型导线	NX-GS	−20～100	±1.5
E	EX	镍铬 10-铜镍 45 延长型导线	EX-GS	−20～100	±1.5
J	JX	铁-铜镍 45 延长型导线	JX-GS	−20～100	±1.5
T	TX	铜-铜镍 45 延长型导线	TX-GS	−20～100	±0.5

6.4 检测仪表

检测仪表的准确度应高于或等于热处理炉所使用的仪表准确度等级,并且具有在有效日期内的检定合格证。可以使用便携式电位差计、数显测温仪、多点记录仪、多点巡回检测仪或炉温跟踪仪等。

6.5 转换器

采用适合一台检测仪表测量多个位置温度的切换装置,可以是自动或手动的,具有符合检测要求的性能,不应产生影响测试结果的附加热电势和电阻。

6.6 测温架

采用耐热合金、不锈钢或低碳钢管(棒)焊成的、用来固定温度传感器的支架或者料筐,其形状和大小随热处理炉有效加热区及测量方法而定,典型测温架如图 2 所示。直插法无需测温架。

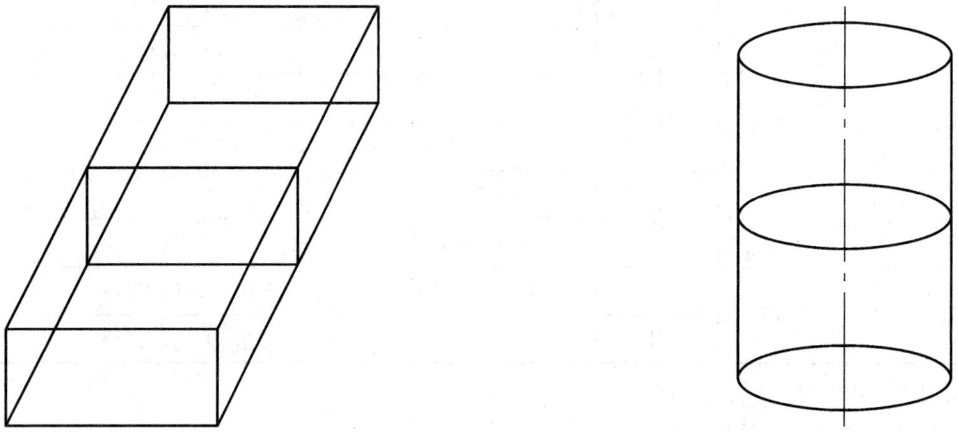

a) 箱式周期热处理炉测温架　　　　b) 井式周期热处理炉测温架

图 2 热处理炉有效加热区测温架示意图

7 检测方法

7.1 一般要求

7.1.1 热处理炉有效加热区的测定,一般情况下采用空载试验,有特殊要求时可以装载试验(半载试验或满载试验)。

如果热处理炉有效加热区的测定是空载试验,一般采用测量温度传感器直接测量;也可以将测量温度传感器连在或插入试块中,试块的厚度应小于等于在炉中处理的最薄工件的厚度,最大厚度不应超过 13 mm。试块材料应具有与在炉中处理的主要材料一致的室温导热率。

当热处理炉有效加热区的测定是装载试验,测量温度传感器应连在模拟件或工件载荷上,载荷应代表通常在炉中处理的工件厚度。

7.1.2 热处理炉处于正常使用状态,一般以正常的升温速度升温,风扇正常运转,网带炉的炉门通常是开着的。

7.1.3 炉子气氛应是生产中使用的正常气氛。对于工艺气氛会污染测量温度传感器(例如渗碳、渗氮、吸热性和放热性气氛),或其气氛会造成安全危险(例如含氢气或氨气)的炉子可以用空气或惰性气氛代替。真空炉的真空度应是在生产中使用的最低真空度,但真空压强不小于 0.13 Pa。

7.1.4 热处理炉有效加热区测定时,测量温度传感器放入炉的温度一般是测量温度或低于测量温度;如果在生产中设备的正常操作是将工件或原材料放入冷炉中随炉升温,温度均匀性测量时不允许将炉子预热,也应随炉升温。

7.1.5 一台热处理炉可以有多个有效加热区,对应不同的温度均匀性要求的多个工作温度范围,或者对应不同的温度均匀性要求的多个不同尺寸有效加热区,必须分别进行温度均匀性测量。当存在重叠或衔接时,能够满足温度均匀性高要求时,自然能够满足较低要求,不必重复测量。

7.2 检测点数量和位置

7.2.1 周期式加热炉检测:

a) 井式周期热处理炉的检测点数量和位置按表 5 规定。表 5 尺寸以外的设备,可按表 7 规定增加检测点,其位置在高度、圆周方向均衡布置。

b) 箱式周期热处理炉的检测点的数量和位置按表 6 规定。表 6 尺寸以外的设备,可按表 7 规定增加检测点,其位置在高度、长度、宽度方向均衡布置。

c) 对于浴炉或流态粒子炉,其中井式的按直径(d)<0.5 m、高(h)<1 m 井式炉规定执行,箱式的按宽(b)≤1.5 m、长(l)<2 m、高(h)<0.5 m 箱式炉规定执行。

7.2.2 连续式加热炉检测:

a) 推杆式等连续热处理炉的检测点数量和位置按表 8 规定。托盘、料筐可以作为测量框架,其高度及宽度尺寸应分别小于假定有效加热区的高度及宽度。对于连续热处理炉,一般以正常条件移动测温框架进行测温,直至保温时间结束。因热处理炉的结构使测温框架难以移动时,也可以按照箱式周期热处理炉规定,在假定有效加热区中固定测温位置进行测定。

b) 输送带式等连续热处理炉的检测点数量和位置按表 9 规定。以常用运料速度移动测温架进行测温,直至保温时间结束。在不便移动测温架的情况下,也可按箱式周期热处理炉的规定进行测定。

7.3 检测温度

以常用的工艺规定温度为工作温度范围,检测温度根据工作温度范围按表 10 规定确定。

7.4 检测顺序及步骤

7.4.1 检测准备

仪表、温度传感器、补偿导线,均应检定合格并在有效期内,同时都应提供修正值。

7.4.2 测量系统的接线

7.4.2.1 用适当的方法按需要将温度传感器测量端牢固地绑扎在测温架的每个检测点位置上。平面法测量连续炉温度均匀性时,温度传感器测量端应在检测点 76 mm 以内。

表 5　井式周期热处理炉检测点数量和位置　　单位为米

高 *h*	直径 *d*	
	＜0.5	≥0.5～2
＜1	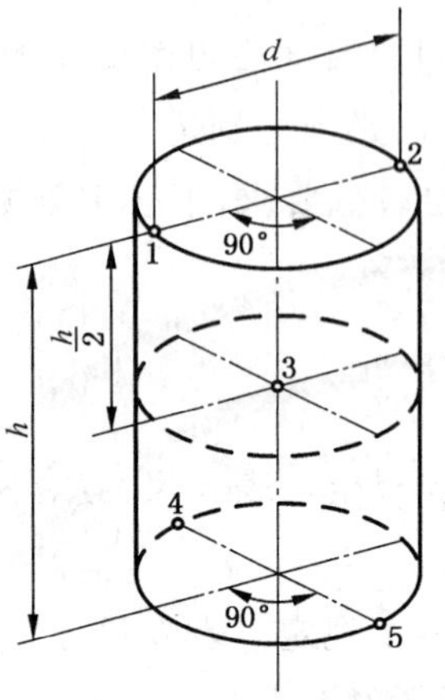	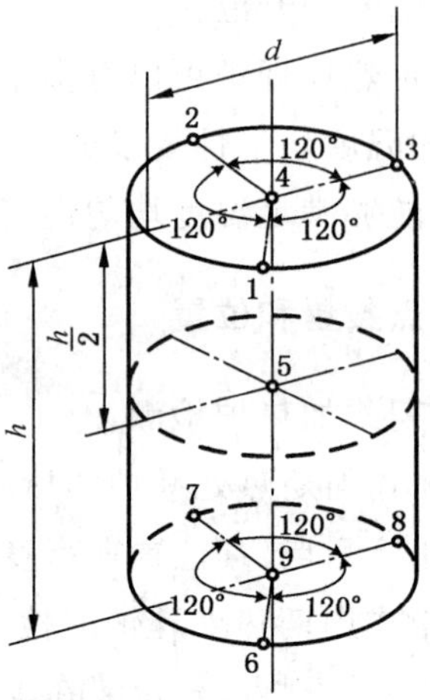
1～2		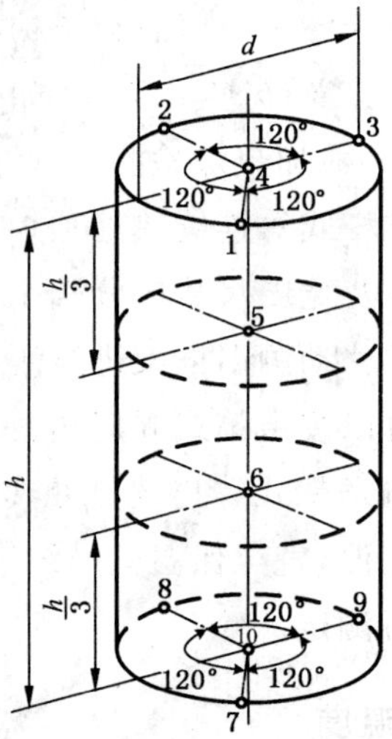
＞2		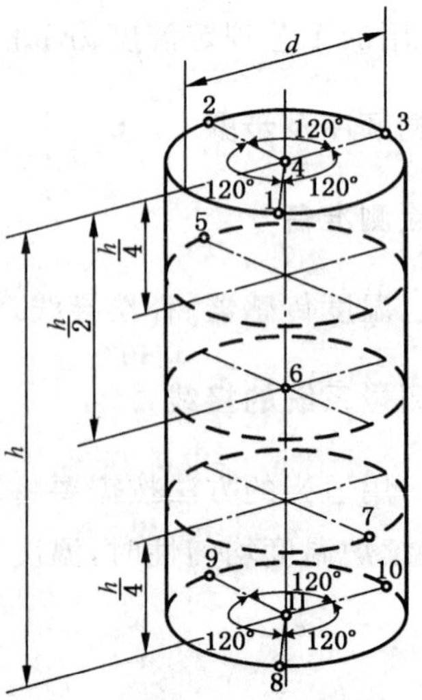

表 6　箱式周期热处理炉检测点数量及位置

单位为米

宽 b	长度 l	高 h	
		<0.5	≥0.5
≤1.5	<2	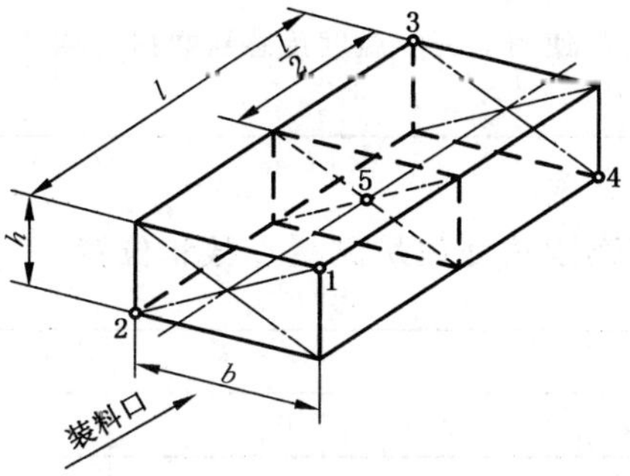	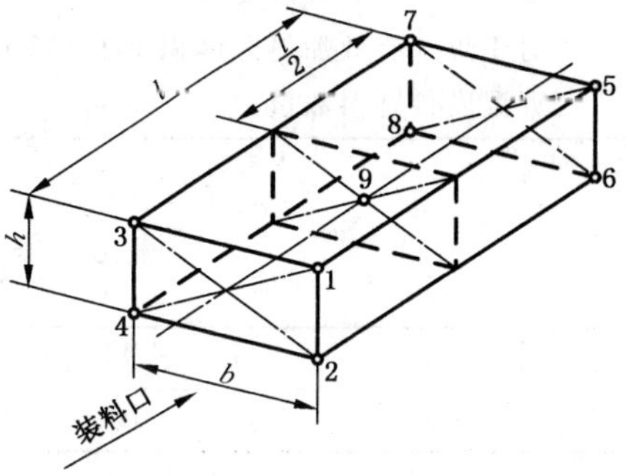
	≥2,<3.5		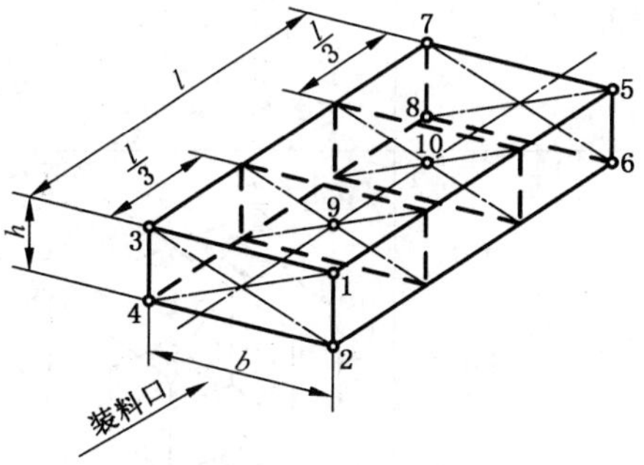
	3.5～5.0		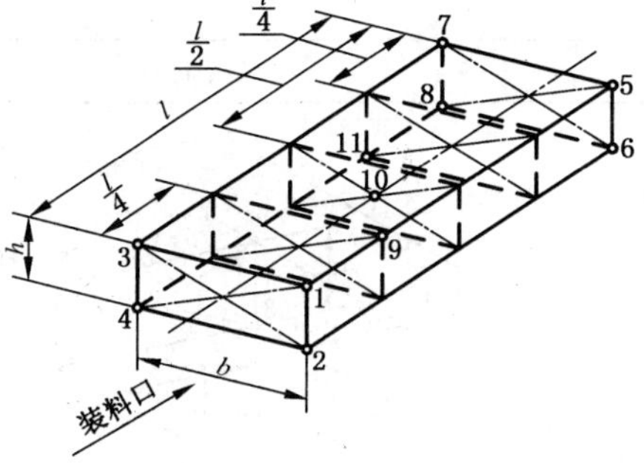

表 7 大尺寸周期式热处理炉检测点数量[a,b]

有效加热区体积/m^3(小于)		8.5	11	17	23	28	57	85	113
检测点数量	Ⅰ～Ⅱ类炉	14	16	19	21	23	30	35	40
	ⅢA～Ⅵ类炉	12	13	14	15	16	20	23	25

[a] 对于炉子有效加热区体积超过 113 m^3 的情况，按下列公式来计算检测点数量：
Ⅰ～Ⅱ类设备：9＋(1/2×[35.3×(有效加热区体积－6.4)]的平方根)
ⅢA～Ⅵ类设备：9＋(1/4×[35.3×(有效加热区体积－6.4)]的平方根)

[b] 对于炉子有效加热区体积小于 113 m^3 的情况，使用本表中温度传感器数据内插法计算，也可以使用公式来计算温度传感器数量。

表 8 推杆式等连续热处理炉测量点数和位置

单位为米

宽 (b)	料筐长 (l′)	高(h)		
		<0.3	0.3～<1.0	≥1.0
<1.5	<1.0	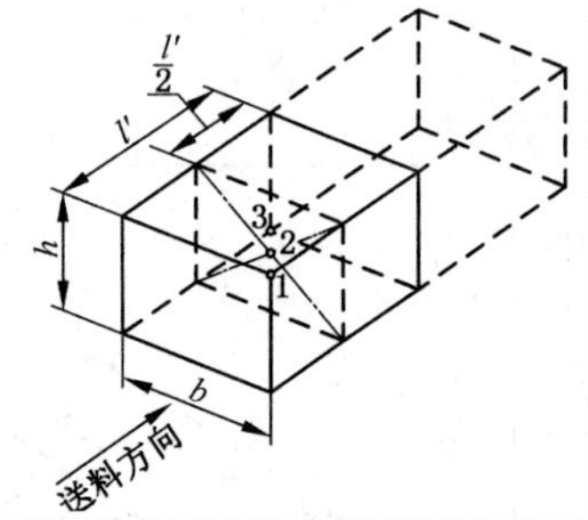	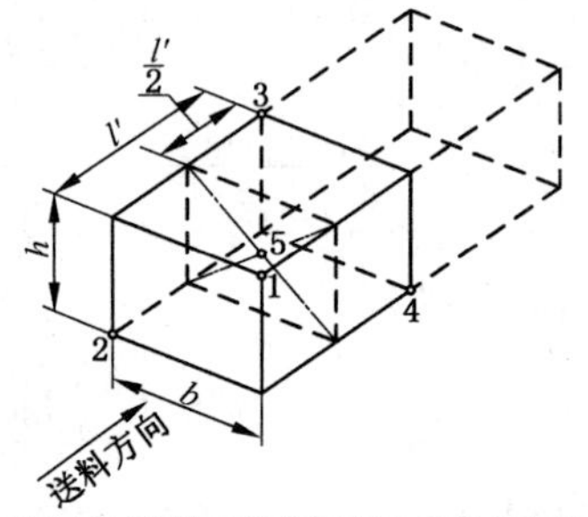	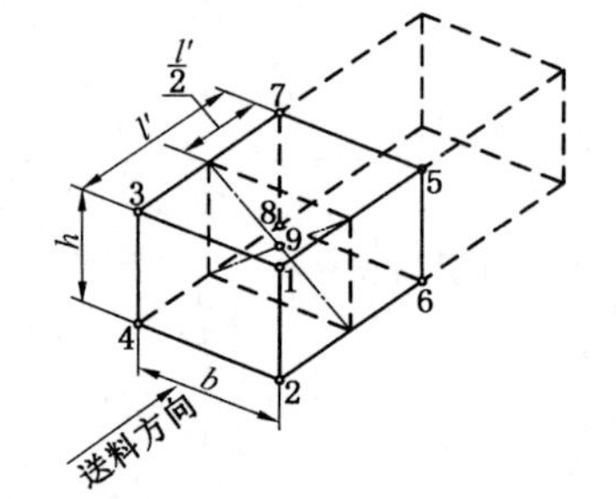
≥1.5	≥1.0	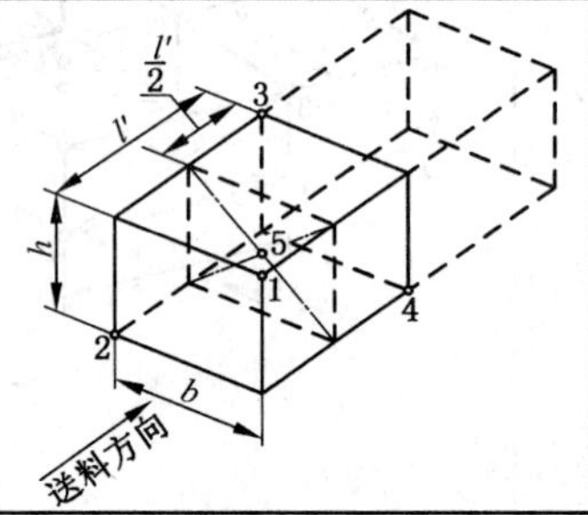	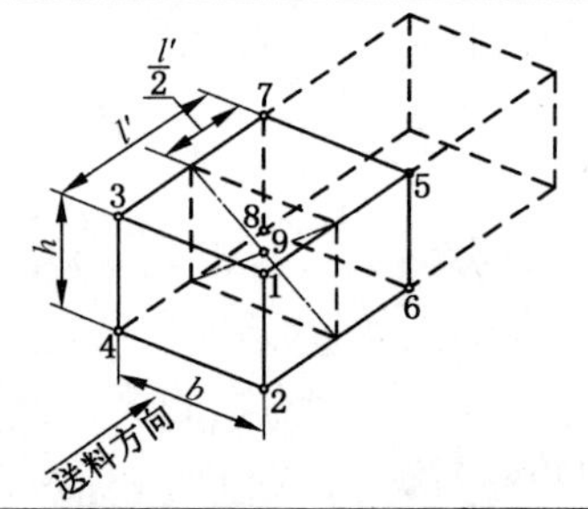	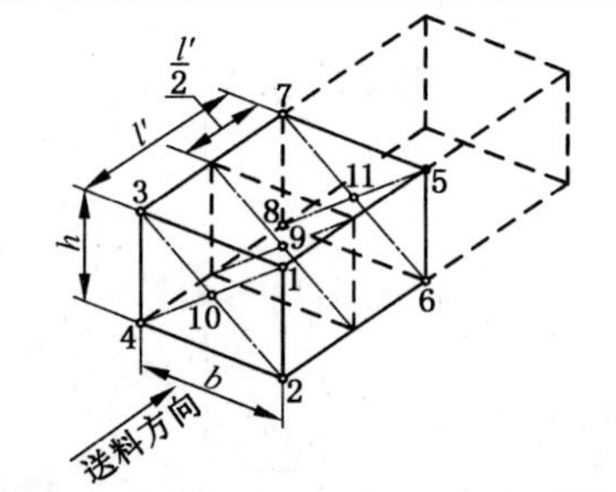

表 9 输送带式等连续热处理炉测量点数量和位置

单位为米

高 h	
<0.1	≥0.1
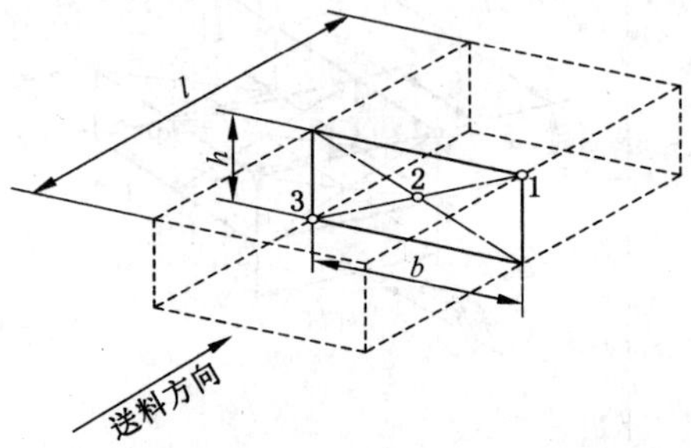	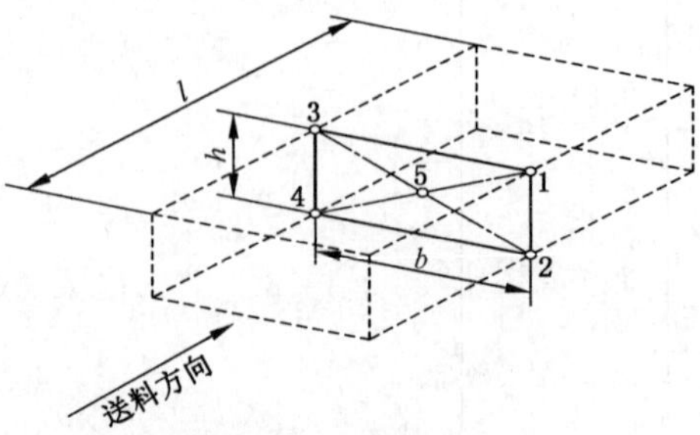
注：l——假定有效加热区长度；b——假定有效加热区宽度。	

表 10 检测温度

工作温度范围 ℃	检测温度
≤100	最高和最低温度间的任意温度
>100	原则为最高温度和最低温度

7.4.2.2 将温度传感器参考端从测温孔或炉门(盖)引出炉外,在方便的位置与测量仪器联接。应防止由于引出线安装不当而影响炉温测量。炉温跟踪仪也可以无直接联接,实现无线传输温度传感器测试温度。

7.4.2.3 装载试验时,温度传感器测量端应与工件或代用品连接。

7.4.3 温度测定和数据处理

7.4.3.1 无论空载试验或者装载试验,均不得升到高于检测温度后再降到检测温度。

7.4.3.2 工艺仪表系统温度传感器和温度均匀性测试温度传感器中,第一支到达检测温度及其温度均匀性允差下限温度之前开始数据采集。

7.4.3.3 开始数据采集,应连续地记录所有温度均匀性测量温度传感器、控制和记录温度传感器的温度数据,以表 11 规定的时间间隔及测定次数测量各点温度。

表 11 检测时间间隔和测量次数

炉型	周期式热处理炉		连续式热处理炉		
工艺保温时间 min	<30	≥30	<30	30～120	>120
两次测量时间间隔 min	≤5	5～10	≤3	5～10	10～15
测量次数/次	≥3	≥6	≥3	≥6	≥8

7.4.3.4 任何时间,测量、控制或记录温度传感器温度都不应超过温度均匀性允差上限。

7.4.3.5 温度均匀性测量检测温度传感器温度读数与温度传感器、补偿导线、仪表修正值代数相加,求得各检测点真实温度。所有测量温度传感器真实温度与测试温度设定值比较,得出各点的温度偏差值,找出最大偏差值与最小偏差值,均不得大于温度均匀性允差要求,即所有测量温度传感器真实温度都在温度均匀性要求温度范围之内,则温度均匀性合格,否则为不合格。温度均匀性测量记录表见表 12。

7.4.3.6 测温点的温度偏差超过温度均匀性范围时,允许适当延长检测温度下的保温时间,但一个检测温度点的检测总时间一般不应超过 2 h。对于工艺保温时间特短或特长情况,检测总时间可适当缩短或延长。

7.4.3.7 热处理炉有效加热区测定的测量温度传感器故障及处理

a) 不允许在有效加热区角端位置的测量温度传感器出现故障。

b) 不允许两个邻近的测量温度传感器故障。

c) 测量温度传感器故障数限制如表 13 所示。

d) 对于每个测量温度传感器故障的原因应有文件记录,并且采取防止或故障纠正措施。

e) 正常温度读数能恢复的短路或接触不良等临时性情况不被认为是测量温度传感器故障。

表 12 温度均匀性测量记录表

炉子名称		检测日期		假定有效加热区尺寸/mm	
炉子编号		记录仪表准确度		装载量及气氛	
制造厂及型号		检测仪表准确度		设定温度/℃	

测 量 结 果										
时间	温度传感器真实温度 ℃									实施条件
	1#	2#	3#	4#	5#	6#	7#	8#	9#	
										温度传感器布置图
修正值										
最大值										
最小值										
最大偏差										

结论					
检测者		审核者		批准者	
备注					

表 13 测量温度传感器故障限制

测量温度传感器数量 支	允许故障数/支	
	测量温度<1 039 ℃	测量温度≥1 039 ℃
3～5	不允许	不允许
6～9	不允许	1
10～16	1	2
17～23	2	3
24～39	3	4
≥40	≤10%	≤10%

7.5 重复检测

7.5.1 按规定的方法所得的数据，其中有一个检测点的温度均匀性不能满足要求时，应改变假定有效加热区或对热处理炉进行调整后再作重复检测。

7.5.2 在炉子降低精度类别使用时，在满足新的温度均匀性条件下可以不进行重复检测。

8 有效加热区的评定

8.1 通过上述方法检测，假定有效加热区各检测点的温度均在工艺规定的温度均匀性范围内时，即温度均匀性合格，则该空间为相对于此工艺的有效加热区。

8.2 根据温度均匀性，对照表1进行热处理炉类别的划分。

9 检测报告

检测报告内容应包括：

a) 热处理炉的名称、编号、类别、制造单位、型号；
b) 实施条件及空载或装载情况；
c) 工作温度、检测温度及温度均匀性；
d) 测温仪表的名称和准确度；
e) 使用的气氛或盐浴类型(成分、特性)；
f) 装载试验的装载量、装炉型式、运料速度、工件特性(材料、形状、尺寸及重量等)；
g) 各检测点温度最大偏差值；
h) 有效加热区评定；
i) 检测日期及下次检测日期；
j) 责任者(检测者、审核者、批准者)姓名及签字，检测单位及盖章；
k) 有效加热区检测合格证，见表14。

10 管理

10.1 热处理炉有效加热区测定的全部原始记录，应按各单位管理制度存入档案。

10.2 热处理炉的有效加热区用表14形式表示，并标明有效加热区距炉膛各炉壁的距离。热处理炉有效加热区的标志应悬挂于该炉的明显位置处。

10.3 正常情况下，有效加热区检测周期按表2规定执行，超过有效使用期限的热处理炉必须停止使用。

10.4 有效加热区经测定合格后，控温温度传感器和记录温度传感器的插入深度应作明显标记，位置必须固定，直至下次有效加热区测试之前不得挪动，否则必须重新测试。

表 14　有效加热区检测合格证

热处理炉名称		编号	
工作温度 ℃		检测仪表及准确度	
检测温度 ℃		温度均匀性 ℃	
装炉量及气氛		类别	
有效加热区图示：			
检测日期		下次检测日期	
检测者		日期	
审核者		日期	
批准者		日期	

检测单位(盖章)

ICS 31.140
L 21

中华人民共和国国家标准

GB/T 9532—2012
代替 GB/T 9532—1988

压电单晶材料型号命名方法

Designations for piezoelectric crystals

2012-11-05 发布 2013-02-15 实施

中华人民共和国国家质量监督检验检疫总局
中国国家标准化管理委员会 发布

前　言

本标准按照 GB/T 1.1—2009 给出的规则起草。

本标准代替 GB/T 9532—1988《铌酸锂、钽酸锂、锗酸铋、硅酸铋压电单晶材料型号命名方法》，与 GB/T 9532—1988 相比，除编辑性修改外主要变化如下：

——原标准名称改为：压电单晶材料型号命名方法；

——增加了铌酸钾、四硼酸锂、锗酸镓锶和镓镧系列；

——增加了 Y128°生长的钽酸锂单晶示例。

本标准由中华人民共和国工业和信息化部提出。

本标准由全国频率控制与选择用压电器件标准化技术委员会(SAC/TC 182)归口。

本标准起草单位：中国电子科技集团公司第二十六研究所、中科院上海硅酸盐所。

本标准主要起草人：张晓梅、蒋春健、徐家跃、金中洪。

压电单晶材料型号命名方法

1 范围

本标准规定了声表面波和声体波器件用压电单晶材料型号命名方法。

本标准适用于声表面波和声体波器件用压电单晶材料型号命名方法。

本标准不适用于人造石英晶体材料型号命名方法。

2 型号命名

2.1 型号组成部分

压电单晶材料型号由以下五个部分组成：

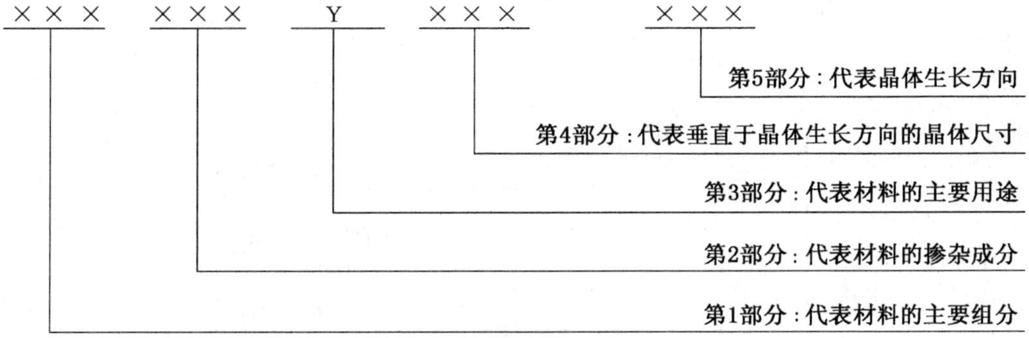

2.2 第1部分，材料的主要组分

用化学元素的缩写符号表示，见表1规定。

表1 材料的主要组分

型号的第1部分	材料的中文名称	材料的化学分子式
LN	铌酸锂	$LiNbO_3$
KN	铌酸钾	$KNbO_3$
LT	钽酸锂	$LiTaO_3$
BGO	锗酸铋	$Bi_{12}GeO_{20}$
BSO	硅酸铋	$Bi_{12}SiO_{20}$
LBO	四硼酸锂	$Li_2B_4O_7$
LGS	硅酸镓镧	$La_2Ga_5SiO_{14}$
LGN	铌酸镓镧	$La_2Ga_{5.5}Nb_{0.5}O_{14}$
LGT	钽酸镓镧	$La_2Ga_{5.5}Ta_{0.5}O_{14}$
SGG	锗酸镓锶	$Sr_3Ga_2Ce_4O_{14}$

2.3 第 2 部分，材料的掺杂成分

用掺杂的元素符号表示，元素符号前，用标点符号“:”。若不使用掺杂材料，此部分可省略。

2.4 第 3 部分，材料的主要用途

用“Y”表示压电用途。

2.5 第 4 部分，垂直于晶体生长方向的晶体尺寸

用阿拉伯数字表示。截面为圆形，用直径表示；若为方形，用长宽相乘表示。单位为毫米(mm)，但不标注。

2.6 第 5 部分，晶体生长方向

用直角坐标系表示。

注：第 2 部分和第 3 部分之间以及第 4 部分和第 5 部分之间均用“-”分开。

2.7 举例

例 1：铌酸锂单晶

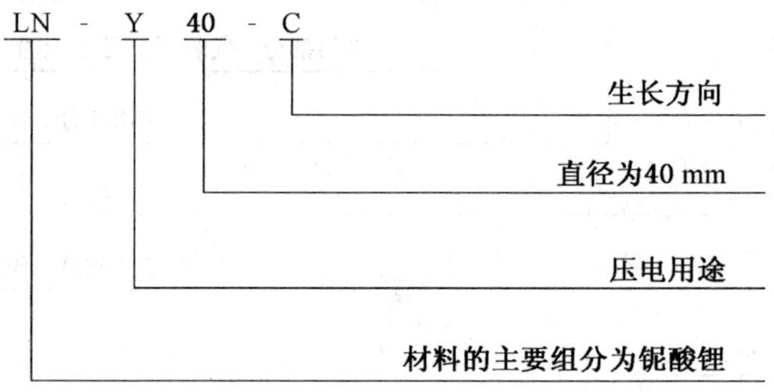

例 2：铌酸锂单晶(掺铁)

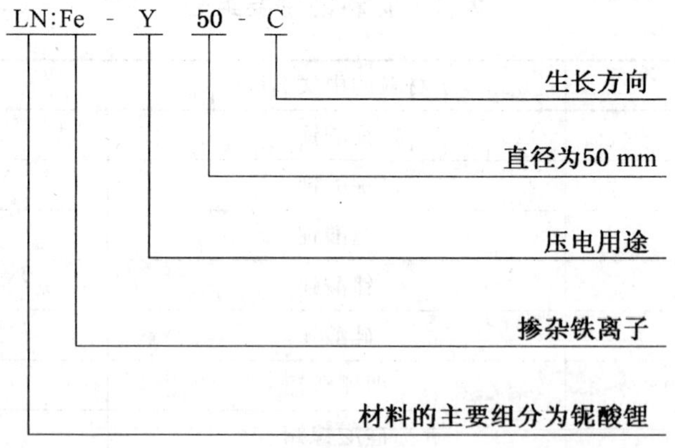

例 3:硅酸镓镧单晶

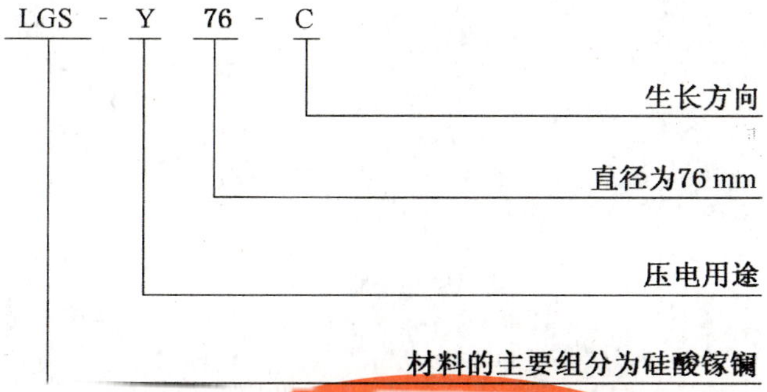

例 4:钽酸锂单晶

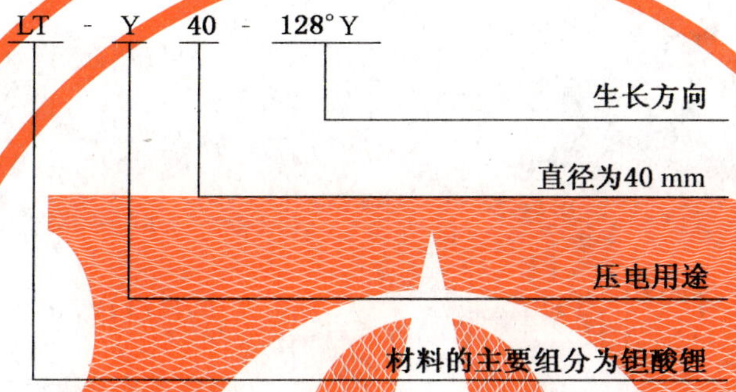

ICS 29.120.40
K 31

中华人民共和国国家标准

GB/T 9536—2012/IEC 61020-1:2009
代替 GB/T 9536—1995

电气和电子设备用机电开关 第1部分:总规范

Electromechanical switches for use in electrical and electronic equipment—Part 1:Generic specification

(IEC 61020-1:2009,IDT)

2012-11-05 发布 2013-02-01 实施

中华人民共和国国家质量监督检验检疫总局
中国国家标准化管理委员会 发布

前　言

GB/T 9536《电气和电子设备用机电开关》分为六个部分：

——第 1 部分：总规范；

——第 2 部分：旋转开关分规范；

——第 3 部分：成列直插封装式开关分规范；

——第 4 部分：钮子(倒扳)开关分规范；

——第 5 部分：按钮开关分规范；

——第 6 部分：微动开关分规范。

本部分为 GB/T 9536 的第 1 部分。

本部分按照 GB/T 1.1—2009 给出的规则起草。

本部分代替 GB/T 9536—1995《电子设备用机电开关　第 1 部分：总规范》，与 GB/T 9536—1995 相比主要技术变化如下：

——标准名称由《电子设备用机电开关　第 1 部分：总规范》改为《电气和电子设备用机电开关　第 1 部分：总规范》；

——GB/T 5095 系列标准(电子设备用机电元件　基本试验规程及测量方法)的要求已被综合考虑进本部分标准，特别是在 GB/T 5095 系列标准中关于开关规定的试验方法、术语、符号和其他必需的信息；

——试验方法重新进行了逐条详细描述；

——重新更加详细地制定了操作力试验方法的说明；

——触头弹跳测量的试验电压重新进行了描述；

——电耐久性中负载比的通电时间与 GB 15092.1 相协调；

——着火危险的要求已经取消；

——基于日本工业标准的表面安装开关的试验方法补充进本部分；

——在 1.1 范围中，适用开关的最大额定电压由“500 V”改为“480 V”；

——修订了相关规范性引用文件；

——增加了资料性附录 A；

——增加了本部分的参考文献。

本部分等同采用国际标准 IEC 61020-1(Ed. 2.0):2009《电气和电子设备用机电开关　第 1 部分：总规范》，在以下方面做了修改：

——涉及 ISO 公制螺纹处均改为我国国家标准螺纹；

——标准附图按我国制图标准作个别改动；

——IEC 61020-1(Ed. 2.0):2009 中规范性引用文件已转化为国家标准的，本部分直接引用国家标准。

请注意本文件的某些内容可能涉及专利。本文件的发布机构不承担识别这些专利的责任。

本部分由中国电器工业协会提出。

本部分由全国电器附件标准化技术委员会(SAC/TC 67)归口。

本部分起草单位：上海电动工具研究所、浙江中讯电子有限公司、张家港华捷电子有限公司、浙江佳奔电子有限公司、苏州市诺弗电器有限公司、中山市永联电器制品有限公司、上海电气器具检验测试所、上海交电家电商业行业协会、张家港华峰电接插元件有限公司。

本部分主要起草人：张玮昌、郑建中、方亮、倪圣珑、杨晓龙、黄典达、陈平、孙万能、陆一笑。

本部分所代替标准的历次版本发布情况为：

——GB/T 9536—1988、GB/T 9536—1995。

引　言

本部分等同采用国际标准 IEC 61020-1(Ed. 2. 0):2009《电气和电子设备用机电开关　第 1 部分:总规范》,适用于按 IEC 电子元器件质量评定体系(IECQ)评定质量的电气和电子设备用机电开关。

在 IEC 48C 分技术委员会相关工作并入 IEC 23J 分技术委员会后,23J 分技术委员会于 2009 年推出 IEC 61020-1(Ed. 2. 0):2009《电气和电子设备用机电开关　第 1 部分:总规范》,该部分标准与 IEC 61020-1(Ed. 1. 0):1991 相比,在内容上进行了较大的技术性修订,协调了与 IEC 61058 标准的对应关系,同时对应该部分标准的下一版本工作也在积极启动和推进中。

目前对应 IEC 61020 系列标准的国家标准列项如下:

——GB/T 9536—1995　电子设备用机电开关　第 1 部分:总规范(idt IEC 61020-1:1991);

——GB/T 17209—1998　电子设备用机电开关　第 2 部分:旋转开关分规范(idt IEC 61020-2:1991);

——GB/T 17210—1998　电子设备用机电开关　第 2 部分:旋转开关分规范　第一篇　空白详细规范(idt IEC 61020-2-1:1991);

——GB/T 15461—1995　电子设备用机电开关　第 3 部分:成列直插封装式开关分规范(idt IEC 61020-3:1991);

——GB/T 15462—1995　电子设备用机电开关　第 3-1 部分:成列直插封装式开关空白详细规范(idt IEC 61020-3-1:1991);

——GB/T 18496—2001　电子设备用机电开关　第 4 部分:钮子(倒扳)开关分规范(idt IEC 61020-4:1991);

——GB/T 18496. 2—2005　电子设备用机电开关　第 4-1 部分:钮子(倒扳)开关　空白详细规范(IEC 61020-4-1:1991,IDT);

——GB/T 16514—1996　电子设备用机电开关　第 5 部分:按钮开关分规范(idt IEC 61020-5:1991);

——GB/T 16514. 2—2005　电子设备用机电开关　第 5-1 部分:按钮开关　空白详细规范(IEC 61020-5-1:1991,IDT);

——GB/T 13419—1998　电子设备用机电开关　第 6 部分:微动开关分规范(idt IEC 61020-6:1991);

——GB/T 13420—1998　电子设备用机电开关　第 6 部分:微动开关分规范　第 1 篇:空白详细规范(idt IEC 61020-6-1:1991)。

电气和电子设备用机电开关
第1部分:总规范

1 范围和目的

1.1 范围

本部分规定了电气和电子设备用的机电开关。

本部分适用的开关:

a) 借助导电部件(触头)的机械运动来断开、接通或转换电路连接的装置;

b) 最大额定电压为480 V;

c) 最大额定电流为63 A。

本部分不适用于供信息处理系统使用的键盘和辅助键盘。本部分也可适用于机电琴键(按键)开关。

开关系列将在对应本总规范的详细规范中描述。

1.2 目的

通过规定术语、符号、试验方法和其他所需的信息来保持机电开关详细规范的一致性。

2 总则

2.1 规范性引用文件

下列文件对于本文件的应用是必不可少的。凡是注日期的引用文件,仅注日期的版本适用于本文件。凡是不注日期的引用文件,其最新版本(包括所有的修改单)适用于本文件。

GB/T 2421.1—2008 电工电子产品环境试验 概述和指南(IEC 60068-1:1988,IDT)

GB/T 2423.1—2008 电工电子产品环境试验 第2部分:试验方法 试验A:低温(IEC 60068-2-1:2007,IDT)

GB/T 2423.2—2008 电工电子产品环境试验 第2部分:试验方法 试验B:高温(IEC 60068-2-2:2007,IDT)

GB/T 2423.3—2006 电工电子产品环境试验 第2部分:试验方法 试验Cab:恒定湿热试验(IEC 60068-2-78:2001,IDT)

GB/T 2423.4—2008 电工电子产品环境试验 第2部分:试验方法 试验Db 交变湿热(12 h+12 h循环)(IEC 60068-2-30:2005,IDT)

GB/T 2423.16—2008 电工电子产品环境试验 第2部分:试验方法 试验J及导则:长霉(IEC 60068-2-10:2005,IDT)

GB/T 2423.21—2008 电工电子产品环境试验 第2部分:试验方法 试验M:低气压(IEC 60068-2-13:1983,IDT)

GB/T 2423.30—1999 电工电子产品环境试验 第2部分:试验方法 试验XA和导则:在清洗剂中浸渍(IEC 60068-2-45:1993,IDT)

GB/T 2423.37—2006 电工电子产品环境试验 第2部分:试验方法 试验L:沙尘试验

(IEC 60068-2-68:1994,IDT)

GB/T 2423.45—1997 电工电子产品环境试验 第2部分:试验方法 试验Z/ABDM:气候顺序(IEC 60068-2-61:1991,IDT)

GB/T 2423.60—2008 电工电子产品环境试验 第2部分:试验方法 试验U:引出端及整体安装件强度(IEC 60068-2-21:2006,IDT)

GB 3100—1993 国际单位制及其应用(eqv ISO 1000:1992)

GB 4208—2008 外壳防护等级(IP代码)(IEC 60529:2001,IDT)

GB/T 4728.13—2008 电气简图用图形符号 第13部分:模拟元件(IEC 60617DB:2007,IDT)

GB 15092.1—2010 器具开关 第1部分:通用要求(IEC 61058-1:2008,IDT)

IEC 60027(所有部分) 电工技术用文字符号(Letter symbols to be used in electrical technology)

IEC 60050-581:2008 国际电工词汇 第581部分:电子设备的电工构成(International Electrotechnical Vocabulary—Part 581:Electromechanical components for electronic equipment)

IEC 60068-1:1988+A1:1992 环境试验 第1部分:概述和指南(Environmental testing—Part 1:General and guidance)

IEC 60068-2-6:2007 环境试验 第2-6部分:试验方法 试验Fc:振动(正弦)(Environmental testing—Part 2-6:Tests—Test Fc:Vibration (sinusoidal))

IEC 60068-2-14:2009 环境试验 第2-14部分:试验方法 试验N:温度变化(Environmental testing—Part 2-14:Tests—Test N:Change of temperature)

IEC 60068-2-17:1994 环境试验 第2-17部分:试验方法 试验Q:密封(Environmental testing—Part 2-17:Tests—Test Q:Sealing)

IEC 60068-2-20:2008 环境试验 第2-20部分:试验方法 试验T:导线可焊性和耐热焊性的试验方法(Environmental testing—Part 2-20: Tests—Test T: Test methods for solderability and resistance to soldering heat of devices with leads)

IEC 60068-2-42:2003 环境试验 第2-42部分:试验方法 试验Kc:触头和连接件的二氧化硫试验(Environmental testing—Part 2-42:Tests—Test Kc:Sulphur dioxide test for contacts and connections)

IEC 60068-2-43:2003 环境试验的第2-43部分:试验方法 试验Kd:触头和连接件的硫化氢试验(Environmental testing—Part 2-43:Tests—Test Kd:Hydrogen sulphide test for contacts and connections)

IEC 60068-2-49:1983 环境试验的第2-49部分:试验方法 试验Kc的导则:触头和连接件的二氧化硫试验(Environmental testing—Part 2-49:Tests—Guidance to Test Kc:Sulphur dioxide test for contacts and connections)

IEC 60068-2-58:1999 环境试验 第2-58部分:试验方法 试验Td:可焊性、耐镀金属分解和表面安装装置耐锡焊热的试验方法(Environmental testing—Part 2-58:Tests—Test Td:Test methods for solderability,resistance to dissolution of metallization and to soldering heat of surface mounting devices (SMD))

2.2 单位和符号

只要可能,单位、图形符号和文字符号应与GB 3100、GB/T 4728.13和IEC 60027规定一致。

某一具体的开关分门类使用的特定图形符号和文字符号,应由适用的详细规范规定。一组结构类似开关使用的特定图形符号和文字符号,应由详细规范规定。当需要补充单位和符号时,这些单位和符号应尽可能按上述文件的规则规定。

2.3 术语和定义

IEC 60050-581 界定的以及下列术语和定义适用于本文件。

2.3.1

类别温度范围 category temperature range

所设计的开关连续工作的环境温度范围。

2.3.2

电气间隙 clearance

两个导电部分之间最短的空间距离。

2.3.3

触头弹跳 contact bounce

在触头接触传递后可能出现的,并且由开关机构引起的,闭合触头断续的和不规则的断开以及断开触头断续的和不规则的闭合。

2.3.4

触头弹跳时间 contact bounce time

从两个配对触头首次闭合或两个闭合触头首次断开这一瞬时至触头弹跳全部停止这一瞬时,所测得的时间间隔。

2.3.5

触头振动 contact disturbance

由诸如冲击和振动这样外部影响引起的断开触头断续的和不规则的闭合和/或闭合触头断续的和不规则的断开。

2.3.6

触头断开(间隙) contact separation (gap)

在触头断开时,配对触头间的距离。

2.3.7

触头组 contact set

所有功能与开关同一极对应的一组触头。

2.3.8

爬电距离 creepage distance

两个导电部分之间,沿着绝缘材料表面的最短距离。

[IEV 151-15-50 修改]

2.3.9

双断开关 double break switch

在相互串联的两个位置上断开一个导电件的开关。

2.3.10

双掷 double throw

一种触头组合的术语,这种触头组合所包括的每个触头组是一组"接通-分断"的触头。

2.3.11

负载比 duty cycle

一个循环中通电(接通)时间与每个循环总时间的比率,如:接通时间占30%。

2.3.12

机电开关 electromechanical switch

通过导电部分(触头)的机械运动来断开、闭合或转换电路连接的开关。

2.3.13

下限类别温度　lower category temperature

所设计的开关能连续工作的最低环境温度。

2.3.14

开关的极　pole of a switch

专门与一条电气上独立的开关导电路径相关联的开关部分。

注1：那些用来将所有各极安装在一起和一起动作的部件不包括在极的定义中。

注2：开关若只有一个极，则称为"单极"，若多于一个极，而这些极又是以一起动作的方式结合起来的，则称为"多极"(2极、3极，等等)。

2.3.15

操作循环　operating cycle

相继从一个位置到另一个位置，经过所有其他位置(如有)，再返回到初始位置的连续操作。

[IEV 441-16-02]

2.3.16

相反极性　opposite polarity

开关上的如此两部分，当其连接在一起时，可导致电源保险丝熔断。

2.3.17

单掷　single throw

一种触头组合的术语，这种触头组合所包括的每个触头组是一个单独的触头对。

2.3.18

瞬动　snap-action

一种开关动作的类型，在该类型动作中，触头运动的速度与操动机构的运动速度无关。

2.3.19

表面安装开关　surface mounting switch

一种适合于表面安装在印制线路板上的小尺寸开关，由接线端子和开关框架部分构成。

2.3.20

上限类别温度　upper category temperature

所设计的开关能连续工作的最高环境温度。

2.4　优选值

详细规范可以对适用于整个分门类的额定值、极限值、特性、偏差、要求和尺寸规定优选值。

2.4.1　电气间隙和爬电距离

详细规范应规定最小电气间隙和爬电距离，或对工作绝缘在规定大气压力下所规定的最小绝缘试验电压。对基本绝缘、附加绝缘或加强绝缘，最小电气间隙和爬电距离应符合GB 15092.1—2010中第20章规定的要求。

2.5　标志

在满足国家或合同规定的标志要求(如：安全要求)后，位置允许时，每个开关上应标志下列内容：

a)　制造厂名或商标；

b)　(IEC元件号)识别数字标记；

c)　当详细规范规定时，端子识别标记；

d)　日期代号：日期代号可参照IEC 60062。

开关可以使用其他标志，但这些标志不能模糊或混乱本规范的标志要求。当条件不允许在开关上标志全部内容时，应按上述所示的优选顺序标志。不能在开关上标出的所要求标志，应标在开关最小包装单元上。

3 质量评定程序

见附录 A。

4 试验和测量程序

4.1 总则

详细规范应包含若干表格，以表明要进行的试验和每项试验或每个试验组前后要进行的测量，以及进行这些试验的顺序。初始测量和最后测量的测量条件应是相同的。当按某一顺序进行试验时，则一项试验的最后测量可以作为随后试验的初始测量。

如果任何质量评定体系中的国家标准包括的试验方法与上述规定的试验方法不同，则应完整地叙述这些试验方法。

本部分规定的所有试验方法，并不是对所有类型的开关都适用。详细规范将规定其指定类型开关所适用的试验方法。

必要时，详细规范应规定补充的试验方法和/或试验方法的细则。

4.1.1 偏差

除非另有规定，开关参数的实际值(例如试验电压、试验电流、试验作用力或试验扭矩)对于开关规定值的偏差，应在 5%以内。

4.1.2 预处理

除非试验方法有规定，开关不应承受任何专门的准备，如试验前或试验期间的清洁处理。

4.1.3 安装

当试验方法规定安装时，开关应用其正常的安装方法进行刚性安装，并按详细规范的规定进行连接。安装方法和安装所使用的材料对开关的电气或机械性能应无有害影响。

4.2 标准大气条件

标准大气条件应符合 GB/T 2421.1—2008 中第 5 章规定。

4.3 一般检查

4.3.1 目测检查

4.3.1.1 方法

目测检查应采用下列方法中的一种：

a) 采用裸眼(在最有利视距和适当照明条件下，正常视力能力、正常色差分辨)；

b) 如有规定，采用放大镜。

除非详细规范中明确要求，对本规范来讲，不允许采用特殊方法(例如使用偏振光来观察材料内部张力)或其他指示器(来观察内部材料裂纹或毛孔)。

4.3.1.2 检查项目

应在不放大情况下检查下列项目：

a) 2.5 的标志；

b) 整体外观；

c) 制造工艺。

4.3.1.3 要求

标志应正确和清晰。开关应以细致和成熟的工艺方式来制造。

4.3.1.4 规定的细则

当本条试验由详细规范要求时，应规定下列细则：

a) 测试的细节；

b) 检查的项目；

c) 可接受性；

d) 放大镜的精度，如有规定；

e) 标准试验方法的任何偏离。

4.3.2 尺寸

4.3.2.1 方法

尺寸测量应采用适当测量设备进行，例如：

a) 使用游标卡尺、千分尺和度盘式指示器；

b) 使用带有适当线性放大倍率的测量仪；

c) 使用测量显微镜。

应采用下列细则：

a) 应测量规定的外形尺寸、内部细节尺寸、电气间隙和爬电距离；

b) 测量设备（千分尺、卡尺、光学比较仪等）的精度和分辨率应与被测量的尺寸相匹配。

4.3.2.2 要求

尺寸应在详细规范规定的限值内。

4.3.2.3 规定的细则

当本条试验由详细规范要求时，应规定下列细则：

a) 检查的项目；

b) 规检细则，如果适用；

c) 测量设备的类型和精度及分辨率；

d) 可接受性；

e) 标准试验方法的任何偏离。

4.3.3 规检尺寸

4.3.3.1 方法

适合于规检的详细规范规定的尺寸，应使用量规或详细规范规定的尺寸规来检查。

4.3.3.2 要求

开关应符合规检的要求。

4.3.3.3 规定的细则

当本条试验由详细规范要求时，应规定下列细则：

a) 检查的项目；
b) 规检细则，如果适用；
c) 测量设备的类型和精度及分辨率；
d) 可接受性；
e) 标准试验方法的任何偏离。

4.3.4 重量

4.3.4.1 方法

重量测量应采用适当测量设备进行，例如：使用天平。

应采用下列细则：

a) 测量设备的精度和分辨率应与被测量的重量相匹配；
b) 测量应包括详细规范所规定的所有可拆卸部件(安装附件等)。

4.3.4.2 要求

重量应在详细规范规定的限值内。

4.3.4.3 规定的细则

当本条试验由详细规范要求时，应规定下列细则：

a) 检查的项目；
b) 检验细则，如果适用；
c) 测量设备的类型和精度及分辨率；
d) 可接受性；
e) 标准试验方法的任何偏离。

4.3.5 功能操作

4.3.5.1 目的

测试目的是对开关所有操作的正常功能的评价。

4.3.5.2 方法

对编码开关，把每一开关电路连接到一个具有最大电流 150 mA 并提供电流指示的监测电路上。除编码开关外，试验装置可以采用接触电阻测试来检查开关电路。

应检查所有机械制动、锁紧、自锁、互锁和自复位机构的正确功能。

所有电气的非开关操作的正常功能，如指示灯电路或螺线管，应在其额定电压和/或额定电流下进行检查。

4.3.5.3 要求

开关的功能操作，包括触头操作的顺序，应符合详细规范规定的要求。

4.3.6 操作特性

4.3.6.1 操作力

4.3.6.1.1 目的

测量将开关的操动部分从一个位置移动到下一位置所需的力。

4.3.6.1.2 样品的准备

样品应按详细规范的规定准备。

用详细规范规定的装夹固定器件将样品刚性安装在金属板上。金属板应具有足够的强度来承受所施加的操作力。金属板的长度和宽度尺寸应超过样品的轮廓范围。

4.3.6.1.3 测量方法

操作力应按详细规范规定的施力方向和施力点施加于操作部分。除非有其他规定，操作力应持续施加，直至操作部分从第一个稳定平衡位置移动到它的下一个稳定平衡位置或一个停止位置，并且开关已经电气地切换或已经达到规定的接触电阻。移动操作部分至下一个稳定位置或停止位置所需的最大操作力应被测量和记录。开关在操动件还没有到达第二个稳定平衡位置(瞬间的位置)，所要求移动操动件至操作位置的力应被测量和记录。

如适用，操作力的测量应在两个方向上进行。每个方向测量次数应在详细规范里规定。

对于测量其他机械操作特性的方法，应通过详细规范来规定。对于测量其他操作特性的方法，如温度、空气压力等，应由详细规范规定。

4.3.6.1.4 要求

所有测量值应在详细规范规定的限值内。

4.3.6.1.5 规定的细则

当本条试验由详细规范要求时，应规定下列细则：

a) 样品的准备；

b) 测量的次数；

c) 施加操作力的点和方向；

d) 操作力增加的速率或操作速度；

e) 允许的操作力最小值和最大值；

f) 测量系统的种类；

g) 系统操作顶端的形状；

h) 不同于正常环境的温度，如果适用；

i) 标准试验方法的任何偏离。

4.3.6.2 操作力矩

4.3.6.2.1 目的

测量开关操动部分从一个稳定位置移动到下一个已经电气切换位置的最大操作力。

4.3.6.2.2 样品的准备

样品应按详细规范的规定准备。

用详细规范规定的固定器件将样品刚性安装在金属板上。金属板应具有足够的强度来承受所施加的操作力。金属板的长度和宽度尺寸应超过样品的轮廓范围。

4.3.6.2.3 测量方法

力矩应按规定的方向施加到操作轴。除非有其他规定，力矩应持续施加，直至操作部分从第一个稳定平衡位置移动到它的下一个稳定平衡位置或一个停止位置，并且开关已经电气地切换或已经达到规定的接触电阻。移动操作部分至下一个稳定位置或停止位置所需的最大力矩应被测量和记录。开关在操动件还没有到达第二个稳定平衡位置(瞬间的位置)，所要求旋转或转动操动件至下一个操作位置的力矩应被测量和记录。

如适用，操作力矩的测量应在两个方向上进行。每个方向测量次数应在详细规范里规定。

对于测量其他机械操作特性的方法，应通过详细规范来规定。对于测量其他操作特性的方法，如温度、空气压力等，应由详细规范规定。

4.3.6.2.4 要求

所有测量值应在详细规范规定的限值内。

4.3.6.2.5 规定的细则

当本条试验由详细规范要求时，应规定下列细则：

a) 样品的准备；
b) 测量的次数；
c) 操作的方向；
d) 力矩增加的速率或旋转速度；
e) 允许的力矩最小值和最大值；
f) 测量系统的种类；
g) 系统操作顶端的形状；
h) 不同于正常环境的温度，如果适用；
i) 标准试验方法的任何偏离。

4.3.7 触头弹跳

4.3.7.1 目的

测定接触传递后可能出现的并由开关机构引起的、闭合触头断续的和不规则断开以及断开触头断续的和不规则闭合的持续时间。由于开关触头的动态效应，电子逻辑电路可能产生假数据。

4.3.7.2 方法

开关应按4.1.3的规定安装。

应使用图1所示试验电路或其等效电路测定触头弹跳。直流试验电压值和电流值应由详细规范规定，但直流开路电压应不超过10 V，试验电流应不超过100 mA。

电路中使用的检测和显示装置(示波器或等效装置)，其频带宽度应等于或大于1 MHz，最小时基精度为±5%；并且除非有其他规定，还应能显示触头接触传递前的触头静止状态。

开关应按详细规范规定的速率恒速驱动。当操作力和/或操作特性影响触头弹跳时，应在详细规范中规定力和操作特性的极限值。

触头弹跳的时间应是触头闭合和触头断开的5次连续测量中出现的最大测量值。就该测试而言，当触头间的电压降至少是开路电压的90%时，触头被认为是断开的。当触头间电压降不大于开路电压10%时，触头被认为是闭合的。当闭合触头时，在极限值10%之内的电压变化是由于动态接触电阻的变化引起的。触头弹跳时间是从首次闭合(或断开)的瞬时到触头保持闭合(或断开)时的瞬时所测得的持续时间。电阻值及检测和显示装置的输入阻抗值应在详细规范中规定，见图1和图2。

4.3.7.3 要求

触头弹跳的持续时间应在详细规范规定的限值内。

4.3.7.4 规定的细则

当本条试验由详细规范要求时，应规定下列细则：

a) 样品的准备；

b) 操作的速度；

c) 施加操作力的点和方向；

d) 试验电压和电流；

e) 标准试验方法的任何偏离。

4.4 电阻测量

4.4.1 接触电阻-毫伏法

4.4.1.1 目的

在对触头材料无电气影响的电压下，测量包括开关端头在内的导电开关电路的总电阻。

4.4.1.2 方法

测量应按如下要求进行：

a) 测量可以采用直流法或交流法来进行。采用交流法测量时，频率应不超过2 kHz；在有争议的情况下，应采用直流测量法进行。

b) 测量仪器的精度应符合总误差不超过1%。

c) 在连接配线至详细规范规定接触点的区域间，接触电阻通常应从电压降测量中导出。

d) 在测量电压施加时应不操作触头。在测量期间应注意避免施加测试触头异常压力以及避免试验电缆的移动。

e) 详细规范规定的连接点如果不能直接接触，所使用的连接电缆或导线的电阻应从测量值中减去，而记录校正的接触电阻值。

f) 测量的触头应选择与详细规范规定的一致。

g) 试验电流和电压：为了预防触头绝缘层的击穿，测量电路的开路电压应不超过直流20 mV或交流峰值20 mV。试验电流应不超过交流或直流100 mA。

h) 在每个开关电路上应进行一次测量循环。

直流测量循环组成如下：

——电压的施加；

——一个方向流过的电流测量；

——一个相反方向流过的电流测量；

——电源电压的断开。

交流测量循环组成如下：

——电压的施加；

——接通测量;

——电源电压的断开。

注:除非有其他规定,在前次试验结束至本次试验电压施加期间,应使触头免于干扰。

i) 当接触电阻与操作力有关时,接触电阻应由详细规范规定的操作力进行测量。

4.4.1.3 要求

接触电阻应在详细规范规定的限值内。

采用直流测量的接触电阻,应采用前、后两个方向电流测量得到数值的平均值。

下列公式的使用可以确保计算电阻的正确性:

$$R = |V_{mf} - V_{mr}| / (|I_f| + |I_r|)$$

注:在公式中必须包括测量电压符号。

式中:

R ——电阻;

V_{mf} ——向前方向测量的电压;

V_{mr} ——相反方向测量的电压;

I_f ——向前方向电流;

I_r ——相反方向电流。

注:标准试验程序的任何偏离应在试验报告中清楚地说明。

4.4.1.4 规定的细则

当本条试验由详细规范要求时,应规定下列细则:

a) 测量点;

b) 测量的接触次数;

c) 接触电阻允许的限值;

d) 标准试验方法的任何偏离;

e) 在预先测量前,试样是否承受 20 次空载操作循环。

4.4.2 接触电阻—规定电流

4.4.2.1 目的

在高于触头材料熔融电压的电压下,测量包括开关端头在内的导电开关电路的总电阻。

4.4.2.2 方法

测量应按下列规定进行:

a) 可用直流或交流进行测量。交流测量,频率应不超过 2 kHz;在有争议的情况下,应采用直流测量法进行。

b) 测量仪器的精度应符合总误差不超过 1%。

c) 在连接配线至详细规范规定接触点的区域间,接触电阻通常应从电压降测量中导出。

d) 在测量电压施加时应不操作触头。在测量期间应注意避免施加测试触头异常压力以及避免试验电缆的移动。

e) 详细规范规定的连接点如果不能直接接触,所使用的连接电缆或导线的电阻应从测量值中减去,而记录校正的接触电阻值。

f) 测量的触头应选择与详细规范规定的一致。

g) 试验电流和电压:接触电阻应在详细规范规定的额定交流或直流情况下测量。电源开路电压应至少为直流 1 V 或交流峰值 1 V。

h) 流过规定试验电流 1 min 内,在独立触头上进行测量。

i) 在每个开关电路上应进行一次测量循环。

直流测量循环组成如下:

——电压的施加;

——一个方向流过的电流测量;

——一个相反方向流过的电流测量;

——电源电压的断开。

交流测量循环组成如下:

——电压的施加;

——接通测量;

——电源电压的断开。

注:除非有其他规定,在前次试验结束至本次试验电压施加期间,应使触头免于干扰。

j) 当接触电阻与操作力有关时,接触电阻应由详细规范规定的操作力进行测量。

4.4.2.3 要求

接触电阻应在详细规范规定的限值内。

4.4.2.4 规定的细则

当本条试验由详细规范要求时,应规定下列细则:

a) 测量点;

b) 测量的接触次数;

c) 测量电流;

d) 接触电阻允许的限值;

e) 标准试验方法的任何偏离。

4.4.3 操动件到安装套管(表面)间的电阻

4.4.3.1 目的

确定开关操动件的传导部分与安装套管间的总电阻。

4.4.3.2 测量方法

在开关操动件和安装套管适当表面点之间进行连接。在电阻测量期间,操动件应没有外力施加。

可以预先在试验前对操动件进行一个完整循环操作。

试验期间的驱动应限制在操动件至下一个位置所需要的最大位移。

旋转开关的电阻测量,应选择尽可能远的两个驱动位置中的每一个位置上进行;倒扳开关的电阻测量,应在每个正常驱动位置上进行;或者按照详细规范规定进行。

在每一个操动件试验位置上应进行电阻测量。

电阻测量依据条款 4.4.2,试验电压小于 15 V,以及试验电流在 10 A～25 A。

在安装套管表面适当点与开关操动件传导部分间(或者电磁干扰的防护物,如果适用),应进行电压降的测量。

4.4.3.3 要求

操动件电阻应在详细规范规定的限值内。

4.4.3.4 规定的细则

当本条试验由详细规范要求时,应规定下列细则:

a) 操动件测量位置,如果不同于4.4.3.2规定;

b) 最大允许的电阻;

c) 标准试验方法的任何偏离。

4.4.4 绝缘电阻

4.4.4.1 目的

测定机电元件的绝缘电阻。

4.4.4.2 方法

按下列要求进行:

a) 绝缘电阻采用直流电压(100±15)V或(500±50)V闭路测量。

b) 绝缘电阻的测定仅仅当其稳定读数获得时进行。如果稳定条件没有达到,绝缘电阻在施加电压后(60±5)s内读取。

c) 绝缘电阻应在如下部位测量:

——在每一个端子与接地间;

——电路上相互绝缘的相邻端子间;

——同一开关电路的所有不相连接的端子间。

根据制造厂的意见,为了缩短试验时间,端子可以组合在一起进行试验。当组合一起端子失效时,应对每个端子单独进行试验,以便接收。

d) 对于不超过6个位置的开关,应在操动件的每个位置上进行测量。

e) 对于具有多于6极、6个开关片或6个开关单元的开关,以及具有多于6个操作位置的开关,详细规范可以规定减少测量。

4.4.4.3 要求

绝缘电阻应在详细规范规定的限值内。

4.4.4.4 规定的细则

当本条试验由详细规范要求时,应规定下列细则:

a) 测试的测量点;

b) 试验电压值;

c) 绝缘电阻的最小值;

d) 标准试验方法的任何偏离。

4.5 介电强度

4.5.1 标准大气条件下的介电强度

4.5.1.1 目的

测定绝缘在规定方式下承受规定试验电压的能力。

4.5.1.2 方法

按下列要求进行：

a) 直流试验电压或交流峰值试验电压施加时间为 5 s。如果使用交流试验电压时，其电源频率为 45 Hz～60 Hz，并且具有近似正弦波的波形。试验电压施加速率应不超过 500 V/s。

b) 试验电压应施加在：

——每一端子与接地连接或金属安装装置间；

——电路上相互绝缘的相邻端子间；

——同一开关电路的所有不相连接的端子间。

c) 试验电压应在详细规范中规定。

d) 借助任何适当方法，泄漏电流应被测量。

e) 在每一操动件位置上进行本试验。

4.5.1.3 要求

试验期间，开关应承受规定的试验电压而没有闪络、瞬间放电或击穿。泄漏电流应在详细规范规定的限值内。除非在详细规范中有其他规定，最大允许泄漏电流为 2 mA。

4.5.1.4 规定的细则

当本条试验由详细规范要求时，应规定下列细则：

a) 测量点；

b) 试验电压值和电源种类；

c) 测试的接触；

d) 如果不同于 2 mA，最大允许的泄漏电流；

e) 标准试验方法的任何偏离。

4.5.2 低气压下的介电强度

4.5.2.1 目的

在模拟海拔高度条件下承受电压应力时，测定绝缘耐击穿的能力。

4.5.2.2 方法

按下列要求进行：

a) 预处理——如果需要，预处理应在详细规范中规定。

b) 初始测量——初始测量应按详细规范规定进行。

c) 依据 GB/T 2423.21 试验 M，试验应在一个密封试验箱内进行。试验箱内空气压力应保持在 8 kPa(1±5%)(大约 17 600 m 高度)为 4 h，除非有其他规定。试验箱应有适当的穿过试验箱墙壁的电气连接配置。

d) 除非另有规定，额定电压在 42 V 以上的开关，试验电压应为 400 V 交流方均根值。

4.5.2.3 要求

试验期间，开关应承受规定的试验电压而没有闪络、瞬间放电或击穿。泄漏电流应在详细规范规定的限值内。

4.5.2.4 规定的细则

当本条试验由详细规范要求时,应规定下列细则:

a) 样品安装和接线方法;

b) 严酷条件(压力);

c) 初始测量;

d) 测量要求;

e) 如果需要,样品放置的时间;

f) 标准试验方法的任何偏离。

4.6 发热

4.6.1 目的

测定在额定电流下开关端子的温升。

4.6.2 方法

测量依照 GB 15092.1—2010 第 16 章进行。下列规定适用:

a) 开关应安装在水平绝缘表面上。

b) 温度感温装置应是热电偶,该热电偶应放置于端子上并尽可能靠近开关的基座。

c) 在电气耐久性试验前应进行发热试验和/或紧随电气耐久性试验后立即进行发热试验。

d) 电气耐久性试验前,试验电流是开关最大额定电流的 1.06 倍。电气耐久性试验后,试验电流是额定电流。

在耐久性试验前:

——最高环境温度为 55 ℃的开关,试验温度为(25±10)℃;

——其他分类开关,试验温度为其最高环境温度。

在耐久性试验后,所有开关的测试在(25±10)℃。

e) 试验持续时间为 1 h。每隔 5 min 读一次读数,连续 3 次读数表明温度变化不超过±2 ℃时,可以结束试验。

f) 导线尺寸应与电气耐久性试验时使用导线尺寸相同,以及具有表 1 规定的最小长度。

表 1 最小导线长度

导线尺寸 mm^2	最小长度 mm
<0.5	200
0.5~5	500
>5	1 400

4.6.3 要求

4.6.3.1 在电气耐久性试验前

端子温升不超过 45 K。

4.6.3.2 在电耐久性试验后

端子温升不超过 55 K。

4.6.4 规定的细则

当本条试验由详细规范要求时,应规定下列细则:

a) 导线尺寸;

b) 试样接线和端子类型;

c) 试样安装;

d) 温度感温装置的放置、种类和特性;

e) 电流,交流或直流;

f) 如果需要,试样的数量;

g) 电气耐久性试验前和/或后的测量;

h) 标准试验方法的任何偏离。

4.7 动态应力

4.7.1 冲击

4.7.1.1 目的

测定元件承受规定严酷等级冲击的能力。

4.7.1.2 方法

试验依据 IEC 60068-2-27 中试验 Ea 进行,下列细则适用:

a) 初始测量应按详细规范规定进行;

b) 开关应按其正常安装方式安装;

c) 除非另有规定,冲击脉冲应是半正弦脉冲,其峰值加速度为 490 m/s^2(50 g),脉冲宽度为 11 ms;

d) 冲击脉冲应施加在开关 3 个互相垂直的轴线的每个方向上,每个方向三次,总计 18 次;

e) 当详细规范规定时,应依据触头振动测试的规定(见 4.7.3)监测开关触头振动的情况;

f) 试验后,应目测开关有无破裂、变形、移位或零件松动。按分组顺序试验后,开关应承受功能操作试验(见 4.3.5)。

4.7.1.3 要求

当详细规范规定时,断开触头的闭合或闭合触头的断开不应超过详细规范规定值。试验后,应无妨碍开关电气或机械操作的损伤。

4.7.1.4 规定的细则

当本条试验由详细规范要求时,应规定下列细则:

a) 安装试样的方法以及相关电缆/导线束,包括电缆从开始固定接触处起始的非固定长度;

b) 脉冲形状;

c) 试验严酷度(加速度等级和持续时间);

d) 冲击的轴和方向;

e) 触头振动持续时间的限值;

f) 如果需要,接触电阻的最大值;
g) 检查操作特性;
h) 标准试验方法的任何偏离。

4.7.2 振动

4.7.2.1 目的

测定元件承受规定严酷等级的正弦振动能力。

4.7.2.2 方法

试验依据 IEC 60068-2-6 中试验 Fc 进行,下列细则适用:

a) 初始测量应按详细规范规定进行。
b) 开关应按其正常安装方式安装。
c) 频率范围和振幅应由详细规范规定。
d) 试验持续时间应为每个轴向 12 次扫频循环。
e) 振动频率应在频率范围的极限值之间成对数变化。应从最低频率至最高频率再回到最低频率,这样进行全频率范围扫频。
f) 当详细规范规定时,应依据触头振动测试的规定(见 4.7.3)监测开关触头振动的情况。
g) 试验后,应目测开关有无破裂、变形、移位或零件松动。按分组顺序试验后,开关应承受功能操作试验(见 4.3.5)。

4.7.2.3 要求

当详细规范规定时,断开触头的闭合或闭合触头的断开不应超过详细规范规定值。试验后,应无妨碍开关电气或机械操作的损伤。

4.7.2.4 规定的细则

当本条试验由详细规范要求时,应规定下列细则:

a) 安装试样的方法以及相关电缆/导线束,包括电缆从开始固定接触处起始的非固定长度;
b) 试验严酷度(频率范围、振幅位移、加速度等级、持续时间);
c) 触头振动持续时间的限值;
d) 如果需要,接触电阻的最大值;
e) 检查操作特性;
f) 标准试验方法的任何偏离。

4.7.3 触头振动

4.7.3.1 目的

在规定动态条件下探测触头振动。

4.7.3.2 方法

应按下列规定进行检测:

a) 开关应按其正常安装方式安装。
b) 应在动态应力条件下测定触头振动。当元件承受碰撞、冲击、振动或加速试验时,应测定闭合触头断开和/或断开触头闭合的持续时间。在相关试验和/或详细规范规定的试验阶段应监测触头振动。触头可以分别监测，或按详细规范规定的一组或多组触头进行监测。当按组进行监测时，闭合触头可以串联连接，断开触头可以并联连接。

注：当触头按组试验显示失败时，随后允许单独触头进行测试。

c) 应在动态应力试验的持续时间内应连续监测开关。

d) 测量用直流电源进行，其电流不超过 100 mA，电源开路电压不超过 10 V。

e) 当闭合触头两端电压高于电源开路电压 50%时，认为闭合触头发生振动。当断开触头两端电压低于电源开路电压 50%时，认为断开触头发生振动。在触头振动导致电阻变化时，这种变化应由详细规范规定。

4.7.3.3 要求

触头振动持续时间应不超过详细规范规定值。除非详细规范另有规定，优选规定值为 1 μs、10 μs、100 μs、1 ms 和 10 ms。

4.7.3.4 规定的细则

当本条试验由详细规范要求时，应规定下列细则：

a) 试样的安装方法和接线；

b) 如果不同于相关试验方法的规定，监测周期；

c) 监测的触头和其操作条件；

d) 触头振动持续时间的限值；

e) 如果要求，接触电阻的变化；

f) 标准试验方法的任何偏离。

4.8 机械强度

4.8.1 操动件强度

4.8.1.1 目的

使用静态压力测定开关操动件的机械强度。

4.8.1.2 方法

开关应按其正常安装方式安装。详细规范应规定所施加的力或力矩值以及加力的方向。按照图 3 的指示规定加力的方向。力或力矩应平稳地增加至规定值，然后保持 1 min。应依次对每个开关施加规定力。如果开关操动件不能用手很容易地抓住，则力 F_5、F_6、T_1 和 T_2 的试验可以省略。如果开关操动件被保护免于某个方向力的作用，则这个方向力的试验可以省略。例如，齐平于面板的跷板开关操动件，可以省去 F_1 和 F_2 的试验。

试验后，应目测开关有无破裂、变形、移位或零件松动。按分组顺序试验后，开关应承受功能操作试验(见 4.3.5)。

4.8.1.3 要求

试验后，应无妨碍开关电气或机械操作的损伤。

4.8.1.4 规定的细则

当本条试验由详细规范要求时，应规定下列细则：

a) 试样的安装方法；

b） 施加的力或力矩的速度或特性；

c） 力施加的点和方向；

d） 标准试验方法的任何偏离。

4.8.2 安装轴套强度

4.8.2.1 目的

测定具有螺纹安装轴套的开关承受正常安装时所施加的力的能力。

4.8.2.2 方法

开关应用其正常的安装方法和规定的安装附件(如有的话)，通过金属板上的适当大小的孔进行安装。应用大小等于详细规范规定值的125%的安装力矩拧紧安装螺母。力矩应保持1 min，然后松开。螺母应进行5次拧紧和松开。

4.8.2.3 要求

试验后，开关应无妨碍正常操作的机械损伤。

4.8.3 螺钉安装强度

4.8.3.1 目的

测定用螺钉安装的开关承受正常安装时所施加力的能力。

4.8.3.2 方法

应按GB/T 2423.60中试验Ud及严酷等级2的规定进行。应采用下列细则：

a） 本试验适用于用于安装开关的螺钉。如果对螺钉未规定，应选择安装开关时可使用的最大尺寸的螺钉。

b） 应采用下列力矩值，根据详细规范规定表2的严酷等级，施加力矩时间为10 s～15 s。

c） 试验后，应目测开关有无破裂、变形、移位或零件松动。

表2 安装螺钉力矩值

公称螺纹直径 mm	2.6	3.0	3.5	4.0	5.0	6.0
力矩 N·m	0.4	0.5	0.8	1.2	2.0	2.5

4.8.3.3 要求

试验后，开关应无妨碍正常操作的机械损伤。安装螺钉的失效是允许的。

4.8.4 端头强度

4.8.4.1 目的

检验在正常装配或手动操作期间元件端头承受所施加操作应力的能力。

4.8.4.2 方法

应按 GB/T 2423.60 中试验 U 的规定进行。应采用下列细则：

a) 开关应按其正常安装方式安装。

b) GB/T 2423.60 中试验 Ua1(拉力)和试验 Ua2(推力)适用于所有端子。补充试验可以由详细规范规定。

c) 试验后，应目测开关有无破裂、变形、移位或零件松动。

4.8.4.3 要求

试验后，开关应无妨碍正常操作的机械损伤。

4.8.4.4 规定的细则

当本条试验由详细规范要求时，应规定下列细则：

a) 适用的试验；

b) 试样的制备和安装方法；

c) 试验条件，诸如力的数值、弯曲的次数等；

d) 标准试验方法的任何偏离。

4.9 机械耐久性

4.9.1 机械耐久性——标准大气条件

4.9.1.1 目的

测定在(0～55)℃类别温度范围内完成其额定机械寿命的开关和在极限温度下不评定其额定驱动性能的开关(如成列插入式开关)所具有的机械功能。

4.9.1.2 方法

试验应按下列要求进行：

a) 开关应按其正常安装方式安装。

b) 试样应根据详细规范要求进行机械操作耐久性试验(不加电气负载)。

c) 试样应按正常方式操作。操作循环次数和驱动频率应由详细规范规定。

d) 按分组顺序试验后，开关应承受功能操作试验(见 4.3.5)和操作特性试验(见 4.3.6)。如果适用，开关还应承受规定的电阻测量试验(见 4.4)和密封试验(见 4.14 和 4.15)。

4.9.1.3 要求

试验后，应无妨碍开关机械或电气操作的损伤。当有详细规范规定时，试验后操作特性最多可以偏离规定值的 20%。

4.9.1.4 规定的细则

当本条试验由详细规范要求时，应规定下列细则：

a) 试样的准备，包括所使用电缆/导线束的类型；

b) 试样安装；

c) 操作的次数、频率和速度；

d) 最后测量的要求；

e） 标准试验方法的任何偏离。

4.9.2 机械耐久性——类别温度范围

4.9.2.1 目的

测定在其类别温度范围内完成其额定机械寿命的开关所具有的机械功能。当开关的类别温度不同于(0～55)℃时，本试验适用。

4.9.2.2 方法

除了下列细则外，试验应按4.9.1规定进行：

试验试样一半应在下限类别温度下进行试验，剩下一半应在上限类别温度下进行试验。

4.9.2.3 要求

试验后，应无妨碍开关机械或电气操作的损伤。

4.9.2.4 规定的细则

当本条试验由详细规范要求时，应规定下列细则：

a） 试样的准备，包括所使用电缆/导线束的类型；

b） 试样安装；

c） 操作的次数、频率和速度；

d） 最后测量的要求；

e） 标准试验方法的任何偏离。

4.10 电耐久性

4.10.1 电耐久性——标准大气条件

4.10.1.1 目的

试验目的是测定开关在标准大气条件下，在其额定电寿命中，正常控制承受电负载(超过6 V或0.5 A电负载)额定功率的能力。

大于6 V和0.5 A开关的补充试验，在4.10.2～4.10.4中规定。

额定值低于6 V或0.5 A的开关，试验根据逻辑负载(TTL)试验(见4.10.5)或选择低电平试验(见4.10.6)。

4.10.1.2 方法

试验应按下列规定进行：

a） 开关按详细规范规定连接。

注：试验电路按GB 15092.1—2010中表2选择适用的。

b） 开关按详细规范规定施加负载。

注：推荐的负载按GB 15092.1—2010中表17和/或表18的规定。

c） 开关应按其正常安装方式安装。当必须符合安全要求时，金属安装板和金属试验操动件应电气接地。

d） 应按详细规范规定的循环次数试验开关。

e） 驱动操作频率应由详细规范规定。

f） 除非另有规定，每种电气负载的负载比至少应接通25％。

g) 对已进行了过载试验的开关，应用在过载试验中已经试验过的相同触头组进行试验。

h) 开关应在大于 6 V 和 0.5 A 的规定电气负载额定值下进行试验。如果较低电压下的伏-安数不大于较高电压下的伏-安数，则在最高额定电压下的电耐久性试验可以代表相同频率的较低电压下进行的试验。如果额定交流阻性电流不大于额定交流感性电流，则交流感性负载下的电耐久性试验可以代表交流阻性负载下的试验。

i) 除非另有规定，交流电压的标称频率应为 50 Hz～60 Hz。

j) 对双掷开关，试样的一半应将试验负载连接至一掷的触头进行试验，而其余试样应将电气负载连接至另一掷的触头进行试验。对于多极开关，所有极应同时试验。

k) 电源应有足够容量，以便在开关闭合后提供所要求的试验电流，并在开关端头保持所需要的试验电压。

l) 除非另有规定，开关应连接在电源的高电压侧和电气负载之间的试验电路中。

m) 应对开关每一极提供隔离的和单独的电气负载。

n) 当规定时，应连续监测开关以确定触头是否未能按正确的顺序断开（“粘结”）或闭合（“脱开”）其各自的电路。监测电路不应与电气负载的电感元件或开关触头并联。如果开关未能断开或闭合电路，监测装置应提供触头转换动作的记录或自动停止试验。详细规范应规定触头故障的最多次数。

粘结和/或脱开所允许的优选值为：

——0 次粘结或脱开；

——每 10^6 次循环粘结或脱开 1 次；

——每 10^5 次循环粘结或脱开 1 次；

——每 10^4 次循环粘结或脱开 1 次；

——每 1 000 次循环粘结或脱开 1 次；

——每 1 000 次循环粘结和/或脱开 5 次；

——每 1 000 次循环粘结和/或脱开 10 次；

——不对触头进行监测。

o) 连接导线的规格应与开关的额定值相适配。

注：如有怀疑，应采用 GB 15092.1—2010 中表 4 给出的配线规格值。

p) 在分组试验顺序后，开关应承受接触电阻—规定电流试验(4.4.2)、功能操作试验(4.3.5)和介电强度试验(4.5.1)。

4.10.1.3 要求

当规定时，开关应无超过允许次数的粘结和/或脱开。试验后，应无妨碍开关机械或电气操作的损伤。

4.10.1.4 规定的细则

当本条试验由详细规范要求时，应规定下列细则：

a) 试样的准备，包括所使用电缆/导线束的类型和规格；

b) 试样安装；

c) 负载类型；

d) 如果适用，交流或直流电压值，谐波失真度和峰值系数；

e) 电流值；

f) 如果不同于标准大气压，大气压力；

g) 操作的次数、速度和频率；

h) 最后测试所使用的要求；
i) 机械的要求；
j) 标准试验方法的任何偏离。

4.10.2 电耐久性——上限类别温度

4.10.2.1 目的

测定在标准大气压下，上限类别温度对开关在其额定电寿命的过程中，正常控制其承受电气负载的额定功率(大于6 V和0.5 A电气负载)的能力的影响。

4.10.2.2 方法

应按4.10.1的规定进行试验，但试验过程中开关应经受对它规定的上限类别温度。

4.10.2.3 要求

当规定时，开关应无超过允许次数的粘结和/或脱开。试验后，应无妨碍开关机械或电气操作的损伤。

4.10.2.4 规定的细则

当本条试验由详细规范要求时，应规定下列细则：
a) 试样的准备，包括所使用电缆/导线束的类型；
b) 试样安装；
c) 负载类型；
d) 如果适用，交流或直流电压值，谐波失真度和峰值系数；
e) 电流值；
f) 如果不同于标准大气压，大气压力；
g) 操作的次数、速度和频率；
h) 最后测试所使用的要求；
i) 机械的要求；
j) 标准试验方法的任何偏离。

4.10.3 电耐久性——类别温度范围

4.10.3.1 目的

测定在标准大气压下，类别温度范围对开关在其额定电寿命过程中，正常控制其承受电气负载的额定功率(大于6 V和0.5 A电气负载)的能力的影响。

4.10.3.2 方法

应按4.10.1的规定进行试验，但试验过程中规定的操作循环应在下列温度下进行：
——80%的操作循环在标准大气条件下进行；
——10%的操作循环在下限类别温度下进行；
——10%的操作循环在上限类别温度下进行。

4.10.3.3 要求

当规定时，开关应无超过允许次数的粘结和/或脱开。试验后，应无妨碍开关机械或电气操作的损伤。

4.10.3.4 规定的细则

当本条试验由详细规范要求时,应规定下列细则:

a) 试样的准备,包括所使用电缆/导线束的类型;
b) 试样安装;
c) 负载类型;
d) 如果适用,交流或直流电压值,谐波失真度和峰值系数;
e) 电流值;
f) 如果不同于标准大气压,大气压力;
g) 操作的次数、速度和频率;
h) 最后测试所使用的要求;
i) 机械的要求;
j) 标准试验方法的任何偏离。

4.10.4 电耐久性——低气压

4.10.4.1 目的

测定低气压对开关在其额定电寿命过程中,正常控制其承受电气负载的额定功率(大于 6 V 和 0.5 A 电气负载)的能力的影响。

4.10.4.2 方法

应按 4.10.1 的规定进行试验,但试验过程中开关应经受与对开关规定的额定海拔高度相当的低气压的作用。

4.10.4.3 要求

当规定时,开关应无超过允许次数的粘结和/或脱开。试验后,应无妨碍开关机械或电气操作的损伤。

4.10.4.4 规定的细则

当本条试验由详细规范要求时,应规定下列细则:

a) 试样的准备,包括所使用电缆/导线束的类型;
b) 试样安装;
c) 负载类型;
d) 如果适用,交流或直流电压值,谐波失真度和峰值系数;
e) 电流值;
f) 如果不同于标准大气压,大气压力;
g) 操作的次数、速度和频率;
h) 最后测试所使用的要求;
i) 机械的要求;
j) 标准试验方法的任何偏离。

4.10.5 逻辑负载(TTL)

4.10.5.1 目的

测定开关正常控制超过触头材料的熔融电压(大约 0.4 V)并低于飞弧电压和飞弧电流(大约 6 V

和0.5 A)的某一规定的逻辑电平电气负载的能力。应假定适用电路有起始缓冲的10 ms时间以排除任何触头的弹跳。

4.10.5.2 方法

试验应按下列规定进行:

a) 开关应按其正常安装方式安装。

b) 样品的每对触头应用直流(5±0.5)V、(10±1)mA的阻性负载进行试验。在每对触头的每次闭合和每次断开过程中,应用不改变对触头规定的试验参数的装置监测触头。监测装置应记录触头的正常断开和闭合,或一旦触头失效时应中断试验。

——闭合过程中的监测:

触头电压降的监测时间应不少于每对触头静态闭合时间的50%。不应在触头闭合后最初的10 ms内监测触头,以排除任何触头的弹跳。触头电压降等于或高于2.1 V即应构成触头"脱开"(未正常闭合电路)。

——断开过程中的监测:

触头电压降的监测时间应不少于每对触头断开时间的50%。不应在触头断开后最初的10 ms内监测触头,以排除任何触头的弹跳。触头电压降低于4.5 V即应构成触头"粘结"(未正常断开电路)。

c) 详细规范规定触头误动作的最多次数。粘结和/或脱开所允许的推荐值为:

——0次粘结或脱开;

——每10^6次循环粘结或脱开1次;

——每10^5次循环粘结或脱开1次。

d) 除非另有规定,试验应在标准大气条件下进行。

e) 操作循环次数应在详细规范中规定。

f) 试验电压、试验电流和监测仅适用于TTL逻辑电路。对其他类型逻辑电路,可由详细规范规定其他值。

4.10.5.3 要求

试验过程中,开关应按正确的顺序断开和闭合每个切换电路。

4.10.5.4 规定的细则

当本条试验由详细规范要求时,应规定下列细则:

a) 试样的准备,包括所使用电缆/导线束的类型;

b) 试样安装;

c) 负载类型;

d) 如果适用,交流或直流电压值,谐波失真度和峰值系数;

e) 电流值;

f) 如果不同于标准大气压,大气压力;

g) 操作的次数、速度和频率;

h) 最后测试所使用的要求;

i) 机械的要求;

j) 标准试验方法的任何偏离。

4.10.6 低电平耐久性试验

4.10.6.1 目的

测定开关正常控制小于触头材料软化电压(大约 80 mV)的规定的低电平电气负载的能力。应假定适用电路有起始缓冲的 10 ms 时间以排除任何触头的弹跳。

4.10.6.2 方法

试验应按下列规定进行:

a) 开关应按其正常安装方式安装。

b) 样品的每对触头应用最高 20 mV、最大 10 mA 的阻性负载进行试验。在每对触头的每次闭合和每次断开过程中,应用不改变对触头规定的试验参数的装置监测触头。监测装置应记录触头的正常断开和闭合,或一旦触头失效时应中断试验。

——闭合过程中的监测:

触头电压降的监测时间应不少于每对触头静态闭合时间的 50%。不应在触头闭合后最初的 10 ms 内监测触头,以排除任何触头的弹跳。触头电压降等于或高于开路电压的 50%即应构成触头"脱开"(未正常闭合电路)。

——断开过程中的监测:

触头电压降的监测时间应不少于每对触头断开时间的 50%。不应在触头断开后最初的 10 ms 内监测触头,以排除任何触头的弹跳。触头电压降小于开路电压的 90%即应构成触头"粘结"(未正常断开电路)。

c) 详细规范规定触头误动作的最多次数。粘结和/或脱开所允许的推荐值为:

——0 次粘结或脱开;

——每 10^6 次循环粘结或脱开 1 次;

——每 10^5 次循环粘结或脱开 1 次。

d) 除非另有规定,试验应在标准大气条件下进行。

e) 操作循环次数应在详细规范中规定。

4.10.6.3 要求

试验过程中,开关应按正确的顺序断开和闭合每个切换电路。

4.10.6.4 规定的细则

当本条试验由详细规范要求时,应规定下列细则:

a) 试样的准备,包括所使用电缆/导线束的类型;

b) 试样安装;

c) 负载类型;

d) 如果适用,交流或直流电压值,谐波失真度和峰值系数;

e) 电流值;

f) 如果不同于标准大气压,大气压力;

g) 操作的次数、速度和频率;

h) 最后测试所使用的要求;

i) 机械的要求;

j) 标准试验方法的任何偏离。

4.11 过载

4.11.1 目的

测定触头承受规定过载电流的能力。

4.11.2 电过载

4.11.2.1 方法

试验应按下列规定进行：

a) 电耐久性-标准大气条件试验(4.10.1.2)中的细则 a)、c)、e)、f)、i)、j)、k)、l)和 m)的要求适用。

b) 应在经受过 4.10.1～4.10.4 试验的相同触头上进行试验。

c) 开关应承受 100 次操作循环。

除了堵转试验、电容性和模拟灯泡负载试验外，只要设计上许可，开关应按下列频率操作：

——额定电流不大于 10 A 的开关，为每分钟 30 次操作；

——额定电流大于 10 A 但小于 25 A 的开关，为每分钟 15 次操作；

——额定电流等于或大于 25 A 的开关，为每分钟 7.5 次操作。

每个操作循环中，“接通”时间约占 $25^{+5}_{0}\%$，“断开”时间约占 $75^{0}_{-5}\%$。

d) 所使用的负载按 4.10.1 的试验规定，然后将电压升至 1.15 倍额定电压，因此也增加了过载试验电流。

e) 试验过程中，应连续监测开关以确定开关是否正确断开或闭合各自电路，或是否正确顺序断开或闭合各自电路。

4.11.2.2 要求

试验过程中，开关应按正确的顺序断开或闭合其各自转换电路。

4.11.2.3 规定的细则

当本条试验由详细规范要求时，应规定下列细则：

a) 试样的准备；

b) 电缆导线的类型和规格；

c) 适用的最低或最高电压；

d) 适用的电流；

e) 如果不同于标准大气压，大气压力；

f) 最后测量的要求；

g) 标准试验方法的任何偏离。

4.11.3 切换容性负载

4.11.3.1 目的

测定用作电源开关的开关接通和分断能力。本试验也适用于高峰值冲击电流的模拟。

4.11.3.2 方法

试验应按下列规定进行：

a) 开关应按其正常安装方式安装。
b) 试验电路按 GB 15092.1—2010 中图 9a)。单极开关应在电源相线 L 侧分断电路。
c) 当开关额定浪涌电流被规定时,应使用 GB 15092.1—2010 中图 9a)给出的数值。
d) 负载电路元件应保证负载电流控制在其规定值±10%内。
e) 电源阻抗应足够小以致不会影响试验结果。
f) 除非详细规范有其他规定,开关应承受总共 10 000 次操作循环的考核。负载比大约是 50%。额定操作速率应为每分钟 7 次操作循环。
g) 为了达到任意负载条件,开关的闭合应不能与电源频率同步。
h) 按分组顺序试验后,开关应承受介电强度试验(见 4.5.1)和功能操作试验(见 4.3.5),在介电强度试验时,试验电压降为规定电压值的 75%。

4.11.3.3 要求

试验后,应无妨碍开关机械或电气操作的损伤。

4.11.3.4 规定的细则

当本条试验有详细规范要求时,应规定下列细则:
a) 试样的准备;
b) 适用的电源电压;
c) 试验电流(应不高于试样的正常额定电流);
d) 浪涌电流;
e) 如果不同于 10 000 次,要求的循环次数;
f) 初始的和最终的测量要求;
g) 如有,补充的要求;
h) 标准试验方法的任何偏离。

4.12 环境试验

4.12.1 气候列序

4.12.1.1 目的

测定非散热开关(温升小于 5 K)经受在规定环境中暴露的作用而不降低其性能的能力。

4.12.1.2 方法

按 GB/T 2423.45 中试验 Z/ABDM 气候列序进行。每一步的严酷等级和中间测量按详细规范规定进行。

4.12.1.3 高温

试验应按下列规定进行:
a) 初始测量——当详细规范要求时,在标准大气条件下,紧随预处理之后马上进行规定的初始测量;
b) 条件——采用 GB/T 2423.2 试验 B(高温)中的试验 Ba 进行高温试验,采用规定的严酷等级;
c) 应按对开关规定的上限类别温度进行试验。

4.12.1.4 循环湿热试验的第一次循环

试验应按下列规定进行:

a) 初始测量——当详细规范要求时，在标准大气条件下，紧随预处理之后马上进行规定的初始测量；
b) 条件和恢复——依据 GB/T 2423.4 试验 Db 和导则：交变湿热（12 h+12 h 循环）进行试验，采用其中规定的严酷等级、温度还原变量和恢复条件；
c) 开关空载进行试验；
d) 试样应承受本试验 24 h 的一个循环；
e) 然后试样允许在试验 Db 规定的标准条件下恢复。

4.12.1.5 低温

试验应按下列规定进行：

a) 初始测量——当详细规范要求时，在标准大气条件下，紧随预处理之后马上进行规定的初始测量；
b) 条件——依据 GB/T 2423.1 试验 A：低温，进行低温试验，采用其中规定的严酷等级；
c) 开关空载进行试验；
d) 试样将暴露在下限类别温度中，持续 2 h；
e) 然后试样允许在试验 A 规定的标准条件下恢复；
f) 然后应目测试样，试样不应有损伤的痕迹。

4.12.1.6 低气压

试验应按下列规定进行：

a) 初始测量——按详细规范规定进行初始测量。
b) 条件——依据 GB/T 2423.21 试验 M 进行试验，采用详细规范规定的严酷等级。
c) 除非详细规范有其他规定，暴露持续时间为 5 min。
d) 在试验过程中，应进行规定的介电强度试验（4.5.2）。仅当详细规范规定的气压低于 86 kPa 时，气候试验的一部分才适用。
e) 当详细规范要求时，在试样仍然处于规定的低气压的试验后期，应进行介电强度试验（4.5.2）。
f) 在试验期间和试验之后，试样应没有出现瞬间放电、击穿、闪络或有害的损伤。

4.12.1.7 循环湿热的所有或剩余循环

试验应按下列规定进行：

a) 初始测量——当详细规范要求时，在标准大气条件下，紧随预处理之后马上进行规定的初始测量；
b) 条件和恢复——依据 GB/T 2423.4 试验 Db 和导则：交变湿热（12 h+12 h 循环）进行试验，采用其中规定的严酷等级、温度还原变量和恢复条件；
c) 开关空载进行试验；
d) 试样应承受本试验剩余循环次数的试验；
e) 然后试样允许在试验 Db 规定的标准条件下恢复。

4.12.1.8 最终测量

按分组顺序试验后，开关应承受下列试验：

a) 目测检查试验（4.3.1）；
b) 功能操作试验（4.3.5）；
c) 接触电阻-毫伏法试验（4.4.1）或接触电阻-规定电流试验（4.4.2）；

d) 绝缘电阻试验(4.4.4)；
e) 介电强度试验(4.5.1)；
f) 操作特性试验(4.3.6)。

4.12.1.9 要求

试验后，应无妨碍开关正常操作的损伤。

4.12.1.10 规定的细则

应规定下列细则：
a) 试样的准备；
b) 方法条件；
c) 试验测量的严酷等级和媒介；
d) 初始的和最终的测量要求；
e) 接触电阻的测量方法；
f) 如有，补充的要求；
g) 标准试验方法的任何偏离。

4.12.2 稳态湿热

4.12.2.1 目的

测定元件承受规定的高温和高相对湿度条件的能力。

4.12.2.2 方法

试验应按下列规定进行：
a) 初始测量——当详细规范要求时，在标准大气条件下，紧随预处理之后马上进行规定的初始测量。
b) 条件——依据 GB/T 2423.3 试验 Ca：稳态湿热进行稳态湿热的试验，采用其中规定的严酷等级。
c) 极化电压——当详细规范规定时，在试验期间极化电压应施加到两个试样上。这些试样应被连接导线，端头应交替连接在一起形成两组。
——在第 1 号试样上，极化电压应施加在第一组试样端头与连接到基座(壳体)和/或安装板部位间的第二组试样端头之间；在第 2 号试样上，极化电压应施加在第二组试样端头与连接到基座(壳体)和/或安装板部位间的第一组试样端头之间；
——旋转开关，极化电压施加点应由详细规范规定。

4.12.2.3 要求

试验后，应无妨碍开关正常操作的损伤。

4.12.2.4 规定的细则

应规定下列细则：
a) 初始测量；
b) 极化电压和施加点；
c) 如有，补充的要求；
d) 标准试验方法的任何偏离。

4.12.3 温度快速变化

4.12.3.1 目的

测定元件承受在诸如储存、运输和使用期间可能发生的周围空气温度快速变化的能力。

4.12.3.2 方法

试验应按下列规定进行：

a) 初始测量——当详细规范要求时，在标准大气条件下，紧随预处理之后马上进行规定的初始测量。

b) 条件——依据 IEC 60068-2-14 试验 N：温度变化中试验 Na 进行试验。高温和低温的持续时间和循环次数应由详细规范规定。

c) 空载情况下进行试验。

d) 低温应为下限类别温度。

e) 高温应为上限类别温度。

f) 试验应进行 5 次循环。

g) 每个温度持续时间应为 30 min。

h) 高低温转换时间最大为 3 min。

4.12.3.3 最终测量

试验后，应目测开关有无损伤。按分组顺序试验后，开关应经受功能操作试验(见 4.3.5)。

4.12.3.4 要求

试验后，应无妨碍开关机械或电气操作的损伤。

4.12.3.5 规定的细则

应规定下列细则：

a) 初始测量；

b) 高低温持续时间和循环次数；

c) 如有，补充的要求；

d) 标准试验方法的任何偏离。

4.12.4 长霉(耐霉菌)

4.12.4.1 目的

测定经 28 天短期暴露后的长霉程度，以确定是否已经使用防霉材料。

4.12.4.2 方法

试验依据 GB/T 2423.16 试验 J(长霉)进行。试验持续时间应由详细规范规定。下列细则是适用的：

a) 试样应配备其正常的附件，并按详细规范规定安装；

b) 预处理——除非详细规范另有规定，预处理应至少 1 h；

c) 试验应在有代表性的绝缘材料试样上进行；

d) 试验持续时间应为 28 d；

e) 试验后，应目测试样的长霉程度。

4.12.4.3 替代方法

对生产零件所使用的绝缘材料，可借助已确立的真菌试验程序预先评定霉菌污染破坏的损害性。

4.12.4.4 要求

除非另有规定，应按0或1级的规定评定长霉程度。

4.12.4.5 规定的细则

当本条试验由详细规范要求时，应规定下列细则：

a) 试样安装和接线方法；
b) 试验持续时间；
c) 预处理时间；
d) 测量要求；
e) 标准试验方法的任何偏离。

4.12.5 工业大气腐蚀

4.12.5.1 目的

用加速的方法测定二氧化硫和/或硫化氢污染的大气对开关的腐蚀影响。

4.12.5.2 试验方法

试验依据IEC 60068-2-42试验Kc、IEC 60068-2-43试验Kd和IEC 60068-2-49试验Kc的导则进行，表3为腐蚀试验推荐方法。下列细则是适用的：

a) 试样应按详细规范准备和安装。
b) 当详细规范要求时，试样应按预先对试验规定的次数操作。
c) 对每一次试验操作，详细规范应规定条件和元件严酷等级，例如，被操作或不被操作，成双的或非成双的。

注：在若干试样情况下，建议把试样分成两组不同条件的试样组。

d) 由相关规范给出的试验严酷等级，说明如下：

——污染气体的类型和浓度；
——温度；
——相对湿度；
——暴露持续时间。

表3 腐蚀试验推荐方法

方法	污染气体	严酷等级1[a]	严酷等级2[b]
A	SO_2	≤1	≤10(预先试验：Kc)
B	H_2S	≤0.1	≤1(预先试验：Kd)

注1：所有数值均要乘以10^{-6}。

注2：所有方法：温度为25 ℃或(30±1)℃；相对湿度为(75±3)%；持续时间为4 d、10 d或21 d。

注3：由于方法A和B的侵蚀种类不同，两种方法没有可比性。

注4：未来在获得足够经验后，可以补充其他方法。

注5：应避免在试样上和试验设备上的腐蚀浓缩。

[a] IEC 60721-3-3，3C1类。

[b] IEC 60721-3-3，3C2类。

4.12.5.3 要求

如果适用,在完成上述试验后,试样应进行下列试验:

a) 目测检查(4.3.1);

b) 接触电阻(4.4.1、4.4.2、4.4.3);

c) 绝缘电阻(4.4.4);

d) 介电强度(4.5);

e) 操作特性(4.3.6),应特别关注暴露的金属表面破裂、分层和蚀斑。

4.12.5.4 规定的细则

当本条试验由详细规范要求时,应规定下列细则:

a) 试样准备和安装方法;

b) 试样预处理(如要求);

c) 污染气体的严酷等级、类型、浓度和温度;

d) 初始测量;

e) 要求;

f) 腐蚀持续时间;

g) 最终测量;

h) 标准试验方法的任何偏离。

4.12.6 沙尘

4.12.6.1 目的

测定开关承受干燥的、充满于大气的沙尘的影响的能力。

4.12.6.2 试验方法

试验方法规定如下(也可参见 GB/T 2423.37 试验 L:沙尘):

a) 初始测量——初始测量应按详细规范规定进行。

b) 试验设备——应如此设计试验箱的长、截面和结构以避免在试样前侧沙尘剧烈的流动,同样在试样后侧也应尽可能限制这样剧烈沙尘流动,以便达到空气沙层中颗粒的均匀分布。

c) 气候试验箱应提供控制装置,在试验中试样周围的沙尘密度、气流速度、相对湿度和温度始终保持在规定的限值内(推荐暗室测量用光电元件系统)。

d) 试验中所使用的沙尘应是研磨的,并具有下列特性:

——小于 150 μm,重量 99%~100%;

——小于 105 μm,重量 76%~86%;

——小于 75 μm,重量 60%~70%;

——小于 40 μm,重量 35%~46%;

——小于 20 μm,重量 20%~30%;

——小于 10 μm,重量 11%~19%;

——小于 5 μm,重量 5%~11%;

——小于 2 μm,重量 1.5%~5%;

——SiO_2 重量占 97%~99%的砂尘微粒。

注:上述微粒类似于 GB/T 2423.37 中条款 6.1.4.1 规定的沙尘粗糙度中变量 2 级的微粒。

e) 为了不妨碍气流，试样的位置和方向数应由详细规范规定。

f) 试验程序

详细规范应规定试验进行的循环次数。每循环持续 2 h，并且由 4 步组成：

步骤 1，30 min 内试验箱应建立下列限值内稳定状态：

- 温度为(30±3)℃；
- 相对湿度小于 25%；
- 气流速度，详细规范应规定 3 m/s～10 m/s 的速度值，推荐速度为(3.0±0.3)m/s；
- 微粒密度为(5±1.5)g/m^3。

步骤 2，上述条件保持 30min。每小时应操作开关 50 次循环。

步骤 3，30 min 内温度应升高到(65±5)℃，其他特性条件保持不变。

步骤 4，新的试验条件应保持 30 min[1)]。每小时应操作开关 50 次循环。

除非另有规定，一个循环应在每个位置进行。在两个循环间，温度应在最多 2 h 内降到(30±3)℃。

g) 恢复

试验后，为预防外加湿气、沙尘进入试样样品的影响，应小心地抖动、擦拭或刷掉样品上沙尘，一定不能用吹风机或吸尘器具除尘。

允许试样按规定时间恢复到室温状态。

4.12.6.3 最终测量

试验后，开关应承受操作特性试验(见 4.3.6)，其他测量应按详细规范规定进行。

4.12.6.4 要求

试验后，应无妨碍开关机械或电气操作的损伤。

4.12.6.5 规定的细则

应规定下列细则：

a) 安装方法和试样接线描述；

b) 试样条件：配置或未配置保护盖板；

c) 位置数和试样放置方向；

d) 初始和最终测量；

e) 气流速度；

f) 循环次数；

g) 标准试验方法的任何偏离。

4.12.7 接触电阻稳定性

4.12.7.1 目的

测定当开关操动件间存在一持续长间隔时间驱动时，可能出现的老化对开关触头接触电阻的影响。通过在上限类别温度的长期暴露来模拟老化影响。该试验通常被认为适用于电源电压不超过 mV 级使用的开关，并且在开关操动件间要有一持续间隔时间的驱动。

4.12.7.2 方法

开关应依据下列要求进行试验：

---

1) IEC 61020-1 原文此处为 1 h，与每循环 2 h 不符，疑似有误。

a) 预处理:开关应依据 4.9(机械耐久性)进行试验。下列细则适用:

——开关应按其正常安装方式安装。

——除非详细规范另有规定,操作循环次数应为额定机械操作次数的 10%。

——驱动频率应由详细规范规定。

b) 条件:开关应依据 4.12.1.3(干热)进行试验。下列细则适用:

——严酷度;试验过程中的温度应为对开关规定的上限类别温度。暴露持续时间应为详细规范规定的 100 h、200 h、500 h、1 000 h 或 2 000 h。

——必要时,详细规范应规定保证对断开的开关触头和闭合的开关触头进行条件试验的特定的条件。

——温度暴露过程中,应不扰动闭合的开关触头。开关不应驱动,也不承受诸如振动或冲击这样的任何非偶然的动态应力。

c) 最终测量:条件试验之后和最终测量之前,不应通过开关的驱动或动态应力扰动闭合的开关触头。试验后,所有闭合的开关触头应按 4.4.1(接触电阻-毫伏法)进行测量。然后按要求驱动开关,以闭合在条件试验过程中断开的开关触头;接着按 4.4.1(接触电阻-毫伏法)测量所有被闭合的触头。

4.12.7.3 要求

试验后,每一接触电阻测量值应在详细规范规定限值内。

4.12.7.4 规定的细则

应规定下列细则:

a) 初始测量;

b) 驱动频率;

c) 操作循环次数;

d) 严酷度;

e) 开关触头的位置;

f) 最终测量;

g) 标准试验方法的任何偏离。

4.13 锡焊

4.13.1 焊槽法润湿的可焊性

4.13.1.1 目的

确定要求润湿锡焊端头上的区域的可焊性。

4.13.1.2 方法

试验应按类似 IEC 60068-2-20 试验 Ta 要求进行。下列细则适用:

a) 除非详细规范另有规定,在可焊性试验前,应不能对端头进行清洁或脱脂。应小心不要触摸或污染即将试验的端头。

b) 方法 1(焊槽)适用。当由于开关外形不适于采用方法 1 时,如果端子已经进行表面涂镀,则该端子应作为一个零件进行试验,或采用方法 2 进行试验。

浸入持续时间和温度应按表 4 选择。

表 4　焊槽法可焊性:试验严酷等级(持续时间和温度)

焊锡成分	严酷等级					
	(215±3)℃		(235±5)℃		(245±5)℃	(250±5)℃
	(3±0.3)s	(10±1)s	(2±0.2)s	(5±0.5)s	(3±0.3)s	(3±0.3)s
SnPb	×	×	×	×		
Sn96.5Ag3.0Cu0.5					×	
Sn99.3Cu0.7						×
焊锡成分仅仅适用于试验用途。组成为 Ag 重量 3.0%~4.0%、Cu 重量 0.5%~1.0%及剩余为 Sn 的焊锡可以替换 Sn96.5Ag3.0Cu0.5 焊锡;组成为 Cu 重量 0.45%~0.9%及剩余为 Sn 的焊锡可以替换 Sn99.3Cu0.7 焊锡。						
注 1:"×"意为适用; **注 2**:参考 IEC 61190-1-3 条款 3.1 以区分焊锡成分; **注 3**:此表中所代表焊锡成分的主要是线绕式焊锡,是当前线绕式焊锡在锡焊过程中首选使用的。如果使用与此不同的焊锡,必须验证它所给的严酷等级是适用的。						

c) 老化 1 a(1 h 蒸汽老化)。

d) 除非另有规定,端子应浸入至离开关基体或安装表面不超过 2.5 mm 处。

e) 打算安装在印制电路板上的开关端子,可以用具有端头适当尺寸孔、(1.5±0.5)mm 厚的绝缘材料热屏蔽板进行试验。所使用的热屏蔽板,端头应浸入一个深度以至于热屏蔽板几乎触及锡焊表面。

f) 试验后,应使用 10 倍放大镜检查端子。

4.13.1.3　要求

试验后,浸渍过的端子可焊表面的 95%应覆盖一层光滑、明亮的焊料层。任何针孔或空隙应不超过浸渍面积的 5%,并且不应集中在一个区域。

4.13.1.4　规定的细则

当本条试验由详细规范要求时,应规定下列细则:

a) 试样准备;

b) 如果不同于老化 1 a,加速的老化方法;

c) 如果不使用热屏蔽板,浸入深度;

d) 标准试验方法的任何偏离。

4.13.2　烙铁法润湿的可焊性

4.13.2.1　目的

确定要求润湿锡焊端头上的区域的可焊性。

4.13.2.2　方法

试验应按类似 IEC 60068-2-20 试验 Ta 要求进行。下列细则适用:

a) 除非详细规范另有规定,应采用方法 2(350 ℃);

b) IEC 60068-2-20,老化 1 a(1 h 蒸汽老化)是适用的。

4.13.2.3 要求

焊料应湿润端子,并且端子上应无熔滴形成。

4.13.2.4 规定的细则

当本条试验由详细规范要求时,应规定下列细则:

a) 试样准备;
b) 如果不同于老化 1 a,加速的老化方法;
c) 锡焊烙铁的尺寸(A 或 B);
d) 标准试验方法的任何偏离。

4.13.3 弱润湿的可焊性

4.13.3.1 目的

测定元件端头在规定条件下浸入溶化焊料中的锡焊能力。

4.13.3.2 方法

试验应按 IEC 60068-2-20 试验 Ta 要求进行。下列细则适用:

a) 试样准备——在弱润湿试验前,试样应按湿润试验的规定进行准备。应小心不要触摸或污染即将试验的端头。
b) 在弱润湿试验前,浸入深度和焊料处理按湿润试验的规定。弱润湿试验应包含 2 次浸入,每次 5 s,具体依据 IEC 60068-2-20 规定。

4.13.3.3 要求

浸渍过的端子可焊表面的 95%应覆盖一层光滑和明亮的焊料层,任何缺陷(弱润湿区域)不应集中在一个区域。

4.13.3.4 规定的细则

当本条试验由详细规范要求时,应规定标准试验方法的任何偏离。

4.13.4 焊槽法耐锡焊热

4.13.4.1 方法

试验应按 IEC 60068-2-20 试验 Tb 要求进行。下列细则适用:

a) 试样准备——除非详细规范另有规定,应使用如 IEC 60068-2-20 规定的绝缘材料热屏蔽板。
b) 使用一个加热槽替换屏蔽板,应使用一个板厚 1.6 mm、每侧铜层厚 35 μm 的双面印制板。印制板的长和宽应至少比试样轮廓每个方向长度长 15 mm。模拟孔应适合端头。应使用无凸台的平孔。模拟的导电层应由均匀分布导体组成,并且印制板每一侧金属层面积应大约为 50%。

   如果使用不同加热槽,其细则应在详细规范中规定。
c) 温度为 260 ℃使用焊料焊槽的方法 1 是适用的,浸入时间为(10±1)s。
d) 详细规范规定的浸入时间为 5 s 或 10 s。

4.13.4.2 要求

应没有妨碍正常操作的损伤。

4.13.4.3 规定的细则

当本条试验由详细规范要求时，应规定下列细则：

a) 如需要，试样准备、所使用的屏蔽板及其细则；

b) 浸入时间；

c) 标准试验方法的任何偏离。

4.13.5 烙铁法耐锡焊热

4.13.5.1 目的

确定试样承受锡焊产生的热应力的能力。

4.13.5.2 方法

除了下列规定外，应按类似 IEC 60068-2-20 试验 Tb 方法 2 规定进行试验：

a) 加速的老化，同 4.13.2.2b)；

b) 烙铁法，同 4.13.2.2a)；

c) 详细规范规定的烙铁焊接时间应为(5±1)s 或(10±1)s。

4.13.5.3 要求

应没有妨碍正常操作的损伤。

4.13.5.4 规定的细则

必须规定下列细则：

a) 初始测量；

b) 适用的试验方法；

c) 如不同于离开开关基座 2.0 mm～2.5 mm，浸入深度；

d) 浸入时间；

e) 如有要求，是否使用热屏蔽板及加热槽的细则；

f) 锡焊烙铁的尺寸(A 或 B)；

g) 离开开关基座的试验区域的距离，或规定加热槽的使用；

h) 最终测量；

i) 标准试验方法的任何偏离。

4.14 面板密封

对于安装在外壳开孔的面板或墙壁上的开关，可要求提供防止液体渗入的密封。面板密封试验提供评定开关保持面板或外壳所要求的密封类别的能力的方法。面板密封试验不用于评定转换机构的密封(如有)。

4.14.1 防滴水

4.14.1.1 目的

测定开关面板密封件在 15°以内倾斜时保护外壳阻止滴水的能力。

4.14.1.2 方法

按 GB 4208 中 IP02 的规定进行试验,应采用下列细则:

a) 开关应用其正常安装方法安装在面板上;

b) 应在面板的正面进行试验。

4.14.1.3 要求

试验期间,不应有水透过开关的面板密封件。

4.14.2 防溅水

4.14.2.1 目的

测定开关面板密封件防止淋水或喷水时水侵入外壳的能力。

4.14.2.2 方法

按 GB 4208 中 IP04 的规定进行试验,应采用下列细则:

a) 开关应用其正常安装方法安装在面板上;

b) 应在面板的正面进行试验。

4.14.2.3 要求

试验期间,不应有水透过开关的面板密封件。

4.14.3 浸水

4.14.3.1 目的

测定开关面板密封件防止浸入水时水侵入外壳的能力。

4.14.3.2 方法

按 GB 4208 中 IP07 的规定进行试验,应采用下列细则:

a) 开关应用其正常安装方法安装在防水外壳的壁上;

b) 开关面板密封件应至少在水面下 1 m;

c) 装有动态密封件的开关应经受 25 次操作循环;

d) 试验后,应打开封闭的开关壳体,检查有无水渗进开关本体内;

e) 作为一种替代方法,开关可以经受(10±0.5)kPa 气压下的潜水试验(见 4.14.4)。

4.14.3.3 要求

试验期间,不应有水透过开关的面板密封件。

4.14.4 潜水

4.14.4.1 目的

测定开关面板密封件防止潜入水时水侵入壳体的能力。

4.14.4.2 方法

按 GB 4208 中 IP08 的规定进行试验,应采用下列细则:

a) 安装前,应将容易拆卸的面板密封件从开关上拆下,然后重新装配。

b) 应将开关按其正常的安装方法安装在图 4 所示的试验箱的侧面。试验箱应经过适当的密封以承受试验压力而不泄漏。试验箱应能施加、调节、保持和测量所要求的气压。试验箱应具有从开关的正面、侧面或背面驱动试验开关的装置,图 4 表示一个典型试验箱。

c) 试验箱应装有清洁的自来水,其水平面应高于开关(150±50)mm。试验箱内部压力应按大约 1 kPa/min 速率逐渐增加,直至达到所要求的压力。

d) 除非另有规定,试验箱内的气压和外部气压之差应为(105±5)kPa。下列数值被推荐:

——(10±0.5)kPa;

——(20±1)kPa;

——(45±1)kPa;

——(350±10)kPa。

e) 规定的压差应保持 30 min。在该时间内,装有动态密封件的开关应驱动 25 次循环。

f) 试验后,应打开封闭的开关本体,检查有无漏水。

4.14.4.3 要求

试验期间,不应有水透过开关的面板密封件。

4.15 罩壳密封

为了保护开关触头和转换机构,开关可以具有密封罩壳,以防止污物或湿气进入,或保持恒定的内部压力。罩壳密封试验将提供某种方式,以评定开关罩壳提供规定密封类别的能力。

4.15.1 水密性浸渍

4.15.1.1 目的

测定开关罩壳在水中浸渍期间保护内部机构的能力。

4.15.1.2 方法

按 IEC 60068-2-17 试验 Qf 的规定进行试验,应采用下列细则:

a) 应在 14.7 kPa 的压差或 1.50 m 水位下进行试验。

b) 试验持续时间应为 10 min。

c) 从开关排出连续成串的气泡应构成失效。由于在开关表面截留空气而形成的气泡是允许的。

d) 试验后,应打开封闭的开关本体,检查有无水的浸入。

4.15.1.3 要求

试验过程中,从开关内排出连续成串的气泡是不允许的。当试验后打开罩壳时,应无水渗透进开关罩壳内。

4.15.2 弹性密封或气密封

4.15.2.1 目的

测定开关罩壳用弹性或气密封的方法防止气体进入以保护内部转换机构的能力。

4.15.2.2 方法

按 IEC 60068-2-17 试验 Qk 的规定进行试验,应采用下列细则和例外:

a) 利用任何合适方式(如真空管)将质谱检漏仪连接至开关的内腔,并且开关内部形成真空。然后开关应经受其周围氦气的作用。如果开关中存在缺陷,取决于缺陷大小的气体总量,将通过缺陷吸入并进入检漏仪进行测量。

b) 试验后,将开关充满干燥的空气或已知的气体。应拆除至内部转换腔的连接,并用如锡焊或熔焊之类的合适方法封住入口。然后用水密性浸渍试验(见4.15.1)检查开关总的泄漏。

4.15.2.3 要求

试验期间,弹性密封的泄漏率应不超过 1×10^{-4} kPa·cm^3/s(1×10^{-6} atm·cc/s),气密封的泄漏率不超过 1×10^{-6} kPa·cm^3/s(1×10^{-8} atm·cc/s)。

4.16 耐液体

4.16.1 在清洁剂中浸渍(标志)

4.16.1.1 目的

测定预定安装在印制电路板上的开关标志承受清洁剂的有害影响的能力。

4.16.1.2 方法

按GB/T 2423.30试验XA的规定进行试验,应采用下列细则:

a) 详细规范应规定要使用的清洗溶剂。当规定多于一种清洗剂被使用时,对每种溶剂应使用单独试验样品进行试验。

b) 除非另有规定,溶剂温度应为23 ℃~28 ℃。

c) 除非另有规定,应采用条件试验方法1。

d) 用脱脂棉擦。

e) 试验后,应目测检查标志。

4.16.1.3 要求

试验后,标志应清晰。

4.17 着火危险

空白。

4.18 电容

4.18.1 目的

测定机电元件的导电件间电容量。

4.18.2 方法

试验按下列要求进行:

a) 试样准备——试样应按详细规范准备和安装;

b) 应在构成开关电路的一部分但无电气连接的各个端头之间和一个端头与其余连接至框架或接地金属件的端头之间进行测量;

c) 电容应按详细规范规定的频率进行测量,使用一个合适的试验装置,如一个确保±5%精度的电容电桥。测量频率优先值为1 kHz±200 Hz或1 MHz±200 kHz。

4.18.3 要求

电容应在详细规范规定的限值内。

4.18.4 规定的细则

当本条试验由详细规范要求时，应规定下列细则：

a) 试样准备；

b) 试样安装；

c) 被测量触头组合；

d) 测量的频率值；

e) 电容的最大允许值；

f) 标准试验方法的任何偏离。

4.19 照明

4.19.1 色度

4.19.1.1 目的

测定从照明开关的发光显示器发出的光的颜色。

4.19.1.2 方法

应按下列方法中的一种方法进行试验：

a) 分光光度计、平板：应使用分光光度计、材料的密度和厚度与成形滤色片相同的平板、必要的校准滤色片测量色度；

b) 分光辐射谱仪：应使用分光辐射谱仪、照明开关、已校准的规定色温的灯泡和必要的校准滤色片测量色度；

c) 光学比色计：应用比色计、色度已知并具有所需的上限值和下限值的滤色片和已校准的规定色温的光源，在规定的极限值内测定色度。

4.19.1.3 要求

每种颜色的色度应在详细规范规定限值内。

4.19.2 透光度

4.19.2.1 目的

测定通过照明开关的透光显示器透射的光的总量。

4.19.2.2 方法

应按下列方法中的一种方法进行测量：

a) 光度计：应在全黑的环境中用已校准的光电光度计进行测量。所有读数应为点读数和平均值。如果图符材料不是照明系统的有效部分，可以不装图符进行亮度测量。点读数的数目和位置应由详细规范规定。

b) 色度计：用色度计凭借分光光度计的分析进行测量。

4.19.2.3 要求

透光度应在详细规范规定的限值内。

4.19.3 照明表面的温度

4.19.3.1 目的

测定照明显示器的可触及表面的温度。

4.19.3.2 方法

应按下列规定进行试验：

a) 开关应用其正常安装方法安装，并应定向，从而使光源垂直处于受照表面之下；
b) 每个光源应在其最大额定电压下工作；
c) 开关的每个极应承载其最大额定电流；
d) 2 h 后，借助一个合适装置测量显示器中心的温度；
e) 在静止的空气中进行试验。

4.19.3.3 要求

温升应在详细规范规定的限值内。

4.20 表面安装开关的锡焊

4.20.1 表面安装开关的焊槽法的可焊性

4.20.1.1 目的

测定开关端头的可焊性。

4.20.1.2 方法

按 IEC 60068-2-58 试验 Td 的规定进行试验，应采用下列细则：

a) 当加速老化由详细规范规定时，应使用 IEC 60068-2-20 中方法的一种方法；
b) 开关试样应在 80 ℃～120 ℃条件下预先加热 10 s～30 s；
c) 在 IEC 60068-2-58 表 2 的严酷等级中，应使用依据 IEC 60068-2-58 的(245±5)℃及(3±0.3)s 的严酷等级。

注：评价弱润湿的试验方法可以使用，严酷等级应改为(260±5)℃及(5±0.5)s。

4.20.1.3 要求

在恢复后，应用放大倍数为 10 倍～25 倍的放大镜观察试样开关外观以评价其锡焊表面。应观察锡焊部分是否有针孔或非湿润的缺陷，或者缺陷是否集中在一个区域。如果详细规范规定，应测量电气性能和机械性能。

4.20.1.4 详细规范规定的条件

应规定下列条件：

a) 试样准备，在室温下浸入中性有机溶剂中；
b) 初始测量；

c) 加速老化方法和条件；
d) 熔融焊料浸入持续时间和浸入深度；
e) 印制线路板试验的描述；
f) 绝缘材料的耐热程度(如果适用)；
g) 恢复条件；
h) 最终测量；
i) 标准试验方法的任何偏离。

4.20.2 表面安装开关的回流法的可焊性

4.20.2.1 目的

测定开关端头的可焊性。

4.20.2.2 方法

按 IEC 60068-2-58 试验 Td 的回流法 1 或回流法 2 的规定进行试验，应采用下列细则：
a) 加速老化试验：等同 4.20.1.2a)；
b) 开关应根据 IEC 60068-2-58 中表 3 所给出温度和持续时间，在回流加热箱内使用规定焊料(IEC 60068-2-58 表 1 规定)进行预先加热；
c) 在 IEC 60068-2-58 表 1 严酷等级中，应使用(215±3)℃、(10±1)s 的严酷等级。

4.20.2.3 要求

在恢复后，应用放大倍数为 10 倍～25 倍的放大镜观察试样开关外观以评价其锡焊表面。应观察锡焊部分是否有针孔或非湿润的缺陷，或者缺陷是否集中在一个区域。如果详细规范规定，应测量电气性能和机械性能。

4.20.2.4 详细规范规定的条件

应规定下列条件：
a) 试样准备，在室温下浸入中性有机溶剂中；
b) 初始测量；
c) 加速老化方法和条件；
d) 熔融焊料浸入持续时间和浸入深度；
e) 印制线路板试验的描述；
f) 绝缘材料的耐热程度(如果适用)；
g) 恢复条件；
h) 最终测量；
i) 标准试验方法的任何偏离。

4.20.3 表面安装开关的烙铁法的可焊性

4.20.3.1 目的

测定开关端头的可焊性。本试验方法应适用于不宜按 4.20.1 或 4.20.2 进行试验的开关。

4.20.3.2 方法

除了下述规定外，试验应依据类似于 IEC 60068-2-20 试验 Ta 方法 2 的规定进行：

a） 加速老化试验：等同 4.20.1.2a）。

b） 锡焊用烙铁应按下列要求规定：

——烙铁头温度（烙铁头温度应在详细规范中规定）(260±5)℃（试验开始时）；

——烙铁头尺寸　　2 mm～3 mm；

——烙铁露出部分长度　　12 mm，楔形长度大约为 5 mm；

——锡焊烙铁的容量　　15 W，无调节温度；

——温度调节　　可以使用带有调节温度功能的锡焊烙铁。

c） 烙铁锡焊持续时间应为(3±0.3)s。

4.20.3.3 要求

在恢复后，应用放大倍数为 10 倍～25 倍的放大镜观察试样开关外观以评价其锡焊表面。应观察锡焊部分是否有针孔或非湿润的缺陷，或者缺陷是否集中在一个区域。如果详细规范规定，应测量电气性能和机械性能。

4.20.3.4 详细规范规定的条件

4.20.4 表面安装开关的焊槽法的耐锡焊热

4.20.4.1 目的

测定开关端头承受锡焊热的能力。

4.20.4.2 方法

按 IEC 60068-2-58 试验 Td 的规定进行试验，应采用下列细则：

a） 加速老化试验：等同 4.20.1.2a）；

b） 预热试验：等同 4.20.1.2b）；

c） 试样应依据所使用焊料温度进行锡焊，并且持续时间依照 IEC 60068-2-58 表 2 规定。

4.20.4.3 要求

不应有危害正常操作的损伤。

4.20.4.4 详细规范规定的条件

应规定下列条件：

a） 试样准备，在室温下浸入中性有机溶剂中；

b） 初始测量；

c） 加速老化方法和条件；

d） 熔融焊料浸入持续时间和浸入深度；

e） 印制线路板试验的描述；

f） 绝缘材料的耐热程度（如果适用）；

g） 恢复条件；

h） 最终测量；

i） 标准试验方法的任何偏离。

4.20.5 表面安装开关的回流法的耐锡焊热

4.20.5.1 目的

测定开关端头承受锡焊热的能力。

4.20.5.2 方法

按 IEC 60068-2-58 试验 Td 的回流法 1 或回流法 2 的规定进行试验，应采用下列细则：

a) 加速老化试验：等同 4.20.1.2a)；

b) 试样应根据所使用焊料温度进行预热，持续时间依据 IEC 60068-2-58 表 4 规定；

c) 试样应根据所使用焊料温度进行锡焊，并且持续时间依据 IEC 60068-2-58 表 4 规定。

4.20.5.3 要求

不应有危害正常操作的损伤。

4.20.5.4 详细规范规定的条件

应规定下列条件：

a) 试样准备，在室温下浸入中性有机溶剂中；

b) 初始测量；

c) 加速老化方法和条件；

d) 熔融焊料浸入持续时间和浸入深度；

e) 印制线路板试验的描述；

f) 绝缘材料的耐热程度(如果适用)；

g) 恢复条件；

h) 最终测量；

i) 标准试验方法的任何偏离。

4.20.6 表面安装开关的烙铁法的耐锡焊热

4.20.6.1 目的

测定开关端头承受锡焊热的能力。本试验法应适用于不易按 4.20.4(焊槽法)或 4.20.5(回流法)进行试验的开关。

4.20.6.2 方法

除了下述规定外，试验应依据类似于 IEC 60068-2-20 试验 Tb 方法 2 的规定进行：

a) 加速老化试验：等同 4.20.1.2a)；

b) 锡焊用烙铁除了烙铁头温度应为(300±5)℃外，应等同 4.20.3.2b)；

c) 烙铁头锡焊持续时间应为(5±0.3)s。

4.20.6.3 要求

不应有危害正常操作的损伤。

4.20.6.4 详细规范规定的条件

应规定下列条件：

a) 试样准备，在室温下浸入中性有机溶剂中；

b) 初始测量；

c) 加速老化方法和条件；

d) 熔融焊料浸入持续时间和浸入深度；

e) 印制线路板试验的描述；

f) 绝缘材料的耐热程度(如果适用)；

g) 恢复条件；

h) 最终测量；

i) 标准试验方法的任何偏离；

j) 如果需要，烙铁头适用方法。

4.21 表面安装开关的机械强度

4.21.1 表面安装开关的底层弯曲

4.21.1.1 目的

当安装开关弯曲力施加到印制线路板时，测定开关本体和端子部分承受能力。

4.21.1.2 方法

按 GB/T 2423.60 试验 Ue1 的规定进行试验，应采用下列细则：

a) 预热处理，安装在试样开关上的印制线路板应在(150±10)℃温度下加热 60 s～120 s。在预热处理后，立即用回流箱或蒸汽状态锡焊箱中的任意一种进行锡焊。最高温度时锡焊温度和时间应根据 IEC 60068-2-58 规定的温度范围。

b) 弯曲工具应以半径 230 mm 弯曲成形。

c) 弯曲速度应大约为 1 mm/s。

d) 弯曲深度(D)应为 1 mm、2 mm、3 mm 或 4 mm。除非详细规范另有规定，弯曲深度为 3 mm。

4.21.1.3 要求

使用放大倍率 10 倍～25 倍的放大镜，观察焊料区域和本体是否有诸如裂缝和破损的异常出现。如果详细规范有规定，应测量电气性能和/或机械性能。

当电气性能和/或机械性能没有异常结果情况下，焊料区域出现的诸如裂缝和破损的异常可以忽略。

4.21.1.4 详细规范给出的信息

应规定下列信息：

a) 印制线路板的试验描述；

b) 如不同于标准试验方法，预热和锡焊；

c) 预处理；

d) 初始测量；

e) 如不同于 3 mm，弯曲深度；

f) 最终测量。

4.21.2 表面安装开关的推拉强度

4.21.2.1 目的

当对安装在印制线路板上开关施加拉力或推力时，测定开关本体和端子部分承受能力以及它们与印制线路板结合的强度。本试验适用于安装在硬质材料上的表面安装开关。

4.21.2.2 方法

按 GB/T 2423.60 试验 Ue2 的规定进行试验，应采用下列细则：

a) 预热和锡焊应按 4.21.1.2a)描述；

b) 推力(5±1)N 或拉力(5±1)N 应施加(10±1)s；

c) 恢复期间，试样开关应在标准大气压下放置 1 h～2 h。

4.21.2.3 要求

使用放大倍率 10 倍～25 倍的放大镜，观察焊料区域和本体是否有诸如裂缝和破损的异常出现。如果详细规范有规定，应测量电气性能和/或机械性能。

当电气性能和/或机械性能没有异常结果情况下，焊料区域出现的诸如裂缝和破损的异常可以忽略。

4.21.2.4 详细规范给出的信息

应规定下列信息：

a) 印制线路板的试验描述；

b) 如不同于标准试验方法，预热和锡焊；

c) 预处理；

d) 初始测量；

e) 拉力或推力；

f) 最终测量。

4.21.3 表面安装开关的剪切强度

4.21.3.1 目的

当一个载荷叠加到安装在印制线路板上的开关侧端时，测定开关本体和端子部分的承受能力。

4.21.3.2 方法

按 GB/T 2423.1 试验 Ue3 的规定进行试验，应采用下列细则：

a) 预热和锡焊应按 4.21.1.2a)描述；

b) 5 N 推力应施加(10±1)s；

c) 恢复期间，试样开关应在标准大气压下放置 1 h～2 h。

4.21.3.3 要求

使用放大倍率 10 倍～25 倍的放大镜，观察焊料区域和本体是否有诸如裂缝和破损的异常出现。如果详细规范有规定，应测量电气性能和/或机械性能。当电气性能和/或机械性能没有异常结果情况下，焊料区域出现的诸如裂缝和破损的异常可以忽略。

4.21.3.4 详细规范给出的信息

应规定下列信息：

a) 印制线路板的试验描述；

b) 如不同于标准试验方法，预热和锡焊；

c) 预处理；

d) 初始测量;

e) 推力;

f) 最终测量。

4.21.4 表面安装开关的本体强度

4.21.4.1 目的

在试样开关被安装至印制线路板期间和安装之后,评定开关承受外力的能力。

4.21.4.2 方法

按 IEC 60068-2-77 方法 1 的规定进行试验,应采用下列细则:

a) 载荷应为(10±1)N、(20±2)N 或(30±3)N 数值中一种,并且该值应由详细规范规定。除非详细规范另有规定,(10±1)N 应适用;

b) 恢复期间,试样开关应在标准大气压下放置 1 h~2 h。

4.21.4.3 要求

使用放大倍率 10 倍~25 倍的放大镜,检查主要本体是否有诸如裂缝和破损的异常出现。如果详细规范有规定,应测量电气性能和/或机械性能。

4.21.4.4 详细规范规定的细则

应规定下列条件:

a) 预处理;

b) 初始测量;

c) 载荷压力;

d) 最终测量。

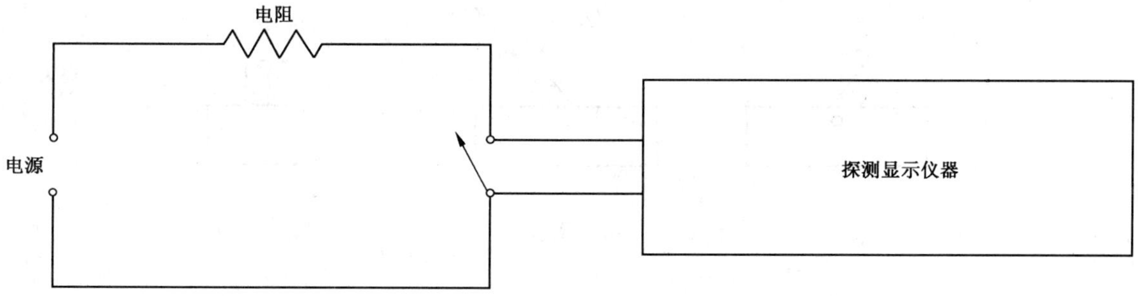

图 1 触头弹跳试验电路

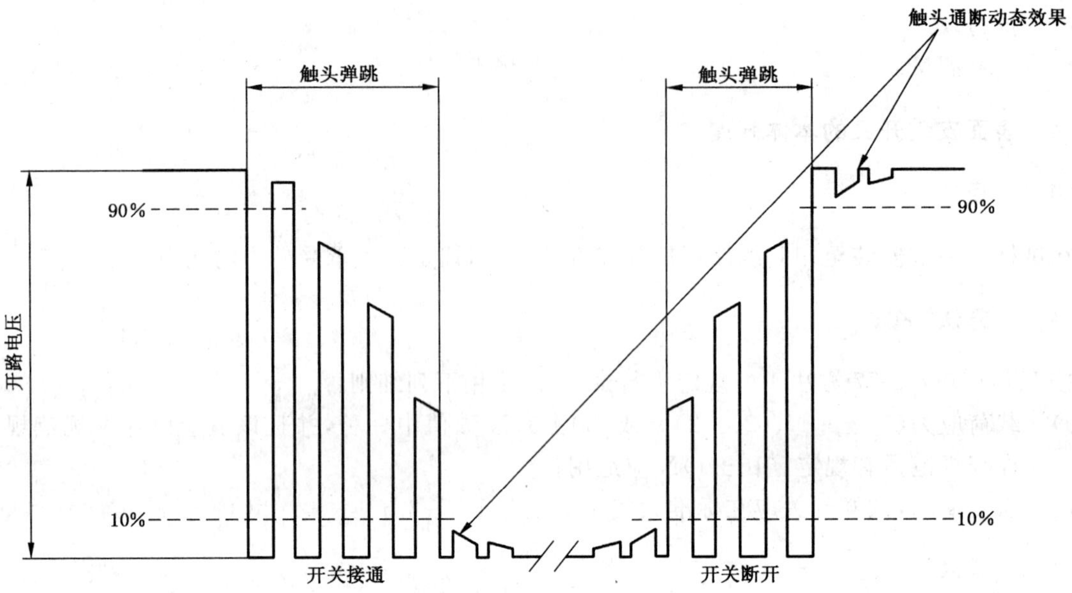

图 2　触头弹跳的典型波形

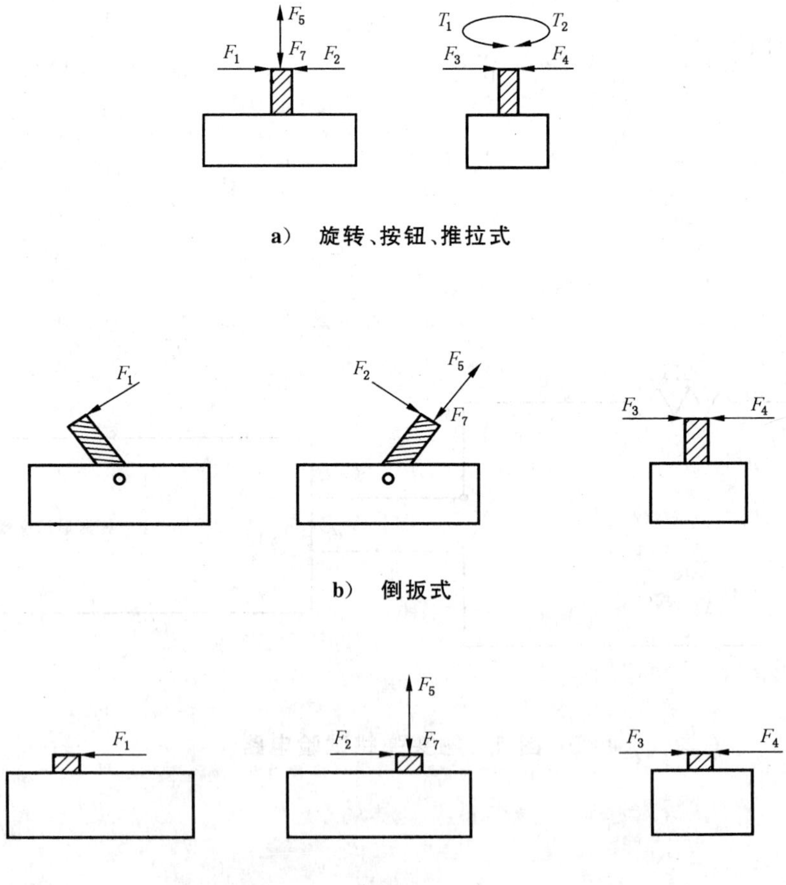

图 3　4.8.1 试验力和力矩的施加

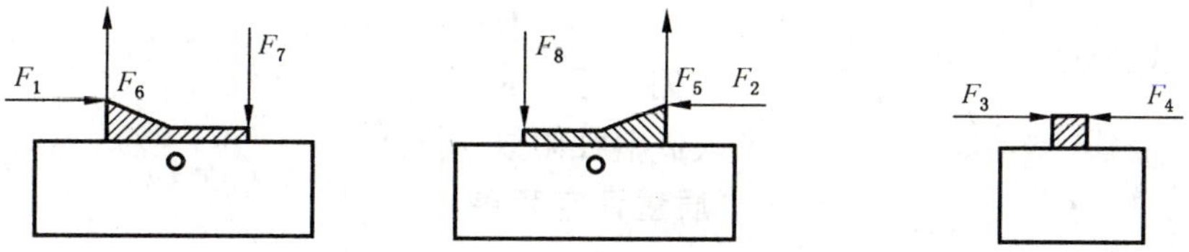

d） 跷板式

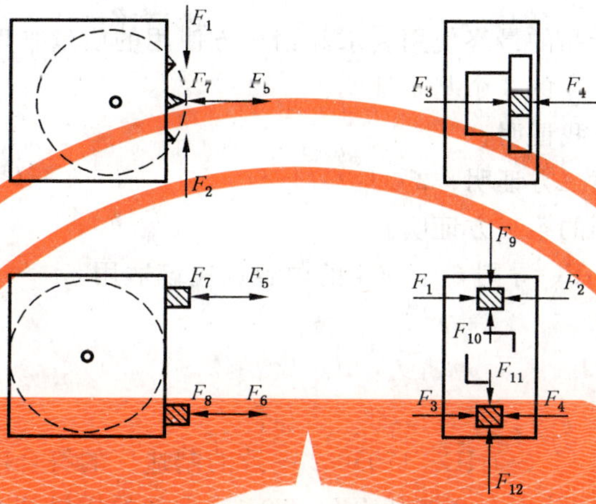

e） 指轮式

图 3（续）

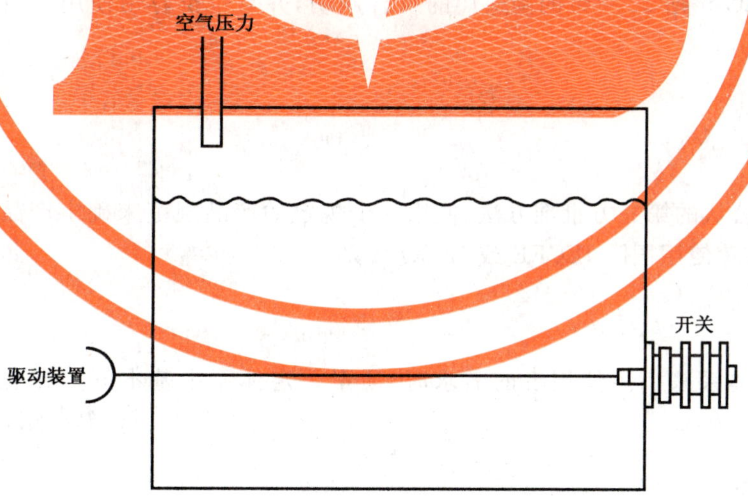

图 4 潜水密封试验箱

附 录 A
（资料性附录）
质量评定程序

A.1 总则

用户可以选择与使用者产品的最终使用要求和销售方使用的质量管理体系相协调的适当的质量评定程序。可以使用符合评定程序的3个基本证明。

a） 制造厂声明符合的自我证明；

b） 使用者检验符合的第二方证明；

c） 独立第三方检验符合的第三方证明。

不论选择程序如何，ISO/IEC 导则 60:2004 的内容都应该适用。

A.2 自我证明

推荐与 ISO/IEC 17050-1 和 ISO/IEC 17050-2 一致的制造厂的符合声明。为了符合和保持国际标准的要求，制造厂应至少具有和使用一个诸如 ISO 9001 或类似的质量体系。

注：对质量体系已被公认机构评定过的，本条款不作要求（见 ISO 9001）。

A.3 第二方证明

推荐与 ISO/IEC 导则 22 一致的制造厂的符合声明，并且也推荐由使用者质量评定组织批准的确定符合的试验数据。

A.4 第三方证明

推荐采用一个公认的第三方批准方法、使用一个规定的产品规范来确定产品的符合。只要与现有的市场条件一致，推荐使用国际 IECEE 或 IECQ 体系。

A.4.1 IECQ 体系

当使用 IECQ 体系来满足使用者的需求时，质量评定体系中基本规则和程序规则应与 IECQ 中 QC01 一致。

A.4.2 IECEE 程序

当使用 IECEE 程序来满足使用者的需求时，质量评定体系中规则和程序应分别与 IECQ 出版的 IECEE01 和 IECEE03 一致。

参 考 文 献

[1] GB/T 1182—2008 产品几何技术规范(GPS)几何公差 形状、方向、位置和跳动公差标注

[2] GB/T 2424.17—2008 电工电子产品环境试验 第2部分:试验方法 试验T:锡焊试验导则

[3] GB/T 5095(所有部分) 电子设备用机电元件 基本试验规程及测量方法

[4] GB/T 5169.22—2008 电工电子产品着火危险试验 第22部分:试验火焰 50 W火焰装置和确认试验方法

[5] GB/T 16935.1—2008 低压系统内设备的绝缘配合 第1部分:原理、要求和试验

[6] GB/T 19001—2008 质量管理体系 要求

[7] GB/T 27050.1—2006 合格评定 供方的符合性声明 第1部分:通用要求

[8] GB/T 27050.2—2006 合格评定 供方的符合性声明 第2部分:支持性文件

[9] GB/T 27060—2006 合格评定 良好操作规范

[10] IEC 60062:2004 Marking codes for resistors and capacitors

[11] IEC 60065:2001+A:2005 Audio, video and similar electronic apparatus—Safety requirements

[12] IEC 60068-2-27:2008 Environmental testing—Part 2-27: Tests—Test Ea and guidance: Shock

[13] IEC 60068-2-38:2009 Environmental testing—Part 2-38: Tests—Test Z/AD: Composite temperature/humidity cyclic test

[14] IEC 60068-2-46:1992 Environmental testing—Part 2-46: Tests—Guidance to Test Kd: Hydrogen sulphide test for contacts and connections

[15] IEC 60068-2-77:1999 Environmental testing Part 2-77: Tests—Test 77: Body strength and impact shock

[16] IEC 60410:1973 Sampling plans and procedures for inspection by attributes

[17] IEC 60721-3-3:1994+ Amendment 1 (1995)+Amendment 2 (1996) Classification of environmental conditions—Part 3-3: Classification of groups of environmental parameters and their severities—Stationary use at weatherprotected locations

[18] IEC 61190-1-3:2007 Attachment materials for electronic assembly—Part 1-3: Requirements for electronic grade solder alloys and fluxed and non-fluxed solid solders for electronic soldering applications

[19] ISO/IEC 17050-1:2004 Conformity assessment—Supplier's declaration of conformity—Part 1: General requirements

[20] IECEE 01 IEC System of Conformity Assessment Schemes for Eletrotechnical Equipment and Components (IECEE)—Basic Rules

[21] IECEE 03 Rules of Procedure of the Scheme of the IECEE for Mutual Recognition of Conformity Assessment Certificates for Eletrotechnical Equipment and Components (CB-FCS)

[22] IECQ QC 01 IEC Quality Assessment System for Electronic Components (IECQ Scheme)—Basic rules

[23] ISO 129-1:2004 Technical drawings—Indication of dimensions and tolerances—Part 1: General principles

[24] ISO 286-1:1988 ISO system of limits and fits—Part 1: Bases of tolerances, deviations and fits

[illegible] Marking codes for resistors and capacitors

[illegible] Environmental testing [illegible]

[illegible] humidity [illegible]

[illegible] test for [illegible]

[illegible] Environmental testing [illegible]

[illegible] Sampling [illegible] procedures for inspection by [illegible]

[illegible] Attachment materials for electronic assembly [illegible] solder alloys and fluxed and non-fluxed solid solders [illegible]

[illegible] ISO/IEC [illegible] Conformity assessment — Supplier's declaration of conformity — Part 1: General requirements

[illegible] Electronic Components (IECQ) — Rules [illegible]

[illegible] IECQ [illegible] Rules of Procedure [illegible] of the IECQ [illegible]

[illegible] IEC Quality Assessment System for Electronic Components (IECQ Scheme) — Basic Rules

[illegible] ISO 129-1:2004 Technical drawings — Indication of dimensions and tolerances — Part 1: General principles

[illegible] ISO [illegible] Quantities and units — Part 1: General [illegible]

ICS 29.100.10
L 19

中华人民共和国国家标准

GB/T 9630—2012/IEC 60133:2000
代替 GB/T 9630—1988

磁性氧化物制成的罐形磁心及其附件的尺寸

Dimensions of pot-cores made of magnetic oxides and associated parts

(IEC 60133:2000,IDT)

2012-11-05 发布　　　　2013-02-15 实施

中华人民共和国国家质量监督检验检疫总局
中国国家标准化管理委员会　发布

前　言

本标准依据 GB/T 1.1—2009 给出的规则起草。

本标准代替 GB/T 9630—1988《磁性氧化物制成的罐形磁芯及其附件的尺寸》。

与 GB/T 9630—1988 相比，针对磁心尺寸向小型化方向发展的趋势，本标准根据目前国内、国际磁心生产和应用的实际情况，新增了四类更小型的罐形磁心，并删除了 P42/29 磁心；删除了附录 B 中罐形磁心用线圈骨架尺寸标准实例；针对不同磁心对量规的尺寸要求等进行了补充。

本标准使用翻译法等同采用 IEC 60133:2000《磁性氧化物制成的罐形磁心及其附件的尺寸》。

与 IEC 60133:2000 相比，本标准做了下列编辑性修改：

——将"规范性引用文件"中的国际标准用国家标准代替；

——用小数点"."代替 IEC 标准中作为小数点的","；

——用"ϕA"、"ϕE"、"ϕF"、"ϕH"、"ϕe"、"ϕf"代替 IEC 标准中"A"、"E"、"F"、"H"、"e"、"f"，表示直径的尺寸；

——删除了原 IEC 标准的"前言"。

本标准由中华人民共和国工业和信息化部提出。

本标准由全国磁性元件与铁氧体材料标准化技术委员会(SAC/TC 89)归口。

本标准起草单位：天通控股股份有限公司。

本标准主要起草人：邵峰、唐杰、孙蒋平。

本标准于 1988 年首次发布，本次为第一次修订。

磁性氧化物制成的罐形磁心及其附件的尺寸

1 范围

本标准规定了磁性氧化物制成的优选系列罐形磁心与机械互换性有关的重要尺寸，以及与磁心一起使用的线圈骨架的极限尺寸。附录A给出了设计该系列磁心的一般原则。

2 规范性引用文件

下列文件对于本文件的应用是必不可少的。凡是注日期的引用文件，仅注日期的版本适用于本文件。凡是不注日期的引用文件，其最新版本(包括所有的修改单)适用于本文件。

GB/T 20874—2007 磁性零件有效参数的计算(IEC 60205:2001,IDT)

3 基本要求

磁心应符合以下要求，以确保整个组件和线圈骨架的机械互换性。

3.1 罐形磁心的尺寸

3.1.1 主要尺寸

罐形磁心的主要尺寸应符合表1和表2的规定。

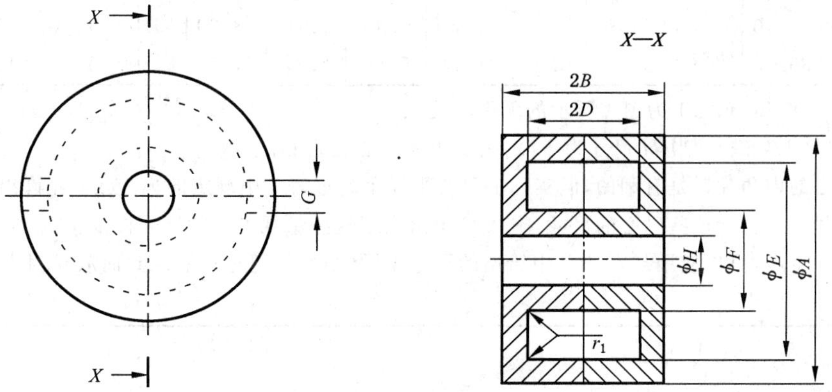

图1 无槽罐形磁心的主要尺寸

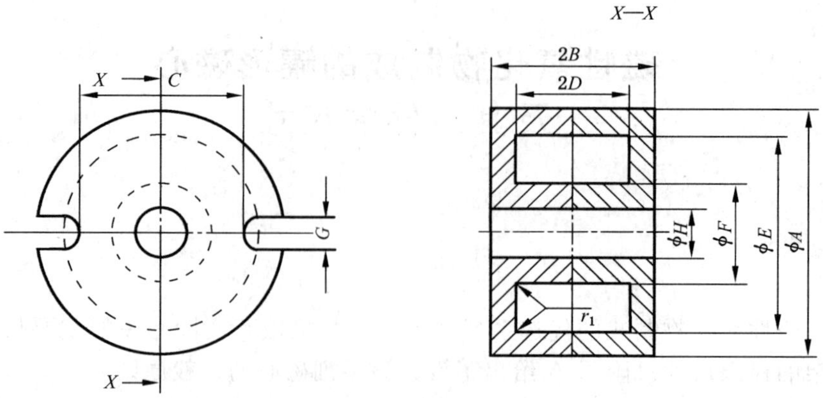

图 2 带槽罐形磁心的主要尺寸

表 1 罐形磁心的主要尺寸

单位为毫米

型号	ϕA		ϕE		ϕF		ϕH		$2B$		$2D$		r_1	图例
	Min.	Max.	Min.	Max.	Min.	Max.	Min.	Max.	Min.	Max.	Min.	Max.	Max.	
P3.3/2.6	3.18	3.30	2.50	2.60	1.30	1.40	—	—	2.50	2.60	1.70	1.90	0.20	1
P4.6/3.1	4.40	4.60	3.50	3.65	1.90	2.00	—	—	3.00	3.10	2.10	2.30	0.20	1
P5.8/3.3	5.65	5.80	4.50	4.60	2.40	2.50	0.95	1.05	3.20	3.30	2.20	2.40	0.20	1
P7.4/4.0	7.15	7.35	5.80	5.95	2.90	3.00	1.05	1.15	4.10	4.20	2.80	3.00	0.20	1
P9/5	9.00	9.30	7.50	7.75	3.70	3.90	2.00	2.20	5.10	5.40	3.60	3.90	0.25	2
P11/7	10.90	11.30	9.00	9.40	4.50	4.70	2.00	2.20	6.30	6.60	4.40	4.70	0.25	2
P14/8	13.80	14.30	11.60	12.00	5.80	6.00	3.00	3.20	8.20	8.50	5.60	6.00	0.25	2
P18/11	17.60	18.40	14.90	15.40	7.30	7.60	3.00	3.20	10.40	10.70	7.20	7.60	0.25	2
P22/13	21.20	22.00	17.90	18.50	9.10	9.40	4.40	4.70	13.20	13.60	9.20	9.60	0.35	2
P26/16	25.00	26.00	21.20	22.00	11.10	11.50	5.40	5.70	15.90	16.30	11.00	11.40	0.35	2
P30/19	29.50	30.50	25.00	25.80	13.10	13.50	5.40	5.70	18.60	19.00	13.00	13.40	0.35	2
P36/22	35.00	36.20	29.90	30.90	15.60	16.20	5.40	5.70	21.40	22.00	14.60	15.00	0.35	2

注 1：P3.3/2.6 和 P4.6/3.1 为图 1 所示的无中心孔磁心。

注 2：P9/5 和 P11/7 磁心，当 H 尺寸为零时，表示为无中心孔磁心。

注 3：罐形磁心的内角尖锐是有利的，但实际上只要半径不超过表 1 中规定的 r_1 数值，允许出现圆角。

注 4：可以用量规来检验这些磁心的尺寸，附录 C 中给出了这些量规可行的一个标准实例。

注 5：为了便于生产，可以使用与附录 C 中给出的尺寸不同的量规，但是不能因此而放松对本标准 3.1 中规定的磁心尺寸的要求。

表 2 C 和 G 的极限尺寸

单位为毫米

型号	有两槽的磁心			
	C		*G*	
	Min.	Max.	Min.	Max.
P3.3/2.6	—	—	0.8	1.3
P4.6/3.1	—	—	1.1	1.7
P5.8/3.3	—	—	1.4	2.0
P7.4/4.0	—	—	1.6	2.2
P9/5	6.0	7.5	1.6	2.4
P11/7	6.5	8.0	1.8	2.6
P14/8	8.7	10.0	2.3	4.1
P18/11	11.3	14.0	2.7	4.4
P22/13	13.3	16.5	3.0	4.4
P26/16	17.0	20.0	3.0	4.4
P30/19	20.0	23.0	3.5	5.3
P36/22	24.0	27.2	4.0	5.6

注 1：表中未规定槽的形状，只是指出了槽的宽度 *G*。

注 2：如果尺寸公差要求更严，建议 *C* 尺寸趋向最小值，*G* 尺寸趋向最大值。

3.1.2 引线沟

若在对应于槽的底面开引线沟，其最小深度应符合表 3 的规定。

表 3 引线沟的最小深度

单位为毫米

型号	引线沟的最小深度
P14/8	0.2
P18/11	0.3
P22/13	0.4
P26/16	0.5
P30/19	0.6
P36/22	0.6

3.1.3 有效参数值

尺寸符合 3.1.1 规定的罐形磁心，其有效参数值应符合表 4 和表 5 的规定（这些参数的定义及其计算，按 GB/T 20874—2007）。

表 4　带中心孔的罐形磁心的有效参数值

型　号	C_1 mm^{-1}	C_2 10^{-3} mm^{-3}	A_e mm^2	l_e mm	V_e mm^3	A_{min} mm^2
P5.8/3.3	1.632 6	345.47	4.73	7.72	36.5	3.66
P7.4/4.0	1.358 8	186.79	7.27	9.88	71.9	5.79
P9/5	1.203 2	118.12	10.2	12.3	125	7.88
P11/7	0.933 53	56.727	16.5	15.4	253	13.2
P14/8	0.757 42	29.521	25.7	19.4	499	19.8
P18/11	0.573 83	12.863	44.6	25.6	1 140	36.0
P22/13	0.480 78	7.418 5	64.8	31.2	2 020	50.9
P26/16	0.389 23	4.060 5	95.9	37.3	3 580	76.1
P30/19	0.323 43	2.332 1	139	44.9	6 220	115
P36/22	0.256 66	1.249 2	205	52.7	10 800	172
注：制造商可在自己的产品目录中列出比上表更为精确的参数值。						

表 5　无中心孔的罐形磁心的有效参数值

型　号	C_1 mm^{-1}	C_2 10^{-3} mm^{-3}	A_e mm^2	l_e mm	V_e mm^3	A_{min} mm^2
P3.3/2.6	3.136 7	1 768.4	1.77	5.56	9.87	1.43
P4.6/3.1	2.088 7	609.06	3.43	7.16	24.6	2.60
P5.8/3.3	1.540 6	295.89	5.21	8.02	41.8	3.66
P7.4/4.0	1.294 1	163.38	7.92	10.3	81.2	5.79
P9/5	1.063 9	84.640	12.6	13.4	168	8.95
P11/7	0.865 00	46.165	18.7	16.2	304	13.2
P14/8	0.680 99	22.061	30.9	21.0	649	23.6
P18/11	0.540 12	10.923	49.4	26.6	1 320	36.0
P22/13	0.438 12	5.773 5	75.9	33.2	2 520	58.1
P26/16	0.355 34	3.183 1	112	39.7	4 430	87.0
P30/19	0.304 43	1.988 8	153	46.6	7 130	117
P36/22	0.246 93	1.128 5	219	54.0	11 800	172

3.2　线圈骨架的主要尺寸

线圈骨架的主要尺寸(见图 3)应符合表 6 的规定。

注：与表 1 中同类尺寸对应的表 6 中的各个尺寸，用相同的字母(但用小写字母)标注，例如：$2d$ 对应表 1 中的 $2D$。

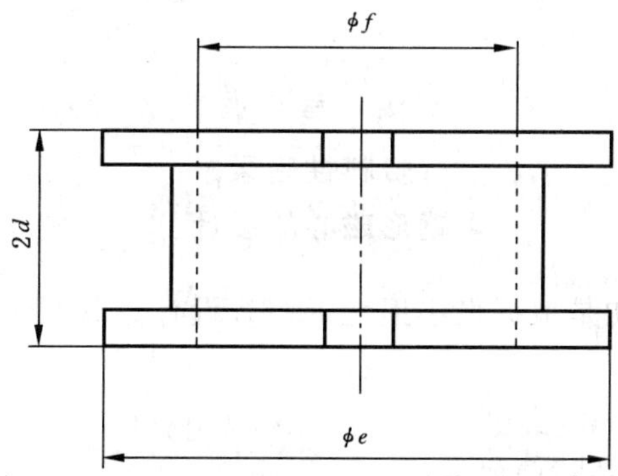

图 3　线圈骨架的主要尺寸

表 6　线圈骨架的主要尺寸

单位为毫米

型　　号	线圈骨架主要尺寸		
	ϕe	ϕf	$2d$
	Max.	Min.	Max.
P3.3/2.6	2.40	1.50	1.60
P4.6/3.1	3.20	2.10	2.00
P5.8/3.3	4.40	2.60	2.10
P7.4/4.0	5.70	3.10	2.70
P9/5	7.40	4.00	3.50
P11/7	8.90	4.80	4.30
P14/8	11.50	6.10	5.50
P18/11	14.80	7.70	7.10
P22/13	17.80	9.50	9.10
P26/16	21.10	11.60	10.90
P30/19	24.90	13.60	12.90
P36/22	29.80	16.30	14.50

附 录 A
（资料性附录）
罐形磁心的设计

本标准涉及的罐形磁心，最初是根据最小损耗 R_{dc}/L 设计最佳尺寸的，在使性能最佳化之前，先选择下列孔径的尺寸范围：

——P5.8/3.3 磁心：0.95 mm～1.05 mm；

——P7.4/4.0 磁心：1.05 mm～1.15 mm；

——P9/5、P11/7 磁心：2.0 mm～2.2 mm；

——P14/8、P18/11 磁心：3.0 mm～3.2 mm；

——P22/13 磁心：4.4 mm～4.7 mm；

——P26/16、P30/19、P36/22 磁心：5.4 mm～5.7 mm。

起初，调节器的直径为 3 mm 的 14 mm×8 mm 罐形磁心是可以批量生产的最小磁心。

随着电子设备的小型化，四类更小型的罐形磁心，P7.4/4.0、P5.8/3.3、P4.6/3.1 及 P3.3/2.6 已加入到罐形磁心标准中，较大的罐形磁心 P42/29 已被删除。

根据上面的假定而计算出来的罐形磁心的直径与高度之比，如表 A.1 所列出的，基本上为一个常数。除最小型的磁心外，$A/2B$ 均为 1.48～1.76。

表 A.1 直径与高度的比值

型 号	A（标称值）	$2B$（标称值）	$A/2B$
P3.3/2.6	3.24	2.55	1.27
P4.6/3.1	4.50	3.05	1.48
P5.8/3.3	5.73	3.25	1.76
P7.4/4.0	7.25	4.15	1.75
P9/5	9.15	5.25	1.74
P11/7	11.1	6.50	1.71
P14/8	14.05	8.35	1.68
P18/11	18	10.55	1.71
P22/13	21.6	13.40	1.61
P26/16	25.5	16.15	1.58
P30/19	30	18.80	1.60
P36/22	35.6	21.70	1.64

系列中的分档是使相邻两种罐形磁心的 R_{dc}/L 比值约为 1.6。

附 录 B
（资料性附录）
导出标准

正文中给出的基本要求规定了磁心组件和已绕线圈骨架的主要尺寸值，遵循该标准的元件具有充分的互换性。

关心制造和使用罐形磁心的部门希望制定一些常用的局部标准。这些标准要有比本标准第3章更详细的尺寸和公差，并且适合那个地区的工艺水平。这类标准被称为导出标准。在制定导出标准时应注意不要排除符合IEC基本标准并且又满足特殊情况下使用的性能规范的任何其他型式的罐形磁心。

应当指出，当符合某一导出标准的元件符合第3章的要求并因此允许磁心组件和已绕线圈骨架自由互换时，它的各个零件可能不一定是可互换的。

注：例如，预定与符合某一导出标准的磁心配合使用的调节器，不必要求甚至不可能与符合另一个导出标准的磁心一起使用。这可能是因为两个导出标准中的中心孔的公差显著不同，但两个导出标准又均未超出基本要求的范围。

当涉及建立国家标准时，要求相关的标准化部门必须在国家标准中注明以下内容：

——该标准与IEC 60133中的尺寸要求一致，同时为了促进标准的实际使用，该标准内容比IEC 60133更详细；

——在IEC标准的框架内，可能有其他解决方案，按照这些方案生产的磁心及骨架与按照本国家标准生产的磁心及骨架可互换，不排除这些方案。

附 录 C
（资料性附录）
检验符合 IEC 基本标准的罐形磁心尺寸的量规的标准实例

C.1 总则

量规应符合表 C.1、表 C.2 及图 C.1、图 C.2 的规定。

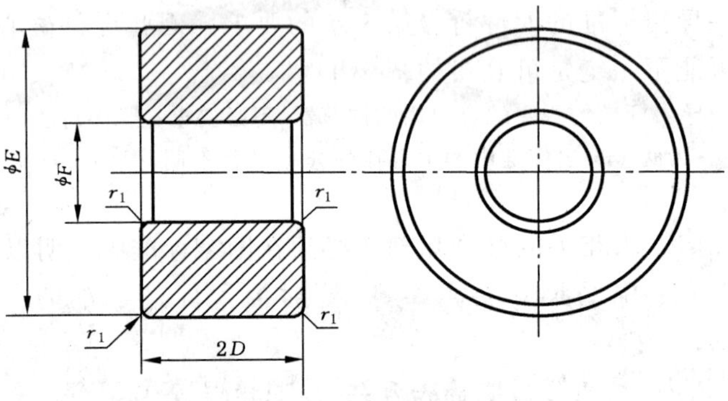

图 C.1 量规 A 的尺寸

表 C.1 量规 A 的尺寸

单位为毫米

型 号	ϕE			ϕF			2D			r_1	
	Max.	Min.	Lim.	Max.	Min.	Lim.	Max.	Min.	Lim.	Max.	Min.
P3.3/2.6	2.495	2.480	2.460	1.417	1.405	1.435	1.695	1.683	1.665	0.35	0.25
P4.6/3.1	3.495	3.480	3.460	2.017	2.005	2.035	2.095	2.083	2.065	0.35	0.25
P5.8/3.3	4.495	4.480	4.460	2.517	2.505	2.535	2.195	2.183	2.169	0.35	0.25
P7.4/4.0	5.795	5.780	5.760	3.017	3.005	3.035	2.795	2 .783	2.765	0.35	0.25
P9/5	7.495	7.480	7.459	3.917	3.905	3.935	3.595	3.583	3.565	0.35	0.25
P11/7	8.995	8.980	8.959	4.717	4.705	4.735	4.395	4.383	4.365	0.35	0.25
P14/8	11.595	11.577	11.544	6.017	6.005	6.035	5.595	5.583	5.565	0.35	0.25
P18/11	14.895	14.877	14.854	7.620	7.605	7.640	7.195	7.180	7.160	0.35	0.25
P22/13	17.895	17.877	17.854	9.420	9.405	9.440	9.195	9.180	9.160	0.45	0.35
P26/16	21.195	21.174	21.149	11.523	11.505	11.546	10.995	10.977	10.954	0.45	0.35
P30/19	24.995	24.974	24.949	13.523	13.505	13.546	12.995	12.977	12.954	0.45	0.35
P36/22	29.895	29.874	29.849	16.223	16.205	16.246	14.595	14.577	14.554	0.45	0.35

图 C.2　量规 B、C 的尺寸

表 C.2　量规 B、C 的尺寸

单位为毫米

型号	l		H_{min}			H_{max}	
	Max.	Min.	Max.	Min.	Lim.	Max.	Min.
P3.3/2.6	—	—	—	—	—	—	—
P4.6/3.1	—	—	—	—	—	—	—
P5.8/3.3	20.5	19.5	0.945	0.936	0.921	1.064	1.055
P7.4/4.0	20.5	19.5	1.045	1.036	1.021	1.164	1.155
P9/5	20.5	19.5	1.995	1.986	1.971	2.214	2.205
P11/7	20.5	19.5	1.995	1.986	1.971	2.214	2.205
P14/8	20.5	19.5	2.995	2.985	2.971	3.214	3.205
P18/11	20.5	19.5	2.995	2.985	2.971	3.214	3.205
P22/13	20.5	19.5	4.395	4.383	4.365	4.717	4.705
P26/16	30.5	29.5	5.395	5.383	5.365	5.717	5.705
P30/19	30.5	29.5	5.395	5.383	5.365	5.717	5.705
P36/22	30.5	29.5	5.395	5.383	5.365	5.717	5.705

注 1：标明“Min.”和“Max.”的尺寸给出制造公差，标明“Lim”的尺寸给出量规允许的磨损极限。

注 2：上述毫米量规的尺寸直接对应罐形磁心的相应尺寸，没有经过换算，转化为英制时，小数点后应保留 4 位小数。因此，使用这些量规只限于检验同一尺寸单位制的罐形磁心，即按毫米尺寸制造的量规只能用于检验毫米制的罐形磁心。

C.2　程序和要求

将一对(两只)罐形磁心放在尺寸合适的量规 A 的外围(见图 C.1)。对有中心孔的磁心插入量规 B，量规 A 仍在原位置。当两个单只磁心不加力扣在一起时，其整个外缘相互吻合而无气隙。

量规 C(见图 C.2)不应通过任何一个单只磁心的中心孔。

ICS 29.100.10
L 19

中华人民共和国国家标准

GB/T 9633—2012/IEC 60556:2006
代替 GB/T 9633—1988

微波频率应用的旋磁材料性能测量方法

Measuring methods for properties of gyromagnetic materials intended for application at microwave frequencies

(IEC 60556:2006,IDT)

2012-12-31 发布　　2013-06-01 实施

中华人民共和国国家质量监督检验检疫总局
中国国家标准化管理委员会　发布

前　言

本标准按照 GB/T 1.1—2009 给出的规则起草。

本标准代替 GB/T 9633—1988《微波频率应用的旋磁材料性能测试方法》。

本标准与 GB/T 9633—1988 相比，主要变化如下：

——对原标准 10 余处进行了编辑性修改，并统一了术语，如精度、精确度统一为准确度。

——方框图、示意图统一为方框图，仪器和装置、装置统一为装置。

——磁性常数 μ_0 改为磁常数 μ_0。

——“磁芯”统一为“磁心”；用乘号“×”代替圆点“・”。

——章条号与原标准做了较大调整。

——将原标准第 2 部分中 4.5 倒数第二段“……放大器灵敏度应超过 2 m/V”改为“……放大器灵敏度应超过 2 mm/mV”；原标准图 21“9.1 MHz”改为“9.1 GHz”；原标准 9.6 测量程序最后一段“测量应在 25 ℃和相对湿度约为 65％的环境中完成”改为“测量应在室温下完成”。

——公式中的“log”一律改为“lg”。

——删除了旋磁共振线宽（一般情况及 GHz）测量程序中方法 a）（见 1988 年版的第 5 章～第 6 章）。

——删除了原标准公式(33b)（见 1988 年版的 6.3）。

本标准等同采用 IEC 60556:2006《微波频率应用的旋磁材料性能测量方法》。

本标准作了下列编辑性修改：

——“本国际标准”改为“本标准”。

——引用文件中有部分标准用采用国际标准的国家标准或行业标准代替，并增加了图 18 中出现的 IEC 60153-2:1974。

——删除了 IEC 标准中的前言。

——定义改为术语和定义。

——将 IEC 标准中各章的参考文献统一编写，并在最后增加了国内参考文献。

与本标准中规范性引用的国际文件有一致性对应关系的我国文件如下：

——GB/T 9637—2001　电工术语　磁性材料与元件[eqv IEC 60050(221):1990]

——GB/T 11450.2—1989　空心金属波导　第 2 部分：普通矩形波导有关规范（eqv IEC 60153-2:1974）

本标准由中华人民共和国工业和信息化部提出。

本标准由全国磁性元件与铁氧体材料标准化技术委员会（SAC/TC 89）归口。

本标准负责起草单位：全国磁性元件与铁氧体材料标准化技术委员会秘书处。

本标准主要起草人：石成玉、尹景林、匡轮、蒋微波、周世昌、胡滨、李克文。

本标准所代替标准的历次版本发布情况为：

——GB/T 9633—1988。

微波频率应用的旋磁材料性能测量方法

1 范围

本标准规定了测量方法是按照SJ/T 11077—1996《微波铁氧体规范起草导则》中规定的多晶系微波铁氧体的性能以及在铁氧体工艺中通常采用的测量方法。

本标准适用于测量方法用作研究微波频率下应用的铁氧体材料。

本标准不排斥通常使用的其他测量方法，但有争议时应以本标准的测量方法进行仲裁。

本标准不包括单晶和薄膜材料。

注1：本标准中“铁氧体”和“微波”的概念是广义的：“铁氧体”不仅指具有尖晶石晶体结构的磁—介电性化学组元，而且也指具有石榴石和六角晶体结构的材料。

“微波”的范围大约包括1 m～1 mm之间的波长，而主要关心的范围是0.3 m～10 mm。

注2：微波铁氧体材料主要用于非互易器件，如环行器、隔离器、非互易相移器。但这些材料也可用于互易器件，如调制器以及（互易）相移器。其他一些应用包括旋磁滤波器、限幅器和更复杂的器件，如参量放大器。

2 规范性引用文件

下列文件对于本文件的是必不可少的。凡是注日期的引用文件，仅注日期的版本适用于本文件。凡是不注日期的引用文件，其最新版本（包括所有的修改单）适用于本文件。

GB/T 20874—2007 磁性零件有效参数的计算（IEC 60205:2001,IDT）

SJ/T 11077—1996 微波铁氧体规范起草导则（idt IEC 60392:1972）

IEC 60050(221):1990 电工术语 磁性材料与元件（International electrotechnical vocabulary (IEV) chapter 221:magnetic materials and components）

IEC 60153-2:1974 空心金属波导 第2部分：普通矩形波导有关规范（Hollow metallic waveguides—Part 2:Relevant specifications for ordinary rectangular waveguides）

3 术语和定义

IEC 60050(221):1990界定的术语和定义适用于本文件。

4 饱和磁化强度 M_s

4.1 引言

饱和磁化强度是铁氧体材料的特征参数。广泛用于理论计算，例如张量磁导率各分量的计算（见IEC 60050(221):1990中221-03-02）。在各种微波应用器件中，饱和磁化强度决定器件的低频限，这主要是由于当材料未饱和时出现了所谓的低场损耗。

4.2 目的

给出两种类似的测量饱和磁化强度的方法：振动线圈法（VCM）和振动样品法（VSM）。

振动线圈法（参考文献[20]和[21]）的优点为：在整个测量温度范围内，特别是在低温下测量时，安装样品容易，机械装置简单。

做成完善的电子装置可以达到电子仪器那样完善的程度，振动样品法更精确（参考文献[24]和[25]）。

两种方法所需要的装置非常相似，校正的方法也完全相同，同一个测试样品可用任一方法。

4.3 原理

当各向同性材料的球体置于均匀磁场中时，球体在平行于外加磁场的方向被均匀磁化。这时球体产生了自己的外磁场，这相当于球体中心有一个磁偶极子，其取向平行于磁化方向。

若在样品球附近有一个探测线圈（实际上是一对串联反接线圈）在与外加磁场垂直的方向作小幅度振动，则在线圈中感应出电压 e_s，e_s 正比于样品在平衡位置 x_0 时线圈中所产生的磁通量 ϕ_s 的变化率，其数值由式(1)给出：

$$e_s = -N\left(\frac{\mathrm{d}\phi_s}{\mathrm{d}x}\right)_{x_0}\frac{\mathrm{d}x}{\mathrm{d}t} \qquad \cdots\cdots(1)$$

式中：

N——线圈的匝数。

在 x 方向线圈的运动由式(2)给出：

$$x = x_0 + \delta\sin\omega t \qquad \cdots\cdots(2)$$

式中：

x——t 时刻的位移；

ω——角频率；

δ——振动幅度。

若用已知饱和磁化强度为 M_c，体积为 V_c 的定标样品取代未知样品，则感应出一电压 e_c，用比较法可求出样品的磁化强度 M_s：

$$\frac{M_s}{M_c} = \frac{e_s}{e_c}\times\frac{V_c}{V_s} \qquad \cdots\cdots(3)$$

若感应电压 e_s 和 e_c 所产生的仪器的读数为 E_s 和 E_c 则：

$$M_s = M_c\times\frac{E_s}{E_c}\times\frac{d_c^3}{d_s^3} \qquad \cdots\cdots(4)$$

式中，d_s 和 d_c 分别为未知样品和定标样品的球体直径。

同一公式可用于振动样品法（VSM），此时样品振动而线圈保持静止。

4.4 测量样品

为使磁偶极子的假定成立，测量样品应为球体，球形偏离度不大于 0.5%，球形偏离度的定义为：

$$\left(\frac{\text{最大直径}-\text{最小直径}}{\text{最小直径}}\right)\times 100\% \qquad \cdots\cdots(5)$$

对于大部分铁氧体材料来说，直径 2.5 mm 左右是合适的。若直径小于 1 mm，特别是在低 M_s 的情况下则难于得到适用的信噪比。直径大于 4 mm 的球不易制作，同时也不容易使整个球体处于均匀的外磁场中。

允许采用非球形样品，只要在所需精确度内感应电压被证明是磁化强度的线性函数，且定标样品的尺寸应与被测样品相同。

4.5 振动线圈法（VCM）的测量装置

4.5.1 探测线圈与样品的装置

探测线圈与样品的装置示意图见图 1，图 2 示出了外加磁场和样品偶极子场的方向。

样品刚性地固定在电磁铁的磁极中间,它与探测线圈的相对位置在任何方向上必须在±0.1 mm范围内可重复。样品支架的全部元件应用非磁性材料制成。

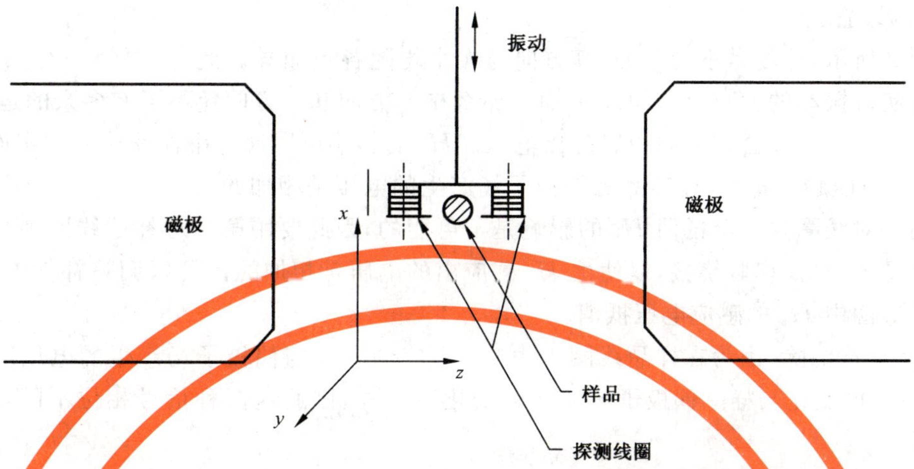

图 1 振动线圈法——样品和线圈的装置

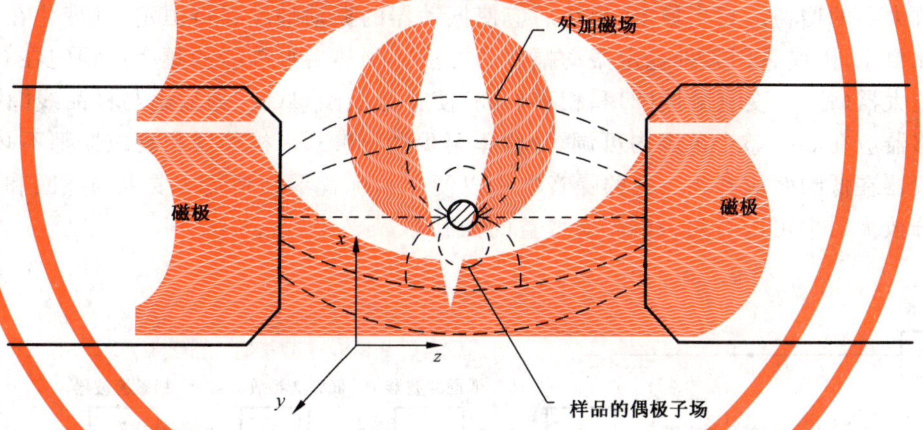

图 2 磁场图像

探测线圈是一对完全相同的串联反接线圈,由非磁性的刚性臂与振动器连接,线圈应尽可能靠近样品,其轴向通常平行于振动方向,但也可采用其他形式。

振动方向(x 方向)与电磁铁的 z 轴成 90°(图 1),即垂直于静磁场方向,振幅应在 0.05 mm～0.5 mm范围。频率不很严格,通常采用 20 Hz～200 Hz,但允许超出这一范围。应用适当的装置限制线圈在 z 方向和 y 方向的运动,使其不超过在 x 方向运动的 1%。若有必要也可采用反馈环稳定振动幅度的某些方法。

4.5.2 电磁铁

静磁场应能使被测材料的球形样品完全饱和。对于大部分微波铁氧体而言,300 kA·m^{-1}的磁场已足够,但对于六角型、钡基铁氧体则需要高达 500 kA·m^{-1}的磁场。电磁铁的电流源应保证磁场稳定到 0.5%。

在探测线圈的平衡中间位置上,横向场不应超过纵向场(H_z)的 1%。

因磁场的均匀性与场强有关,所以测量总应在已做过校正和置零(见 4.8)的外加磁场中进行。

4.5.3 外磁场影响的消除

如果外场完全均匀而无径向分量，而振动方向又精确地与外场垂直，则 4.3 的理论可以直接应用图 1所示的实验装置。

然而如图 2 所示，外场是不均匀的，其方向与大小均随各点而异。此外，要使一对探测线圈做得完全相同也不现实。振动的方向也会偏离 x 轴。那么在 y 方向和 z 方向免不了有多余的运动。

因此外场的不均匀性会在线圈中感应出电压。H_z 的影响可以通过串联反接的线圈而大大减少，因此由 H_z 产生的电压趋于抵消，而样品磁偶极子场产生的电压是相加的。

然而只用一对线圈要完全抵消 H_z 的影响是不可能的，因此要用第二对补偿线圈，它和样品线圈一样装在同一架子上，只是串联绕接，以使由 H_z 感应出的电压是相加的。可以调整补偿电压的幅度和相位使之与样品线圈中 H_z 的感应电压抵消。

H_z 的影响很难消除，因为在样品线圈中由 H_z 感应的电压与偶极子场产生的电压同样是相加的。但，通常 H_z 随 x 的变化与样品偶极子场随 x 的变化不一样，因此这两种信号相位不同，可用相敏检波器来区别。

4.5.4 电子测量装置

测量装置的示意图见图 3。振动器由一可调低频振荡器(9)和一功率放大器驱动。振荡器的输出幅度和功率放大器的增益应相当稳定，预热后应使振动器的振动幅度保持恒定，其变化在±0.3%之内。若不能达到此要求，则应采用某种稳定振动幅度的方法。预热后振荡器的频率应稳定在 0.05%。

用差分放大器(4)、可变衰减器(2)和相移器(3)使补偿线圈[1(c)]的输出与样品线圈[1(s)]的输出相平衡。相移器应在 360°整个范围内可调，分辨率至少达±0.1°。相移器和衰减器都不必校正。

差分放大器在低频时应有相当低的噪音电平以便于精确置零。其确切要求与线圈和其他装置的设计有关。差分放大器中可以引入一个可变增益的控制器。

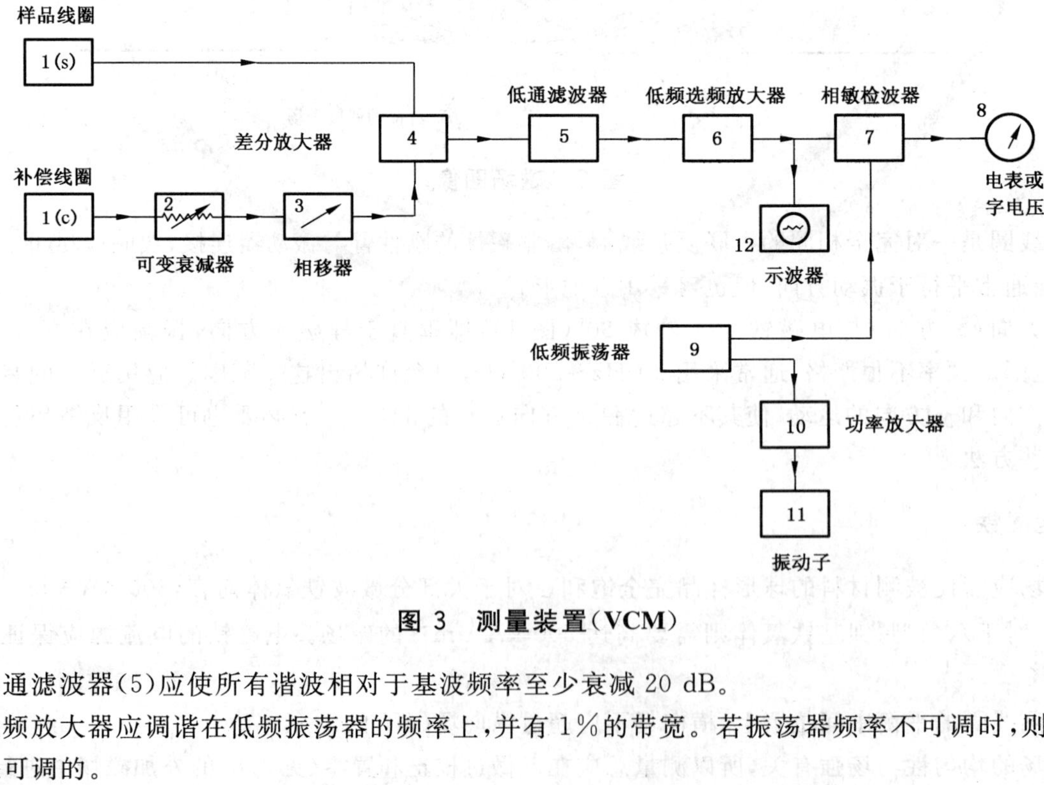

图 3 测量装置(VCM)

低通滤波器(5)应使所有谐波相对于基波频率至少衰减 20 dB。

选频放大器应调谐在低频振荡器的频率上，并有 1%的带宽。若振荡器频率不可调时，则选频放大器应是可调的。

相敏检波器(7)的分辨率应优于3°,而且应使参考通道或信号通道的相位在360°内可变,相位调节应与任一通道中输入幅度无关。

电表(8)可以是模拟或数字型的。当在整个温度范围内测量时,可用X-Y记录仪代替电表,X-Y记录仪一个轴记录磁化强度的线性函数,另一个轴记录温度的线性函数。两个轴应校正到所需的精确度。测量温度通常是用热电偶,它与样品本身应紧密热接触。

所有的电子仪器都应具有足够的温度稳定性,以保证在使用时的环境温度范围内达到所需的精确度。

4.6 振动样品法(VSM)的测量装置

4.6.1 探测线圈和样品的装置

在振动样品的情况下,探测线圈(图4)刚性地固定于电磁铁的磁极间,但允许作经常的小调整。它们的轴通常与外场垂直,且与振动方向平行,但其他方式(参考文献[24])也是允许的。样品的平均位置在电磁铁的轴上相对探测线圈而言,是对称放置的。其位置应在±0.1 mm的范围内重复。样品刚性地固定在与振动器相连的非磁振动臂上,并尽量靠近探测线圈。

振动方向(x方向)与电磁铁的z轴成90°(图4),即垂直于静磁场方向,振幅应在0.05 mm~0.5 mm的范围内。频率不很严格,一般是20 Hz~200 Hz,也可超过这个范围,样品在z方向和y方向的运动应采用适当的装置加以限制,使其不大于x方向运动的1%。若有必要可以采用反馈环来稳定振幅。

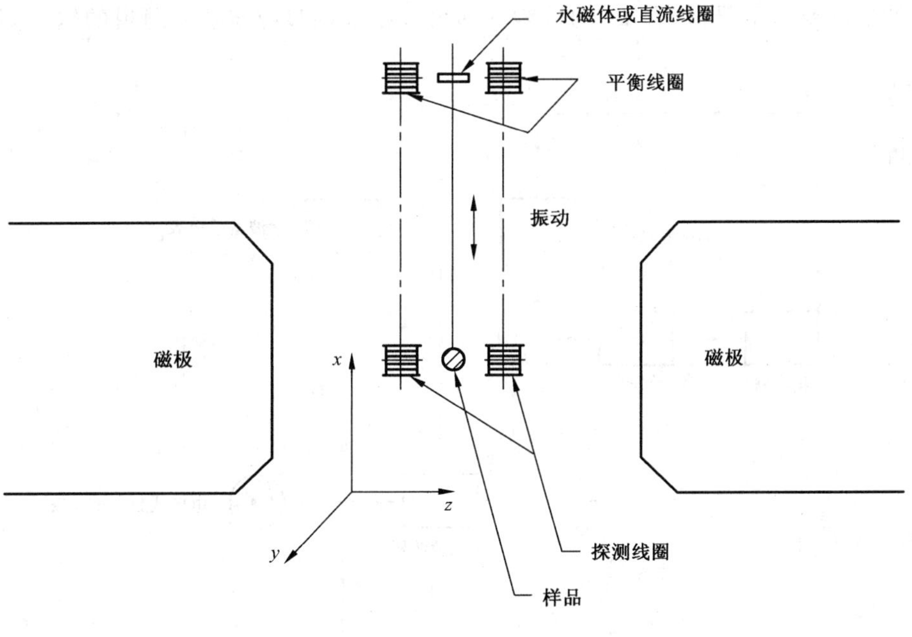

图4 振动样品法——样品和线圈装置

振动臂上安装一个小永磁体,它与电磁铁应有足够距离以免受其影响。两个小线圈刚性地固定在永磁体的两侧用来探测其磁场。也可用一个能精确控制直流电流的小线圈来代替永磁体。

4.6.2 电磁铁

若在样品体积范围内磁场的非均匀度保持在3%,则不需要采取措施来抵消外场不均匀性的影响,允许径向场达到纵向场的1%。

静磁场应能使被测材料的球形样品完全饱和。对于大部分微波铁氧体而言,300 kA·m^{-1}的磁场已足够。但对六角型、钡铁氧体则需要高达 500 kA·m^{-1}的磁场。电磁铁的电流源应保证磁场稳定度为 0.5%。

4.6.3 电子测量仪器

电子测量装置的示意图见图 5。最简单的装置仅使用 1 项～8 项，仪器可以在固定温度作逐点测量。校正过的分压器(3)可使平衡线圈和样品线圈的感应电压平衡。零点可由示波器(5)观察。磁化强度由分压器的读数计算求得。

另一种方法可用空的样品架求取零平衡。插入样品后，不平衡的信号则与磁化强度成比例。此信号可直接从仪表(5)或示波器上读出。要连续画出 M_s 与温度的关系，可用 X-Y 记录仪代替示波器，用相敏检波器(9)来检测信号，然后用电表或记录仪观察可大大提高灵敏度和稳定度。

若用直流线圈(12)代替永磁体来获得平衡电压，则将相敏检波器的输出馈入直流线圈即可达到自动指零平衡，线圈中电流与磁化强度成正比。

线圈的电流用与线圈串联的直流安培计或用与线圈并联的高阻伏特计测量。在第二种情况下，由于温度变化而引起的线圈阻值的变化应与对 M_s 测量的精确度要求相适应。

振动器由一可调的低频振荡器和一功率放大器驱动。预热后振荡器的输出幅度和功率放大器的增益要求相当稳定，应使驱动振荡器的电平维持在 0.3%的稳定范围内。若做不到，应采用某种稳定振动幅度的方法。预热后振荡器的频率应稳定在 0.05%以内。

分压器应连续可变，分辨率达 0.01%或更佳并应校正到所需的精确度。

差分放大器应具有相当低的噪声电平，并与选频放大器相联接或装成一体。选频放大器应调谐到低频振荡器的频率，并具有 3%的带宽。若振荡器的频率不可调，则选频放大器的选频级应是可调的。

对相敏检波器的要求不严格，有 10°的分辨率即可。相位调节应与任一通道的输入幅度无关。

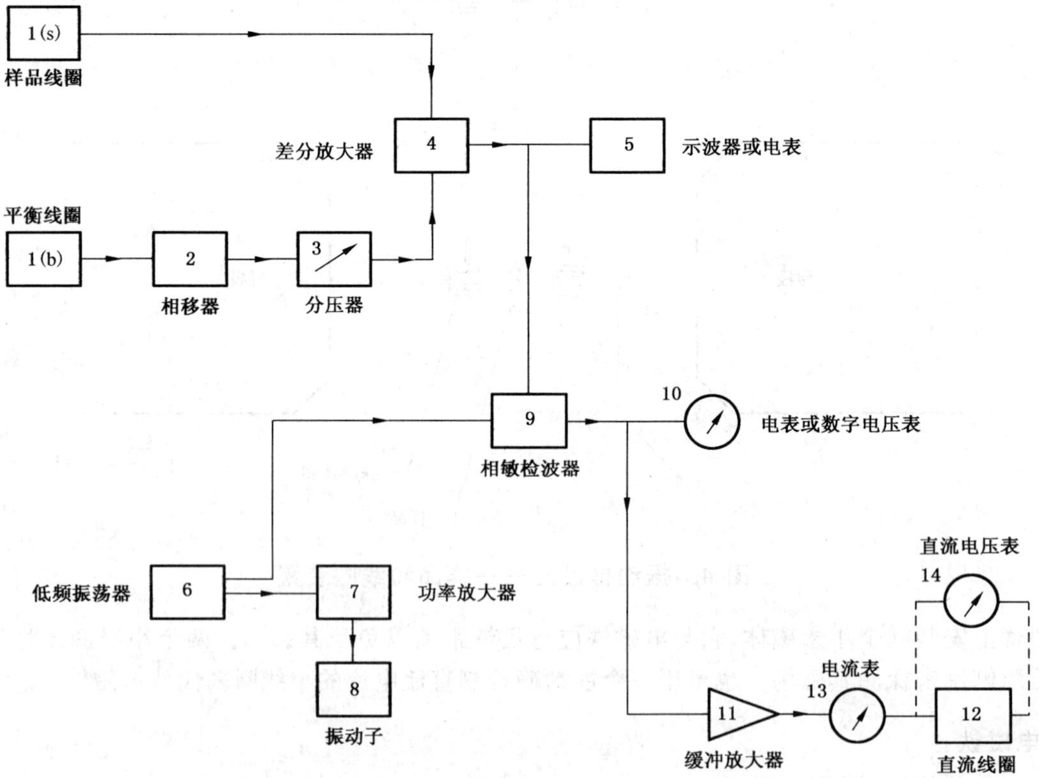

图 5 测量装置(VSM)

电表可为模拟型或数字型。当在一定的温度范围内测量时，可用 X-Y 记录仪代替电表，X-Y 记录仪的一个轴记录磁化强度的线性函数，另一个轴记录温度的线性函数。两者均应校正到所需的精确度。测温器件通常是热电偶，它与样品本身应紧密热接触。

所有的电子仪器都应具有足够的温度稳定性，保证在使用时的环境温度范围内达到所需的精确度。

4.7 定标

以下的定标方法对振动线圈法或振动样品法均适用。

4.7.1 比较法

本方法需要一个标准样品，其饱和磁化强度的精确值为已知的，作为标准最常用的材料是纯镍。但其他材料也可应用。

若被测样品为球形，则定标样品亦应为球形，且两种样品的尺寸应基本相同(若被测样品为非球形时，则定标样品应具有与其完全相同的尺寸)。定标球形样品的球形偏离度不大于 0.5%，其平均直径应准确到 0.1%，标准的金属球在使用前应充分地退火。

首先应测定作为标准样品的材料的密度。密度为 8.90 g/cm³ 纯度为 99.995%的镍，在 23 ℃时通常采用的饱和磁化强度值为 485.6 kA · m⁻¹。对于密度较低的材料则：

$$M_s = \frac{485.6 \times 密度}{8.90} (kA \cdot m^{-1}) \qquad \cdots\cdots(6)$$

然而对于某特定样品其真实数值可能偏离该值达 1%(参考文献[22])，这是由纯度、应力状态、外场或环境温度造成的。因此比较法的精确度受到了限制。

4.7.2 斜率法

本方法基于观察到的以下事实：在磁化曲线的较低区域，球形样品在探测线圈感应的电压直接与外场成比例(参考文献[23])。而且只要磁导率足够高，则比例常数与磁导率无关。

按 4.3，对于任一样品 x，伏特计的读数为 E_x，可写成：

$$E_x = kM_x d_x^3 \qquad \cdots\cdots(7)$$

式中：

M_x ——低的外加磁场强度 H_0 下样品的磁化强度；

d_x ——样品的直径；

k ——常数。

下列公式表示了低于饱和区的范围内 M_x 和 H_0 之间的线性关系：

$$M_x = (\mu_x - 1) H_i \qquad \cdots\cdots(8)$$

$$H_i = H_0 - NM_x \qquad \cdots\cdots(9)$$

式中：

H_i ——样品内的静磁场强度；

μ_x ——样品的相对磁导率；

N ——退磁因数，对于理想的球体等于三分之一。

消去式(8)和式(9)中的 H_i，则得：

$$H_0 = \left(\frac{1}{\mu_x - 1} + N\right) M_x \qquad \cdots\cdots(10)$$

消去式(7)和式(10)中的 M_x，则得：

$$E_x = k \frac{H_0}{1/(\mu_x - 1) + N} d_x^3 \qquad \cdots\cdots(11)$$

E_x 作为 H_0 函数图的线性部分的斜率可由式(11)求得：

$$\frac{\Delta E_x}{\Delta H_0}=\frac{kd_s^3}{1/(\mu_x-1)+N} \qquad \cdots\cdots(12)$$

若 μ_x 相当高，例如等于 2 000 时，分母中的第一项与 N 比可忽略不计，则参数 k 可表示为：

$$k=\frac{\Delta E_x/\Delta H_0}{3d_x^3} \qquad \cdots\cdots(13)$$

其误差在 0.15%内。

球形偏离度为 0.25%时所导致的 N 的最大误差为 0.25%（参考文献[22]）。

将高磁导率的定标样品所获得的 k 值代入式(7)，然后将该公式应用于饱和时的未知样品，则未知样品的饱和磁化强度 M_{su} 用式(14)给出，其误差在 0.4%内：

$$M_{su}=\frac{E_{su}}{kd_u^3}=E_{su}\frac{3d_c^3}{(\Delta E_c/\Delta E_0)d_u^3} \qquad \cdots\cdots(14)$$

式中：

E_{su}——饱和的未知样品的伏特计读数，脚标 c 和 u 分别表示定标样品和未知样品。

本方法不需要绝对的定标标准。

4.8 测量程序

4.8.1 置零——振动线圈法

磁极间放空样品架，接通电磁铁的电流，使探测线圈振动。调整衰减器和相移器，由示波器观察，使选频放大器的输出达最小。

改变外场，并调整衰减器和相移器的设置位置。若变化明显，则要调整线圈位置并重新置零，直到在考虑的范围内置零不受外场的影响。

将定标样品放在样品支架上并调整相敏检波器直至伏特计达到最大读数。

4.8.2 置零——振动样品法

首先使平衡线圈对参考磁体（或直流线圈）的精确位置做到尽可能不灵敏。在探测线圈无任何信号的情况下，绕 x 轴转动平衡线圈使输出最大。然后作如下调整：沿 z 轴方向调整使输出最小，沿 y 方向调整使输出最大，沿 x 方向调整使输出最大（短线圈）或最小（长线圈）。

平衡线圈牢固地固定在适当的位置，以上调整一般不需重复。

样品置于样品架中，在平衡线圈无信号的情况下对样品线圈进行类似的调整。

4.8.3 测量

测量前所有电子装置应先通电至少 30 min，使其在环境温度中稳定下来。若必要可用空样品架和调好的仪器进行读零检查。

将定标样品放入样品架并核对读数，以保证在此环境温度下对该特定的样品是正确的。

测量球形样品的直径，至少进行五次独立的测微计或显微镜测量，球形的偏离度按式(5)计算。

样品固定在样品架中，外场调到所需值。

在振动样品法的情况下，调节分压器的位置使在示波器上指零，或另一种做法是若空样品架已指零，则记下电表读数。若用直流线圈实现自动指零平衡，则可观察线圈电流。

在振动线圈法的情况下，则记下电表上的读数。

样品温度也要观察，若在某一温度范围进行测量，先将温度置于要测的最低点，要有足够的时间等到样品的环境温度稳定下来，然后以不大于 3 ℃/min 的速度升温，直到测完整个温度范围。

4.9 计算

按照 4.7.1 或 4.7.2 所叙述的定标方法，可分别用式(4)或式(14)把读数转换成磁化强度的值。

4.10 准确度

无论是振动线圈法还是振动样品法，其精确度与定标方法有关。若采用比较法，由于定标样品的磁化强度不精确，可引入高达1%的系统误差。斜率法由于不需 M_c 的绝对值，此时因定标的不精确而引起的误差可保持在0.5%以内。

振动线圈法的典型相对误差为±3%。

振动样品法的典型相对误差为±1.5%。

相对误差取决于 M_s 的值，饱和磁化强度值低则相对误差较大。

4.11 数据表示

无论用何种方法获得的的值都应以下式表示：

温度为 θ ℃时的饱和磁化强度：$M_s = M(\mathrm{kA \cdot m^{-1}})$ ±估计误差，M 应给出三位有效数字。

当 M_s 作为温度的函数画出曲线时，M_s 和温度测量的估计精确度一起均应给出。

报告也应包括样品特有的标记。

5 磁化强度（在给定场强下）$\boldsymbol{M_H}$

5.1 引言

为了在理论上计算张量磁导率各分量，必须知道材料的饱和磁化强度［见IEC 60050(221):1990］。然而，通常在微波元件中应用的铁氧体材料是不完全饱和的。

例如在最近发展起来的所谓锁式器件中，铁氧体处于剩磁状态。因此，已经找到了一种方法可以在材料磁滞回线参数上得到的更一般的信息。这一方法的应用受到了某种限制，即样品应是圆环形或至少做成闭合磁回路，以便能以足够的精确度表示成等效圆环。

5.2 目的

本测量方法最初是为了测量磁化强度而发展起来的。然而，当材料处于循环磁化状态时，也可同时测量一些其他的磁特性，例如剩余磁化强度、矫顽力。可以计算出材料的矩形比 M_r/M_H 以及测量时磁滞回线可连续地显示在示波器上。后一事实还能定性地检查材料对机械应力的敏感性。

将样品放在程序控制温度试验箱内，可得到所有的被测量与温度的关系。若使温度变化范围足够大，则可测定居里温度，对某些材料可以测定补偿温度。

5.3 理论

在铁氧体圆环中磁通密度 B，磁化强度 M 和磁场强度 H 之间有如下关系：

$$B=\mu_0(H+M) \qquad \cdots\cdots(15)$$

式中：

μ_0——磁常数。

若圆环外径与内径之比近似为1，则可认为在整个圆环截面上各种磁场参量为常数。

若 H 是周期地对称变化，同时测量 B，并在笛卡尔坐标系中画出 B 和 H 的函数曲线，即为动态 $B(H)$ 回线［图6a)］。将该曲线用 B 减去 $\mu_0 H$，再除以 μ_0 即可将该曲线变换成 $M(H)$ 回线［图6b)］，若 H 变化足够大，则曲线的高度不随 H 的进一步增加而变化，并等于 M_s。在这种情况下，回线和 H 座标轴的截距对应于循环矫顽力 H'_{cJ}。

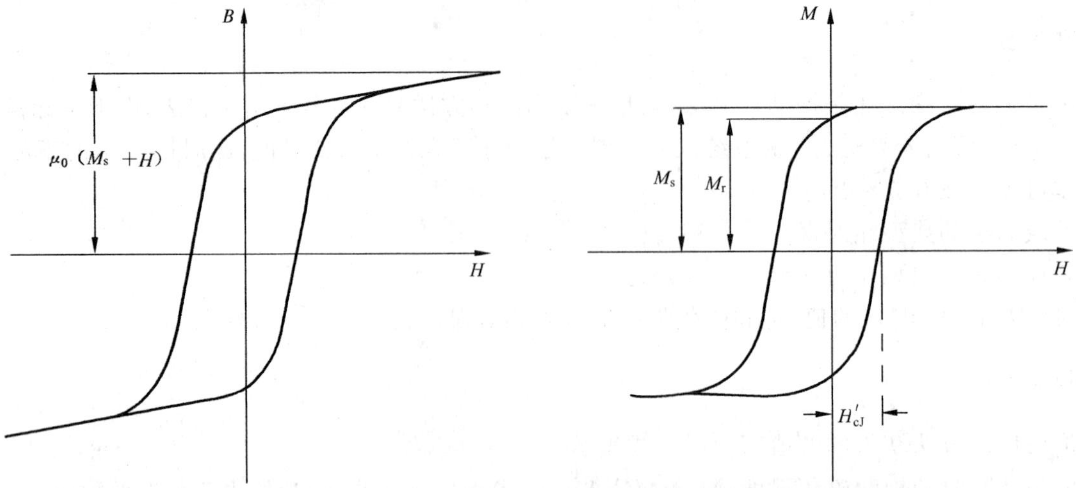

a) **$B(H)$回线**　　　b) **$M(H)$回线**

图 6　磁性材料的磁滞回线

若将匝数为 N_1 的绕组均匀地绕在矩形截面的环形磁心上，通过绕组的电流 I 在圆环磁心内产生的平均磁场强度为：

$$H=\frac{N_1 I}{2\pi r_m} \qquad \cdots\cdots(16)$$

式中：

r_m——圆环磁心的平均半径，用式(17)计算：

$$r_m=\frac{\ln(r_2/r_1)}{(1/r_1)-(1/r_2)} \qquad \cdots\cdots(17)$$

式中：

r_1 和 r_2 分别为圆环磁心的内半径和外半径(见 GB/T 20874—2007)。

若在同一圆环磁心上均匀地绕一个匝数为 N_2 的次级绕组，则感应出的电动势 E 正比于磁心内磁通密度对时间的导数：

$$E=-k\frac{dB}{dt} \qquad \cdots\cdots(18)$$

式中：

k ——N_2A_e；

A_e——按 5.5 中定义的样品的有效横截面积。

假定有同样的两组绕组绕在非磁性心环上，则感应电压正比于磁场强度对时间的导数：

$$E'=-k\mu_0\frac{dH}{dt} \qquad \cdots\cdots(19)$$

上述装置分别相当于由铁氧体磁心和空气心做成的两个变压器，若将两个这样的变压器的任一个绕组反向串联，如图 7 所示，则总输出电压为：

$$U=E-E'=-k\left(\frac{dB}{dt}-\mu_0\frac{dH}{dt}\right) \qquad \cdots\cdots(20)$$

由此得出：

$$U=-k\mu_0\frac{dM}{dt} \qquad \cdots\cdots(21)$$

将该电压 U 积分，可得到一个正比于 M 的电压-时间积分。这样，由于 H 正比于 I，因此，就有了两个电量可用于给出 $M(H)$ 回线的模拟表示的两个电量。

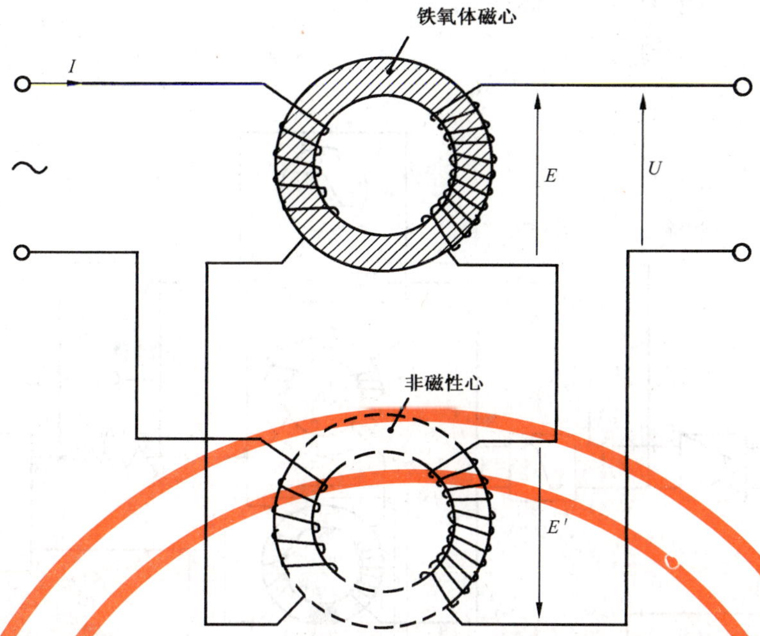

图 7 带补偿单元的试验样品

5.4 试验样品

试验样品是由被研究的材料制成的一个圆环。图 8 为一个具有合适尺寸的圆环的例子。圆环尺寸可以稍作变动，但是内、外直径之比应超过 0.7。

在样品平面一边的一小部分上涂银，经处理后银制剂应有良好的附着力和可焊力。

单位为毫米

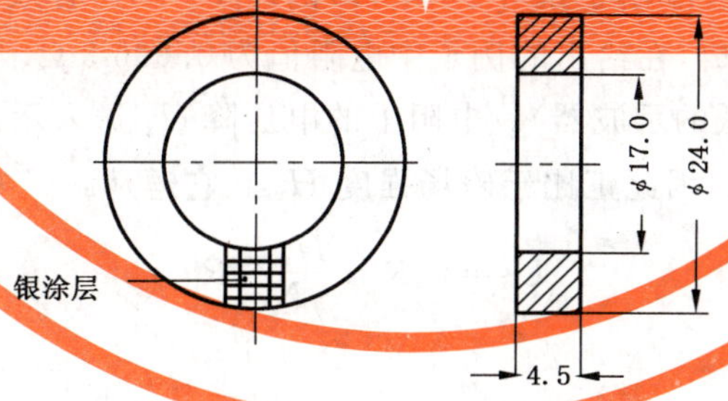

图 8 试验样品

由质量比大约为 90％的铅，其余为锡的合金制成高熔点的焊料(熔点约为 310 ℃)，这种合金可像普通焊料那样使用，将热偶(铜－康铜)固定在圆环磁心表面涂银部位上。该热偶具有足够的精确度测出磁心的实际温度。在热偶接点上可加某些保护性涂覆，以使接点上所承受的直接热辐射减到最小。

对于某些铁氧体材料来说，加热(如在被银和焊接过程中)可能是有害的。若是这种情况，应考虑其他能保证热偶有良好热接触的方法。

下一步是将两组绕组绕在圆环磁心上：先绕探测线圈，用 0.2 mm 的耐热漆(如：聚酰胺为绝缘体)包铜线单层绕 200 匝，除涂银处外应尽量均匀地绕在环上。驱动线圈绕在探测线圈的上面，用 0.5 mm 的耐热漆包铜线绕 70 匝。上面所给出的数值仅是个例子，也可采用其他匝数，只要在计算时取此匝数即可。

5.5 测量装置

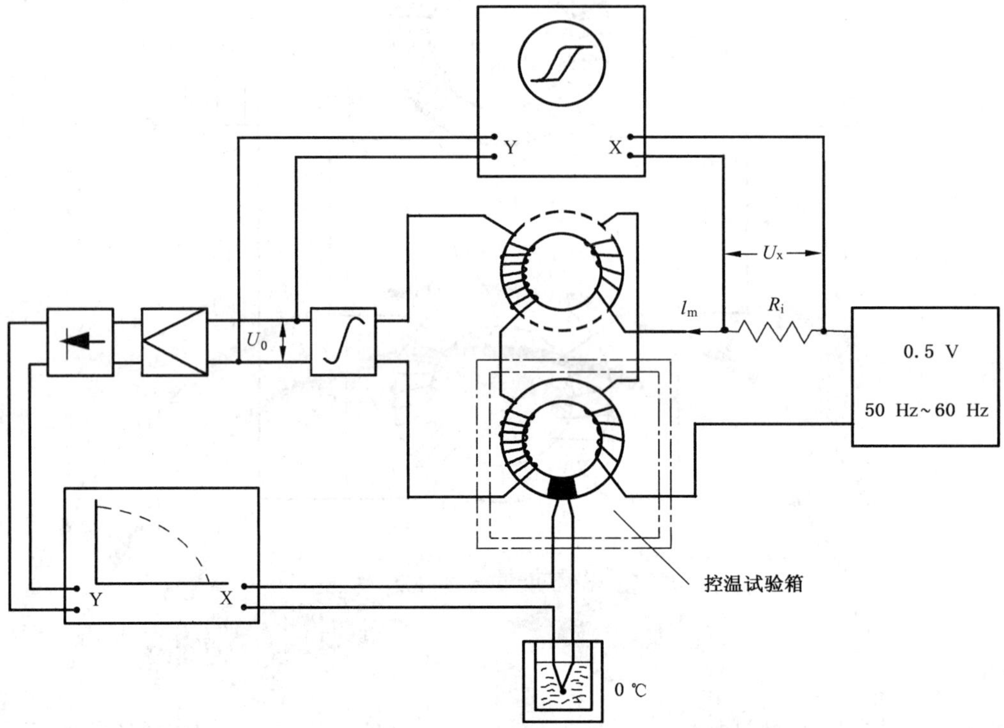

图 9 测量磁化强度 M_H(在给定场强下)的测量线路

试验样品和绕在与铁氧体圆环尺寸相同的非磁性心环上的类似的变压器(补偿单元),如图 9 所示接入测量线路。正弦电源提供频率小于或等于 60 Hz 的 0 V～5 V 有效值电压,通常电阻 R_i 接到初级绕组上。电阻由一段康铜线做成,在给出的例子中电阻值为 0.096 3 Ω(若细心操作,该阻值可略微增大些,以便能用 x 轴输入灵敏度低的示波器)。电阻上的电压降 U_x 送入示波器的水平输入端。

该电压正比于驱动电流 I_m,因此正比于磁场强度 H_m。它遵从:

$$U_x = I_m R_i = \frac{H_m l_m}{N_1} R_i \quad \cdots\cdots (22)$$

式中:

l_m ——平均磁路长度;

N_1——初级线圈匝数。

当输入信号为 1 V 时,相应的磁场强度为:

$$H_m = \frac{N_1}{l_m R_i} \quad \cdots\cdots (23)$$

或代入所引证例子中的数字得 $11.51 \times 10^3\ \mathrm{A \cdot m^{-1}}$。

因此示波器上 1 mV 的输入电压所对应的磁场强度是 $11.51\ \mathrm{A \cdot m^{-1}}$。

两个串接的次级绕组输出的电压正比于 M 对时间的导数。为了获得与 M 成正比的信号,必须对它进行积分,这可在密勒(Miller)积分器内完成。

密勒(Miller)积分器可按图 10 利用运算放大器做成。

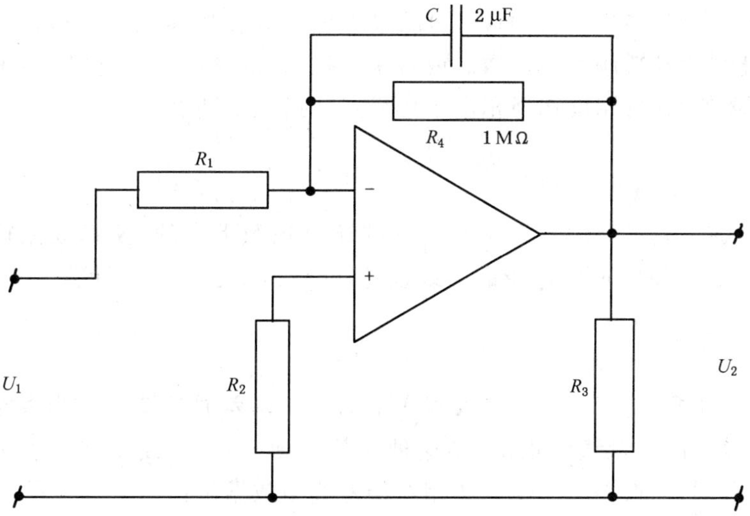

图 10 密勒(Miller)积分器

为了使积分器有很好的性能,其有效时间常数 $RC \times G$(其中 G 是放大器增益)至少应超过测量频率倒数的 100 倍。同时还要求积分器在低频时不引进相移。

积分器输出电压:

$$U_2 = \frac{\mu_0 M N_2 A_e}{R_1 C} \times \frac{G}{G+1} \quad \cdots\cdots (24)$$

$$A_e = \frac{h \times [\ln(r_2/r_1)]^2}{(1/r_1) - (1/r_2)} \quad \cdots\cdots (25)$$

式中:

A_e——中磁心的有效横截面积;

N_2——次级匝数。

信号 U_2 送入示波器的垂直输入端。一般输入电压为 1 mV 时对应的 M_H 值,约为 2 kA·m^{-1}。

示波器应有足够的带宽和灵敏度。低频限小于 0.25 Hz(最好为直流),上限大于 10 kHz 时可给出满意的结果。x 轴、y 轴放大器的灵敏度应超过 2 mm/mV。

将输入到示波器的 y 轴的信号放大到 10 V～20 V 电平,然后再转输入到峰值检波器中检波。检波信号送入 X-Y 记录仪的 y 轴。测温热电偶的输出电压送入到 X-Y 记录仪的 x 轴,并使记录仪的 x 轴位移正比于磁心的温度。这样可得到显示 M_H 与温度关系图。

5.6 校准

借助于高精确度电压源来校准示波器的输入端。在所考虑的一温度区间和在该区域内所预计 M_H 达到的最大值,将记录仪调到合适的灵敏度。

调整电源的输入(借助于示波器),在室温下使磁场强度的幅度等于 $n \times H'_{cJ}$(其中 n 是整数,通常取 5),该值(示波器显示的宽度)在整个测量过程中保持不变。

5.7 测量程序

测量前 30 min 所有电子装置应通电,以保证足够的稳定性,试验样品放在控温试验箱内,将其绕组和热偶引线接入测量线路中,校准示波器的 x 轴、y 轴放大器。

增加驱动电流使最大磁场强度等于所需值,通常它应为矫顽力的 5 倍。调整 X-Y 记录仪的灵敏度,并对照示波器屏蔽上 M 值的读数来校准它的 y 轴。

将试验箱的温度降到所需要的最低温度。从这点开始测量,使温度缓慢上升(一般小于 3 ℃/min)

则可认为试验样品处于良好的热平衡。$M(M_H)$的最大值和温度的关系自动被记录下来。在一定的温度下，可得到剩余磁化强度和矫顽力的读数。或者采用拍照，以便详细研究回线结构。

当温度达到适当数值(通常温度选择稍高于居里点)时，测量结束。

5.8 计算

用5.5中的表达式把示波器读数(无论是直读的还是拍照下来的)换算成磁化强度和磁场强度数值。用这些值计算“矩形比”M_r/M_H，记录的曲线就是该参数，不必进一步计算。

5.9 准确度

测量精确度依 M_H 而变，当接近转变温度和 M_H 变小时误差通常增大。当离这些点足够远时系统误差是很小的。若所建立的测量线路正确，则这种误差约为±1%。读出装置引进的误差附加到这上面。这个量是很难确立的，而按本方法得到的相对误差典型数据是：

M_H→±3%(最大)

H_{cJ}→±5%

居里点→±2 ℃

矩形比→±6%

5.10 数据表示

本方法测得的 M_H 值可以引述如下：

——温度为 θ ℃时，磁场强度等于 n 倍的矫顽力时的磁化强度为 M kA·m^{-1}±3%；

或者，在此情况下的剩余磁化强度：

——温度为 θ ℃时，磁场强度从 n 倍矫顽力降到0时的剩余磁化强度为 M kA·m^{-1}±3%；这里 M 的数值应给三位有效数字。

在以 M_H 与温度关系作图的情况下，实际曲线应同有关估计精确度的说明款一起给出。

报告应包括样品特有的标记。

6 旋磁共振线宽 ΔH 及有效朗德因子 g_{eff}(一般情况)

6.1 引言

在决定工作在或接近于旋磁共振的器件的性能时，旋磁共振线宽和有效朗德因子是基本的重要参数，在该范围内计算张量磁导率的各分量也需要这两个参数。这些量的确定涉及到共振现象的测量，其中频率和外加静磁场强度是决定性参数，特别是当研究的材料只有很窄的共振线宽时，腔体的尺寸和电气性能的稳定性变得非常重要。

6.2 目的

叙述一种能在0.3 GHz～30 GHz频率范围内测量各向同性微波铁氧体旋磁共振线宽和有效朗德因子的方法，该方法适用于宽线宽和窄线宽的材料。

6.3 原理

本方法仅适用于所谓基特尔(Kittel)模或一致进动模的共振；而不包括静磁模的共振或由于未饱和磁化而具有多值性的共振。

最大吸收时的磁场或共振场 H_0 的值可根据样品的饱和磁化强度 M_s，退磁因子 N_x、N_y、N_z，有效

郎德因子 g_{eff} 以及测得的频率 f_0 从理论上计算，若样品是小球形状，其关系可以简化为式(26)：

$$f_0=\frac{\gamma\mu_0 H_0}{2\pi} \qquad (26)$$

式中：

γ——旋磁比；

μ_0——磁常数。

若样品是圆片形，且直径远大于它的厚度，当外场垂直于片的表面时，式(26)变为：

$$f_0\approx\frac{\gamma\mu_0}{2\pi}[H_0-(1-3\rho)M_s] \qquad (27)$$

式中：

ρ——$d/D<1/20$；

d——样品的厚度；

D——样品的直径。

已知 $\gamma=88g_{eff}\times10^9\ T^{-1}s^{-1}$，若 f_0、H_0 和 M_s 为已知后，即可计算出有效朗德因子 g_{eff}。

旋磁共振线宽 ΔH 定义为铁氧体材料吸收功率为最大吸收值一半时相应的两磁场强度数值之差。

这里推荐的测量 g_{eff} 和 ΔH 的方法是基于腔的微扰理论，它要求样品的尺寸应比样品内的波长小。对于频率范围在 0.3 GHz～3.0 GHz 间用圆片样品，其直径和厚度的比值应超过 30，且直径还应满足 6.4 的要求。

将腔的输出功率保持在固定参考电平上，通过测量腔的输入功率变化来测定样品的吸收。

为了保持输出参考电平不变，输入功率的变化可用置于监测源和腔之间的衰减器的衰减量变化来表示。若 a_0 是无样品时衰减器的读数(单位:dB)以及 a_r 是样品最大吸收时的读数，则读数 $a_{1/2}$ 相应于样品共振吸收值的一半，它可由式(28)给出：

$$a_{1/2}=a_0+10\lg2-10\lg(10^{(a_0-a_r)/10}+1) \qquad (28)$$

6.4 试验样品和腔

本方法的试验样品可用球(线宽大于 400 A·m^{-1}的材料)或圆片。对尺寸的限制在本文的前面和后面均提到。

为了保证样品对腔是足够小的微扰，ΔH 和 H_0 的测定值应满足下列条件：

$$a_0-a_r<20\lg\left(1+0.06Q_0\frac{\Delta H}{H_0}\right) \qquad (29)$$

式中：

Q_0——不带样品时腔的 Q 值。

样品尺寸(例如球体的直径)宜减小，直到损耗变化量满足上述要求。

对于小线宽(小于 3 kA·m^{-1})的球体，表面对测量结果有显著影响状态。理想的样品要进行光学抛光。实际上用相应于 3 个渐进的研磨阶段的 3 个 ΔH 测量值画出一条 ΔH 曲线，外推的 ΔH 值示于 6.9 中。被测球体的表面状态也可以间接地由磨料的颗粒尺寸来确定。

样品在抛光过程中引入了应力，这将影响 ΔH 的测量值，短时间退火可使这种影响减到最小。

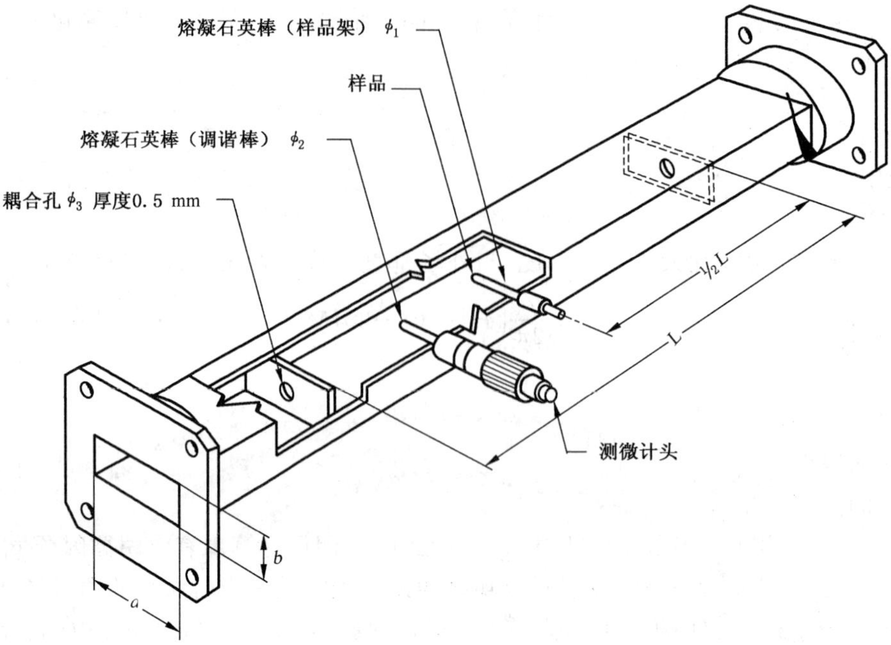

频率 GHz	尺寸 mm					
	L	a	b	ϕ_1	ϕ_2	ϕ_3
3	278	72.14	34.04	2	6	15
10	118.4	22.86	10.16	1	3	5
30	36.9	8.636	4.318	0.5	1.5	2.5

图 11 测量旋磁共振线宽和有效朗德因子用的腔体（见参考文献[21]）

作为一个例子，图 11 画出了传输型谐振腔，并给出了三种频率相应的三种尺寸，其有载品质因数(Q)均大于 2 000。球形样品放在微波磁场最大和电场最小处，图 11 中也标出了样品的正确位置。样品放在样品架上(熔凝石英棒)插入样品的孔位于腔的窄壁上，其直径应不大于 2 mm(对于 X 波段的腔)，再附加一根微动调谐棒置于适当的位置，以便通过与腔内电场的相互作用达到调谐。借助于衰减器或隔离器使输入和输出电路与腔相匹配。这样设计的腔型对球形样品其工作频段范围可达 3 GHz～30 GHz，若测量频率超过下式给出的数值：

$$f=\frac{\gamma\mu_0}{2\pi}\times\frac{2}{3}M_s \quad\cdots\cdots(30)$$

那么观测到的 ΔH 值将包括由多晶铁氧体的缺陷而激励的自旋波模式的贡献(见参考文献[20])。

然而在 0.3 GHz～3 GHz 之间测量，圆片样品更合适，这时图 12 所推荐的谐振腔是两端开路的可调带状线腔，从图 12 可明显看出，在波长接近 $2L$、$(2/3)L$…时，腔是奇次模共振，这里 L 是带状线内导体长度[1]。样品粘在样品架上，样品架是金属插塞式的，通过外导体旋进，以使样品位于靠近内导体的中心。为保持整个样品内的微波场均匀，样品的直径应小于内导体宽度的三分之一，其有载品质因数(Q_0)大于或等于 400，调谐棒是为了给腔一个附加的扰动，使腔达到调谐，以使可在预定的频率下进行测量。由圆片样品所测得的线宽不被自旋波损耗所加宽。样品制备过程中引入了应力，这将影响 ΔH 的测量值，短时间退火可减小这种影响。

1) 还是以使用电介质样品架为好；为了某一给定的灵敏度采用较大的样品是必要的，但是在外导体内的样品的位置则不是决定性的。

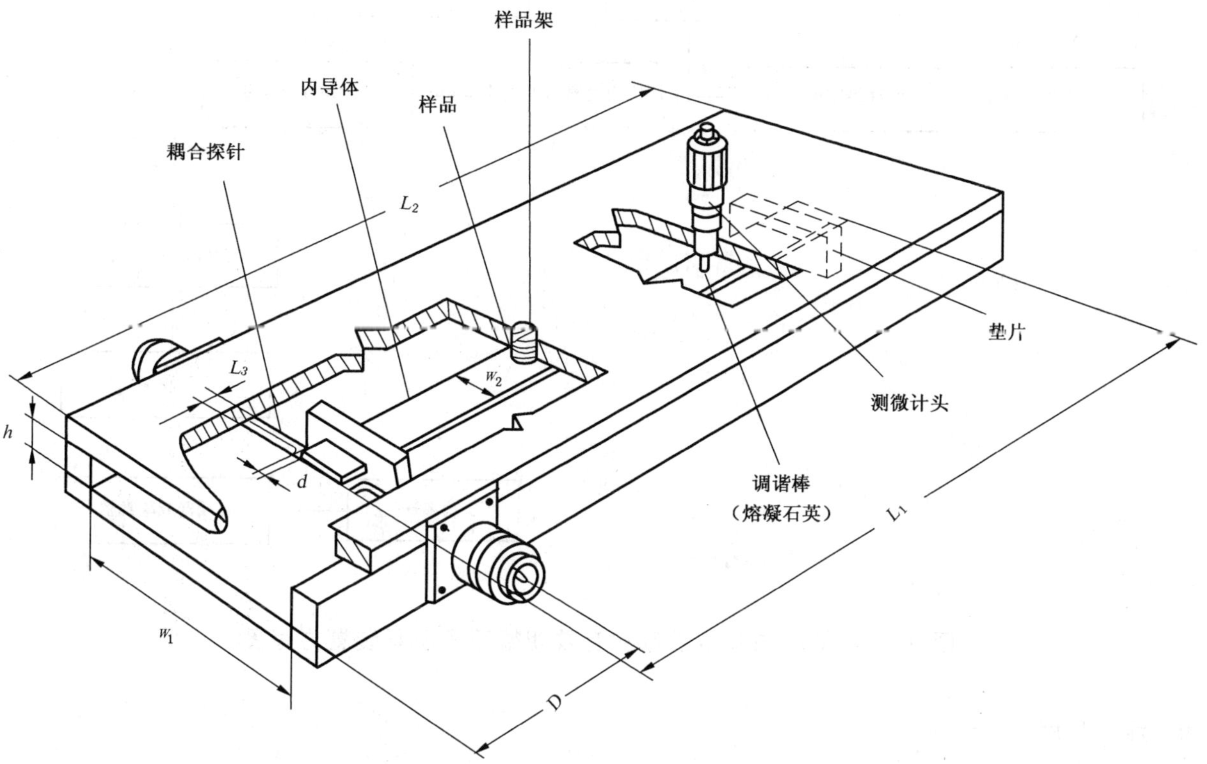

注：垫片是一块聚四氟乙烯板，典型尺寸为 7 mm×2 mm×25 mm，位置可微调。

频率 MHz	尺寸 mm							
	d	D	h	L_1	L_2	L_3	W_1	W_2
300	2.0	39	7	470	510	21	60	20
1 000	2.0	28	7	140	180	10	60	20

图 12　低频下测量旋磁共振线宽和有效朗德因子的带线谐振器

6.5　测量装置

图 13 是测量所需装置的方框图。一个适当的微波源 A 工作在无调制或幅度调制状态，但无频率调制，从它输出的功率经精密可变衰减器 F 至腔 G，输出功率被检波并用一适当的仪表 H 作指示。入射到精密衰减器上的功率在 E 处借助于定向耦合器和晶体检波器来监视。测量过程中用可变衰减器 C 保持入射功率恒定。用 B 监测微波频率，它可保持不变，因为微扰棒可将腔调谐到同发生器频率一致，将足够稳定而且与微波磁场垂直的可调磁场加在样品上。外加磁场在样品范围内的不均匀性同被测样品线宽相比应可忽略。

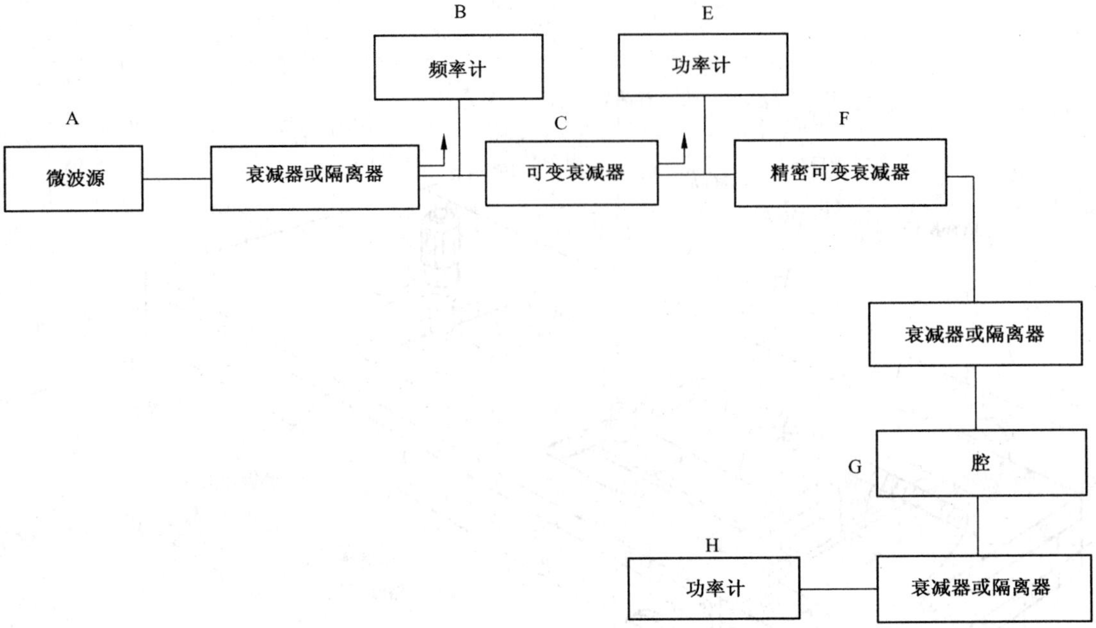

图 13　测量旋磁共振线宽和有效朗德因子所需装置方框图

6.6　测量程序

使发生器的频率尽可能接近测量频率，用调谐棒调谐使有最大的输出。给定一个在 E 处测量的输入电平，精密衰减器置于 a_0 并在 H 测量到一个输出电平，以该输出电平作为参考值。

将样品插入腔中，这一操作对输出电平的影响应可忽略。加磁场并调节它以得到最大的吸收(相应有最小输出)，调节精密衰减器使输出电平恢复到参考电平值，确定出新的读数 a_{r0}测定微波频率 f_0，以及所加的静磁场强度 H_0。

旋磁共振线宽目前可用以下方法得到：

为了在半功率点获得参考输出电平，用式(28)计算衰减器的读数 $a_{½}$。将精密衰减器置于该读数上，改变磁场得到参考输出电平，用调谐棒重新调节腔达最大输出。按要求反复调整磁场和调谐棒，记下最后的场强值 H_1。在另一个半功率点重复这一过程得到 H_2。

为了检验球形样品的球形度和各向同性，样品可以在腔中转动。对于球形度好的各向同性材料，H_0 值和 ΔH 值应与样品的取向无关。允许变动的范围对 H_0 为 1%，对 ΔH 为 5%，对于薄圆片样品，电磁镜象作用对测量数值的影响应在最后测量之前消除。这一点可以由相继测量厚度逐步变化(通过仔细研磨)的同一样品而有效的实现[2)]。所得到的 H_0 和 ΔH 应与厚度无关。在这种情况下，允许 H_0 的变化范围为 3%，ΔH 为 5%。

6.7　计算

有效朗德因子可从所测频率和共振场强度值按式(26)(球)或式(27)(圆片)计算出来。

旋磁共振线宽按式(31)计算：

$$\Delta H = |H_1 - H_2| \quad \cdots\cdots(31)$$

2)　在多数实际情况下，对于具有某一特殊比值($\rho = d/D$)的给定材料，这一条件是可达到的，该条件可由描述过程的结果来确定，确定 $\rho < \frac{1}{10}$。

6.8 准确度

若频率测量精确度为±1%，磁场强度测量精确度为±2%，则 ΔH 和 g_{eff} 的相对误差分别为±5%和±2%。

6.9 数据表示

数据表示应与 SJ/T 11077—1996 中的要求一致。还应指出：测量数据是在哪一个特定频率得出的。可用 GHz 为单位的相应的测量频率作角标来表示，比如 ΔH_{10}，g_{10}（若在 10 GHz 测量）。需要有样品形状和尺寸的资料（球形或圆片形，尺寸）以及给出其特有的标记。

7 旋磁共振线宽 ΔH_{10} 和有效朗德因子 g_{10}（在 10 GHz）

7.1 引言

旋磁共振是以有效朗德因子和共振线宽来表征的。在这些量的测量中，频率和外加静磁场的测量是关键参数。

腔的尺寸和电气性能的稳定性最为重要，特别当材料的共振线宽很窄时更为如此。

7.2 目的

描述在 10 GHz 下测量各向同性微波铁氧体旋磁共振线宽和有效朗德因子的方法。本方法可同时用于宽线宽和窄线宽材料的测量。

7.3 原理

本方法专门用于一致进动共振，不考虑带有高阶静磁模的共振或因磁化不饱和所出现的多值共振。

最大吸收时即共振时的磁场值可从样品的磁化强度、退磁因子、有效朗德因子 g_{eff} 和测到的频率 f_0 从理论上计算出来。若样品的形状是小球，这一关系简化为式(32)：

$$f_0=\frac{\gamma\mu_0 H_0}{2\pi} \qquad \cdots\cdots(32)$$

式中：

γ——旋磁比；

μ_0——磁常数。

已知 $\gamma=88g_{eff}\times10^9\,T^{-1}s^{-1}$，和 f_0、H_0，可计算出有效朗德因子 g_{eff}，它可能依赖于 H_0。

旋磁共振线宽 ΔH 按定义是铁氧体材料吸收功率为最大吸收一半时的两个相应磁场强度之差。

这里推荐的测量 ΔH、g_{eff} 的方法是基于腔体的微扰理论。共振时的吸收近似正比于饱和磁化强度与共振线宽的比值。若吸收太大以至于不能保持必要的精确度时，例如在某些窄线宽材料的情况下，应减小样品尺寸，对球形样品应按需要减小直径，以得到较小的吸收（见 7.4）。

使腔的输出功率保持在固定参考电平上，然后测量所需入射功率的变化，就可得到样品的吸收。

输入功率的变化可用在保持输入参考电平不变时，由置于功率源和腔之间的衰减器的衰减量的变化来表示。若 a_0 为无样品时衰减器的分贝数，a_r 为样品吸收最大时衰减器的读数，则样品共振吸收最大值一半时相应的读数 $a_{1/2}$ 由式(33)给出：

$$a_{1/2}=a_0+10\lg2-10\lg(10^{(a_0-a_r)/10}+1) \qquad \cdots\cdots(33)$$

7.4 试验样品和腔

本方法的试验样品是球形。其直径不大于 1 mm，只要 ΔH 大约高于 800 A·m^{-1} 即可达到足够的精度。当 ΔH 小于 800 A · m^{-1}，特别是磁化强度高时，则所用小球的直径应更小。此时应满足条件：

$$a_0 - a_r < 20\lg(1 + 0.06 Q_0 \frac{\Delta H}{H_0}) \quad \cdots\cdots (29)$$

式中：

Q_0——不带样品时腔的 Q 值。

腔是通过式的，在 10 GHz 下共振。有载 $Q(Q_0)$ 大于 2 000。样品放在离开腔壁、电场最小以及微波磁场最大的一点上。图 11 画出了 10 GHz 频率下测量的一个适用的腔，并指明了样品的正确位置。样品放在熔凝石英(或其他介质)棒上。插样品的孔位于腔的窄壁上，且直径应不大于 2 mm。在适当位置附加一根微扰棒，以便通过它和电场的相互作用达到调谐。借助于衰减器或隔离器使腔的输入、输出电路与腔尽量匹配，这样设计的腔适用于 10 GHz 下测量球形样品。球的直径应受前面条款的限制。

7.5 测量装置

图 14 是测量装置的方框图。适当的微波源 A 工作于无调制或有幅度调制的状态。但应无频率调制经过精密可变衰减器 F 将功率送入腔 G。输出功率被检波并用一适当的仪表 H 作指示。入射到精密衰减器上的功率借助于定向耦合器和晶体检波器在 E 检测。在测量过程中，用可变衰减器 C 保持入射功率的恒定。微波频率在 B 处监测。由于可用微扰棒将腔调谐到信号源的频率，所以微波频率保持不变，将足够稳定而且与微波磁场垂直的可调磁场加在样品上。外加磁场在样品范围内的不均匀性同被测样品线宽相比应可忽略。

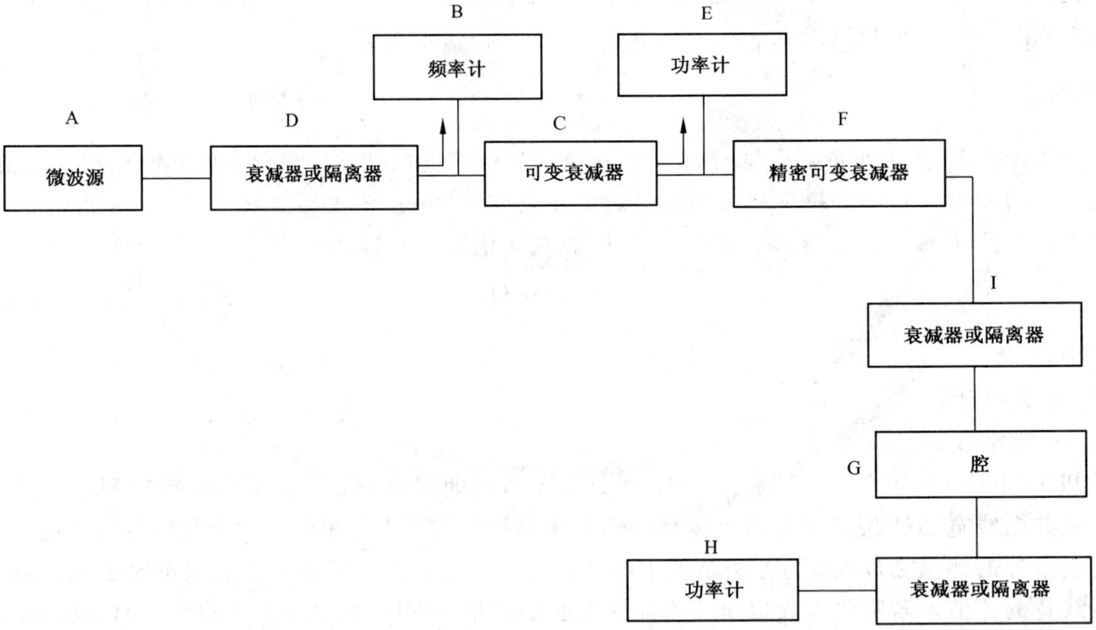

图 14　10 GHz 下测量旋磁共振线宽和有效朗德因子所需装置方框图

7.6 测量程序

使信号发生器的频率尽可能接近 10 GHz。借助于介质棒调谐腔，使输出功率最大。在 E 上给定一个输入电平，精密衰减器位置定于 a_0 并在 H 上测量到一个输出电平，取该输出电平作为参考值。

将样品插入腔中，这一操作对输出电平的影响应可忽略。加磁场并调节它以达到最大的吸收(通过功率最小)。调节精密衰减器使输出电平恢复到参考电平值，确定出新读数 a_r 测定微波频率 f_0 以及外加静磁场强度 H_0。

旋磁共振线宽目前可用以下方法得到：

为在半功率点获得参考输出电平，可用式(33)计算衰减器的读数。将精密衰减器置于该读数上，改变磁场得到参考输出电平，用电介质棒重新调节腔达到最大输出，按要求反复调磁场和调谐棒，记下最后的磁场强度值 H_1，在另一半功率点重复以上过程得到 H_2。

为了检验样品的球形度和各向同性，样品可在腔中转动，对于球形度好的各向同性材料，测到的磁场强度应与样品的取向无关，但是允许由于转动而引入±1%的变化。

7.7 计算

有效朗德因子可从已知的频率和共振磁场强度按式(32)计算。

旋磁共振线宽按式(34)计算：

$$\Delta H = | H_1 - H_2 | \qquad \cdots\cdots(34)$$

7.8 准确度

若频率测量精确度为±1%，磁场强度测量精确度±2%，则 ΔH 和 g_{eff} 测量的相对误差分别为±5%和±2%。

7.9 数据表示

数值应如下表示：

——10 GHz下，温度为 θ ℃，共振线宽 $\Delta H_{10} = p$kA·m^{-1}±5%；

——10 GHz下，温度为 θ ℃，有效朗德因子 $g_{10} = q$±2%。

其中 p 和 q 数值应给出三位有效数字。

报告应包括样品特有的标记。

8 自旋波共振线宽 ΔH_k

8.1 引言

铁氧体材料在高射频功率电平下表现出反常的吸收是因为存在一致进动模和自旋波之间的功率耦合，或射频场对自旋波的直接耦合。通过这种能量转换必然使自旋波幅度增高。这种自旋波的频率等于外加频率或它的一半。在某一临阈电平以上，自旋波受到参量激发，其幅度发生不稳定地增长，这时可观察到(反常)吸收。可以表明该临阈电平以及相应的铁氧体材料的高功率性能与材料的自旋波线宽 ΔH_k 有关。

自旋波线宽是材料的重要特性，为了全面表征材料的性能必须测量 ΔH_k。不仅材料的高功率性能与 ΔH_k 有关，而且在实用中当材料工作在远离共振区时，这种线宽也表征损耗的大小。关于自旋波的一般资料以及特别是关于它们在微波铁氧体应用中有重要意义的资料，见参考文献[7]和参考文献[8]。

8.2 目的

本标准所描述的方法可以测定旋磁材料的微波自旋波线宽。本试验是于室温下频率接近于10 GHz对用球形样品进行的。用这一方法既可测单晶样品也可测多晶样品。测单晶样品时应考虑晶体取向。

这里描述的测量方法是基于平行泵原理，加一个平行于射频磁场的静磁场，把样品偏置于共振场以下。按这种安排，在低射频功率电平下，样品有低的磁损耗，从而可以测定射频场临阈值。通过射频脉冲波形的变化可以辨识非线性损耗的起始点。虽然大部分器件是工作在高频磁场和静磁场相互垂直的情况下，但为了方便，采用平行泵法。尽管如此，所得结果仍为高功率电平时的损耗。

对于具有较大 ΔH_k 的材料（数量级为 1 kA·m^{-1}），很难辨认脉冲畸变的起始点，此时测量 μ'' 对功率的函数关系是一种较为可取的方法（参考文献[20]）。这里 μ'' 是复数磁导率的虚数部分。

8.3 原理

临阈电平以上自旋波的激发要由静磁场低于共振场时损耗的增加来观测。图 15 中表明了这些效应因为副共振更明显地显示了确定的临阈值，所以在这个区域内可以更精确地观测临阈电平。

随着射频场的增加，首先在射频脉冲的后沿看到高功率吸收。当射频场增加到阈值以上时，在脉冲的更宽范围发生这种吸收，如图 16 所示。

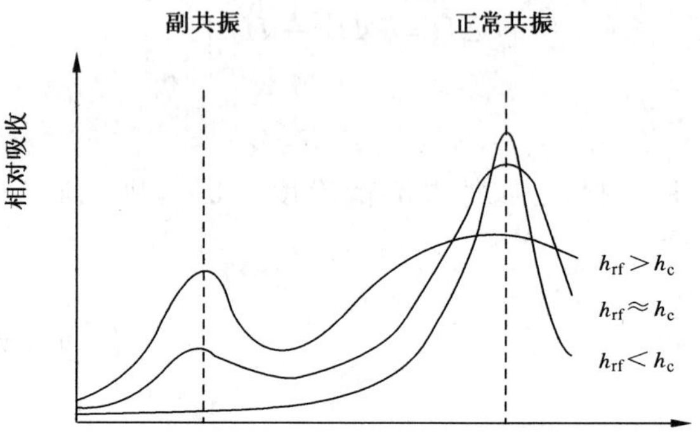

图 15　副共振和正常共振的饱和

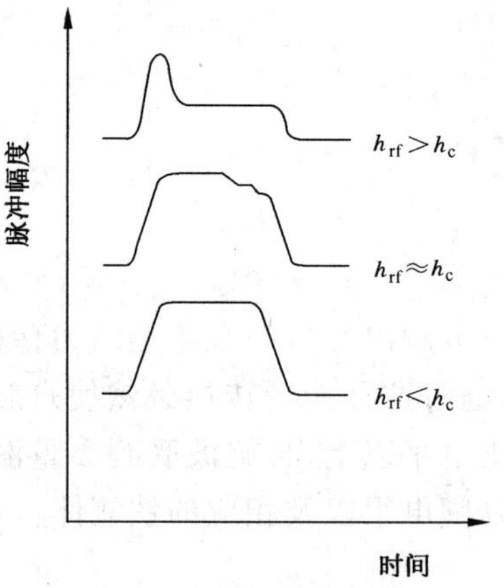

图 16　副共振开始时脉冲畸变

这种现象是建立自旋波幅度需要时间造成的，并可导致临阈场 h 测定的某种不确性。试验上发现测到的临阈场值是脉冲宽度 t_d 的函数。最好用比在临阈值下建立自旋波所需的持续时间还长的脉冲做测量。对多晶材料，当 $\Delta H_k>800$ A·m^{-1}时，脉冲宽度为 1 μs 已足够，但对 $\Delta H_k<800$ A·m^{-1}的材料来说，则需要较长些的脉冲持续时间。若由于实验装置的限制不能这样做时，作为另一种方法是在不同脉冲宽度下测量 h，然后外推以获得真实值，如图 17 所示。

临阈场强 h_c 等于临阈功率电平下样品所在位置的射频磁场强度。当样品放在 TE_{10n}（n 为偶数）腔的中心时，由式(35)给出射频磁场强度：

$$h_{rf}=4\sqrt{\frac{P_{in}Q_L}{S\mu_0\pi f_0 abd[1+(d/na)^2]}} \quad \cdots\cdots(35)$$

式中：

$S=1+\gamma_1$（欠耦合）；

$S=1+\dfrac{1}{\gamma_1}$（过耦合）；

γ_1 ——共振时腔的输入电压驻波比；

P_{in} ——共振时输入的峰值功率；

Q_L ——腔的有载 Q 值；

a、b、d——分别为腔宽、腔高和腔长；

f_0 ——腔的共振频率；

μ_0 ——磁常数；

n ——沿腔半波长数。

图 17 测得的临阈射频场强与脉冲持续时间的关系

一般情况下，根据临阈场强值，可用以下公式计算自旋波线宽 ΔH_k：

$$\Delta H_k = h_c \times \frac{\omega_m}{\omega} \times \sin^2\theta_k \qquad (36)$$

式中：

θ_k ——自旋波传播方向与静磁场方向之间的夹角。

ω、ω_m 的意义由后面给出，当 $\theta_k=\pi/2$ 时，可得 h_c 的最低值，此时：

$$\Delta H_k = h_c \times \frac{\omega_m}{\omega} \qquad (37)$$

式中：

ω_m ——$\gamma\mu_0 M_s$；

γ ——旋磁比；

M_s ——饱和磁化强度；

ω ——工作角频率。

在单晶样品情况下，考虑到各向异性，ω_m 应给予修正。

对于平行泵法来说，当 $\theta_k=\pi/2$ 的自旋波与工作频率的二分之一简并时，阈值最小。在球形样品的情况下，这种现象发生在外加静磁场强度为 H_0 时，H_0 按式(38)给出：

$$H_0 \approx -\frac{M_s}{6} + \frac{1}{2}\sqrt{M_s^2 + \left(\frac{\omega}{\gamma\mu_0}\right)^2} \qquad (38)$$

8.4 试验样品和腔

待测的样品是球体且直径在 1 mm 和 2 mm 之间。图 18 画出了传输腔的形式，习惯上采用 TE104 腔。腔的有载 Q 值在 2 000～3 000 之间，共振在 9 GHz～10 GHz 之间。样品装在熔融石英棒或其他适当的电介质棒上，将样品放在腔的横截面中心射频电场最小而射频磁场最大的点上。样品插孔开在腔的宽壁中心。

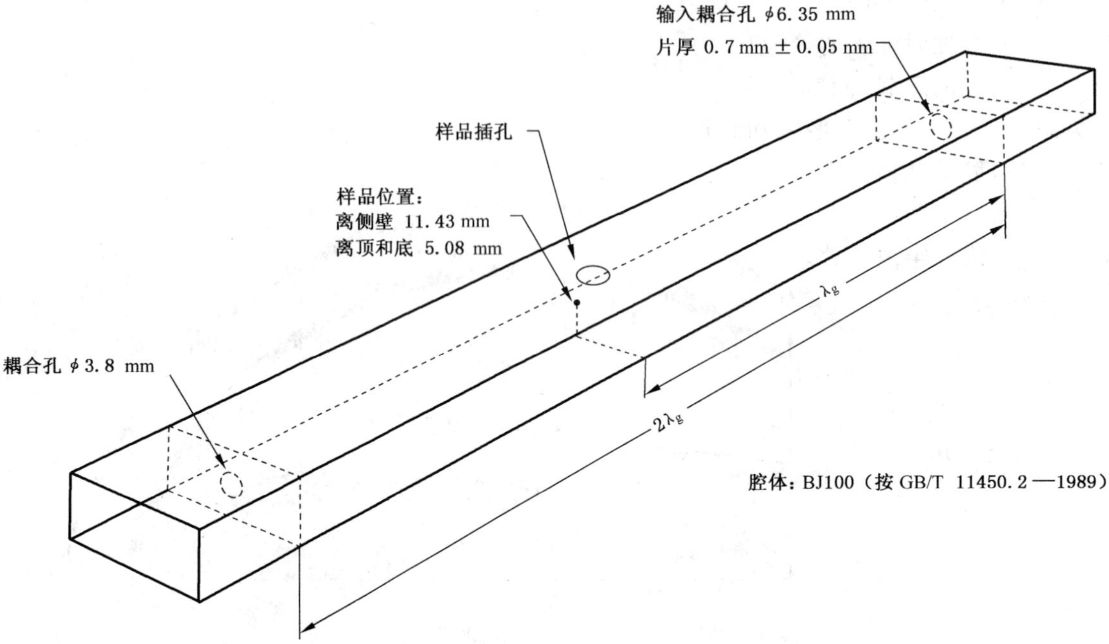

图 18　9.3 GHz 下测量自旋波共振线宽的典型 TE104 腔

8.5　测量装置

图 19 是测量所需装置的方框图。脉冲调制器大约以 10^{-4} 的占空比触发磁控管 B，同时给示波器 L 提供一个同步脉冲。隔离器 C 为磁控管提供了阻抗匹配，功率分配器 D 使功率进入测试腔 F 并能在至少 20 dB 的范围内变化。无用的功率在高功率终端 E 被吸收。入射到测试腔上的频率和功率电平由频率计 H 和峰值功率计 I 监测。这一监测是借助于定向耦合器来完成的，其方向性超过 40 dB。共振时从腔体反射回来的功率通过一个同样的耦合器由峰值功率计监测。比较功率计 G 和 I 的读数可得到功率反射系数 Γ，计算出输入电压驻波比 γ_1。传输信号终止于高功率终端负载 J，并经过定向耦合器由晶体检波器 K 取样，由示波器 L 显示。

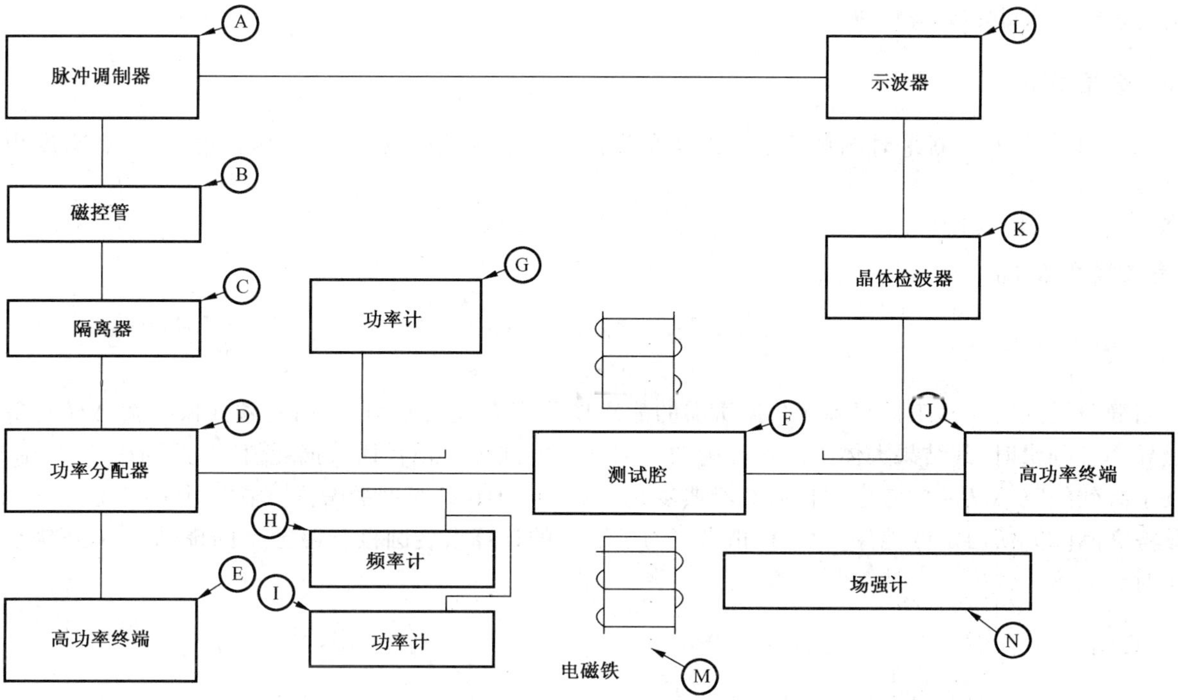

图 19　自旋波共振线宽测量装置的方框图

8.6　定标

应测定腔的有载 Q 值。通常用测定铁氧体材料复介电常数的装置和方法很容易完成(见第 10 章)。

8.7　测量程序

待测样品放在腔中,借助于场强计 N 调节电磁铁 M 的磁场,使之近似等于由式(38)计算出的静磁场强度。这个磁场的方向应该平行于波导宽壁,垂直于波导纵轴,亦即与波导中样品所在位置的射频磁场方向相平行。

调节磁控管 B 的频率,使之与腔的共振频率一致,这可由晶体检波器 K 的输出最大指示出来。应该使脉冲宽度尽可能大,调整重复频率,使占空比达到 10^{-4},磁控管 B 工作在腔的共振频率时,从功率计 G 和 I 的读数可以确定功率反射系数。

调节功率分配器 D,以使腔中按式(35)计算出的射频场小于临阈值,然后再增加,直到观测到脉冲的形状某些畸变。然后在预定值 H_0 附近仔细调节静磁场,使临阈场强度减到最小。可用最早引起脉冲后沿形状刚刚变低的入射功率电平来计算相应脉冲宽度下的临界射频功率电平。

必要时,如 8.3 所述,要在一些较短脉冲宽度下重复测量,以便外推得到无限脉冲宽度下的结果。

8.8　计算

按式(37),由 h_c 值可以计算出自旋波线宽 ΔH_k。

8.9　准确度

测定有载腔体品质因数 Q_L 值的精确度应为±3%,测定入射功率电平的精确度应为±10%。测定腔体尺寸和共振频率的精确度容易达到±0.5%。这使 ΔH_k 的预计误差限定在±15%。

这里所述的测量技术,主要意旨是评价目前生产的用于微波铁氧体器件的石榴石和尖晶石铁氧体。

采用反射腔技术能提高精确度。

8.10 数据表示

ΔH_k 值应和进行测量时的频率、温度以及样品特有的标记一起给出。测量估计的精确度也应给出。

9 有效线宽 ΔH_{eff}

9.1 引言

当静磁场强度和在工作频率下共振所需的静磁场强度有较大差别时，用旋磁共振线宽 ΔH 计算张量磁导率各分量时，其结果大体上是不准确的。因此不能准确地预言插入损耗值。为了消除这一困难，定义了有效线宽 ΔH_{eff}，它考虑了任何对经典罗伦茨(Lorentzian)线型的偏离。在这个意义上有效线宽与参考文献[20]所给定的弛豫参数 W 相当。为了较好的计算右旋圆极化磁导率的虚部 μ''_+，还需要知道相对频移 S。

9.2 目的

本方法在于测量张量磁导率分量，从而导出有效线宽。对于工作在旋磁共振区以外的多晶各向同性铁氧体，在低功率电平下，这个测量方法是有效的。测试样品是一圆棒，同轴地安装在圆柱共振腔内，并受到一个轴向静磁场的作用。有效线宽对微波器件中的插入损耗是一个有用的参数。

9.3 理论

9.3.1 定义

在受到静磁场 H_0 作用的各向同性磁介质中，微波磁通密度 B 和微波磁场强度 H 之间的关系如下：

$$B=\mu_0(\mu)H=\mu_0(1+\kappa)H \qquad (39)$$

式中：

μ_0 ——磁常数；

(μ)——介质的相对张量磁导率；

(κ)——介质的相对张量磁化率；

(μ)和(κ)均为 H_0 的函数。

在垂直泵激励时，张量磁化率可化为二维表达式即：

$$(\kappa)=\begin{pmatrix}\kappa_+ & 0\\ 0 & \kappa_-\end{pmatrix} \qquad (40)$$

式中：

κ_+ 和 κ_- 分别为右旋和左旋圆极化波的磁化率，通常为复数：

$$\kappa_\pm=\kappa'_\pm-\mathrm{j}\kappa''_\pm \qquad (41)$$

介质中由磁损耗而引起的虚部 κ'' 与有效线宽 ΔH_{eff} 有关：

$$\Delta H_{eff}=2M_s\times \mathrm{Im}\left(\frac{1}{\kappa_+}\right) \qquad (42)$$

式中：

M_s 为饱和磁化强度。

但是这些磁化率 $\kappa_\pm$ 均为介质的内禀磁化率，由于退磁作用，在腔中测得的量是有效磁化率：

$$\kappa_{\pm e}=\kappa'_{\pm e}-j\kappa''_{\pm e} \qquad\cdots\cdots(43)$$

由于 $\mathrm{Im}\left(\frac{1}{\kappa_{+e}}\right)$ 等于 $\mathrm{Im}\left(\frac{1}{\kappa_{+}}\right)$，与退磁因子 N 无关，所以有效线宽 ΔH_{eff} 可改写为：

$$\begin{aligned}\Delta H_{eff}&=2M_s\times\mathrm{Im}\left(\frac{1}{\kappa_{+e}}\right)\\&=2M_s\times\frac{\kappa''_{+e}}{(\kappa'_{+e})^2(\kappa''_{+e})^2}\end{aligned} \qquad\cdots\cdots(44)$$

9.3.2 测量

测量中采用圆柱形 TM_{110} 谐振腔（参考文献[25]）和棒状样品（见图 20 和图 21）。

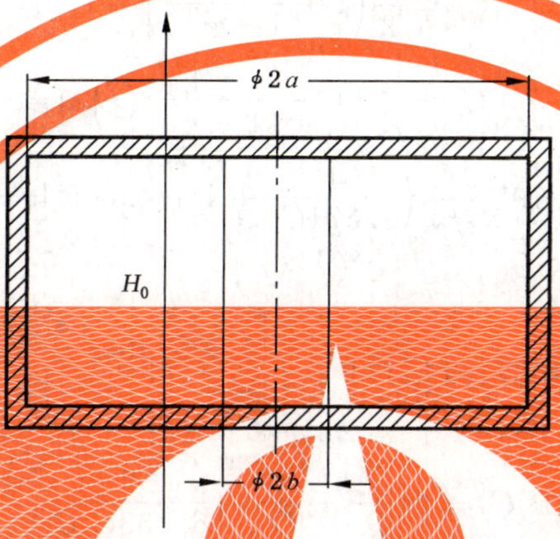

图 20　带有样品的腔的截面图

单位为毫米

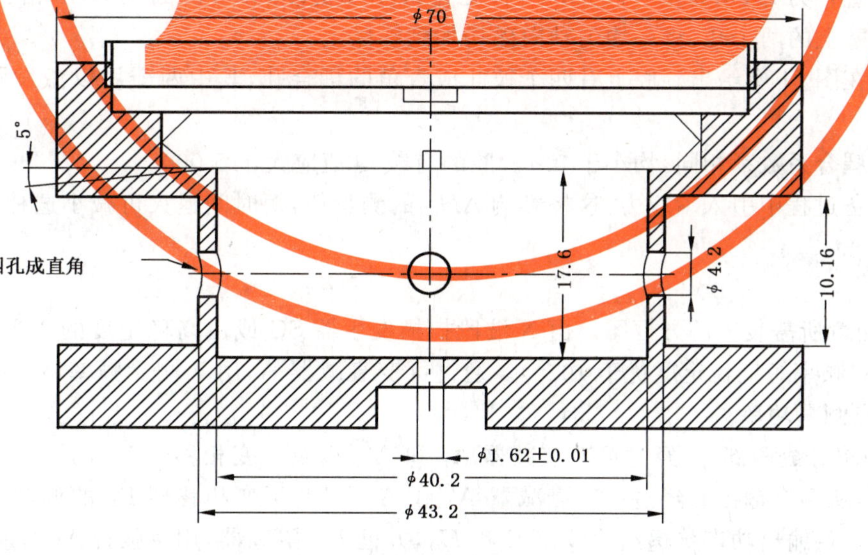

图 21　9.1 GHz 下谐振腔的设计尺寸

应该测量的量是：在外加磁场 H_0 和微波磁场右旋极化的情况下，有样品和无样品时腔的共振频率，有样品与带有饱和的低损耗样品的腔的有载 Q 值，以及腔体与样品的尺寸。

如果空腔的谐振频率为 f_0，而 $f=f+\delta f_+$ 是带有样品的谐振频率，根据参考文献[21]，κ'_{+e} 和 κ''_{+e} 可近似地表示成 $\delta f_+/f_0$ 的函数。

图 21 中给出腔的尺寸并做如下规定：

b ——样品半径；

a ——由空腔共振频率确定的腔的半径；

ε' ——样品相对介电常数的实部；

ε'' ——样品相对介电常数的虚部；

Q_+ ——带有待测样品的腔的有载 Q 值；

Q_0 ——带有磁化饱和的低损耗样品的腔的有载 Q 值。

以下参数的定义为：

$$C_1=\left(\frac{b}{a}\right)^2\left(1+\frac{2\delta f_+}{f_0}\right)$$

$$C_2=\frac{\varepsilon'}{2}\left(1+\frac{1}{1+\kappa'_{+e}}\right)-1$$

$$C_3=\frac{1}{4}\left(1-\frac{1}{(1+\kappa'_{+e})^2}\right)$$

$$C_4=\left[1-1.191\frac{\delta f_+}{f_0}\left(\frac{1}{3.671C_1}+1-4.605\ \lg 3.415\frac{b}{a}\right)\right]^2$$

磁化率分量近似用下式给出：

$$\frac{1}{1+\kappa'_{+e}}=3.671\varepsilon' C_1-1+2\left[\frac{1+5.485\dfrac{\delta f_+}{f_0}\lg 3.415\dfrac{b}{a}}{C_4^{\frac{1}{2}}}\right] \quad\cdots\cdots\cdots\cdots\cdots\cdots(45)$$

$$\frac{\kappa''_{+e}}{(1+\kappa'_{+e})^2}+3.671\varepsilon'' C_1=2\left(\frac{1}{Q_+}-\frac{1}{Q_0}\right)\left(\frac{1}{6.153C_1C_4}+3.671C_1C_2+C_3\right) \quad\cdots\cdots(46)$$

另一种近似可以采用复杂的贝塞耳(BEssel)函数的计算机程序得出。

9.4 试验样品和腔

样品应是直径为 1.60 mm±0.01 mm，长度为 22 mm±0.5 mm 的圆柱体，应相当干净和干燥。试验样品穿过腔壁上的两个孔，将一均匀轴向磁场加到样品上。

腔的尺寸在图 21 中给出。腔上有四个彼此成直角的耦合孔，其中两个用以激发圆极化波，另两个用以检测。

每个孔的耦合系数都相同，均小于 0.1。腔的有载 Q 值应大于 5 000。

样品在制备过程中引入了应力，这将影响 ΔH_{eff} 的测量值，短时间退火可减小这种影响。

9.5 测量装置

图 22 为测量所需装置的方框图。由 X 波段扫描发生器 SG 或由高稳定度的 X 波段连续信号发生器 G 发生功率(频率短期稳定度优于 10^{-7})。通过可变衰减器 A，用 F 测量频率，然后通过可变精密衰减器 V，在 P 点测量功率。

魔 T 把功率分成两部分，经过可变衰减器 A_1 和 A'_1 以及可变相移器 D_1 的调整，在腔 C 中复合成一个圆极化波，从两个输出孔经过可变衰减器 A_2 和 A'_2 以及可变相移器 D_2 的调整，把功率馈送到魔 T。然后从魔 T 将输出功率传递给检波器 E 和 H_0，方框 I 是隔离器，用场强计 M 测量轴向磁场 H_0。

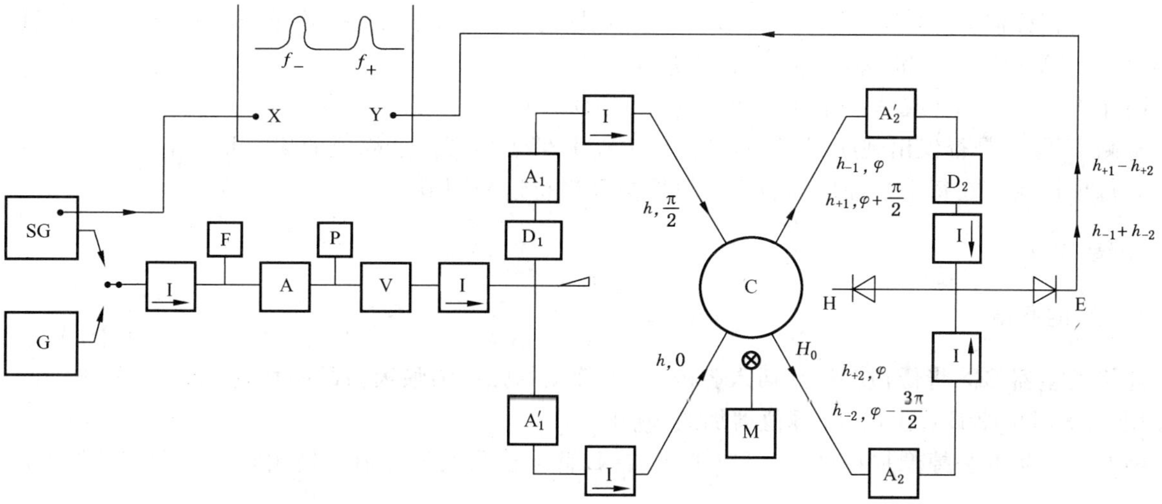

图 22 测量有效线宽 ΔH_{eff} 的装置方框图

9.6 校准

频率计、可变精密衰减器和场强计应校准。

9.7 装置调整

9.7.1 要求

由于测量取决于小量的精密检测，所以重要的是在进行装置调整之前应使温度完全稳定。而且在整个测量过程中均要保持温度稳定。

9.7.2 调整原理

被一线极化波激发的完善 TM_{110} 腔，可提供两个简并的反向旋转模。但由于机械加工的不完整性，使这两个模式稍有分离。设 f_+ 为右旋模频率，f_- 为左旋模频率。

将一铁氧体圆柱体插入腔内，并加一轴向磁场 H_0，根据 μ_+ 和 μ_- 之间的差别，两个模的频率有所不同。当 H_0 变得很高时，μ_+ 和 μ_- 趋近于 1，所以差值 $f_+ - f_-$ 趋近于 0。

所述测量装置的目的是要获得 f_0 旋转模 f_+。借助于输入魔 T、衰减器和相移器将两个相位相差 90°的信号加到腔的输入孔上。输出孔信号之间的相移由输出相移器补偿，以使这两个信号的相位重新同相。

通过某些振幅校正后，两个信号在输出魔 T 复合，它们的和在 H 臂上给出 f_+ 信号，它们的差在 E 臂上给出零值。然而若在腔输入处相位和振幅调整得不正确，则可检出 f_- 模。输出孔上 f_- 信号成 90°相位差，但在加上 $\pi/2$ 相移之后，则 f_- 信号成为反相。因此魔 T 的 E 臂显示 f_- 信号。

调整装置就是要调整输入信号和输出信号的相位和振幅，使旋转模分别为 f_- 和 f_+ 时，E 臂获得零位。

9.7.3 调整步骤

将全部衰减器和相移器调到零位。连接发生器 SG，示波器换接在输出魔 T 的 E 臂上。样品插入腔内，加上所要的磁场值 H_0，示波器荧光屏上显示出的两个峰值，当 H_0 有变化时只有 f_+ 峰值移动，f_- 峰值保持不变。

首先用相移器 D_1 和 D_2 减小 f_- 和 f_+ 峰值的强度。D_1 主要控制 f_- 峰值，D_2 则控制 f_+ 峰值。然后连续调节 A_1（或 A'_1）和 D_1，使 f_- 峰值为最小值。

同样连续调节 A_2（或 A'_2）和 D_2，使 f_+ 峰值为最小值。

检测 H 臂上是否仅出现 f_+ 峰值而且大约为在 E 臂上出现剩余峰值的 40 dB 以上。

对每个样品和在每个外加磁场强度值下应重复进行这一调节。

9.8 测量程序

9.8.1 f_0 的测量

连接发生器 SG，将低损耗样品插入腔内，加上静磁场强度为最大值的磁场，按 9.7.2 的规定调节。

用 D_1 和 D_2 使 E 臂上的 f_+ 峰值增加约 20 dB。

断开静磁场并去掉低损耗样品，对应于 f_0 在 E 臂上检测大的峰值。使用相移器和衰减器消除 f_- 峰值。

连接发生器 G，测量频率 f_0。

由 f_0 计算出腔的半径：

$$a = 3.831\,7 \times \frac{C}{2\pi f_0} \qquad (47)$$

式中：

C——光速。

9.8.2 Q_0 的测定

在不同数值的外加静磁场强度下测量低损耗样品，经外推而求得 Q_0 值。

插入低损耗样品，加上一强度为已知值的静磁场 H_0。然后按 9.7.2 的规定进行调节，连接发生器 G。

用可变精密衰减器 V 引入一个 3 dB 的衰减。调整微波频率使腔共振，这可由变化频率时功率输出最大来判断。记下 H 臂上输出功率电平的指示，用频率计 F 测量共振频率 f。去掉 V 上的 3 dB 衰减，定出两个频率点，在这两点上腔的输出功率与有 3 dB 衰减时腔的共振输出功率相等。用频率计 F 测出这两个半功率点的频率 Δf_0 带有低损耗样品在场强为 H_0 时，腔的有载 Q 值由式(48)给出：

$$Q = \frac{f}{\Delta f} \qquad (48)$$

增加静磁场强度，重复上述测量。画出 $Q = f/\Delta f$ 对 H_0 的曲线。Q 的最小值给出低损耗样品的共振场 H_r。

给出 $1/Q = f/\Delta f$ 值对 $(H_0 - H_r)^{-2}$ 关系曲线并用外推法推导出 Q_0：

$$\frac{1}{Q_0} = \lim_{H_0 \to \infty} \frac{1}{Q} \qquad (49)$$

图解说明在图 23 上。

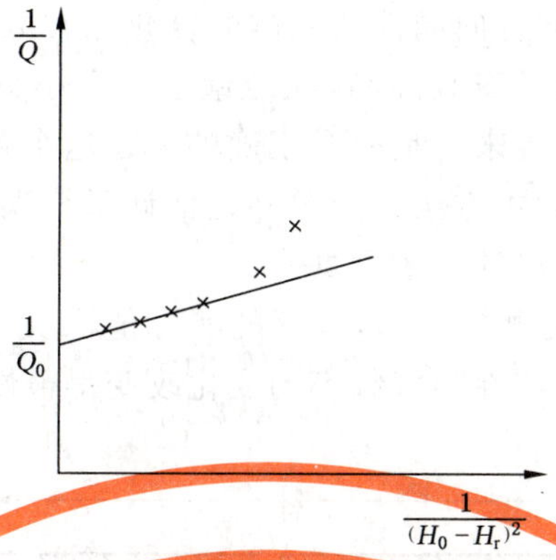

图 23　Q_0 的确定

9.8.3　f 和 Q 的测量

将被测样品插入腔中，加上所需要的静磁场强度值 H_0，按 9.7.2 进行调节。

连接发生器 G，按 8.8.2 进行测量，记录 $f(=f_0+\delta f_+)$ 和 Δf_0，计算出 $Q_+(=f/\Delta f)$。

9.9　计算

分别利用 ε' 和 ε'' 的测量值（第 10 章中给出适用的测量方法），从式(44)、式(45)和式(46)中可推算出 κ'_{+e}、κ''_{+e} 和 ΔH_{eff}。

9.10　精确度

κ'_{+e} 的总精确度约为 2%。

ΔH_{eff} 的总精确度≈20%（对于低值：80 A·m^{-1} 或 20%，取大的一个）。

9.11　数据表示

报告中应包括以下数据：

样品特有的标记；

磁场强度值 H_0；

κ'_{+e}、κ''_{+e} 和 ΔH_{eff} 值；

测量时样品的温度；

测量的估计精确度亦应给出。

10　复介电常数 ε_r

10.1　引言

为了在理论上分析电磁波在铁氧体中的传播，以及设计铁氧体微波元件，铁氧体材料的复介电常数是相当重要的参数。微波铁氧体常常具有很低的介电损耗，事实上已低到很难测量的程度，以致难于辨别介电损耗和磁损耗。因此常常把测试样品放在一个很强的磁场中以避免这一困难。这个磁场强到能使材料饱和磁化，同时又使相应的旋磁共振频率大大超过测量频率。用本方法可以避免低场磁损耗和共振磁损耗对测量结果的影响。

10.2 目的

描述用谐振腔来测量微波应用的各向同性铁氧体的复介电常数的方法。在这一测量中，棒状的测试样品同轴地安放在圆柱形腔中，为了安装样品，在腔壁上开有小孔(图25)。这一方法所基于的理论仅仅对于在图24中所表示的理想装置来讲是完全正确的。在这个装置中，腔壁上没有小孔，而且在腔和样品的终端之间没有空气隙。因此本方法只能粗略地估计系统误差。然而，由于可近似地保持该误差为常数，所以一般不会影响不同材料的比较测量。

设计的腔适用于10 GHz左右的测量频率，频率的实际值取决于样品的特性。然而这一点并不重要，因为在微波范围内铁氧体的介电特性随着频率的变化改变得很慢。

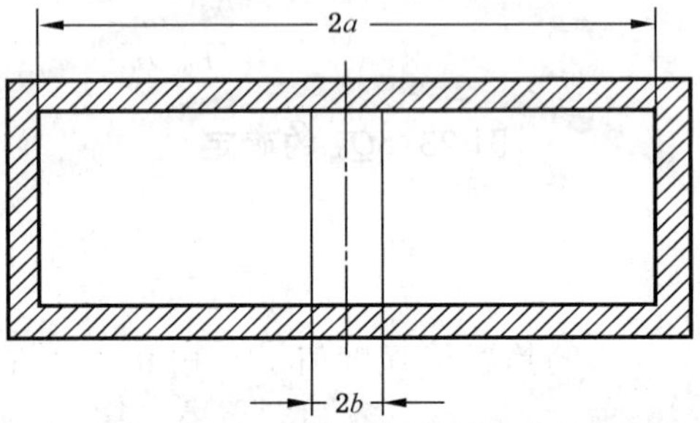

图24　用于理论计算的带有样品的理想谐振腔(截面图)

10.3 原理

在各向同性的电介质中，外加一个均匀电场强度 E，则电位移 D 由式(50)给出：

$$D=\varepsilon_r\varepsilon_0 E \qquad (50)$$

式中：

ε_0——真空介电常数；

ε_r——相对介电常数。

注：为与通常工程实际相一致，符号 ε_r、ε'_r 和 ε''_r 等等的下角标 r 以及 ε 的下边横线表示其为复数量，以下文中可以省略。

若将介质放到一个交变电场中，电位移未必与电场强度相同。这一事实可用复数 ε 在数学上加以描述。若我们取 $\varepsilon=\varepsilon'-j\varepsilon''$，则虚数部分 ε'' 可用来描述介质中的损耗。

用圆柱形 TM_{010} 共振腔和圆柱形样品进行测量。应测量的量是：在有和没有样品情况下腔的共振频率和有载 Q，以及腔和样品的尺寸。对于损耗因子 $\tan\delta_\varepsilon=\varepsilon''/\varepsilon'>0.1$ 的材料，这一方法不适用。

圆柱形谐振腔内装有同轴放置的圆柱形样品。样品的磁导率 μ' 近似等于1，同时介电常数的实数部分 ε' 用下式确定。

$$\sqrt{\varepsilon'}\cdot\frac{J_1\left(\frac{\omega}{c}\sqrt{\varepsilon'}b\right)}{J_0\left(\frac{\omega}{c}\sqrt{\varepsilon'}b\right)}=\frac{J_1\left(\frac{\omega}{c}b\right)N_0\left(\frac{\omega}{c}a\right)-J_0\left(\frac{\omega}{c}a\right)N_1\left(\frac{\omega}{c}b\right)}{J_1\left(\frac{\omega}{c}b\right)N_0\left(\frac{\omega}{c}a\right)-J_0\left(\frac{\omega}{c}a\right)N_0\left(\frac{\omega}{c}b\right)} \qquad (51)$$

J_0 和 J_1 是零阶和第一阶贝塞耳(Bessel)函数，N_0 和 N_1 是零阶和第一阶诺埃曼(Neumann)函数，c 为自由空间光速，a 是腔的半径，b 是样品的半径(图24)以及 $\omega=2\pi f$ 的腔的共振角频率。

引进空腔的谐振频率 f_0 和带有样品的腔的谐振频率 f_1，用 $\delta f/f_0=(f_0-f_1)/f_0$ 和 b/a 的升幂将式(51)按级数展开，对于这些量中的较小值来讲，可以得到以下的近似关系(参考文献[20])：

$$\varepsilon'=\bar{\varepsilon}'\left(1-0.722\frac{b^2}{a^2}\bar{\varepsilon}'\right) \qquad (52)$$

式中

$$\bar{\varepsilon}' = 1 + \frac{0.78\dfrac{\delta f}{f_0}\left(1 + \dfrac{0.692a^2/b^2}{1-2\delta f/f_0}\right)}{1 + 1.56\dfrac{\delta f}{f_0}\ln\left(\dfrac{a/b}{2.14}\right)} \quad \cdots\cdots(53)$$

假设无损耗样品($\varepsilon''=0$)仍具有保持不变的 ε 的实数部分，当用实际样品来代替无损耗样品时，Q 的变化由以下体积分的商来确定(参考文献[21]和参考文献[22])：

$$\frac{1}{Q_1} - \frac{1}{Q_2} = \frac{\int_{V_s} \varepsilon'' \mid E \mid^2 \mathrm{d}V}{\int_{V_c} \varepsilon' \mid E \mid^2 \mathrm{d}V} \quad \cdots\cdots(54)$$

式中：

Q_2——带有无损耗样品的腔的负载 Q；

Q_1——带有实际样品的腔的负载 Q；

V_s——样品体积；

V_c——带有样品的腔体积；

E——带有无损耗样品时的电场幅度。

运用上述同样的近似方法得：

$$\varepsilon'' = \left(\frac{1}{Q_1} - \frac{1}{Q_2}\right) = \left[\frac{0.27a^2/b^2}{\left(1-\dfrac{\delta f}{f_0}\right)^2\left(1+1.56\dfrac{\delta f}{f_0}\ln\dfrac{a/b}{2.14}\right)^2} + \varepsilon' - 1\right] + \varepsilon'\left[\frac{1}{1+1.45\varepsilon' b^2/a^2}\right] \quad \cdots(55)$$

代入图 25 中的尺寸，式(52)、式(53)和式(55)变为：

$$\varepsilon' = \bar{\varepsilon}'(1 - 4.0 \cdot 10^{-3}\varepsilon') \quad \cdots\cdots(52')$$

$$\varepsilon' = 1 + \frac{\dfrac{\delta f}{f_0}\left(0.78 + \dfrac{96.7}{1-2\delta f/f_0}\right)}{1 + 2.86\delta f/f_0} \quad \cdots\cdots(53')$$

和

$$\varepsilon'' = \left(\frac{1}{Q_1} - \frac{1}{Q_2}\right) = \left[\frac{48.1}{\left(1-\dfrac{\delta f}{f_0}\right)^2\left(1+2.86\dfrac{\delta f}{f_0}\right)^2} + \varepsilon' - 1\right]\left[\frac{1}{1+0.0081\varepsilon'}\right] \quad \cdots\cdots(55')$$

按照文献[20]，式中 $Q_2 = Q_0\left[1+0.65\dfrac{\delta f}{f_0}\right]$，$Q_0$ 为空腔的负载 Q。

本条的参考文献见[13]～[16]。

10.4 试验样品和腔

样品应是直径为 1.60 mm±0.01 mm 和长度为 22 mm±0.5 mm 的圆柱 A。把样品放到一个传输型 TM_{010} 圆柱形腔中，腔的尺寸如图 25 所示。样品的终端通过腔壁上的小孔，孔的直径为 1.61 m±0.01 mm，适当地运用衰减器或隔离器使腔的输入和输出电路与腔匹配。腔的负载 Q 应超过 2 000。测试样品应很清洁和干燥，还应有一个足够强的轴向磁场，否则由于磁损耗的存在将得到 ε'' 的错误值(参考文献[20])。

单位为毫米

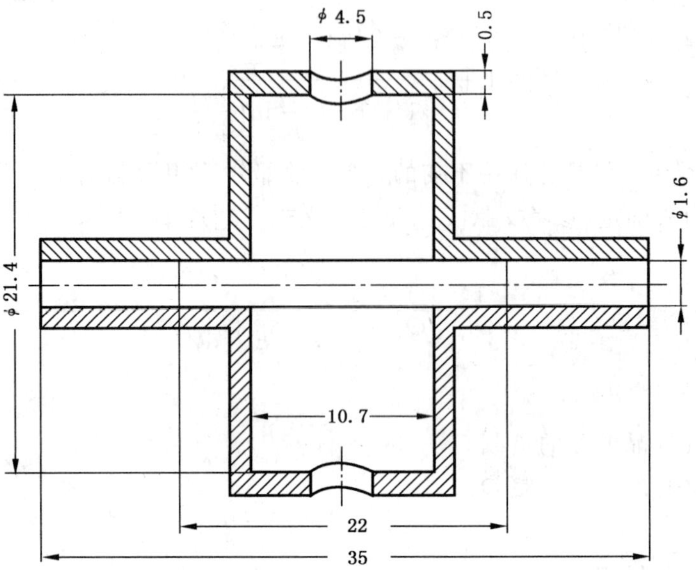

注：空腔共振频率为 10.7 GHz(参考文献[20])。

图 25　带有样品的谐振腔的尺寸

10.5　测量装置

图 26 为测量装置的方框图。从一个适当的无调制或有幅度调制的微波源 A 来的功率通过可变衰减器 D,借助于定向耦合器 E,晶体检波器和功率计 F,使功率在整个测量期间保持在一个稳定的电平上,这个稳定功率通过精密可变衰减器 G 到达腔 H,腔的输出功率经过检波后在一个合适的功率计 I 上指示出来。

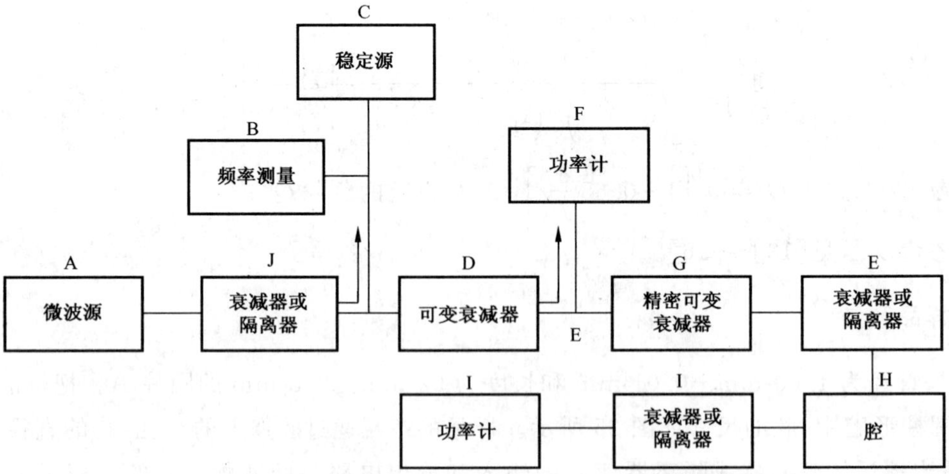

图 26　测量复介电常数所需装置的方框图

10.6　测量程序

用精密衰减器引入一个 3 dB 的衰减,在腔中没有样品时,调整微波频率使腔谐振,这时腔输出功率最大。记下谐振时的输出功率电平,并用一个波长计或其他相当的装置在 B 处测量谐振频率 f_0。除去衰减器上的 3 dB 的衰减，定出两个频率点，在这两个频率上，腔的输出功率与存在 3 dB 衰减腔谐振时的输出功率一样。通过利用频率稳定源 C 外差技术在 B 处确定这两个半功率点频率的间隔。腔的有载 Q 值由下式给出：

$$Q_0 = \frac{f_0}{\Delta f_{1/2}} \qquad \cdots\cdots (56)$$

式中：

$\Delta f_{1/2}$——半功率点的频率间隔。

把样品放入腔中并用同样的方法测量 f_1 和 Q_1。

测量时，样品应位于轴向磁场中。该磁场强度应足够高（正常为 400 kA·m^{-1}以上），以使测量结果与磁场进一步增加无关。测量最好在室温下完成。

10.7 计算

用式(53′)和式(55′)计算 ε'和 ε''的值，以及介质损耗因子用 $\tan\delta_\varepsilon = \varepsilon''/\varepsilon'$给出。

10.8 准确度

用式(53′)近似计算 ε'的误差实际上可以忽略（参考文献[20]）。

用式(55′)计算 ε''所给出的数字很高。若 $\delta f/f_0 < 0.17$，即若 $\varepsilon' < 16$，则该误差低于 3%（参考文献[20]）。

耦合孔的影响是使 ε''的测量值增加。当 $\varepsilon < 16$ 时，其误差低于 1.5×10^{-4}。由于磁损耗的影响所产生的误差见 10.4 和参考文献[20]。

样品直径 $2b$（图 24）的误差将导致在($\varepsilon'-1$)和 ε''产生相对误差，后者比前者大一倍，且符号相反；即：$b=1.60$ mm±0.01 mm 时，误差为±1.3%。

由于腔壁上小孔（样品伸出端通过的小孔）的影响，ε'的测量值也很小。由此而引入的误差已发表了不同的结果（参考文献[23]、[24]和[25]）。

10.9 数据表示

报告中应包括以下数据：

ε'、ε''和 $\tan\delta_\varepsilon$ 的值；

测量时材料的温度；

样品特有的标记。

测量的估计精确度也应给出。

11 表观密度 ρ_{app}

11.1 引言

材料的表观密度定义为标准试验样品的质量与体积之比，可用求积法或排水法测量。对多孔性材料（气孔率大于 3%）求积法可达到足够的精确度（±1%）并且比排水法方便。对于低气孔材料（气孔率小于 3%）气孔率需要更精确地估计表观密度，因此推荐用排水法。

11.2 表观密度（求积法）

11.2.1 目的

用求积法测量多孔的多晶旋磁材料的表观密度。本方法适用气孔率大于其体积 3%的材料，对于气孔率小于其体积 3%的材料也可应用,但从精确度和经济上考虑应优先用下面第 11.3 中给出的方法。

本方法的测量精确度可优于±1%。

11.2.2 试验样品

试验样品应是规则的,体积不小于 5 cm^3 的机制物体,形状可以是正圆柱体,也可以是直角平行六面体。若采用平行六面体则理想的应为立方体。因为对于一定体积,一定机械加工绝对公差的样品来说,立方体由机械加工精度引入的误差将最小。试样应在新鲜的二氯甲烷中煮沸 3 min 进行清洗,接着在约 110 ℃下干燥 30 min。凡能达到同样效果的其他清洗方法都可采用。

11.2.3 测量装置

需要一架称重精确度达到±0.02 g 的天平和一把读数达到±0.01 mm 经校准的千分尺。

11.2.4 校准

天平应按上面 11.2.3 给出的精确度校准。

11.2.5 测量程序

清洗好去过油和干燥了的样品,称其质量并测它们的尺寸。应进行两次独立的称重且至少每个尺寸应获得两个独立的数据。

11.2.6 计算

试样的表观密度按式(57)计算:

$$\rho_{app}=m/V \qquad (57)$$

式中:

m ——样品质量;

V ——由线性尺寸计算的体积。

11.2.7 精确度

本方法各种固有的不精确性是由于样品形状的不规则的缺陷,尤其是沿边缘和角处的碎裂所引起的。若样品为一个体积比 5 cm^3 小得多的立方体,该误差变得严重并可能大于±1%。用增加立方体的体积或者选用同样体积的圆柱形的方法,则可使因边缘碎裂所引起的误差减为最小值。在圆柱形的情况下,选用长度大于直径的样品,可使误差进一步减至最小。由于本测量方法假设所有的表面缺陷是试验样品的内在特性,所以本方法将总是低估了真实的表观密度。

11.2.8 数据表示

表观密度应如下表示:

"表观密度(求积法)=$\rho(1\pm1\%)g/cm^3$",这里 ρ 的值应给出三位有效数字。

本报告亦应包括样品特有的标记。

11.3 表观密度(排水法)

11.3.1 目的

测量致密的多晶旋磁材料的表观密度用排水法。本方法适用于不吸水的、致密的陶瓷材料,材料的气孔率低于体积的3%，精确度高于±0.2%。

11.3.2 原理

因为密度的实际变化大于0.5%时，常常包含着材料其他性质的不可忽略的变化。若要使表观密度的测量值有实际意义就要具有±0.2%量数的精确度。由于称重精确度达到±0.02%没有多大困难，因此测量的精确度就取决于体积测量。对气孔率足够低且气孔不互相连接的材料，最精确最经济地测量体积以及密度的方法是排水法。在本方法中，样品的体积V由悬浮在空气中样品的质量和浸没在水中的样品的表观质量之差给出。

即：

$$V=(m_1-m_2)/(\rho_w-\rho_a) \quad \cdots\cdots(58)$$

式中：

m_1——悬浮在空气中的样品的质量；

m_2——悬浮在水中的样品的表观质量；

ρ_w——测量条件下水的密度；

ρ_a——测量条件下空气的密度。

表观密度为：

$$\rho_{app}=\frac{m_1\rho_w-m_2\rho_a}{m_1-m_2} \quad \cdots\cdots(59)$$

11.3.3 试验样品

试验样品是形状规则、体积不小于1 cm^3的机制物体。样品应在新鲜的二氯甲烷煮沸3 min进行清洗，然后在约110 ℃下烘干30 min。凡能达到同样效果的其他清洗方法亦可选用。

11.3.4 测量装置

测量需要一架称重精确度达到±0.001 g的天平，一个装有蒸馏水的容器，容器口径应不小于试样最大直径的三倍。

11.3.5 校准

天平应按上面11.3.4中给出的精确度校准。

11.3.6 测量程序

经清洗、去油的试样，在空气中称重(m_1)。然后样品完全浸没在蒸馏水中称重(m_2)，细心操作以确保样品的全部表面彻底弄湿，且没有气泡附着在上面。若需要可在水中加入少量湿润剂以及应记下水的温度。

11.3.7 计算

试样的表观密度由式(59)计算，ρ_w和ρ_a值从标准的表格中查出(参考文献[20])。

11.3.8 精确度

偶然误差的来源包括：

a) 样品表面未能被水完全弄湿，从而引起表面附着气泡，由此引起的偶然误差使密度值偏低。

b) 如果对上面所述的原因采取了适当预防措施之后，称重本身的不精确，将使偶然误差不大于0.1%。

最重要的系统误差的来源为：

a）样品表面存在气孔。

b）ρ_w 和 ρ_a 值不准确，ρ_w 和 ρ_a 分别为水和空气的密度。

没有考虑 ρ_a 值会造成 0.1%的系统误差以及当水的温度不为 4.0 ℃时，单位密度 ρ_w 的偏离会造成大约每度 0.02%的系统误差。假若使气孔率小于 3%，由于暴露表面的气孔引起的误差可以忽略。气孔率超过大约 3%时，由于气孔的相互连接，误差变得比较大，并且不常使用本方法。对于 11.3.1 所定义的致密的材料来说，由于完全避免了样品的宏观表面不规则而产生的误差，因此本方法优于求积法。测量同样尺寸的样品，与求积法的±1%的精确度相比，本方法典型的精确度可达 0.2%。

11.3.9 数据表示

"表观密度(排水法)ρg×cm^{-3}±0.2%"，ρ 的值应给出三位有效数字。

本报告亦应包括样品特有的标记。

参 考 文 献

下列参考文献是国内外专家对 IEC 60556 标准的贡献，也是制定本标准的部分技术支持。

[1] D. O. Smith:Rev. Sci. Instr. . 27. 261. 1956.

[2] D. Dwight. N. Menyuk and D. O. Smith J. Appl Phys. 29,491. 1958.

[3] W. E. Case and R. D. Harrington. JRes. NBS. 70C. 255. 1966.

[4] N. Frederick:Proc. IRE. ,49,1499,1961.

[5] S. Foner:Rev. Sci. Instr. ,30,548,1959.

[6] M. Sparks:Ferromagnetic Relaxation Theory,Mcgraw Hill. 1964.

[7] C. E. Patton and JJ Green:Rev. Sci. Instr. ,42. No. 2. ,PP. 193-195,Feb. 1971.

[8] C. E. Patton:A Review of MW-Relaxation in Polycrystalline Ferrites IEEE Trans. Magn. 8,1972.

[9] Q. H. FVrehen:Journal of Applied Physics. Vol. 40. No. 4. 15 March. 1969.

[10] B. Vallantin et al. Proceedings of the EMC. 1973.

[11] L. Courtois. B. Lemarire. CR Acad. SC. 256. April 1963.

[12] C. E. Patton. Physical Review. Vol. I. No. 2. 10 March 1969.

[13] Schanda:Archiv der Elektr. Ubertragung. 20,501,1966.

[14] Montgomery(Editor):Technique of Microwave Measurements,NewYork,1947.

[15] Bronwell and Beam:Theory and Application of Microwaves,NewYork,1947.

[16] Bothe and Verwel:IEEE Trans. On Magnetics,Vol. MAG-5,474,1969.

[17] Estin and Bussey:IRE Trans. MTT-8,650,1960.

[18] A. Hermosir(these) Contributiona leture de la mesure des caractristiques dielectriq a 9 GHz.

[19] G. W. C. Kaye and P. H. Laby(Longmans 13 th edition):Tables of Physical and Chemical Constants and some Mathematical Functions.

[20] 振动样品磁强计的设计与应用. 中国科学院物理所，1974 年 2 月.

[21] 李文悦. JDM-1 型微振动样品磁强计的研制. 吉林大学物理系，1975 年 10 月.

[22] 周世昌等. 旋磁铁氧体 $M-T$ 曲线的自动记录技术. 华中工学院学报，第十卷第一期.

[23] 喻德琼. 33 GHz 频率下旋磁材料 ΔH 和 g_{eff} 的测量. 西南应用磁学研究所研究报告，1985 年 11 月.

[24] 石成玉. 300、1 000 MHz 频率下旋磁材料 ΔH 和 g_{eff} 的测量. 西南应用磁学研究所研究报告，1986 年 10 月.

[25] 喻德琼. 10 GHz 频率下旋磁材料 ΔH_{10} 和 g_{10} 的测量. 西南应用磁学研究所研究报告，1980 年5 月.

[26] 韩世莹. 自旋波线宽的测量. 物理学报第 30 卷，第 6 期，1981 年 6 月.

[27] 丘其俊. 微波铁氧体材料自旋波共振线宽 ΔH_k 的测量. 物理第 11 卷第 9 期，1982 年.

[28] 石成玉. 3 cm 频段多晶铁氧体的 ΔH_k 测量. 第九届全国磁学磁性材料会议，1996 年 10 月.

[29] 石成玉. YgdCaGeIn 材料在不同脉冲宽度下的 ΔH_k. 第八届全国微学磁学会议，1996 年 6 月.

[30] 马永昌等. 退火对有效线宽的影响. 全国第五届磁学和磁性材料会议论文集，1983 年.

［31］ 马永昌. 在 TM_{110} 四端口谐振腔中测量微波铁氧体的有效线宽. 电子科学，1982 年.

［32］ 马永昌. 普通微扰理论在微波电磁小损耗测量中引起的方法误差. 中国电子学会第三届年会论文集，1982 年.

［33］ 马永昌. 微波下复介电常数的测量方法. 磁性材料及器件，1981 年第一期.

［34］ 钱维维. 表观密度的测量方法. 四川灌县"四新"会议，1977 年.

中华人民共和国国家标准

GB 9686—2012

食品安全国家标准
内壁环氧聚酰胺树脂涂料

2012-05-17 发布　　2012-11-17 实施

中华人民共和国卫生部　发布

前　言

本标准代替 GB 9686—1988《食品容器内壁聚酰胺环氧树脂涂料卫生标准》。

本标准与 GB 9686—1988 相比主要修改如下：

——修改了标准名称；

——修改了范围；

——增加了添加剂的要求；

——修改了感官要求；

——修改了理化指标。

食品安全国家标准
内壁环氧聚酰胺树脂涂料

1 范围

本标准适用于食品容器(包括用具、输送管道、贮存池、贮存罐、槽车等)内壁作为防腐蚀用的环氧聚酰胺树脂涂层。

2 技术要求

2.1 感官要求

2.1.1 涂料固化成膜后,表面平整、色泽均匀、无气孔。

2.1.2 涂层经浸泡后,无龟裂、不起泡、不脱落。

2.1.3 涂层浸泡液为无色、无异嗅、无异味、无沉淀的透明液。样品及浸泡液在室内自然光线下检查。

2.2 理化指标

理化指标应符合表 1 的规定。

表 1 理化指标

项目		指标	检验方法
蒸发残渣/(mg/dm²)			按 GB/T 5009.156 方法进行预处理,按 GB/T 5009.70 方法进行样品制备和测定
65%乙醇,60 ℃,2 h	≤	6	
4%乙酸,60 ℃,2 h	≤	6	
正己烷,室温,2 h	≤	6	
高锰酸钾消耗量/(mg/dm²)			
蒸馏水,60 ℃,2 h	≤	2	
重金属(以 Pb 计)/(mg/dm²)			
4%乙酸,60 ℃,2 h	≤	0.2	

2.3 添加剂

添加剂的使用应符合 GB 9685 的规定。

3 其他

3.1 在产品或最小销售包装上应标识“食品接触用”。

3.2 在产品或最小销售包装上应标识产品的材质。

ICS 35.240.20
A 13

中华人民共和国国家标准

GB/T 9704—2012
代替 GB/T 9704—1999

党政机关公文格式

Layout key for official document of Party and government organs

2012-06-29 发布 2012-07-01 实施

中华人民共和国国家质量监督检验检疫总局
中国国家标准化管理委员会 发布

前　言

本标准按照 GB/T 1.1—2009 给出的规则起草。

本标准根据中共中央办公厅、国务院办公厅印发的《党政机关公文处理工作条例》的有关规定对 GB/T 9704—1999《国家行政机关公文格式》进行修订。本标准相对 GB/T 9704—1999 主要作如下修订：

a) 标准名称改为《党政机关公文格式》，标准英文名称也作相应修改；
b) 适用范围扩展到各级党政机关制发的公文；
c) 对标准结构进行适当调整；
d) 对公文装订要求进行适当调整；
e) 增加发文机关署名和页码两个公文格式要素，删除主题词格式要素，并对公文格式各要素的编排进行较大调整；
f) 进一步细化特定格式公文的编排要求；
g) 新增联合行文公文首页版式、信函格式首页、命令(令)格式首页版式等式样。

本标准中公文用语与《党政机关公文处理工作条例》中的用语一致。

本标准为第二次修订。

本标准由中共中央办公厅和国务院办公厅提出。

本标准由中国标准化研究院归口。

本标准起草单位：中国标准化研究院、中共中央办公厅秘书局、国务院办公厅秘书局、中国标准出版社。

本标准主要起草人：房庆、杨雯、郭道锋、孙维、马慧、张书杰、徐成华、范一乔、李玲。

本标准代替了 GB/T 9704—1999。

GB/T 9704—1999 的历次版本发布情况为：

——GB/T 9704—1988。

党政机关公文格式

1 范围

本标准规定了党政机关公文通用的纸张要求、排版和印制装订要求、公文格式各要素的编排规则，并给出了公文的式样。

本标准适用于各级党政机关制发的公文。其他机关和单位的公文可以参照执行。

使用少数民族文字印制的公文，其用纸、幅面尺寸及版面、印制等要求按照本标准执行，其余可以参照本标准并按照有关规定执行。

2 规范性引用文件

下列文件对于本标准的应用是必不可少的。凡是注日期的引用文件，仅所注日期的版本适用于本标准。凡是不注日期的引用文件，其最新版本（包括所有的修改单）适用于本标准。

GB/T 148 印刷、书写和绘图纸幅面尺寸

GB 3100 国际单位制及其应用

GB 3101 有关量、单位和符号的一般原则

GB 3102（所有部分） 量和单位

GB/T 15834 标点符号用法

GB/T 15835 出版物上数字用法

3 术语和定义

下列术语和定义适用于本标准。

3.1

字 word

标示公文中横向距离的长度单位。在本标准中，一字指一个汉字宽度的距离。

3.2

行 line

标示公文中纵向距离的长度单位。在本标准中，一行指一个汉字的高度加 3 号汉字高度的 7/8 的距离。

4 公文用纸主要技术指标

公文用纸一般使用纸张定量为 60 g/m^2～80 g/m^2 的胶版印刷纸或复印纸。纸张白度 80%～90%，横向耐折度≥15 次，不透明度≥85%，pH 值为 7.5～9.5。

5 公文用纸幅面尺寸及版面要求

5.1 幅面尺寸

公文用纸采用 GB/T 148 中规定的 A4 型纸，其成品幅面尺寸为：210 mm×297 mm。

5.2 版面

5.2.1 页边与版心尺寸

公文用纸天头(上白边)为 37 mm±1 mm,公文用纸订口(左白边)为 28 mm±1 mm,版心尺寸为 156 mm×225 mm。

5.2.2 字体和字号

如无特殊说明,公文格式各要素一般用 3 号仿宋体字。特定情况可以作适当调整。

5.2.3 行数和字数

一般每面排 22 行,每行排 28 个字,并撑满版心。特定情况可以作适当调整。

5.2.4 文字的颜色

如无特殊说明,公文中文字的颜色均为黑色。

6 印制装订要求

6.1 制版要求

版面干净无底灰,字迹清楚无断划,尺寸标准,版心不斜,误差不超过 1 mm。

6.2 印刷要求

双面印刷;页码套正,两面误差不超过 2 mm。黑色油墨应当达到色谱所标 BL100%,红色油墨应当达到色谱所标 Y80%、M80%。印品着墨实、均匀;字面不花、不白、无断划。

6.3 装订要求

公文应当左侧装订,不掉页,两页页码之间误差不超过 4 mm,裁切后的成品尺寸允许误差±2 mm,四角成 90°,无毛茬或缺损。

骑马订或平订的公文应当:

a) 订位为两钉外订眼距版面上下边缘各 70 mm 处,允许误差±4 mm;

b) 无坏钉、漏钉、重钉,钉脚平伏牢固;

c) 骑马订钉锯均订在折缝线上,平订钉锯与书脊间的距离为 3 mm～5 mm。

包本装订公文的封皮(封面、书脊、封底)与书芯应吻合、包紧、包平、不脱落。

7 公文格式各要素编排规则

7.1 公文格式各要素的划分

本标准将版心内的公文格式各要素划分为版头、主体、版记三部分。公文首页红色分隔线以上的部分称为版头;公文首页红色分隔线(不含)以下、公文末页首条分隔线(不含)以上的部分称为主体;公文末页首条分隔线以下、末条分隔线以上的部分称为版记。

页码位于版心外。

7.2 版头

7.2.1 份号

如需标注份号，一般用6位3号阿拉伯数字，顶格编排在版心左上角第一行。

7.2.2 密级和保密期限

如需标注密级和保密期限，一般用3号黑体字，顶格编排在版心左上角第二行；保密期限中的数字用阿拉伯数字标注。

7.2.3 紧急程度

如需标注紧急程度，一般用3号黑体字，顶格编排在版心左上角；如需同时标注份号、密级和保密期限、紧急程度，按照份号、密级和保密期限、紧急程度的顺序自上而下分行排列。

7.2.4 发文机关标志

由发文机关全称或者规范化简称加"文件"二字组成，也可以使用发文机关全称或者规范化简称。

发文机关标志居中排布，上边缘至版心上边缘为35 mm，推荐使用小标宋体字，颜色为红色，以醒目、美观、庄重为原则。

联合行文时，如需同时标注联署发文机关名称，一般应当将主办机关名称排列在前；如有"文件"二字，应当置于发文机关名称右侧，以联署发文机关名称为准上下居中排布。

7.2.5 发文字号

编排在发文机关标志下空二行位置，居中排布。年份、发文顺序号用阿拉伯数字标注；年份应标全称，用六角括号"〔〕"括入；发文顺序号不加"第"字，不编虚位(即1不编为01)，在阿拉伯数字后加"号"字。

上行文的发文字号居左空一字编排，与最后一个签发人姓名处在同一行。

7.2.6 签发人

由"签发人"三字加全角冒号和签发人姓名组成，居右空一字，编排在发文机关标志下空二行位置。"签发人"三字用3号仿宋体字，签发人姓名用3号楷体字。

如有多个签发人，签发人姓名按照发文机关的排列顺序从左到右、自上而下依次均匀编排，一般每行排两个姓名，回行时与上一行第一个签发人姓名对齐。

7.2.7 版头中的分隔线

发文字号之下4 mm处居中印一条与版心等宽的红色分隔线。

7.3 主体

7.3.1 标题

一般用2号小标宋体字，编排于红色分隔线下空二行位置，分一行或多行居中排布；回行时，要做到词意完整，排列对称，长短适宜，间距恰当，标题排列应当使用梯形或菱形。

7.3.2 主送机关

编排于标题下空一行位置，居左顶格，回行时仍顶格，最后一个机关名称后标全角冒号。如主送机关名称过多导致公文首页不能显示正文时，应当将主送机关名称移至版记，标注方法见 7.4.2。

7.3.3 正文

公文首页必须显示正文。一般用 3 号仿宋体字，编排于主送机关名称下一行，每个自然段左空二字，回行顶格。文中结构层次序数依次可以用“一、”“(一)”“1.”“(1)”标注；一般第一层用黑体字、第二层用楷体字、第三层和第四层用仿宋体字标注。

7.3.4 附件说明

如有附件，在正文下空一行左空二字编排“附件”二字，后标全角冒号和附件名称。如有多个附件，使用阿拉伯数字标注附件顺序号(如“附件：1. ×××××”)；附件名称后不加标点符号。附件名称较长需回行时，应当与上一行附件名称的首字对齐。

7.3.5 发文机关署名、成文日期和印章

7.3.5.1 加盖印章的公文

成文日期一般右空四字编排，印章用红色，不得出现空白印章。

单一机关行文时，一般在成文日期之上、以成文日期为准居中编排发文机关署名，印章端正、居中下压发文机关署名和成文日期，使发文机关署名和成文日期居印章中心偏下位置，印章顶端应当上距正文(或附件说明)一行之内。

联合行文时，一般将各发文机关署名按照发文机关顺序整齐排列在相应位置，并将印章一一对应、端正、居中下压发文机关署名，最后一个印章端正、居中下压发文机关署名和成文日期，印章之间排列整齐、互不相交或相切，每排印章两端不得超出版心，首排印章顶端应当上距正文(或附件说明)一行之内。

7.3.5.2 不加盖印章的公文

单一机关行文时，在正文(或附件说明)下空一行右空二字编排发文机关署名，在发文机关署名下一行编排成文日期，首字比发文机关署名首字右移二字，如成文日期长于发文机关署名，应当使成文日期右空二字编排，并相应增加发文机关署名右空字数。

联合行文时，应当先编排主办机关署名，其余发文机关署名依次向下编排。

7.3.5.3 加盖签发人签名章的公文

单一机关制发的公文加盖签发人签名章时，在正文(或附件说明)下空二行右空四字加盖签发人签名章，签名章左空二字标注签发人职务，以签名章为准上下居中排布。在签发人签名章下空一行右空四字编排成文日期。

联合行文时，应当先编排主办机关签发人职务、签名章，其余机关签发人职务、签名章依次向下编排，与主办机关签发人职务、签名章上下对齐；每行只编排一个机关的签发人职务、签名章；签发人职务应当标注全称。

签名章一般用红色。

7.3.5.4 **成文日期中的数字**

用阿拉伯数字将年、月、日标全,年份应标全称,月、日不编虚位(即 1 不编为 01)。

7.3.5.5 **特殊情况说明**

当公文排版后所剩空白处不能容下印章或签发人签名章、成文日期时,可以采取调整行距、字距的措施解决。

7.3.6 **附注**

如有附注,居左空二字加圆括号编排在成文日期下一行。

7.3.7 **附件**

附件应当另面编排,并在版记之前,与公文正文一起装订。“附件”二字及附件顺序号用 3 号黑体字顶格编排在版心左上角第一行。附件标题居中编排在版心第三行。附件顺序号和附件标题应当与附件说明的表述一致。附件格式要求同正文。

如附件与正文不能一起装订,应当在附件左上角第一行顶格编排公文的发文字号并在其后标注“附件”二字及附件顺序号。

7.4 **版记**

7.4.1 **版记中的分隔线**

版记中的分隔线与版心等宽,首条分隔线和末条分隔线用粗线(推荐高度为 0.35 mm),中间的分隔线用细线(推荐高度为 0.25 mm)。首条分隔线位于版记中第一个要素之上,末条分隔线与公文最后一面的版心下边缘重合。

7.4.2 **抄送机关**

如有抄送机关,一般用 4 号仿宋体字,在印发机关和印发日期之上一行、左右各空一字编排。“抄送”二字后加全角冒号和抄送机关名称,回行时与冒号后的首字对齐,最后一个抄送机关名称后标句号。

如需把主送机关移至版记,除将“抄送”二字改为“主送”外,编排方法同抄送机关。既有主送机关又有抄送机关时,应当将主送机关置于抄送机关之上一行,之间不加分隔线。

7.4.3 **印发机关和印发日期**

印发机关和印发日期一般用 4 号仿宋体字,编排在末条分隔线之上,印发机关左空一字,印发日期右空一字,用阿拉伯数字将年、月、日标全,年份应标全称,月、日不编虚位(即 1 不编为 01),后加“印发”二字。

版记中如有其他要素,应当将其与印发机关和印发日期用一条细分隔线隔开。

7.5 **页码**

一般用 4 号半角宋体阿拉伯数字,编排在公文版心下边缘之下,数字左右各放一条一字线;一字线上距版心下边缘 7 mm。单页码居右空一字,双页码居左空一字。公文的版记页前有空白页的,空白页和版记页均不编排页码。公文的附件与正文一起装订时,页码应当连续编排。

8 公文中的横排表格

A4 纸型的表格横排时，页码位置与公文其他页码保持一致，单页码表头在订口一边，双页码表头在切口一边。

9 公文中计量单位、标点符号和数字的用法

公文中计量单位的用法应当符合 GB 3100、GB 3101 和 GB 3102(所有部分)，标点符号的用法应当符合 GB/T 15834，数字用法应当符合 GB/T 15835。

10 公文的特定格式

10.1 信函格式

发文机关标志使用发文机关全称或者规范化简称，居中排布，上边缘至上页边为 30 mm，推荐使用红色小标宋体字。联合行文时，使用主办机关标志。

发文机关标志下 4 mm 处印一条红色双线(上粗下细)，距下页边 20 mm 处印一条红色双线(上细下粗)，线长均为 170 mm，居中排布。

如需标注份号、密级和保密期限、紧急程度，应当顶格居版心左边缘编排在第一条红色双线下，按照份号、密级和保密期限、紧急程度的顺序自上而下分行排列，第一个要素与该线的距离为 3 号汉字高度的 7/8。

发文字号顶格居版心右边缘编排在第一条红色双线下，与该线的距离为 3 号汉字高度的 7/8。

标题居中编排，与其上最后一个要素相距二行。

第二条红色双线上一行如有文字，与该线的距离为 3 号汉字高度的 7/8。

首页不显示页码。

版记不加印发机关和印发日期、分隔线，位于公文最后一面版心内最下方。

10.2 命令(令)格式

发文机关标志由发文机关全称加“命令”或“令”字组成，居中排布，上边缘至版心上边缘为 20 mm，推荐使用红色小标宋体字。

发文机关标志下空二行居中编排令号，令号下空二行编排正文。

签发人职务、签名章和成文日期的编排见 7.3.5.3。

10.3 纪要格式

纪要标志由“×××××纪要”组成，居中排布，上边缘至版心上边缘为 35 mm，推荐使用红色小标宋体字。

标注出席人员名单，一般用 3 号黑体字，在正文或附件说明下空一行左空二字编排“出席”二字，后标全角冒号，冒号后用 3 号仿宋体字标注出席人单位、姓名，回行时与冒号后的首字对齐。

标注请假和列席人员名单，除依次另起一行并将“出席”二字改为“请假”或“列席”外，编排方法同出席人员名单。

纪要格式可以根据实际制定。

11 式样

A4 型公文用纸页边及版心尺寸见图 1;公文首页版式见图 2;联合行文公文首页版式 1 见图 3;联合行文公文首页版式 2 见图 4;公文末页版式 1 见图 5;公文末页版式 2 见图 6;联合行文公文末页版式 1 见图 7;联合行文公文末页版式 2 见图 8;附件说明页版式见图 9;带附件公文末页版式见图 10;信函格式首页版式见图 11;命令(令)格式首页版式见图 12。

ICS 33.180.10
M 33

中华人民共和国国家标准

GB/T 9771.7—2012

通信用单模光纤
第7部分:接入网用弯曲损耗不敏感单模光纤特性

Single-mode optical fibres for telecommunication—
Part 7: Characteristics of a bending loss insensitive single-mode optical fibre for the access network

2012-06-29 发布　　　　2012-10-01 实施

中华人民共和国国家质量监督检验检疫总局
中国国家标准化管理委员会　发布

前　言

GB/T 9771《通信用单模光纤》分为以下几个部分：

——第1部分：非色散位移单模光纤特性；

——第2部分：截止波长位移单模光纤特性；

——第3部分：波长段扩展的非色散位移单模光纤特性；

——第4部分：色散位移单模光纤特性；

——第5部分：非零色散位移单模光纤特性；

——第6部分：宽波长段光传输用非零色散单模光纤特性；

——第7部分：接入网用弯曲损耗不敏感单模光纤特性。

本部分为GB/T 9771的第7部分。

本部分按照GB/T 1.1—2009给出的规则起草。

本部分中光纤的几何、光学、传输特性参考了ITU-T G.657(2009)《接入网用弯曲损耗不敏感单模光纤光缆的特性》(英文版)中G.657.A1、G.657.A2、G.657.B2和G.657.B3类光纤特性的规定，光纤的机械、环境性能参考了IEC 60793-2-50:2008《光纤　第2-50部分：产品规范-B类单模光纤特性》(英文版)中B6类光纤的规定。

本部分由中华人民共和国工业和信息化部提出。

本部分由中国通信标准化协会归口。

本部分起草单位：长飞光纤光缆有限公司、武汉邮电科学研究院、江苏中天科技股份有限公司、长飞光纤光缆(上海)有限公司。

本部分主要起草人：李婧、陈永诗、罗杰、韩庆荣、雷非、沈一春、杨向荣、唐红炬。

通信用单模光纤
第7部分:接入网用弯曲损耗不敏感单模光纤特性

1 范围

GB/T 9771 的本部分规定了 B6 类接入网用弯曲损耗不敏感单模光纤的几何、光学、传输特性和机械、环境性能的要求,并规定了光纤特性的测量方法。

本部分适用于通信光缆和其他信息传输设备中使用的 B6 类接入网用弯曲损耗不敏感单模光纤。

2 规范性引用文件

下列文件对于本文件的应用是必不可少的。凡是注日期的引用文件,仅注日期的版本适用于本文件。凡是不注日期的引用文件,其最新版本(包括所有的修改单)适用于本文件。

GB/T 15972(所有部分) 光纤试验方法规范(IEC 60793-1 (all parts), Optical fibres—Measurement methods and test procedures)

GB/T 18900—2000 单模光纤偏振模色散的试验方法(ITU-T G. 650:2000, NEQ)

ITU-T G. 650. 1 单模光纤光缆的具有线性和确定性特性的参数定义和试验方法(Definitions and test methods for linear, deterministic attributes of single-mode fibre and cable)

ITU-T G. 650. 2(2007) 单模光纤光缆的具有统计和非线性特性的参数定义和试验方法(Definitions and test methods for statistical and non-linear related attributes of single-mode fibre and cable)

ITU-T G. 657(2009) 接入网用弯曲损耗不敏感单模光纤光缆的特性(Characteristics of a bending loss insensitive single mode optical fibre and cable for the access network)

IEC/TR 61282-3 光纤通信系统设计指南 第3部分:偏振模色散的计算(Fibre optic communication system design guides—Part 3: Caculation of polarization mode dispersion)

IEC 62048:2001 光纤可靠性的幂次率理论(The power-law theory of optical fibre reliability)

3 术语和定义

GB/T 15972 和 ITU-T G. 650. 1、ITU-T G. 650. 2(2007)中界定的术语和定义适用于本文件。

4 缩略语

下列缩略语适用于本文件。

WDM:波分复用(Wavelength Division Multiplexing)

FWM:四波混频(Four Wave Mixing)

PMD:偏振模色散(Polarization Mode Dispersion)

PMDQ:链路偏振模色散系数统计参数(Link Polarization Mode Dispersion)

5 分类

本部分规定了B6类接入网用弯曲损耗不敏感单模光纤的几何、光学、传输特性和机械、环境性能的要求，规定了光纤特性的测量方法。B6类光纤按照是否与B1.3类光纤兼容和弯曲等级两个分类原则分为B6.a1,B6.a2,B6.b2,B6.b3四个子类。

其中B6.a1和B6.a2类光纤，适用于O、E、S、C和L波段(1 260 nm～1 625 nm)，满足B1.3类光纤的全部传输特性，并且在宏弯损耗参数上优于B1.3类光纤，根据弯曲性能，B6.a1类光纤的最小弯曲半径推荐为10 mm,B6.a2类光纤的最小弯曲半径推荐为7.5 mm；

B6.b2和B6.b3类光纤，适用于室内短距离的通信传输，工作波长在1 310 nm,1 550 nm和1 625 nm,不要求与B1.3类光纤相兼容，可以允许更小的模场直径、更大的衰减系数，以及特殊的光纤结构等，因此与G.652光纤的熔接和连接较为特殊，根据弯曲性能，B6.b2类光纤的最小弯曲半径推荐为7.5 mm,B6.b3类光纤的最小弯曲半径推荐为5 mm,能够提供极小的弯曲条件下的应用。

B6类光纤的简明分类原则，以及与ITU-T G.657(2009)的对应关系如表1所示。

表1 B6类光纤的简明分类原则以及与ITU-T G.657(2009)的对应关系

	本部分		ITU-T G.657(2009)	
	要求与B1.3类光纤兼容	不要求与B1.3类光纤兼容	要求与B1.3类光纤兼容	不要求与B1.3类光纤兼容
弯曲等级1 最小弯曲半径10 mm	B6.a1	—	G.657.A1	—
弯曲等级2 最小弯曲半径7.5 mm	B6.a2	B6.b2	G.657.A2	G.657.B2
弯曲等级3 最小弯曲半径5 mm	—	B6.b3	—	G.657.B3

6 要求

6.1 尺寸参数

6.1.1 尺寸参数技术指标

B6类单模光纤的尺寸参数应符合表2定。

表2 B6类单模光纤的尺寸参数

项目	单位	技术指标	
		B6.a1类 B6.a2类	B6.b2类 B6.b3类
1 310 nm模场直径	μm	(8.6～9.5)±0.4	(6.3～9.5)±0.4
包层直径	μm	125.0±0.7	
芯/包层同心度误差	μm	≤0.5	

表 2（续）

项　目	单　位	技术指标	
		B6.a1 类 B6.a2 类	B6.b2 类 B6.b3 类
包层不圆度	%	≤1.0	
涂覆层直径[a]（未着色）	μm	245±10	
涂覆层直径（着色）	μm	250±15	
包层/涂覆层同心度误差	μm	≤12.5	
注：光纤带中光纤的尺寸参数可有更严格的要求。			
[a] 在某些应用中，可采用其他规格的涂覆层直径和容差，例如(400±40)μm，(700±100)μm，(900±100)μm。			

6.1.2　尺寸参数的测量方法

相关尺寸参数的测量方法见表 3。

表 3　相关尺寸参数的测量方法

项　目	测量方法
模场直径	见 GB/T 15972.45
包层直径	见 GB/T 15972.20
芯/包层同心度误差	见 GB/T 15972.20
包层不圆度	见 GB/T 15972.20
涂覆层直径	见 GB/T 15972.21
包层/涂覆层同心度误差	见 GB/T 15972.21

6.2　光学特性和传输特性

6.2.1　截止波长

截止波长分为两种类型：

a)　光缆截止波长：λ_{cc}≤1 260 nm；

b)　光纤截止波长：λ_c 不规定。

注：λ_c、λ_{cc} 测量值之间的关系与光纤、光缆的结构和测试条件有关。一般情形下，$\lambda_{cc}<\lambda_c$。

对于特别应用场合光缆中所用的光纤截止波长，规定 λ_c≤1 250 nm。特别应用场合是指使用光缆长度较短，弯曲半径较大的情况。例如：长度小于 2 m 的跳线缆中光纤截止波长 λ_c 不宜大于 1 250 nm。

由于 B6 类光纤特殊的抗弯曲特性，宜采用 GB/T 15972.44 中所规定的多模参考法测试该类光纤的截止波长。

6.2.2　宏弯损耗

B6 类单模光纤的宏弯损耗参数应符合表 4 规定。

表 4　B6 类单模光纤的宏弯特性

条件		单位	技术指标					
弯曲半径 mm	圈数		B6. a1 类		B6. a2 类 B6. b2 类		B6. b3 类	
			1 550 nm 宏弯损耗最大值	1 625 nm 宏弯损耗最大值	1 550 nm 宏弯损耗最大值	1 625 nm 宏弯损耗最大值	1 550 nm 宏弯损耗最大值	1 625 nm 宏弯损耗最大值
15	10	dB	0.25	1.0	0.03	0.1	—	—
10	1	dB	0.75	1.5	0.1	0.2	0.03	0.1
7.5	1	dB	—	—	0.5	1.0	0.08	0.25
5	1	dB	—	—	—	—	0.15	0.45

由于宏弯损耗随波长增加，选择了 1 550 nm 和 1 625 nm 两个长波长处的宏弯损耗作为指标。在需要的情况下，可由供应商和用户协定其他波长处宏弯损耗的指标。

如果由于实际原因，同样弯曲半径下，选用其他弯曲圈数的试验，最大允许的宏弯损耗值应与表中的指标成比例。

为了保证宏弯损耗易于测量和测量准确度，可用其他弯曲半径和圈数进行试验，在此情况下，绕的圈数、环的半径和最大允许的宏弯损耗，都应该与表中的指标相适应。

光纤的模场直径、色散系数和截止波长等参数的选择会影响光纤的宏弯损耗，在优化光纤的宏弯损耗参数时，应考虑到相关参数之间的平衡。

6.2.3　衰减系数

B6 类单模光纤的衰减系数应符合表 5 规定。

表 5　B6 类单模光纤的衰减系数

项　目	单　位	技术指标	
		B6. a1 类 B6. a2 类	B6. b2 类 B6. b3 类
1 310 nm 衰减系数最大值	dB/km	0.38	0.50
(1 383±3)nm 衰减系数最大值[a] （氢损老化后）	dB/km	0.38	—
1 550 nm 衰减系数最大值	dB/km	0.24	0.30
1 625 nm 衰减系数最大值	dB/km	0.28	0.40

[a] 对于 B6. a1 和 B6. a2 类光纤，按照 GB/T 15972.55 中规定的方法进行氢老化试验。对于 B6. b2 和 B6. b3 类光纤不作规定。

6.2.4　色散特性

B6 类单模光纤的色散特性应符合表 6 规定。

表 6 B6 类单模光纤的色散特性

<table>
<tr><td rowspan="2">项 目</td><td rowspan="2">单 位</td><td colspan="2">技术指标</td></tr>
<tr><td>B6. a1 类
B6. a2 类</td><td>B6. b2 类
B6. b3 类</td></tr>
<tr><td>零色散波长范围</td><td>nm</td><td>1 300 nm～1 324 nm</td><td>不规定[a]</td></tr>
<tr><td>零色散斜率最大值</td><td>ps/(nm² · km)</td><td>0.092</td><td>不规定[b]</td></tr>
<tr><td colspan="4">注：对于 B6. b2 和 B6. b3 类光纤，主要应用于接入网中的较短距离，因此其色散特性的限制并不是必要的。</td></tr>
<tr><td colspan="4">[a] 零色散波长范围宜在 1 300 nm～1 420 nm 的范围内，
[b] 零色散斜率的最大值宜为 0.10 ps/(nm² · km)。</td></tr>
</table>

6.2.5 衰减点不连续性

在 1 310 nm 和 1 550 nm 波长上，对一光纤连续长度不应有超过 0.1 dB 的不连续点。

6.2.6 色散纵向均匀性

待研究。

注：在一特定的波长上，局部光纤段色散系数的绝对值可能偏移对长光纤段测得的数值。如果该数值在接近波分复用(WDM)系统的一个工作波长上减到很小，四波混频(FWM)效应能引起功率在其他波长或其他工作波长上传输，FWM 功率的大小是色散绝对值、色散斜率、工作波长、光功率和 FWM 发生的距离的函数。

6.2.7 偏振模色散系数

本部分只规定链路 PMD 系数，其最大 PMD_Q 应符合表 7 规定。

表 7 链路 PMD 系数最大值

<table>
<tr><td colspan="2" rowspan="2">项 目</td><td rowspan="2">单 位</td><td colspan="2">技术指标</td></tr>
<tr><td>B6. a1 类
B6. a2 类</td><td>B6. b2 类
B6. b3 类</td></tr>
<tr><td rowspan="3">PMD 系数</td><td>M</td><td>段</td><td>20</td><td>不规定</td></tr>
<tr><td>Q(概率)</td><td>%</td><td>0.01</td><td>不规定</td></tr>
<tr><td>未成缆光纤链路最大 PMD_Q</td><td>$ps/\sqrt{km}$</td><td>0.20</td><td>不规定</td></tr>
<tr><td colspan="5">注 1：ITU-T G.657(2009)中规定了 B6. a1 和 B6. a2 类成缆光纤链路 PMD 要求：M(光纤段数)=20，Q(概率)=0.01%，$PMD_Q=0.2\ ps/\sqrt{km}$。
注 2：ITU-T G.657(2009)对未成缆光纤 PMD_Q 的指标没有规定。规定最大未成缆光纤的 PMD_Q 值，是支持成缆后光纤的 PMD_Q 满足系统应用的基本要求。因此，本部分规定未成缆光纤 PMD_Q 值是采用 ITU-T G.657(2009)中等同于对光纤成缆后的 PMD_Q 的要求值。
注 3：对于 B6. b2 和 B6. b3 类光纤，主要应用于接入网中的较短距离，因此其偏振模色散特性的限制并不是必要的。</td></tr>
</table>

6.2.8 光学特性和传输特性的测量方法

相关光学特性和传输特性的测量方法见表 8。

表 8　相关光学特性和传输特性的测量方法

项　　目	测量方法
截止波长	见 GB/T 15972.44
宏弯损耗	见 GB/T 15972.47
衰减系数	见 GB/T 15972.40
色散特性	见 GB/T 15972.42
光纤衰减点的不连续性	见 GB/T 15972.40
偏振模色散	见 GB/T 18900
注：根据对一定数量未成缆光纤测量得到的偏振模色散系数的数据，用 ITU-T G.650.2(2007)附录Ⅳ或 IEC/TR 61282-3 给出的统计方法可计算出链路偏振模色散的 PMD_Q 值。	

6.3　机械性能

6.3.1　筛选试验水平

涂覆光纤机械强度筛选试验要求应符合表 9 规定。

表 9　筛选试验要求

筛选应力/GPa	不低于	0.69
筛选应变/%	不小于	1.0
注：筛选应力值 0.69 GPa 与 1% 的应变或者是 8.5 N 的筛选张力值等同。三种不同单位之间的换算参见 IEC 62048:2001 的 4.4。		

当光纤的长期弯曲半径小于 30 mm，光纤的断裂几率随着弯曲半径的减小而增大，光纤的机械可靠性受到光缆的结构，施工技术以及路由条件的影响，在一些极小的弯曲应用条件下，可适当提高筛选等级或其他影响参数，以保证光纤的机械可靠性和寿命要求。

光纤的筛选等级以及使用寿命中能够达到的机械可靠性建议由供应商和用户协商确定。

6.3.2　光纤抗拉强度

光纤老化前的最低抗拉强度要求应符合表 10 的规定。

表 10　光纤老化前的最低抗拉强度要求

光纤标距长度[a] m	威布尔概率水平为 15% 时抗拉强度 GPa	威布尔概率水平为 50% 时抗拉强度 GPa
0.5	3.14	3.80
1	3.05	3.72
10	2.76	3.45
20	2.67	3.37
[a] 试验用短样品进行时，光纤标距长度可选 0.5 m 或 1 m；试验用长样品进行时，光纤标距长度可选 10 m 或 20 m。		

6.3.3 光纤翘曲特性参数

光纤翘曲半径 R 应不小于 4 m。

6.3.4 其他的机械性能

光纤其他的机械性能要求应符合表 11 规定。

表 11 光纤其他机械性能要求

项　目	单　位	技术指标
涂覆层剥离力(平均值)	N	1.0～5.0
涂覆层剥离力(峰值)	N	1.0～8.9
动态疲劳参数 n_d		≥20

涂覆层剥离力平均值或峰值都是在试验过程中定义的，可以由供应商和用户协商规定。
动态疲劳参数 n_d 宜采用 GB/T 15972.33 中两点弯曲法进行测试。
对于光纤的长期弯曲半径小于或等于 7.5 mm 的应用条件，可适当提高动态疲劳参数 n_d 的要求。

6.3.5 机械性能的试验方法

相关机械性能的试验方法见表 12。

表 12 相关机械性能的试验方法

项　目	测量方法
筛选试验	见 GB/T 15972.30
抗拉强度	见 GB/T 15972.31
涂覆层剥离力	见 GB/T 15972.32
动态疲劳参数	见 GB/T 15972.33
翘曲特性	见 GB/T 15972.34

6.4 环境性能

6.4.1 概述

B6 类光纤的环境性能包括环境试验后光衰减变化和环境试验后机械性能要求。

6.4.2 环境试验后光衰减变化

环境试验后光衰减变化要求应符合表 13 规定。

表 13 环境试验光衰减变化要求

试验项目	试验条件	波长 nm	允许的衰减变化 dB/km
恒定湿热	温度为 85 ℃±2 ℃，相对湿度不低于 85%，放置 30 天	1 550	≤0.05
干热	温度为 85 ℃±2 ℃(35 ℃下相对湿度不高于 50%)，放置 30 天	1 550	≤0.05
温度变化特性	温度范围为－60 ℃～85 ℃，2 个循环周期	1 550	≤0.05
浸水	浸泡在温度为 23 ℃±5 ℃水中 30 天	1 550	≤0.05

6.4.3 环境试验后机械性能要求

环境试验后机械性能要求应符合表14规定。

表 14 环境试验后机械性能要求

试验项目	剥离力平均值 N	剥离力峰值 N	威布尔概率水平为50%时抗拉强度 GPa	威布尔概率水平为15%时抗拉强度 GPa	动态疲劳参数 n_d
恒定湿热	1.0～5.0	1.0～8.9	≥3.03	≥2.76	≥20
浸水	1.0～5.0	1.0～8.9	—	—	—
注：表中抗拉强度值是对光纤标距长度为0.5 m而言。					

6.4.4 相关环境性能的试验方法

相关环境性能的试验方法见表15。

表 15 相关环境性能的试验方法

项　目	测量方法
湿热特性	见 GB/T 15972.50
干热特性	见 GB/T 15972.51
温度变化特性	见 GB/T 15972.52
浸水特性	见 GB/T 15972.53

ICS 25.220.20
A 29

中华人民共和国国家标准

GB/T 9793—2012/ISO 2063:2005
代替 GB/T 9793—1997

热喷涂　金属和其他无机覆盖层 锌、铝及其合金

Thermal spraying—Metallic and other inorganic coatings—Zinc, aluminum and their alloys

(ISO 2063:2005, IDT)

2012-11-05 发布　　2013-03-01 实施

中华人民共和国国家质量监督检验检疫总局
中国国家标准化管理委员会　发布

前　言

本标准按照GB/T 1.1—2009给出的规则起草。

本标准代替GB/T 9793—1997《金属和其他无机覆盖层　热喷涂　锌、铝及其合金》。本标准与GB/T 9793—1997相比主要变化如下：

——更新了所有引用文件；

——删除了GB/T 9793—1997引用的部分国家标准和机械行业标准；

——删除了“术语和定义”中“测量面”“基准面”和“局部厚度”的解释；

——6.1中增加“铜精炼渣”和“煤炉渣”两种预处理磨料；

——删除了附录A.1.4的“结果解释”；

——增加了附录A.2“拉伸试验”的部分内容。

本标准使用翻译法等同采用ISO 2063:2005《热喷涂　金属和其他无机覆盖层　锌、铝及其合金》。

与本标准中规范性引用的国际文件有一致性对应关系的我国文件见附录NA。

本标准做了下列编辑性修改：

增加了资料性附录NA，与本标准中规范性引用的国际文件有一致性对应关系的我国文件。

本标准由中国机械工业联合会提出。

本标准由全国金属与非金属覆盖层标准化技术委员会(SAC/TC 57)归口。

本标准起草单位：武汉材料保护研究所、江苏中矿大正表面工程技术有限公司、中咨(武汉)桥隧设计研究院有限公司。

本标准主要起草人：李秉忠、安云岐、董志红、易春龙、杨华振。

本标准所代替标准的历次版本发布情况为：

——GB/T 9793—1997。

引　言

热喷涂金属涂层的制备是将涂层金属加热到熔融状态，然后借助一股气流将其喷射到经过预处理后的基体表面而形成涂层的一种方法。

需方应明确涂层金属或合金材料及相关涂层厚度，无此相关资料，仅按本标准来进行热喷涂金属涂层施工是不够的。

工件的设计应便于涂层施工。

热喷涂　金属和其他无机覆盖层　锌、铝及其合金

1　范围

本标准适用于对钢铁材料提供防腐蚀保护，而在其表面热喷涂锌、铝及其合金涂层。

本标准涉及用于常规防腐蚀保护目的的热喷涂锌、铝及其合金涂层的性能表征和相关试验方法。

本标准首先给出了相关定义、分类和与厚度相关联的标记代号；然后涉及表面预处理、涂层应用及厚度、外观和附着力等特性；最后给出了检测这些特性的试验方法。

若供需双方协商认可，本标准的条款对其他金属涂层也有效。

2　规范性引用文件

下列文件对于本文件的应用是必不可少的。凡是注日期的引用文件，仅注日期的版本适用于本文件。凡是不注日期的引用文件，其最新版本(包括所有的修改单)适用于本文件。

ISO 1463　金属和氧化物覆盖层　厚度测量　显微镜法(Metallic and oxide coatings—Measurement of coating thickness—Microscopical method)

ISO 2064:1996　金属和其他无机覆盖层　关于厚度测量的定义和一般规则(Metallic and other inorganic coatings—Definitions and conventions concerning the measurement of thickness)

ISO 2178　磁性基体上非磁性覆盖层　覆盖层厚度测量　磁性法(Non-magnetic coatings on magnetic substrates—Measurement of coating thickness—Magnetic method)

ISO 8501-1　涂覆涂料前钢材表面处理。表面清洁度的目视评定　第1部分：未涂覆过的钢材表面和全面清除原有涂层后的钢材表面的锈蚀等级和处理等级(Preparation of steel substrates before application of paints and related products—Visual assessment of surface cleanliness—Part 1: Rust grades and preparation grades of uncoated steel substrates and of steel substrates after overall removal of previous coatings)

ISO 11124-2　应用涂装及其他相关产品前钢材表面预处理　喷砂用金属磨料的技术要求　第2部分：冷硬铸铁砂(Preparation of steel substrates before application of paints and related products—Specifications for metallic blast-cleaning abrasives—Part 2: Chilled-iron grit)

ISO 11126-3　应用涂装及其他相关产品前钢材表面预处理　喷砂用非金属磨料的技术要求　第3部分：铜精炼渣(Preparation of steel substrates before application of paints and related products—Specifications for non-metallic blast-cleaning abrasives—Part 3: Copper refinery slag)

ISO 11126-4　应用涂装及其他相关产品前钢材表面预处理　喷砂用非金属磨料的技术要求　第4部分：煤炉渣(Preparation of steel substrates before application of paints and related products—Specifications for non-metallic blast-cleaning abrasives—Part 4: Coal furnace slag)

ISO 11126-7　应用涂装及其他相关产品前钢材表面预处理　喷砂用非金属磨料技术要求　第7部分：混合氧化铝(Preparation of steel substrates before application of paints and related products—Specifications for non-metallic blast-cleaning abrasives—Part 7: Fused aluminium oxide)

ISO 12944-1　色漆和清漆　防护涂料体系对钢结构的防腐蚀保护　第1部分：综述(Paints and varnishes—Corrosion protection of steel structures by protective paint systems—Part 1: General introduction)

ISO 12944-2 色漆和清漆 防护涂料体系对钢结构的防腐蚀保护 第 2 部分:环境分类(Paints and varnishes—Corrosion protection of steel structures by protective paint systems—Part 2: Classification of environments)

ISO 12944-3 色漆和清漆 防护涂料体系对钢结构的防腐蚀保护 第 3 部分:设计要素(Paints and varnishes—Corrosion protection of steel structures by protective paint systems—Part 3: Design considerations)

ISO 12944-4 色漆和清漆 防护涂料体系对钢结构的防腐蚀保护 第 4 部分:表面类型及表面预处理(Paints and varnishes—Corrosion protection of steel structures by protective paint systems—Part 4: Types of surface and surface preparation)

ISO 12944-5:1998 色漆和清漆 防护涂料体系对钢结构的防腐蚀保护 第 5 部分:防护涂料体系(Paints and varnishes—Corrosion protection of steel structures by protective paint systems—Part 5: Protective paint systems)

ISO 12944-6 色漆和清漆 防护涂料体系对钢结构的防腐蚀保护 第 6 部分:实验室性能试验方法(Paints and varnishes—Corrosion protection of steel structures by protective paint systems—Part 6: Laboratory performance test methods)

ISO 12944-7 色漆和清漆 防护涂料体系对钢结构的防腐蚀保护 第 7 部分:涂装作业与监督(Paints and varnishes—Corrosion protection of steel structures by protective paint systems—Part 7: Execution and supervision of paint work)

ISO 12944-8 色漆和清漆 防护涂料体系对钢结构的防腐蚀保护 第 8 部分:新件和维护涂装的规范要求(Paints and varnishes—Corrosion protection of steel structures by protective paint systems—Part 8: Development of specifications for new work and maintenance)

ISO 14919:2001 热喷涂 火焰和电弧喷涂用线材、棒材和芯材 分类和供货技术条件(Thermal spraying—Wires, rods and cords for flame and arc spraying—Classification—Technical supply conditions)

3 术语和定义

ISO 2064:1996 给出的以及下列术语和定义适用于本文件。

3.1

主要表面 significant surface

按使用和(或)外观要求必须喷涂的表面,包括已喷涂和待喷涂的表面。

3.2

最小局部厚度 minimum local thickness

在一个工件主要表面上所测得各局部厚度中的最小值。

4 拟定技术规范要求的样式

当要求工件按照本标准进行热喷涂时,用户除应提出本标准的标准号外,还应该提出金属喷涂层的主要表面及涂层厚度,并要与表 1 中所示的代号相一致。

5 分类

本标准推荐的 Zn、Al 及其合金涂层是按其厚度范围进行分类的,涂层的分类列于表 1。

表 1　金属涂层的分类

热喷涂材料 (ISO 14919)	最小局部厚度/μm[a]					
	50[b]	100	150	200	250	300[c]
Zn99.99 Al99.5 AlMg5 ZnAl15						
本表列出了 Zn、Al 及其合金涂层的一系列合适涂层厚度值，在此范围内可以由供需双方协商一致，指定任意一中间值。涂层标识应由 ISO 14919 中规定的标识加上涂层最小局部厚度值所构成[d]。						

[a] 与 ISO 2064:1996 标准一致。

[b] 供需双方协商提出涂层厚度时，能获得均匀涂层厚度的热喷涂工艺、涂料或封闭剂的使用及其检测方法应加以特别关注。

[c] 即使涂层能达到本标准的要求，经供需双方协商认可，也可选更大的"最小局部厚度"。如：本表中虚线及虚线以外的部分。

[d] 对于合金涂层，以符合 ISO 14919 规定的化学符号后面附加最小局部厚度来表示，如：由 ZnAl15 合金喷涂材料构成的厚 120 μm 的涂层，其代号定为(ISO 14919 ZnAl15)120，圆括号是识别合金成分所必不可少的。[GB/T 12608—2003 修改采用 ISO 14919:2001。为便于本标准使用，可以按上述规则采用 GB/T 12608 规定的代号代替，如：(ISO 14919 ZnAl15)120 或(GB/T 12608 ZnAl15)120。]

6　涂层制备

6.1　待喷涂工件表面预处理[1)]

用适当的磨料采用喷砂的方式，使工件表面达到充分清洁和粗化的目的，喷砂应连续进行直至工件表面达到 ISO 8501-1 中 Sa3 级所规定要求的金属外观和均匀纹理。

喷涂前，工件表面应干燥，无灰尘、油脂、氧化皮、铁锈及其他污物。

在所有的场合下，都要用参比样片对照检验喷砂处理后工件表面的粗糙度。参比样片的材质应与工件一致，并按供需双方协商的要求制备。

除非另有规定，应采用下述磨料对工件表面进行预处理：

——低磷冷硬铸铁砂，应符合 ISO 11124-2 的要求；

——铜精炼渣，应符合 ISO 11126-3 的要求；

——煤炉渣，应符合 ISO 11126-4 的要求；

——刚玉砂，应符合 ISO 11126-7 的要求。

在某些场合[2)]，经双方协商亦可选用其他磨料，但注意一定要能达到足够的清洁度与粗糙度，以保证喷涂材料的附着力。

磨料颗粒尺寸一般为 0.5 mm～1.5 mm。

1)　该分条款指定了热喷涂锌、铝及其合金前表面预处理最重要的元素，更详细的叙述见 EN 13507。

2)　在我国，干燥硅质磨料(如石英砂)的使用受到法规限制。

无论采用哪种类型的磨料，磨料都应该清洁、干燥，无污染；用于喷砂处理的压缩空气也应清洁、干燥，以免污染磨料和待喷涂工件表面。

6.2 涂层材料

热喷涂用的锌、铝及其合金材料应符合 ISO 14919 的要求，尤其是：

——Zn99.99，应符合 ISO 14919:2001 中 2.1 的要求；

——ZnAl15，应符合 ISO 14919:2001 中 2.3 的要求；

——Al99.5，应符合 ISO 14919:2001 中 3.2 的要求；

——AlMg5，应符合 ISO 14919:2001 中 3.3 的要求。

6.3 热喷涂

热喷涂应在工件表面喷砂后尽快进行，应保证在喷涂开始时，工件表面仍然保持清洁、干燥和无肉眼可见的氧化。

喷砂后等待喷涂的时间应尽可能短，一般不超过 4 小时，依当地情况而定。

当待喷涂工件表面处在凝露状态下，不能进行喷涂。为避免涂层起泡，待喷涂工件表面的温度应保持在至少比露点温度高 3 ℃以上。

如果待喷涂表面有变质的迹象，应对有问题的区域重新预处理以达到规定的质量要求(见 6.1)。

6.4 封闭

封闭的目的是减少喷涂层固有的孔隙。

金属涂层暴露在正常环境中会因氧化而使其涂层孔隙自然封闭，但前提条件是，所生成的氧化物、氢氧化物和(或)碱式盐在该环境中不会溶解。

人工封闭是通过金属喷涂层表面化学转化(磷化、活性涂料涂装等)或选用适当的封闭剂来封闭孔隙。无论哪种封闭方法都应在金属涂层开始吸潮前进行。

6.5 涂装

在已经封闭过的金属喷涂层上涂装不但可以增加其美观性还能延长防护体系的寿命。当用于钢结构防腐蚀的时候，防护漆体系的涂装应符合 ISO 12944-5:1998 中表 A.10 的要求。

涂装施工应参照 ISO 12944-1～12944-8。

7 性能要求

7.1 厚度

7.1.1 通则

金属热喷涂层厚度是由其涂层的最小局部厚度来定义的(见 3.2)。

热喷涂层厚度的测量方法以及在整个处理表面确定测量点数量和位置分布应依照 7.1.2 和 7.1.3 进行。

7.1.2 面积为 1 cm^2 至 1 m^2 之间的涂层

当涂层面积为 1 cm^2 至 1 m^2 之间时，任何给定点的局部厚度都应当是在大约 1 cm^2 区域内 3 次测量结果的算术平均值(见图 1)。

如果工件的几何形状不允许，经双方同意可以在相同条件下同时制备适当的参比样片，用金相法或物理方法来测量。

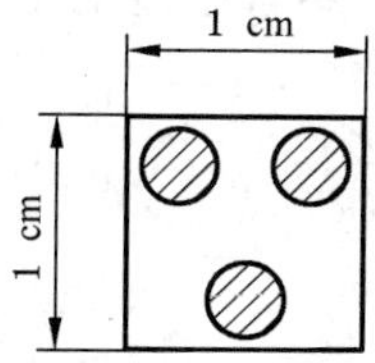

图 1　在 1 cm^2 基准面内测量点的分布

7.1.3　**面积大于 1 m^2 的涂层**

涂层面积大于 1 m^2 时，任何给定点的涂层局部厚度都应当是在约 1 dm^2 的基准面上测量。

涂层局部厚度应为按图 2 所示分布在 1dm^2 基准面内 10 次测量的算术平均值。

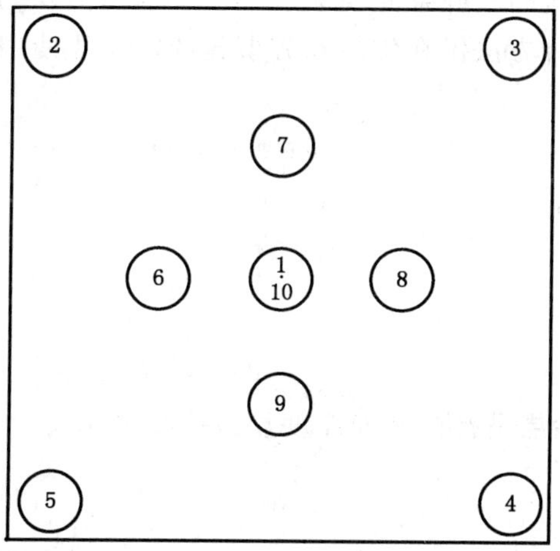

图 2　在 1 dm^2 基准面内测量点的分布

7.1.4　**厚度测量位置**

为了确定涂层的最小局部厚度，应在涂层厚度可能最薄的部位测量涂层的局部厚度。测量的位置和次数，可以由有关各方协商认可，并在协议中规定。建议测量位置应尽量按照有关产品标准中的规定选取。当有关各方没有任何规定时，则测量位置和次数由用户自行斟酌选定。

7.1.5　**测量方法**

任何场合都可采用磁性法来测量涂层的厚度(见 8.1.2)，除非技术文件规定了测量结果的数量，习惯上是取其算术平均值。

当有争议时，可以用横断面显微镜法进行验证(见 8.1.3)。

7.2　**外观**

涂层外观应均匀一致，无起泡或底材裸露的斑点，没有未附着或附着不牢固的金属熔融颗粒以及影响涂层使用寿命和防腐应用的一切缺陷。

7.3　**附着力**

按附录 A 试验后，如果没有出现涂层从基体上剥离或金属涂层层间分离，则认为涂层的附着力试验合格。

结合强度大小应按照 A.2 的方法获得。结合强度的最小值应获得供需双方的认可。

8 检测方法

8.1 厚度测量

8.1.1 厚度测量方法的应用范围

8.1.1.1 磁性测量法具有无损、快速以及对待测表面上的任意部位均能直接测量的优点。此外，喷涂在铁基金属上涂层(Zn、Al)的性质及其标准涂层厚度范围值，都有利于该方法获得令人满意的测量精度。因此，对于给定样件，只要按照本标准的规定和供需双方协议，正确校准磁性测厚仪，磁性测量法可以提供有效、准确的验收检查结果。

8.1.1.2 横截面显微镜法可以作为检验金属喷涂层厚度的参考方法，但是，要准确地对金属喷涂层进行显微测量是困难的。因此，这种方法仅在供需双方事先约定后才使用，试验按照 8.1.3 的要求实施。

8.1.2 磁性测量法

按 ISO 2178 规定进行试验。

8.1.3 横断面显微镜测量法

8.1.3.1 原则

按 ISO 1463 规定，对试样涂层进行横断面厚度显微镜测量。

8.1.3.2 说明

为避免涂层从基体和边缘剥离，试样必须采用合适的固定材料，如：用塑料或某种低熔点合金固定。检查面必须用合适的抛光剂仔细抛光。

每个试样应测 10 次，测量点须沿试样的一个边均匀分布，并在边长约 20 mm 的横截面上进行测量，取其算术平均值。

8.2 附着力性能试验

按供需双方协议选择结合强度试验方法和整理试验结果。具体方法解释见附录 A。

附 录 A
（资料性附录）
附着力性能试验方法

A.1 划格试验

A.1.1 原理

将涂层切断至基体，使之形成一个具有给定尺寸的方形格子，涂层不应产生剥离。

A.1.2 装置

具有硬质刃口的切割工具形状如图 A.1 所示。

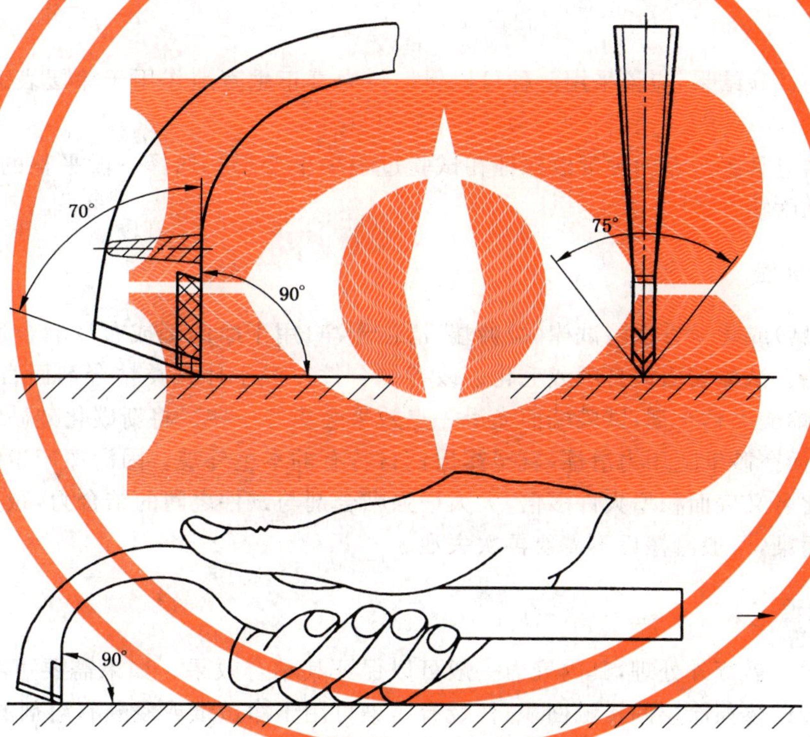

说明：

a——侧视图；

b——前视图。

图 A.1 切割工具

A.1.3 操作步骤

使用工具（见 A.1.2）切出表 A.1 中的给定尺寸的格子。

表 A.1 格子尺寸

划格的大约尺寸面积	涂层厚度 μm	划痕间距 mm
15 mm×15 mm	≤200	3
25 mm×25 mm	>200	5

划痕深度，要求必须将涂层切断至基体金属。

无论如何，划格后均需采用供需双方协商认可的一种合适粘胶带，借助一个辊子施以 5 N 的载荷将粘胶带压紧在划格后的这部分涂层上，然后沿垂直涂层表面的方向快速将粘胶带拉开。

若上述过程无法实施，则划割涂层的方法就必须经过供需双方认定。

A.2 拉伸试验

A.2.1 一般要求

为得到稳定的试验结果，应该采用一种可以保证拉力真正垂直地作用于涂层表面的气压或水压试验机。

涂层基体材料应具备足够的硬度以保证在试验过程中不变形。选择一段平整的涂层试验表面，清除表面所有松散粘附物。

A.2.2 试棒的预处理

采用机械(打磨)或化学方法将试棒(拉伸端)清洁干净，用干净的纸或布浸蘸合适溶剂(如乙醇)清除表面粘附的油脂。试棒端面应打磨或毛化以改善结合性。对于环氧类粘合剂而言，试验端面需要粗糙一些，而对于丙烯酸类粘合剂，试验端面光滑一点效果会更好一些。将新碳化硅砂纸放置在一平硬面上，将试棒的试验面在砂纸上用力滑擦，直至露出钢材特有的本色外观。因滑擦产生的微观沟槽使得试棒的有效表面积比名义表面积增大许多倍，大大增强粘合剂与试件之间的结合力，减少粘合失效。若无裸手触摸等新的污染，一般滑擦后不需要再次去油。

A.2.3 涂层预处理

涂层表面一般不需额外处理，其内聚力一般可以保证其粘合效果。如果需要可将金属涂层在砂纸上轻轻滑擦以增加试棒与涂层间接触面积；怀疑有污染可用干净试纸或浸蘸有溶剂的湿布除油。

A.2.4 涂粘合剂

采用的粘合剂应保证试棒与涂层间的粘合力比涂层与基体间的结合力更大，而且黏度应较大以防止渗入多孔金属涂层的微孔。或者用蚀洗底漆覆盖涂层以防止粘合剂渗到基体。

在试棒端面涂覆足够的粘合剂，将参差不齐的金属涂层表面覆盖填平。

手持试棒加压到试验表面，持续加压约半分钟，赶走粘合剂中空气并使其厚度均匀。然后让粘合剂充分固化。

A.2.5 加压前

供需双方如无特殊约定，沿着试棒圆周将多余的及扩散到基体的粘合剂小心切除。切除避免了试棒与涂层的侧面结合，但会生成有损试棒的裂痕，导致抗拉强度减小。

A.2.6 加压

小心地将试棒装上拉伸机以免影响粘结。将指针归零，缓慢而平稳地加载直至中间断开。加载速度不应大于 1 MPa/s（ISO 4624 规定，加载破坏时间＜90 s，加载速度＜1 MPa/s）。

A.2.7 评价

对涂层损坏的区域进行评价，判明是涂层附着失效还是粘合剂失效；是整个表面还是部分面积。记录下结果、涂层厚度类型、是否用了蚀洗底漆、哪种粘合剂及拉力试验机、是否环绕试棒下切以及试验员的姓名。

附 录 B
（资料性附录）
推 荐 应 用

表 B.1 不同的使用环境推荐的最小涂层厚度

单位为微米

环境	环境分类按 ISO 12944-2	金属							
		Zn		Al		AlMg5		ZnAl15	
		未涂装	涂装	未涂装	涂装	未涂装	涂装	未涂装	涂装
盐水	Im2	N. R.[a]	100	200	150	250[b]	200[b]	N. R.[a]	100
淡水	Im3	200	100	200	150	150	100	150	100
城市环境	C2 和 C3	100	50	150	100	150	100	100	50
工业环境	C4 和 C5-1	N. R.[a]	100	200	100	200	100	150	100
海洋大气	C5-M	150	100	200	100	250[b]	200[b]	150	100
干燥室内环境	C1	50	50	100	100	100	100	50	50

[a] N. R. =不推荐。

[b] 近海环境中应用。

附 录 NA
（资料性附录）
与本标准中规范性引用的国际文件有一致性对应关系的我国文件

GB/T 4956 磁性基体上非磁性覆盖层 覆盖层厚度测量 磁性法(GB/T 4956—2003，ISO 2178:1982,IDT)

GB/T 6462 金属和氧化物覆盖层 厚度测量 显微镜法(GB/T 6462—2005,ISO 1463:1982，IDT)

GB/T 8923.1 涂覆涂料前钢材表面处理 表面清洁度的目视评定 第1部分:未涂覆过的钢材表面和全面清除原有涂层后的钢材表面的锈蚀等级和处理等级(GB/T 8923.1—2011,ISO 8501-1:2007,IDT)

GB/T 12334 金属和其他无机覆盖层 关于厚度测量的定义和一般规则(GB/T 12334—2001，ISO 2064:1996,IDT)

GB/T 12608—2003 热喷涂 火焰和电弧喷涂用线材、棒材和芯材 分类和供货技术条件(GB/T 12608—2003,ISO 14919:2001,MOD)

GB/T 17850.3 涂覆涂料前钢材表面处理 喷射清理用非金属磨料的技术要求 铜精炼渣(GB/T 17850.3—1999,ISO 11126-3:1993,EQV)

参 考 文 献

［1］ GB/T 12608—2003 热喷涂 火焰和电弧喷涂用线材、棒材和芯材 分类和供货技术条件

［2］ ISO 4624:2002 Paints and varnishes—Pull-off test for adhesion

［3］ EN 13507,Thermal spraying—Pre-treatment of surfaces of metallic parts and components for thermal spraying

ICS 77.140.70
H 44

中华人民共和国国家标准

GB/T 9945—2012
代替 GB/T 9945—2001

热轧球扁钢

Hot-rolled bulb flats

2012-11-05 发布

2013-05-01 实施

中华人民共和国国家质量监督检验检疫总局
中国国家标准化管理委员会 发布

前　言

本标准按照 GB/T 1.1—2009 给出的规则起草。

本标准代替 GB/T 9945—2001《热轧球扁钢》。

本标准与 GB/T 9945—2001 相比主要变化如下：

——球头肩部圆角半径 r 修改为≤6 mm，标识修改为 r_2；

——删除了 GB/T 9945—2001 的表 2；

——增加了腹板边部焊接角要求；

——增加了牌号 EH40；

——化学成分加严了各牌号 P、S 要求；

——取消了冷弯检验要求。

本标准由中国钢铁工业协会提出。

本标准由全国钢标准化技术委员会(SAC/TC 183)归口。

本标准主要起草单位：重庆钢铁股份有限公司、常熟市龙腾特种钢有限公司、南京钢铁股份有限公司、冶金工业信息标准研究院。

本标准主要起草人：原建华、季丙元、杜大松、吴旭春、赵勋、刘宝石、王端军、叶国华、张丽明、杨守东、侯捷。

本标准所代替标准历次版本发布情况：

——GB/T 9945—1988、GB/T 9945—2001。

热 轧 球 扁 钢

1 范围

本标准规定了球扁钢的订货内容、型号、尺寸、外形、重量及允许偏差、技术要求、试验方法、检验规则、包装、标志及质量证明书等。

本标准适用于船舶制造、海洋工程及钢结构等用途的热轧不对称球扁钢。

2 规范性引用文件

下列文件对于本文件的应用是必不可少的。凡是注日期的引用文件，仅注日期的版本适用于本文件。凡是不注日期的引用文件，其最新版本(包括所有的修改单)适用于本文件。

GB/T 222 钢的成品化学成分允许偏差
GB/T 223.5 钢铁 酸溶硅和全硅含量的测定 还原型硅钼酸盐分光光度法
GB/T 223.9 钢铁及合金 铝含量的测定 铬天青S分光光度法
GB/T 223.12 钢铁及合金化学分析方法 碳酸钠分离-二苯碳酰二肼光度法测定铬量
GB/T 223.14 钢铁及合金化学分析方法 钽试剂萃取光度法测定钒含量
GB/T 223.16 钢铁及合金化学分析方法 变色酸光度法测定钛量
GB/T 223.19 钢铁及合金化学分析方法 新亚铜灵-三氯甲烷萃取光度法测定铜量
GB/T 223.23 钢铁及合金 镍含量的测定 丁二酮肟分光光度法
GB/T 223.26 钢铁及合金 钼含量的测定 硫氰酸盐分光光度法
GB/T 223.40 钢铁及合金 铌含量的测定 氯磺酚S分光光度法
GB/T 223.54 钢铁及合金化学分析方法 火焰原子吸收分光光度法测定镍量
GB/T 223.62 钢铁及合金化学分析方法 乙酸丁酯萃取光度法测定磷量
GB/T 223.63 钢铁及合金化学分析方法 高碘酸钠(钾)光度法测定锰量
GB/T 223.69 钢铁及合金 碳含量的测定 管式炉内燃烧后气体容量法
GB/T 223.72 钢铁及合金 硫含量的测定 重量法
GB/T 228.1 金属材料 拉伸试验 第1部分:室温试验方法
GB/T 229 金属材料 夏比摆锤冲击试验方法
GB/T 2101 型钢验收、包装、标志及质量证明书的一般规定
GB/T 2975 钢及钢产品 力学性能试验取样位置及试样的制备
GB/T 4336 碳素钢和中低合金钢 火花源原子发射光谱分析方法(常规法)
GB/T 20066 钢和铁 化学成分测定用试样的取样和制样方法
YB/T 081 冶金技术标准的数值修约与检测数值的判定原则

3 订货内容

按本标准订货的合同或订单应包括下列内容：

a) 标准编号；
b) 产品名称；

c） 牌号；

d） 交货状态；

e） 型号、长度；

f） 重量。

4 型号、尺寸、外形、重量及允许偏差

4.1 尺寸

4.1.1 截面尺寸及允许偏差

4.1.1.1 球扁钢的截面图示及标注符号如图1所示。

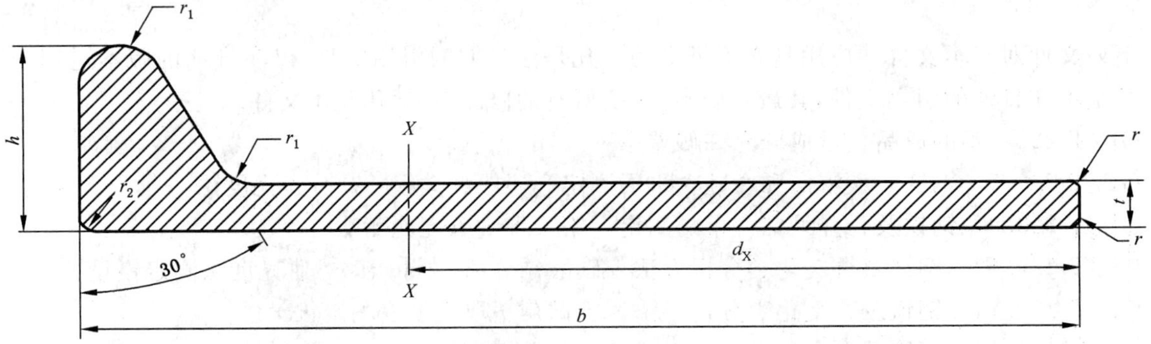

说明：

h ——高度；

b ——宽度；

t ——腹板厚度；

r_1 ——球顶面与腹板间的圆角半径、球端圆角半径；

r_2 ——球头肩部圆角半径；

r ——腹板端部的圆角半径；

d_X ——重心距离。

图1 球扁钢截面图示

4.1.1.2 球扁钢的型号、公称尺寸、截面面积、理论重量、截面特性参数应符合表1的规定。

表1 公称尺寸、截面面积、理论重量、截面特性参数

型号	公称尺寸 mm						截面面积[b] cm²	理论重量 kg/m	重心距离 d_X cm	X-X 轴特征值	
	b	t	h	r_1[a]	r_2[a,b]	r[a]				I_X cm⁴	W_X cm³
80×5	80	5	19	4	≤6	≤1.5	5.41	4.25	4.90	33.87	6.9
80×6	80	6	20	4		≤2	6.21	4.88	4.78	38.70	8.1
100×7	100	7	22.5	4.5		≤2	8.74	6.86	5.87	85.30	14.5
100×8	100	8	23.5	4.5		≤2	9.74	7.65	5.78	94.30	16.3
120×6	120	6	23	5		≤2	9.32	7.32	7.21	133	18.5
120×7	120	7	24	5		≤2	10.52	8.26	7.07	149	21.0
120×8	120	8	25	5		≤2	11.72	9.20	6.96	165	23.6

表 1（续）

型号	公称尺寸 mm						截面面积[b] cm²	理论重量 kg/m	重心距离 d_X cm	X-X 轴特征值	
	b	t	h	r_1^a	$r_2^{a,b}$	r^a				I_X cm⁴	W_X cm³
140×7	140	7	26	5.5	≤6	≤2	12.43	9.75	8.32	241	29.0
140×8	140	8	27	5.5		≤2	13.83	10.85	8.18	266	32.5
140×10	140	10	29	5.5		≤3	16.63	13.05	7.99	315	39.5
160×7	160	7	29	6		≤2	14.60	11.46	9.66	373	38.6
160×8	160	8	30	6		≤2	16.20	12.72	9.50	411	43.3
160×9	160	9	31	6		≤2	17.80	13.97	9.37	449	47.9
160×11	160	11	33	6		≤3	21.00	16.49	9.16	522	57.0
180×8	180	8	33	7		≤2	18.86	14.80	10.89	609	55.9
180×9	180	9	34	7		≤2	20.66	16.22	10.73	664	61.8
180×10	180	10	35	7		≤3	22.46	17.63	10.59	717	67.7
180×11	180	11	36	7		≤3	24.26	19.04	10.47	770	73.5
200×9	200	9	37	8		≤2	23.66	18.57	12.12	942	77.7
200×10	200	10	38	8		≤3	25.66	20.14	11.96	1 017	85.1
200×11	200	11	39	8		≤3	27.66	21.71	11.82	1 091	92.3
200×12	200	12	40	8		≤3	29.66	23.28	11.69	1 164	99.5
220×10	220	10	41	9		≤3	29.00	22.77	13.35	1 396	105
220×11	220	11	42	9		≤3	31.20	24.50	13.19	1 496	114
220×12	220	12	43	9		≤3	33.40	26.22	13.04	1 595	122
240×10	240	10	44	10		≤3	32.49	25.50	14.77	1 865	126
240×11	240	11	45	10		≤3	34.89	27.39	14.58	1 997	137
240×12	240	12	46	10		≤3	37.29	29.27	14.42	2 127	148
260×10	260	10	47	11		≤3	36.11	28.35	16.22	2 434	150
260×11	260	11	48	11		≤3	38.71	30.39	16.00	2 605	163
260×12	260	12	49	11		≤3	41.31	32.43	15.81	2 774	175
280×11	280	11	51	12		≤3	42.68	33.50	17.44	3 333	191
280×12	280	12	52	12		≤3	45.48	35.70	17.23	3 547	206
280×13	280	13	53	12		≤3	48.28	37.90	17.04	3 757	221
300×11	300	11	54	13		≤3	46.78	36.70	18.90	4 192	222
300×12	300	12	55	13		≤3	49.79	39.09	18.70	4 459	239
300×13	300	13	56	13		≤3	52.79	41.44	18.45	4 722	256
320×12	320	12	58	14		≤3	54.25	42.60	20.12	5 525	275
320×13	320	13	59	14		≤3	57.25	45.09	19.89	5 849	294
320×14	320	14	60	14		≤4	60.85	47.60	19.68	6 168	313
340×12	340	12	61	15		≤3	58.84	46.20	21.69	6 757	313
340×13	340	13	62	15		≤3	62.24	48.86	21.34	7 152	335
340×14	340	14	63	15		≤4	65.54	51.50	21.10	7 540	357

表 1（续）

型号	公称尺寸 mm						截面面积[b] cm^2	理论重量 kg/m	重心距离 d_X cm	X-X 轴特征值	
	b	t	h	r_1^a	$r_2^{a,b}$	r^a				I_X cm^4	W_X cm^3
370×13	370	13	66.5	16.5	≤6	≤3	69.70	54.70	23.54	9 469	402
370×14	370	14	67.5	16.5		≤4	73.40	57.60	23.29	9 980	429
370×15	370	15	68.5	16.5		≤4	77.10	60.50	23.06	10 483	456
400×14	400	14	72	18		≤4	81.48	63.96	25.49	12 924	507
400×15	400	15	73	18		≤4	85.48	67.10	25.24	13 573	538
400×16	400	16	74	18		≤4	89.48	70.20	25.00	14 211	568
430×14	430	14	76.5	19.5		≤4	89.70	70.60	27.70	16 427	592
430×15	430	15	77.5	19.5		≤4	94.19	73.90	27.46	17 249	629
430×17	430	17	79.5	19.5		≤4	102.79	80.70	26.95	18 911	703
430×19	430	19	81.5	19.5		≤4	111.39	87.40	26.53	20 413	770
430×20	430	20	82.5	19.5		≤4	115.00	90.80	26.30	21 180	804

[a] r、r_1 尺寸在车削轧辊时检查。

[b] 船用球扁钢的 r_2 应不小于 2 mm。

4.1.1.3　球扁钢截面尺寸允许偏差应符合表 2 的规定。

表 2　尺寸允许偏差

单位为毫米

公称尺寸 b	允许偏差		
	b	t	h
80～120	±1.5	+0.7 −0.3	±0.5
>120～180	±2.0	+1.0 −0.3	±0.8
>180～300	±3.0	+1.1 −0.3	±1.0
>300～430	±4.0	+1.3 −0.3	±1.1

4.1.1.4　腹板边部焊接角 θ 不得大于 4°，如图 2 所示。

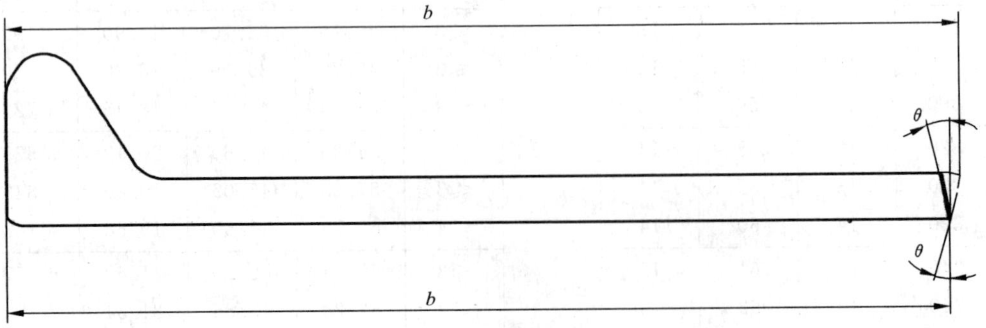

图 2　腹板边部焊接角

4.1.1.5 球部形状需填充饱满，不得有明显缺肉，必要时用专用样板检查。

4.1.2 长度及允许偏差

4.1.2.1 球扁钢的通常长度为 4 000 mm～12 000 mm。

4.1.2.2 球扁钢的长度允许偏差为$^{+80}_{0}$mm。

4.2 外形

4.2.1 弯曲度

球扁钢每米弯曲度应不大于 3 mm，总弯曲度应不大于总长度的 0.3%。

4.2.2 扭转

球扁钢不得有明显的扭转。

4.2.3 端部切斜

球扁钢端部切斜不得大于 5 mm。

4.3 重量

球扁钢按理论重量交货，交货的理论重量按定倍尺长度计算。交货的理论重量与实际重量允许有一定偏差，当交货重量不小于 5 t 时，其偏差为$^{+6\%}_{-2\%}$，当交货重量小于 5 t 时，其偏差为$^{+8\%}_{-2.7\%}$。球扁钢也可按实际重量交货，但应在合同中注明。

5 技术要求

5.1 牌号和化学成分

5.1.1 钢的牌号和化学成分(熔炼成分)应符合表 3 的规定。

表 3 化学成分

钢类	牌号	化学成分(质量分数)/%								
		C	Si	Mn[a]	P	S	Nb	V	Ti	Als[b]
一般强度钢	A	≤0.21[c]	≤0.50	≥0.50	≤0.035	≤0.035	—	—	—	—
	B		≤0.35	≥0.60						
	D			≥0.60	≤0.030	≤0.030				≥0.015
	E	≤0.18		≥0.70	≤0.025	≤0.025				

表 3（续）

钢类	牌号	化学成分(质量分数)/%								
		C	Si	Mn[a]	P	S	Nb	V	Ti	Als[b]
高强度钢	AH32	≤0.18	≤0.50	0.90～1.60	≤0.030	≤0.030	0.020～0.050[d]	0.050～0.100[d]	≤0.020[d]	≥0.015[d]
	AH36									
	AH40									
	DH32				≤0.025	≤0.025				
	DH36									
	DH40									
	EH32									
	EH36									
	EH40									

[a] 当 AH32～EH40 钢材的厚度≤12.5 mm 时，Mn 的最小值可为 0.70%。

[b] 可测定总铝含量代替酸溶铝含量，此时总铝含量应不小于 0.020%。

[c] A 钢的碳，最大可到 0.23%。

[d] 细化晶粒元素 Al、Nb、V、Ti 可以单独加入或以任一组合形式加入。当单独加入时，其含量应符合表中规定值，若混合加入两种或两种以上细化晶粒元素时，则表中对单一元素含量下限的规定不适用，且 Nb+V+Ti≤0.12%。

5.1.2　一般强度钢，钢中铜含量应不大于 0.35%，铬、镍含量应各不大于 0.30%。供方若能保证合格可不作分析。

5.1.3　高强度钢中残余元素含量应符合表 4 的规定。

表 4　残余元素

残余元素	Ni	Cr	Cu	Mo
质量分数/%	≤0.40	≤0.20	≤0.30	≤0.08

5.1.4　一般强度钢的碳当量 $Ceq=C+\frac{1}{6}Mn\leqslant 0.40\%$。

5.1.5　供需双方协商，高强度钢可提供碳当量要求，碳当量计算公式：$Ceq=C+\frac{1}{6}Mn+\frac{1}{5}(Cr+Mo+V)+\frac{1}{15}(Ni+Cu)$。

5.1.6　成品钢材的化学成分允许偏差应符合 GB/T 222 的规定。

5.1.7　经供需双方协议，可供应表 3 以外的其他牌号的球扁钢，化学成分和力学性能指标由供需双方协商确定。

5.2　冶炼方法

钢由氧气转炉或电炉冶炼，需要时，可进行炉外精炼。

5.3 交货状态

球扁钢以热轧、控轧或热处理状态交货。

5.4 力学性能

5.4.1 球扁钢的力学性能应符合表5的规定。

表5 力学性能

牌号	屈服强度[a] R_{eH}/MPa	抗拉强度 R_m/MPa	断后伸长率 A/%	冲击吸收能量 KV_2/J		
				温度/℃	纵向	横向
A	≥235	400～520	≥22	—	—	—
B				0	≥27	≥20
D				−20		
E				−40		
AH32	≥315	440～570	≥22	0	≥31	≥22
DH32				−20		
EH32				−40		
AH36	≥355	490～620	≥21	0	≥34	≥24
DH36				−20		
EH36				−40		
AH40	≥390	510～660	≥20	0	≥41	≥27
DH40				−20		
EH40				−40		

[a] 当屈服现象不明显时，屈服强度取 $R_{P0.2}$。

5.4.2 表5所列是10 mm×10 mm×55 mm标准试样的冲击吸收能量，当采用7.5 mm×10 mm×55 mm和5 mm×10 mm×55 mm小尺寸试样做冲击试验时，其试验结果应符合表6的规定。

表6 小尺寸试样冲击吸收能量

牌号	试样尺寸 mm	冲击吸收能量 KV_2 J 不小于	
		纵向	横向
B D E	10×7.5	22	17
	10×5	18	13
AH32 DH32 EH32	10×7.5	26	18
	10×5	21	15

表 6（续）

牌 号	试样尺寸 mm	冲击吸收能量 KV_2 J 不小于	
		纵向	横向
AH36 DH36 EH36	10×7.5	28	20
	10×5	23	16
AH40 DH40 EH40	10×7.5	34	23
	10×5	27	18

5.4.3 若订货合同未注明，冲击试验仅做纵向试验。

5.5 表面质量

5.5.1 球扁钢表面不应有气泡、结疤、裂纹、折叠、夹杂和压入氧化铁皮等有害缺陷。不应有目视可见的分层。

5.5.2 球扁钢的表面允许有不妨碍检查表面缺陷的薄层氧化铁皮、铁锈及由于压入氧化铁皮和轧辊所造成的粗糙、网纹、划痕及其他局部缺陷，但其深度不应大于厚度负偏差，并应保证钢材允许的最小厚度。

5.5.3 球扁钢表面缺陷允许清除，清除处应圆滑无棱角，清除宽度不得小于清除深度的 5 倍，清除深度从实际尺寸算起不应大于厚度公差的一半，并保证最小厚度。球扁钢不应进行横向清除缺陷。

5.5.4 球扁钢表面缺陷不允许进行焊补。

6 试验方法

6.1 球扁钢的检验项目、取样数量、取样方法、试验方法应符合表 7 的规定。

6.2 检验结果的数值修约应符合 YB/T 081 的规定。

表 7 试验方法

序号	检验项目	取样数量	取样方法	试验方法
1	化学成分	每炉 1 个	GB/T 20066	GB/T 223 或 GB/T 4336
2	拉伸试验	每批 1 个	GB/T 2975	GB/T 228.1
3	冲击试验	每批 3 个	GB/T 2975	GB/T 229
4	尺寸、外形	逐支		符合精度要求的适宜量具
5	表面	逐支		目视

7 检验规则

7.1 检查和验收

球扁钢的质量由供方质量技术监督部门进行检查和验收，需方有权对本标准或合同所规定的任一检验项目进行检查和验收。

7.2 组批规则

球扁钢应按批验收，每批应由同一牌号、同一炉号、同一规格、同一热处理状态的钢材组成。一般强度 A、B、D 球扁钢每批重量不得大于 50 t，一般强度 E 和高强度球扁钢每批重量不得大于 25 t。

7.3 取样位置

应从球扁钢腹板$\frac{1}{3}$处切取矩形拉力和冲击样坯，如图 3 所示。

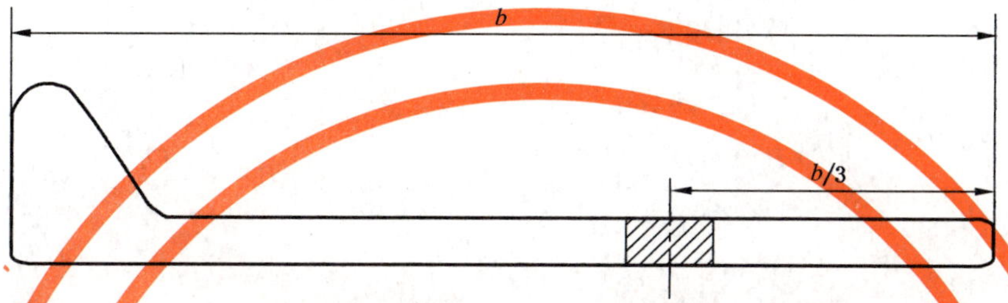

图 3 取样位置

7.4 复验与判定规则

球扁钢检验项目的复验与判定规则应符合 GB/T 2101 的规定。

8 包装、标志及质量证明书

8.1 包装

8.1.1 球扁钢应按同一倍尺叠落整齐、包装捆扎牢固。

8.1.2 球扁钢应成捆交货。

8.2 标志

球扁钢的标志应符合 GB/T 2101 的规定。

8.3 质量证明书

8.3.1 球扁钢质量证明书应符合 GB/T 2101 的规定。

8.3.2 根据需方要求可提供中英文对照的质量证明书。

ICS 13.020
C 51

中华人民共和国国家标准

GB 9981—2012
代替 GB 9981—1988

农村住宅卫生规范

Hygienic specification for rural housing

2012-11-20 发布　　2013-05-01 实施

中华人民共和国卫生部
中国国家标准化管理委员会 发布

前　言

本标准的全部技术内容为强制性。

本标准按照 GB/T 1.1—2009 给出的规则起草。

本标准代替 GB 9981—1988《农村住宅卫生标准》。

本标准与 GB 9981—1988 相比主要的修改如下：

——依据 GB/T 1.1—2009《标准化工作导则　第 1 部分：标准的结构和编写规则》调整了结构；

——增加了“农村住宅卫生要求”的内容；

——调整了“农村住宅卫生指标及标准值”；

——简化或删除了部分内容。

本标准由中华人民共和国卫生部提出并归口。

本标准负责起草单位：中国疾病预防控制中心环境与健康相关产品安全所。

本标准参加起草单位：黑龙江省卫生监督所、浙江省疾病预防控制中心、广东省疾病预防控制中心、甘肃省疾病预防控制中心、四川省疾病预防控制中心。

本标准主要起草人：王俊起、于艳玲、潘力军、汤铭潭、楼晓明、张建鹏、杨海霞、张承云、王友斌、郭亚菲、孙凤英、蔡诗文。

农村住宅卫生规范

1 范围

本标准规定了农村住宅设计和建设的卫生要求和有关指标的标准值。

本标准适用于农村住宅新建、改建、扩建的统一规划设计和建设。个人建造的住宅参照本标准执行。本标准也适用于已建成农村住宅的卫生学评价。

2 规范性引用文件

下列文件对于本文件的应用是必不可少的。凡是注日期的引用文件，仅注日期的版本适用于本文件。凡是不注日期的引用文件，其最新版本(包括所有的修改单)适用于本文件。

GB 7959 粪便无害化卫生要求

GB 18055 村镇规划卫生规范

GB 19379 农村户厕卫生规范

3 术语和定义

下列术语和定义适用于本文件。

3.1

农村住宅卫生 rural housing hygiene

农村住宅在新建、改建、扩建的设计和建设时，对住宅建筑物的日照、采光、通风、隔音、起居生活空间和卫生设施的设计和建设提出卫生学要求，为农村居民创造有利于健康的居住环境。

3.2

住宅朝向 direction of dwelling house

住宅建筑物主室窗户所面对的方向。

3.3

日照时数 hours of insolation

冬季阳光可满窗直射到主室内的时数，以冬至日最低需要的室内日照时数为基准。

3.4

日照间距系数 spacing factor of building for insolation

日照间距即前后住宅的距离。前后相邻的两排住宅建筑物平行布置、朝向正南时，其间距以前排建筑物的地面至女儿墙高度的倍数表示，称为日照间距系数。该系数可用三角函数关系计算：

$$L = H \cdot \cot \theta_s$$

式中：

L ——前排建筑物阴影长度(即前排建筑物高度的倍数)；

H ——建筑物高度；

θ_s ——地区冬至日正午的太阳高度角。

3.5

采光系数 daylight factor

全阴天的室外自然散射光进入室内的百分数。计算式如下：

$$采光系数=\frac{全阴天室内工作面水平照度}{室外全阴天水平照度}\times 100\%$$

3.6

窗地面积比值　ratio of glazing to floor area

窗户的有效透光面积(A_w)与该室内的地面积(A_f)之比(A_w/A_f)。

3.7

居室进深　room depth

开设窗户的外墙内表面至对面墙壁内表面的距离。

3.8

室深系数　coefficient of room depth

居室进深(D_r)与地板至窗上缘高度(H_w)之比(D_r/H_w)。

3.9

居室净高　interior net storey height

主室内地板到天花板之间的高度或地板到无天花板的屋顶之间的高度,有斜度屋顶的高度以其最高与最低的均值计算。

3.10

人均居室面积　per person room area

主室墙内地面长度与宽度的乘积,其总面积按常住人口计算人均面积。

3.11

人均居室容积　per person room volume

主室净高与主室净面积的乘积,其总容积按常住人口计算人均容积。

3.12

温热地区　temperate-tropical region

1月份平均温度>0 ℃的地区。

3.13

寒冷地区　chill region

1月份平均温度<0 ℃的地区。

4　农村住宅的卫生要求

4.1　住宅建筑用地的选择应符合 GB 18055 的规定。

4.2　住宅的朝向和间距应根据当地情况选择最佳的朝向和日照间距。

4.3　住宅建筑物的长轴面对夏季主导的风向应根据当地情况选择最佳的角度。在条件限制的情况下,建筑物的长轴与夏季主导风向的夹角不应小于30°。

4.4　住宅的房间配置和设施符合下列要求:

——房间配置应以**卧室**(**起居室**)、**厅**向南为最佳朝向,有直接自然采光;**厨房**、**卫生间**应有良好的通风条件;

——寒冷地区住宅应设置冬季采暖设施;

——厨房应与居室之间有门分隔,并设置排烟管道和下水管道;

——卫生间(宅内户厕)应有地下化粪池配套设施;

——当住宅内不设卫生间时,应设置厕屋(宅外户厕)以及地下化粪池配套设施并统一纳入住宅设计和建设,使其符合 GB 19379 和 GB 7959 的要求;

——不得设计和建设人与畜、禽混居的住宅。农家畜、禽饲养圈舍应与住宅隔断分开,彼此间不应有空气直接流通。

4.5 住宅建造和装饰装修应使用环保材料，以保证建造装修后的室内空气质量符合有关国家标准。

4.6 农村住宅的卫生指标应符合表1的规定。

表1 农村住宅卫生指标

序号	指标类别	指标	单位	标准值	备注
1	日照指标	日照时数	h	不小于2.0	冬至日主室
2		日照间距系数	倍	不小于1.5	温热地区
				不小于2.0	寒冷地区
3	采光指标	采光系数	%	不小于1.0	主室
				不小于0.5	辅室
4		窗地面积比值	—	1/7～1/6	主室
				1/10～1/8	辅室
5	规模指标	室深系数	—	2.0～2.5	一侧采光
				4.0～5.0	两侧采光
6		居室净高	m	2.6～2.8	主室
7		人均居室面积	m^2	8～10	主室
8		人均居室容积	m^3	20～25	主室
9	隔音指标	卧室噪声(A计权)	dB	不大于40	白天
				不大于30	夜间

ICS 01.080.10
A 22

中华人民共和国国家标准

GB/T 10001.1—2012
代替 GB/T 10001.1—2006,GB/T 10001.10—2007

公共信息图形符号
第1部分:通用符号

**Public information graphical symbols—
Part 1:General symbols**

2012-12-31 发布　　2013-06-01 实施

中华人民共和国国家质量监督检验检疫总局
中国国家标准化管理委员会　发布

前　言

GB/T 10001《公共信息图形符号》拟分为部分出版，各部分将按照应用的领域划分成通用符号和具体领域的符号。目前计划发布如下部分：

——第1部分：通用符号；

——第2部分：旅游休闲符号；

——第3部分：客运货运符号；

——第4部分：运动健身符号；

——第5部分：购物符号；

——第6部分：医疗保健符号；

——第7部分：办公教学符号；

——第8部分：公园景点符号；

——第9部分：无障碍设施符号。

本部分为GB/T 10001的第1部分。

本部分按照GB/T 1.1—2009规定的规则起草。

本部分整合了GB/T 10001.1—2006《标志用公共信息图形符号　第1部分：通用符号》、GB/T 17695—2006《印刷品用公共信息图形标志》和GB/T 10001.10—2007《标志用公共信息图形符号　第10部分：铁路客运服务符号》中的内容。本部分代替GB/T 10001.1—2006和GB/T 17695—2006表1的内容。本部分与GB/T 10001.3—2011《标志用公共信息图形符号　第3部分：客运货运符号》共同代替GB/T 10001.10—2007。

本部分与GB/T 10001.1—2006相比，主要技术变化为：

a) 增加图形符号28个：其中新图形符号4个：出入口、图像采集区域、直接饮用水、手机充电；从GB/T 10001.10—2007中移至本部分的图形符号24个：自动售票、广播、开水、烟灰盒、冲水按钮、盥洗间、感应出水、洗手液、干手器、擦手纸、卫生纸、座便器垫圈纸、空调、温度调节、风量调节、音量调节、电灯开关、电源插座、耳机插座、紧急呼救按钮、请勿扔烟头、请勿躺卧、请勿翻越栏杆、急救(医疗点)；

b) 修改图形符号18个：入口、出口、冲水按钮、饮用水、公园、超级市场、宾馆、医院、货币兑换、自动柜员机、衣帽间、安全保卫、洗浴、网络服务、请勿使用手机、请勿使用闪光灯、非饮用水、请勿打扰；

c) 删除图形符号4个：无障碍设施[1)]、无障碍电梯[1)]、邮箱[2)]、休息区[3)]；

d) 从GB/T 17695—2006表1中纳入小型图形符号62个，其余小型图形符号均为新增符号。

本部分由全国图形符号标准化技术委员会(SAC/TC 59)提出并归口。

本部分起草单位：中国标准化研究院、国家旅游局监督管理司、铁道部运输局、中国民航科学技术研究院、中国人民大学艺术学院、清华大学外语系、住房和城乡建设部标准定额司。

本部分主要起草人：白殿一、张亮、汪黎明、陈滋顶、安姚舜、刘家伟、杨永林、卫明、邹传瑜、陈永权、张茜。

1) GB/T 10001.9—2008中已经规定。

2) 其含义在图形符号“邮政”中包含。

3) 其含义在图形符号“等候区”中包含。

本部分所代替标准的历次版本发布情况为：

——1988 年首次发布为 GB 10001—1988《公共信息标志用图形符号》。

——1994 年第一次修订时将 GB 3818—1983《公共信息图形符号》并入。

——2000 年第二次修订，分为部分出版。本部分对应于 GB/T 10001.1—2000《标志用公共信息图形符号　第 1 部分：通用符号》。

——2006 年第三次修订；本次为第四次修订。

公共信息图形符号 第1部分:通用符号

1 范围

GB/T 10001的本部分规定了信息载体中使用的通用公共信息图形符号及其应用原则,包括正方形边长大于10 mm的公共信息图形符号(简称图形符号)和正方形边长为3 mm～10 mm的公共信息图形符号(简称小型图形符号)。

本部分中规定的图形符号适用于公共场所及相关设施,具体用于公共信息导向系统中的位置标志、导向标志、信息版、示意图等导向要素的设计。

本部分中规定的小型图形符号适用于导向图、旅游指南、手册等便携印刷品以及设备操作面板等信息载体。

2 规范性引用文件

下列文件对于本文件的应用是必不可少的。凡是注日期的引用文件,仅注日期的版本适用于本文件。凡是不注日期的引用文件,其最新版本(包括所有的修改单)适用于本文件。

GB/T 10001(所有其余部分) 标志用公共信息图形符号

GB/T 15565(所有部分) 图形符号 术语

GB/T 17695—2006 印刷品用公共信息图形标志

GB/T 20501(所有部分) 公共信息导向系统 要素的设计原则与要求

3 术语和定义

GB/T 15565界定的术语和定义适用于本文件。

4 图形符号

通用图形符号见表1。

5 应用原则

5.1 应用时,通用符号应从本部分的表1中选取。如需使用本部分以外的图形符号,应从GB/T 10001的其余部分中选取;如需使用本部分以外的小型图形符号,应从GB/T 17695—2006的表2～表6中选取。

5.2 在使用图形符号设计导向要素时,应符合GB/T 20501的要求;在使用小型图形符号设计便携印刷品时,应符合GB/T 20501.5的要求。

5.3 应根据实际场景的具体情况或与之组合使用的方向符号所指的方向,使用表1中的图形符号或其镜像图形符号。

5.4 只准许对表1中的图形符号或小型图形符号进行等比例放大或缩小,可将图形符号栏中的正方形符号边线的四角改为圆角；当使用衬底色形成符号区域时，应使该区域与正方形符号边线重合，并删除正方形符号边线。

5.5　表 1 中给出的含义仅为图形符号的广义概念。应用时可根据所要表达的具体对象给出相应名称，如：含义为“咖啡”的图形符号可给出“咖啡厅”“咖啡馆”“咖啡店”等具体名称，同时英文亦应根据具体的中文名称做相应的调整。

表 1　通用图形符号

序号	图形符号	小型图形符号	含　义	说　明
001			方向 Direction	表示方向 符号方向根据实际情况设置 图形符号栏中的角标不是图形符号的组成部分，仅是设计导向标志时确定方向符号位置的依据
002			入口 Entrance	表示入口位置或指明进去的通道 应用时，根据实际情况可将符号旋转 90°或 180°
003			出口 Exit	表示出口位置或指明出去的通道 应用时，根据实际情况可将符号旋转 90°或 180°

表 1 通用图形符号（续）

序号	图形符号	小型图形符号	含 义	说 明
004			出入口 Entrance And Exit	表示出入口位置或指明出入的通道 应用时，根据实际情况可将符号旋转 90°或 180°
005			上楼楼梯 Stairs Up	表示仅允许上楼的楼梯或其位置 不表示自动扶梯
006			下楼楼梯 Stairs Down	表示仅允许下楼的楼梯或其位置 不表示自动扶梯、地下通道
007			楼梯 Stairs	表示上下共用的楼梯或其位置 不表示自动扶梯

表 1　通用图形符号（续）

序号	图形符号	小型图形符号	含　义	说　明
008			天桥 Overpass	表示过街天桥或其位置 不表示楼梯
009			地下通道 Underpass	表示地下通道或其位置 不表示楼梯
010			上行自动扶梯 Escalator Up	表示向上自动扶梯或其位置 不表示楼梯
011			下行自动扶梯 Escalator Down	表示向下自动扶梯或其位置 不表示楼梯

表 1　通用图形符号（续）

序号	图形符号	小型图形符号	含　义	说　明
012	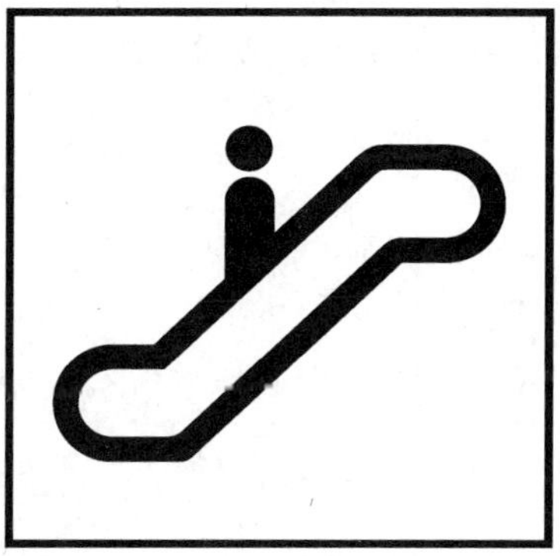		自动扶梯 Escalator	表示自动扶梯或其位置 不表示楼梯
013	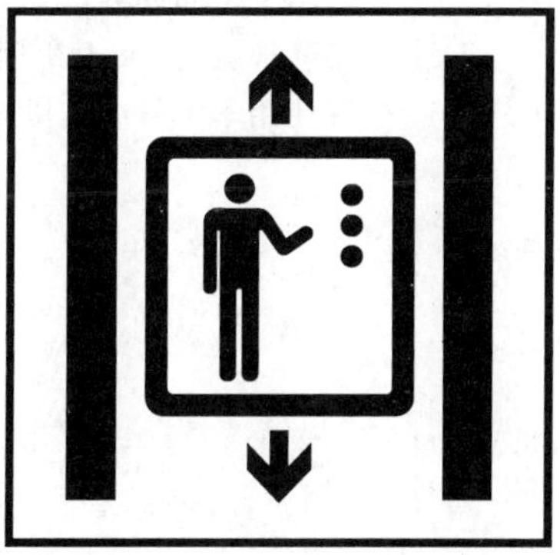		电梯 Elevator	表示公用电梯或其位置
014	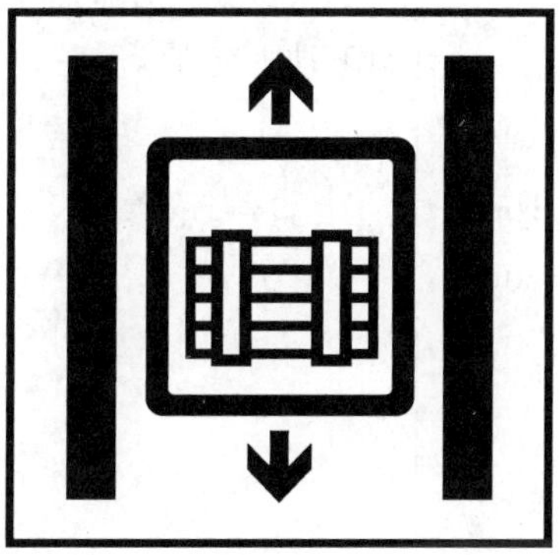		货梯 Freight Elevator	表示运输货物的电梯或其位置
015			男 Men	表示男性专用设施的位置，如男厕所、男浴室等

表 1 通用图形符号(续)

序号	图形符号	小型图形符号	含 义	说 明
016			女 Women	表示女性专用设施的位置,如女厕所、女浴室等
017			卫生间 Restrooms	表示卫生间或其位置 需要根据男、女卫生间的实际位置使用本符号或其镜像符号
018			冲水按钮 Flush Button	表示该设施为冲水按钮,或该处有冲水按钮
019	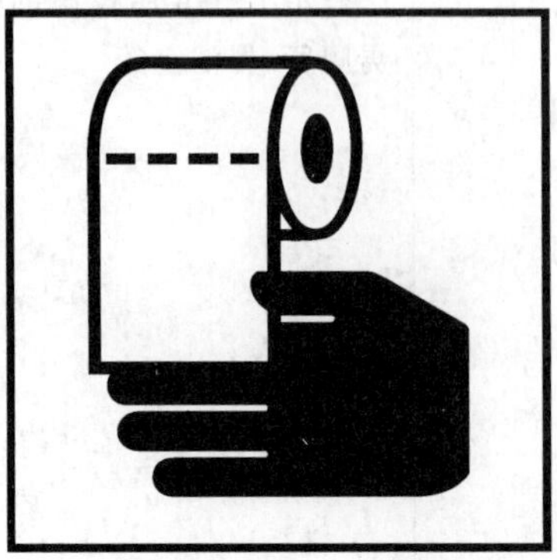		卫生纸 Toilet Paper	表示卫生纸,或该处有卫生纸

表 1 通用图形符号（续）

序号	图形符号	小型图形符号	含 义	说 明
020	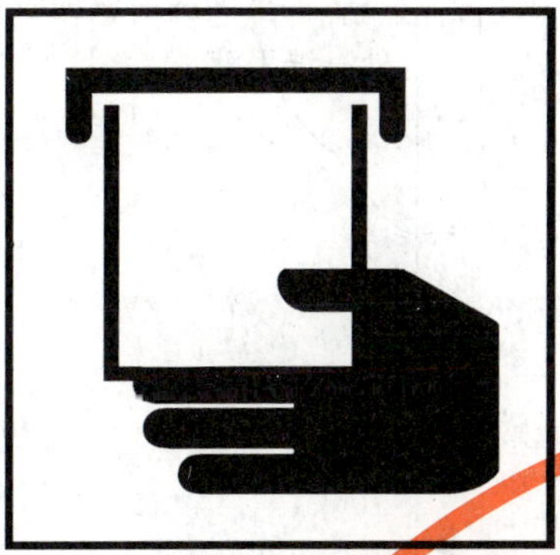		擦手纸 Tissue	表示擦手纸、纸巾纸，或该处有擦手纸、纸巾纸
021			座便器垫圈纸 Toilet Seat Covers	表示座便器垫圈纸，或该处有座便器垫圈纸
022			盥洗间 Washroom	表示提供洗漱的场所，如盥洗间、盥洗室等
023			感应出水 Automatic Sensor Faucet	表示该设施具有感应出水功能，如自动水龙头等

表 1　通用图形符号（续）

序号	图形符号	小型图形符号	含　义	说　明
024			洗手液 Hand Lotion	表示提供洗手液的设施，或该处有洗手液
025			干手器 Hand Dryer	表示该设施为干手器
026			饮用水 Drinking Water	表示提供可饮用水的场所或位置
027			开水 Boiled Water	表示提供开水的场所或位置，如开水间、茶炉室等

表 1　通用图形符号（续）

序号	图形符号	小型图形符号	含　义	说　明
028			直接饮用水 Drinking Fountain	表示提供直接饮用水的场所或位置
029			公园 Park	表示供公众游览休息的园林或位置
030			动物园 Zoo	表示供公众观览各种动物的场所或位置
031			植物园 Botanical Garden	表示供公众观览各种植物的场所或位置

表 1　通用图形符号（续）

序号	图形符号	小型图形符号	含　义	说　明
032			商场;购物中心 Shopping Area	表示出售各种商品的场所或位置,如商场、商店、购物中心等
033			超级市场 Supermarket	表示可自助购买大量陈列食品、日常用品和家用商品的场所或位置
034			宾馆 Hotel	表示提供膳宿的场所、位置或服务,如宾馆、饭店、旅馆或其预订处等
035	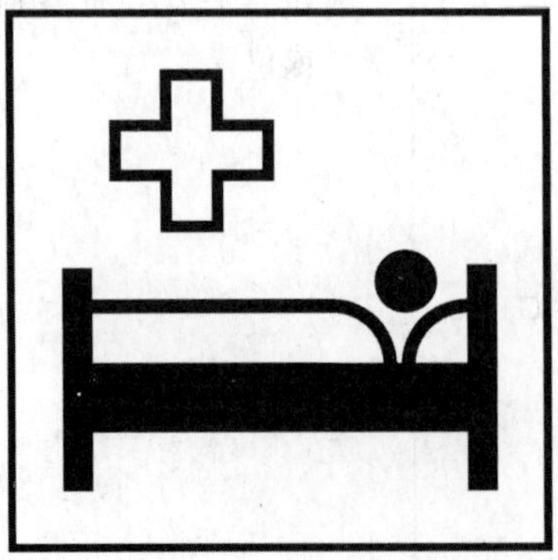		医院 Hospital	表示治疗和护理病人的常设医疗服务场所或位置 不表示急救或医疗点

表 1 通用图形符号（续）

序号	图形符号	小型图形符号	含　义	说　明
036			电影院 Cinema	表示观看电影的场所或位置
037			剧院 Theater	表示观看戏剧的场所或位置，如歌剧院、舞剧院等
038			博物馆 Museum	表示收藏、展览各类文物或标本的场所或位置
039			美术馆 Art Gallery	表示展览各种艺术作品的场所或位置

表 1 通用图形符号（续）

序号	图形符号	小型图形符号	含 义	说 明
040			图书馆 Library	表示收藏图书资料供人们阅览的场所或位置
041	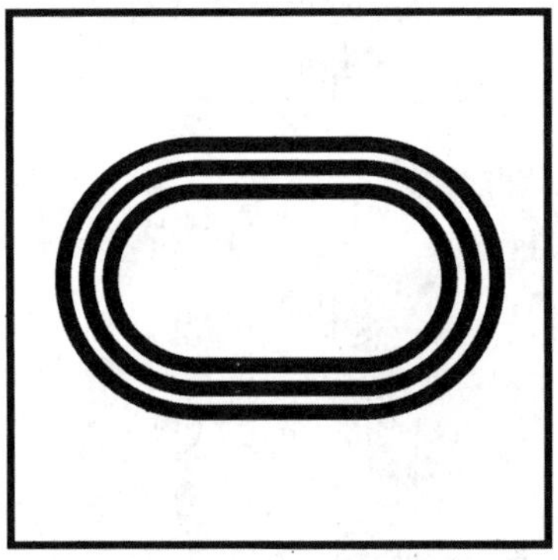		体育场 Stadium	表示有固定看台、跑道及足球场，可供训练、比赛和健身的室外运动场所或位置
042	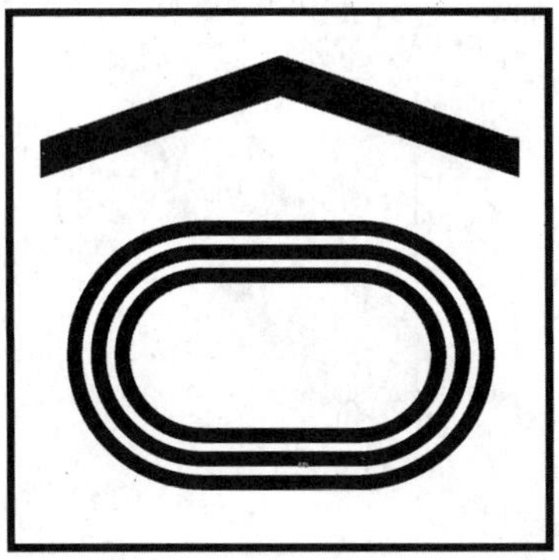		体育馆 Gymnasium	表示有固定看台，可供训练、比赛和健身的室内运动场所或位置
043	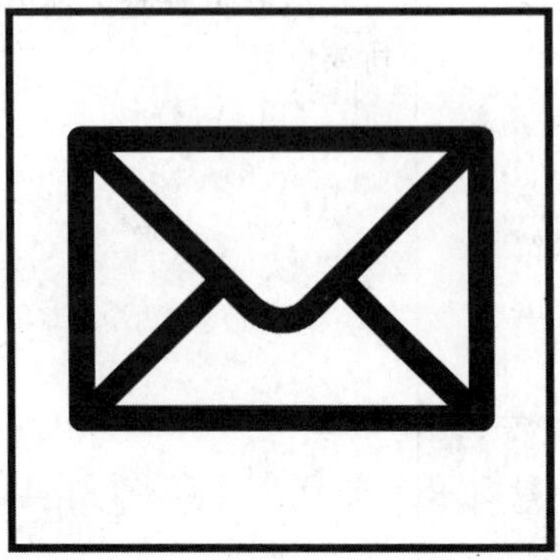		邮政 Post	表示邮政设施以及提供邮政服务的场所或位置，如邮局、邮筒、信箱

表 1 通用图形符号（续）

序号	图形符号	小型图形符号	含　义	说　明
044			银行 Bank	表示可进行存款、取款、汇兑、贷款等业务的场所或位置
045			货币兑换 Currency Exchange	表示提供各种外币兑换服务的场所或位置
046			自动柜员机 Automatic Teller Machine	表示可供自助存款、取款的设施或位置
047			结账 Check-out； 收银 Cashier	表示用现金或支票结算的场所或位置，如宾馆、饭店的前台结账处，商场、医院等场所的收款处等

表 1　通用图形符号（续）

序号	图形符号	小型图形符号	含　义	说　明
048			票务服务 Tickets	表示出售各种票据的场所或位置，如机场、车站、影院、体育场馆、公园等处的售票处及医院的挂号处等
049	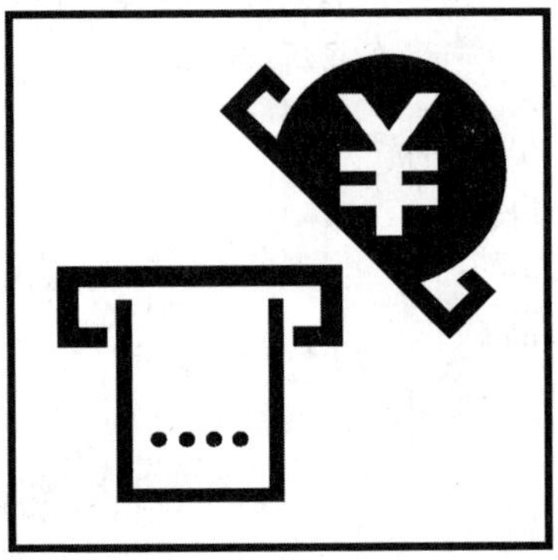		自动售票 Automatic Ticketing	表示自助售票的设备或提供自动售票服务的设施或位置
050			自动售货机 Vending Machine	表示自助出售商品的设施或位置
051			行李寄存 Left Luggage	表示临时存放行李的场所或位置

表 1　通用图形符号（续）

序号	图形符号	小型图形符号	含　义	说　明
052			衣帽间 Cloakroom	表示存放衣帽等物品的场所或位置
053			男更衣 Men's Locker Room	表示男性更衣或存放衣帽等物品的场所或位置。如男更衣间、男更衣室等
054			女更衣 Women's Locker Room	表示女性更衣或存放衣帽等物品的场所或位置，如女更衣间、女更衣室等
055	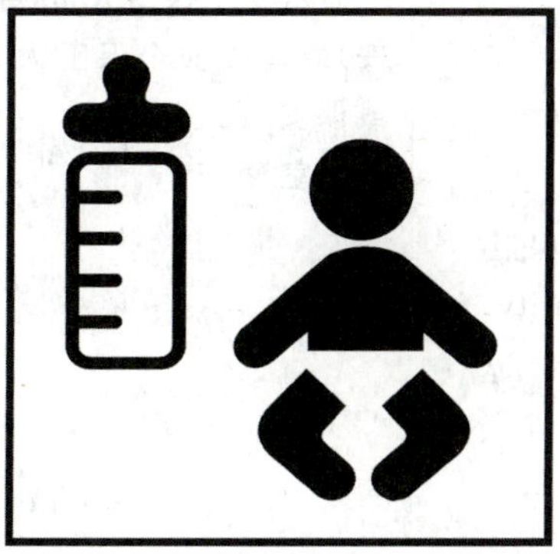		哺乳室 Baby Care	表示可喂哺婴儿或给婴儿更换尿布的场所或位置

表 1 通用图形符号（续）

序号	图形符号	小型图形符号	含　义	说　明
056			婴儿车 Strollers	表示提供婴儿车服务的场所或位置
057			等候区 Waiting Area	表示人们等候、休息的场所或位置，如车站的候车室，机场的候机区，医院的候诊室，商场、剧场的休息区等
058			会合点 Meeting Point	表示会合、约见的场所或位置
059			安全保卫 Security	表示安全保卫人员（警察或保安）或指明安全保卫人员（警察或保安）的值勤地点或位置，如警卫室等

表 1　通用图形符号（续）

序号	图形符号	小型图形符号	含　义	说　明
060			手续办理 Check-in; 接待 Rcception	表示办理手续或提供接待服务的场所或位置，如宾馆、饭店的前台接待处，机场的乘机手续办理处，医院的住院处等
061			会议室 Conference Room	表示召开会议的场所或位置
062			报告厅 Lecture Hall	表示做报告的场所或位置
063			餐饮 Restaurant	表示餐饮或提供餐饮服务的场所或位置，如酒楼、餐厅等 具体应用时，如确需区分中餐与西餐，本符号还可表示西餐

表 1　通用图形符号（续）

序号	图形符号	小型图形符号	含　义	说　明
064			中餐 Chinese Cuisine	表示中餐或提供中餐服务的场所或位置，如中餐厅、中餐馆等 不表示餐饮、西餐
065			快餐 Snacks	表示快餐或提供快餐服务的场所或位置 不表示酒吧、咖啡、茶饮
066			酒吧 Bar	表示饮酒及其他饮料的场所或位置 不表示快餐、咖啡、茶饮
067			咖啡 Coffee	表示喝咖啡的场所或位置 不表示快餐、酒吧、茶饮

表 1 通用图形符号（续）

序号	图形符号	小型图形符号	含 义	说 明
068			茶饮 Tea	表示喝茶的场所或位置 不表示快餐、酒吧、咖啡
069			花卉 Flowers	表示出售各种花卉的场所或位置，如花店、商店的售花部等
070			书报 Books And Newspapers	表示出售各种书报的场所或位置，如书报亭、书店等
071	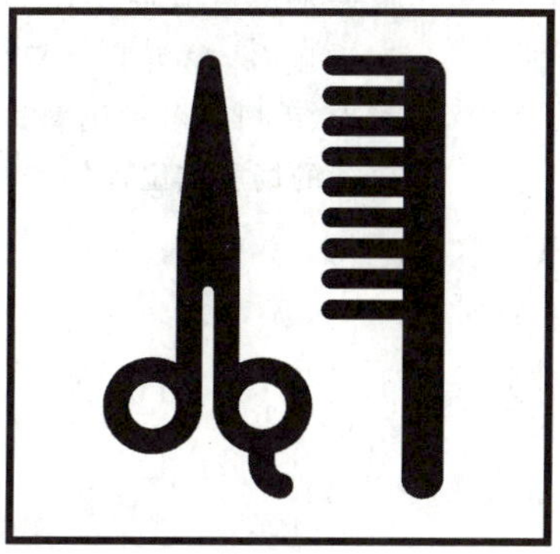		理发 Barber	表示提供理发、美容服务的场所或位置，如理发厅、美容院等

表 1 通用图形符号（续）

序号	图形符号	小型图形符号	含 义	说 明
072			洗浴 Bath	表示洗浴设施的场所、位置或服务，如洗浴中心等 不表示仅提供淋浴设施的场所或位置
073			贵宾 Very Important Person	表示对贵宾提供服务的场所或位置，如贵宾室、贵宾接待处等
074			信息服务 Information	表示不设工作人员，仅提供平面图、地图、指南、手册等各种信息的场所或位置
075			问讯 Enquiry	表示设有专职工作人员进行咨询服务，亦可同时提供地图、指南、手册等各种资料进行信息服务的场所或位置

表 1 通用图形符号（续）

序号	图形符号	小型图形符号	含 义	说 明
076			走失儿童 Lost Children	表示丢失儿童的登记或认领场所或位置
077			失物招领 Lost And Found	表示丢失物品的登记或认领场所或位置
078			停车场 Parking	表示停放机动车的场所或位置，如停车场
079			室内停车场 Covered Parking	表示室内停放机动车的场所或位置，如地下停车场等

表 1 通用图形符号（续）

序号	图形符号	小型图形符号	含 义	说 明
080			自行车停放处 Bicycle Parking	表示停放自行车的场所或位置
081			加油站 Gasoline Station	表示车辆加油、加气的场所或位置
082			电话 Telephone	表示电话或提供电话服务的场所或位置
083			网络服务 Internet Service	表示网络服务或提供网络服务的场所或位置

表 1　通用图形符号（续）

序号	图形符号	小型图形符号	含　义	说　明
084			广播 Broadcasting Studio	表示提供广播服务的场所或位置，如广播室等
085			图像采集区域 Video	表示图像采集区域或位置
086			手机充电 Mobile Phone Charging	表示提供手机充电服务的场所或位置，如手机充电站等
087			耳机插座 Earphone Outlet	表示该设施为耳机插座或耳机插座的位置

表 1 通用图形符号（续）

序号	图形符号	小型图形符号	含 义	说 明
088	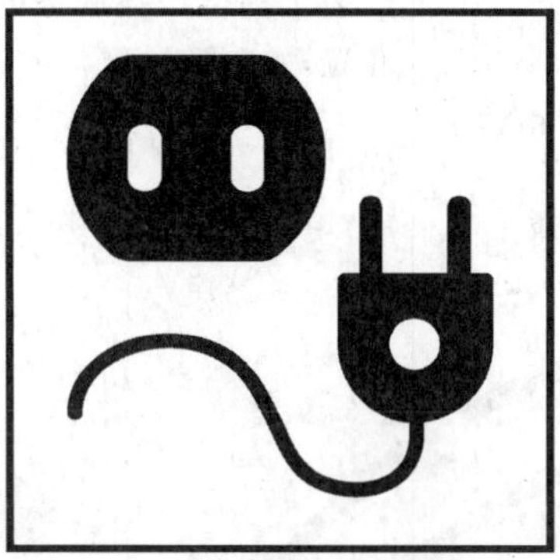		电源插座 Electrical Outlet	表示该设施为电源插座或电源插座的位置
089			电灯开关 Light Switch	表示该设施为电灯开关或电灯开关的位置
090			空调 Air Conditioning	表示该设施为空调，或该空间内有空调设施，可对空气进行调节
091			温度调节 Temperature Control	表示该设施可对温度进行调节，或该处有温度调节设施

表 1　通用图形符号（续）

序号	图形符号	小型图形符号	含　义	说　明
092			风量调节 Wind Control	表示该设施可对风量进行调节，或该处有风量调节设施
093			音量调节 Volume Control	表示该设施可对音量进行调节，或该处有音量调节设施
094			脚踏开关 Footswitch	表示该设施用脚踏方式操作或用脚踏操作的开关位置
095			废物箱 Rubbish Bin	表示供人们扔弃废物的设施或位置

表 1 通用图形符号（续）

序号	图形符号	小型图形符号	含　义	说　明
096			烟灰盒 Ashtray	表示该设施为烟灰盒或该处有烟灰盒
097			允许吸烟 Smoking Allowed	表示允许吸烟的场所或位置，如吸烟区、吸烟室等
098			靠右站立 Stand On Right	指示乘客靠右站立
099			保持安静 Quiet	指示公众保持安静

表 1　通用图形符号（续）

序号	图形符号	小型图形符号	含　义	说　明
100			紧急呼救按钮 Emergency Button	表示紧急情况下，供人们发出警报，以请求救援或帮助的设施或位置 不表示发出特殊警报（如火情警报）的设施
101			请勿通过 No Thoroughfare	表示该处不允许进入、通行或穿越
102			请勿坐卧 No Sitting Or Lying	表示该处不允许就坐和躺卧
103			请勿躺卧 No Lying	表示该处（如候车室座椅等）不允许躺卧

表 1 通用图形符号（续）

序号	图形符号	小型图形符号	含 义	说 明
104			请勿翻越栏杆 Do Not Climb Over Railings	表示该处不允许翻越栏杆
105			请勿触摸 No Touching	表示该处不允许用手触摸
106			请勿踩踏 No Stepping	表示该处(如草坪、座椅等)不允许用脚踩踏
107			请勿携带宠物 No Pets	表示该处不允许携带宠物

表 1 通用图形符号（续）

序号	图形符号	小型图形符号	含　义	说　明
108			请勿使用手机 No Use of Mobile Phones	表示该处不允许使用手机
109			请勿拍照 No Photography	表示该处不允许拍照、摄影
110			请勿使用闪光灯 No Flash Photography	表示该处不允许使用闪光灯拍照
111			请勿吸烟 No Smoking	表示该处不允许吸烟

表 1　通用图形符号（续）

序号	图形符号	小型图形符号	含　义	说　明
112			请勿扔烟头 Do Not Throw Cigarette Butts Into Container	表示不允许将烟头等易燃物品仍进容器
113			请勿丢弃废弃物 Do Not Throw Rubbish	表示该处不允许丢弃废弃物
114			非饮用水 Not Drinking Water	表示该处的水不可以饮用
115			请勿打扰 Do Not Disturb	表示谢绝打扰

表 1 通用图形符号（续）

序号	图形符号	小型图形符号	含　义	说　明
116			急救 First Aid; 医疗点 Clinic	表示提供简单医疗服务的场所或位置，如急救站、医疗点、医务室等 不表示医院 图形符号栏中的角标不是图形符号的组成部分，应用时需保留角标与绿色符号衬底之间的白色衬边

索　引

ICS 21.120
J 19

中华人民共和国国家标准

GB/T 10107.1—2012
代替 GB/T 10107.1—1988

摆线针轮行星传动 第1部分:基本术语

Cycloidal drives—Part 1:Basic terminology

2012-09-03 发布　　2013-03-01 实施

中华人民共和国国家质量监督检验检疫总局
中国国家标准化管理委员会　发布

前　言

GB/T 10107《摆线针轮行星传动》包括下列三部分：

——第1部分：基本术语；

——第2部分：图示方法；

——第3部分：几何要素代号。

本部分为GB/T 10107的第1部分。

本部分按照GB/T 1.1—2009给出的规则起草。

本部分代替GB/T 10107.1—1988《摆线针轮行星传动　基本术语》。本部分与GB/T 10107.1—1988相比，除编辑性修订外，主要修改部分如下：

——增加了新的术语及定义(见2.1.1.4、2.1.1.5、2.1.1.6、2.4.2.5、2.4.2.6、5.1.2.2、5.1.2.3)；

——增加了部分术语的同义词(见2.1.3.5、3.2.1.7、3.2.2.8、3.3.2.7、4.2.1.1、4.2.2.1、4.3.1.1、4.3.2.1)；

——补充扩展了少数术语的定义和内容(见2.1.1.2、2.1.1.3)；

——调整增加了第5章的内容；

——规范完善了条、款的标题(见3.1、3.1.1、3.1.2、4.1、4.1.1)；

——调整了部分术语的英文同义词(见2.1.1、2.1.1.3、2.1.3.5、2.4.2.2、2.4.2.3、2.4.2.4、3.2.1.7、3.2.2.8、3.3.2.7、4.2.1.1、4.2.2.1、4.3.1.1、4.3.2.1)。

本部分由中国机械工业联合会提出并归口。

本部分主要起草单位：河北工业大学、天津市石化通用机械研究所。

本部分参加起草单位：天津市减速机总厂有限公司、上海减速机械厂有限公司、江苏泰隆减速机股份有限公司、泰星减速机股份有限公司、山东奥博减速机有限公司、张家港第二纺织机械有限公司。

本部分主要起草人：戴天伟、徐安平、刘志新、马小娟、李国亮、徐其国。

本部分所代替标准的历次版本发布情况为：

——GB/T 10107.1—1988。

摆线针轮行星传动　第1部分：基本术语

1　范围

GB/T 10107 的本部分规定了摆线齿轮、针齿轮及其行星传动的基本术语和标准定义。

GB/T 10107 的本部分适用于摆线针轮行星传动。

2　术语和定义

2.1

运动学定义　kinematic definitions

2.1.1

摆线齿轮、针齿轮及其行星传动机构　cycloidal gear, pinwheel and their planetary gear drive mechanisms

2.1.1.1

摆线[齿]轮　cycloidal gear

齿廓为准确(或近似)的摆线的等距曲线形状的盘形或圆环形齿轮(见图1、图2)。

图 1

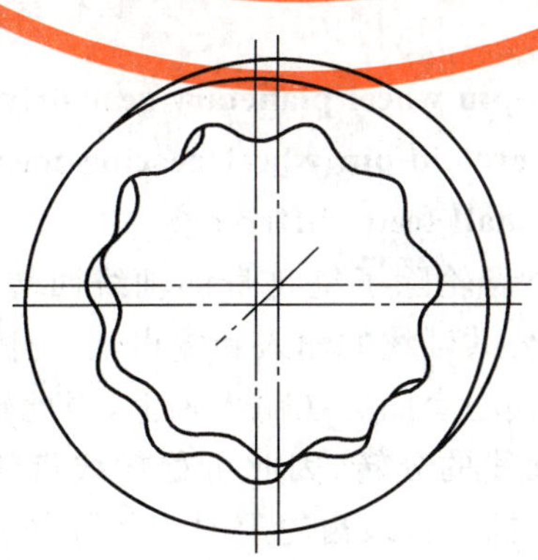

图 2

2.1.1.2

针[齿]轮　pin wheel;pin gear

一个圆柱形或圆环形齿轮,其轮齿由若干个圆柱销(称为针齿销,有套时包括销套,称为针齿套)所构成,而且这些圆柱销(针齿销)的轴线均匀分布于同一圆周上并与该齿轮轴线平行,其固定诸圆柱销(针齿销)的机体称为针齿壳(见图3、图4)。

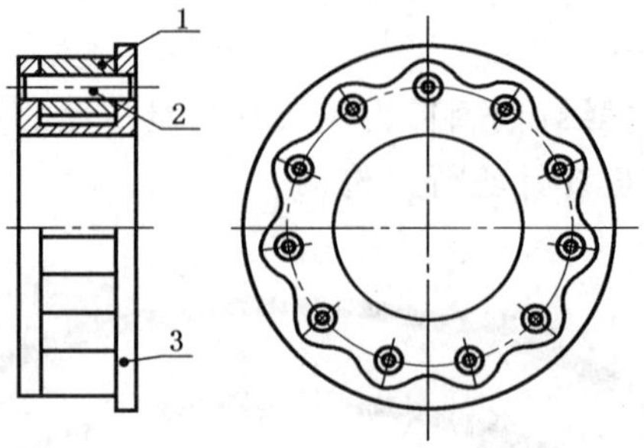

说明:

1——针齿套　gear roller;ring gear roller。

2——针齿销　gear pin;ring gear ping。

3——针齿壳　pin wheel housing。

图 3

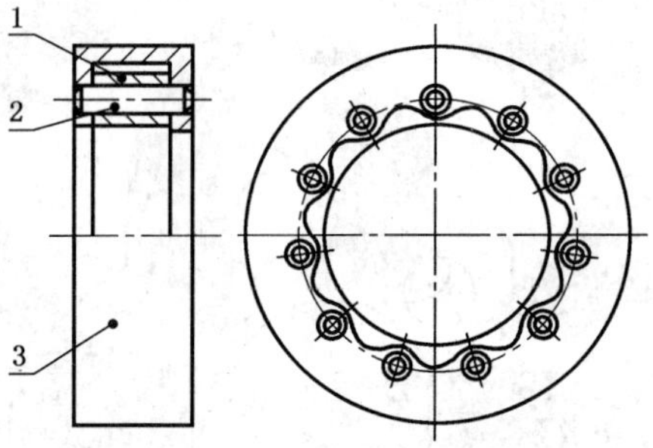

说明:

1——针齿套　gear roller;ring gear roller。

2——针齿销　gear pin;ring gear ping。

3——针齿壳　pin wheel housing。

图 4

2.1.1.3

摆线针轮行星传动机构　cycloid-pin wheel planetary gear drive mechanism;cycloidal drive

摆线[针轮]少齿差传动机构　cycloid-pin wheel gearing mechanism with small teeth difference;cycloidal gear drive mechanism with small teeth difference

摆线针轮行星传动中至少有一个齿轮除了绕自身的轴线回转外,同时还绕固定的公共轴线回转。其主要构件有:由二者轴线构成固定公共轴线的输入和输出轴;与固定公共轴线同轴线但自身固定被称为太阳轮的针齿轮;装着摆线齿轮的偏心套固定在输入轴上,当此轴转动使摆线齿轮与针齿轮啮合时,摆线齿轮即产生自转和绕固定公共轴线的公转,因此可称摆线齿轮为行星轮,称偏心套为行星架或转臂;与输出轴相固联的柱销和柱销套,插入摆线齿轮上对应的柱销孔中,摆线齿轮的运动即通过此系统输出(见图5)。

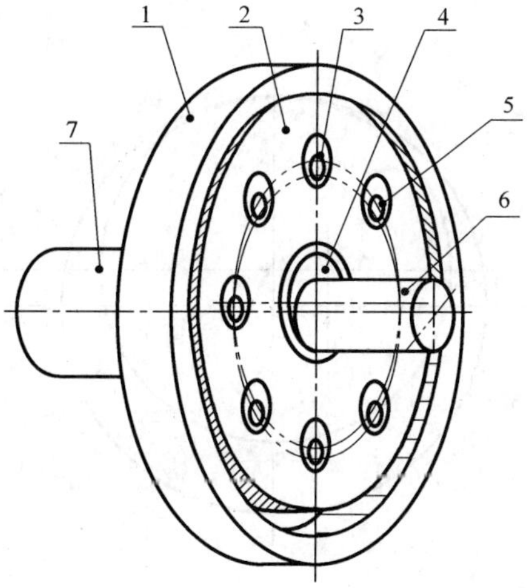

说明：

1——太阳轮　sun gear。

2——行星轮　planet gear。

3——柱销　pin。

4——行星架(或称转臂)　planet carrier;arm。

5——柱销套　roller;pin sleeve。

6——输入轴　input shaft。

7——输出轴　output shaft。

图 5

2.1.1.4

太阳轮　sun gear

其中心轴线与摆线针轮行星传动机构的固定公共轴线同轴线的内齿轮。此内齿轮即针齿轮简称针轮(见图 5 和图 3、图 4)。

2.1.1.5

行星架　planet carrier

转臂　arm

摆线针轮行星传动机构中,支承行星轮并与太阳轮同轴线的构件。此构件即偏心套(见图 5)。

2.1.1.6

行星轮　planet gear

摆线针轮行星传动机构中,安装在行星架上的齿轮。此齿轮即摆线齿轮简称摆线轮(见图 5 和图 1)。

2.1.2

摆线齿轮与针齿轮的相互关系　relations between cycloidal gear and pin wheel

2.1.2.1

中心距　centre distance

偏心距　eccentricity

在摆线针轮行星传动中,摆线齿轮与针齿轮两平行轴线之间的距离(见图 6)。

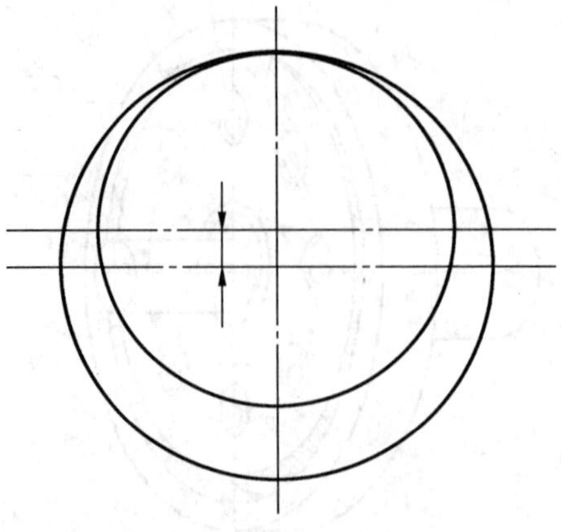

图 6

2.1.2.2

传动比　transmission ratio

在摆线针轮行星传动中，其输入角速度与输出角速度的比值。

2.1.3

假想曲面　imaginary surface

2.1.3.1

分布曲面　distribution surface

摆线齿轮(或针齿轮)上一个约定的假想曲面。摆线齿轮(或针齿轮)的轮齿尺寸及位置均以此曲面为基准而加以确定(见图 7、图 8)。

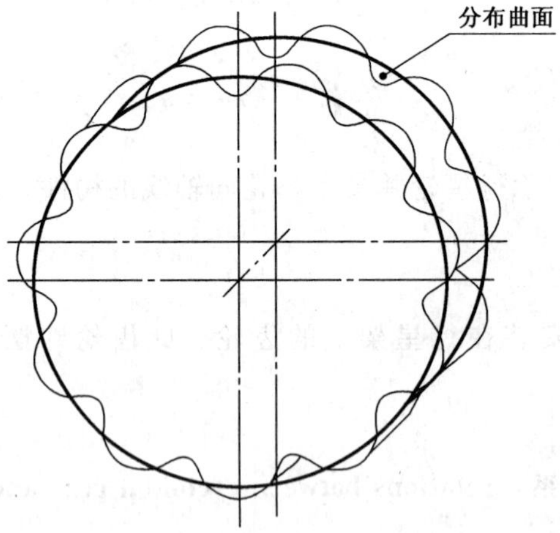

图 7

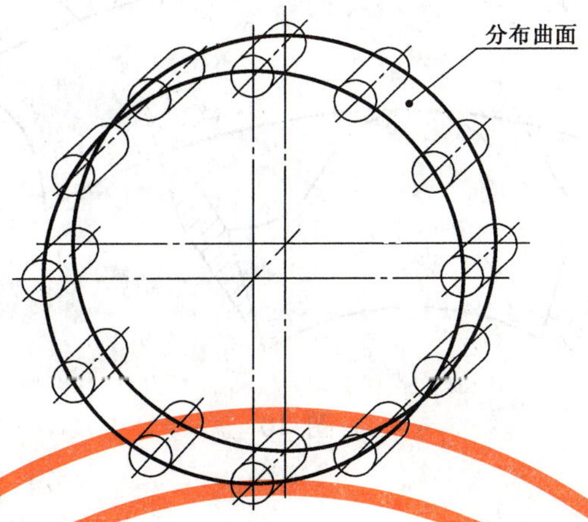

图 8

2.1.3.2

节曲面 pitch surface

在摆线齿轮与针齿轮啮合副中的任意一个齿轮上，其配对齿轮相对于该齿轮做回转运动时的瞬时轴的轨迹曲面(见图 9)。

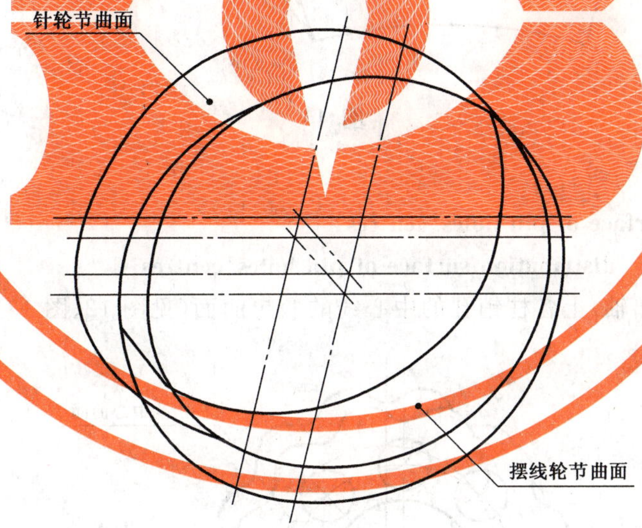

图 9

2.1.3.3

齿顶曲面 tip surface

包含齿轮各个齿的齿顶的假想曲面(见图 10)。

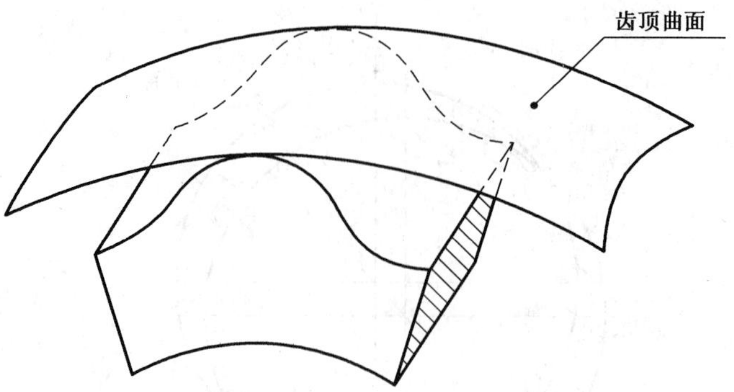

图 10

2.1.3.4

齿根曲面　root surface

包含齿轮各个齿槽底的假想曲面(见图 11)。

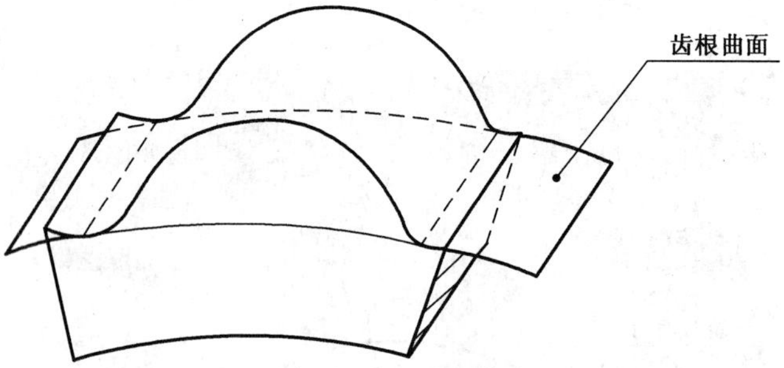

图 11

2.1.3.5

柱销孔中心曲面　surface of pin holes' centres

柱销孔中心分布曲面　distribution surface of pin holes' centres

包含摆线齿轮(或输出轴)上各柱销孔的中心线的假想曲面(见图 12、图 13)。

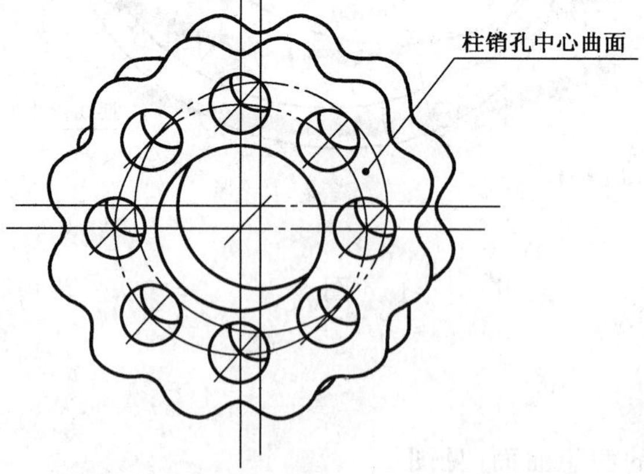

图 12

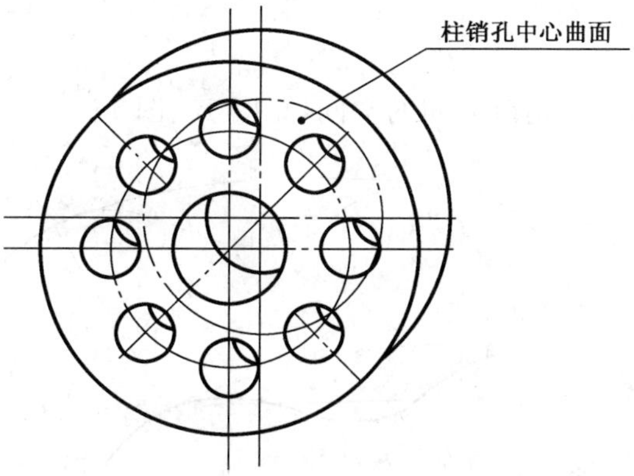

图 13

2.2

轮齿特性　teeth characteristics

2.2.1

轮齿和齿槽　gear teeth and tooth spaces

2.2.1.1

轮齿　gear teeth

齿　tooth

摆线齿轮上每一个用于啮合的凸起部分，均称为轮齿(见图 14)。

针齿轮上每一个用于啮合的圆柱形针齿销(有套时包括针齿套)，均称为轮齿，也可称为针齿(见图 15)。

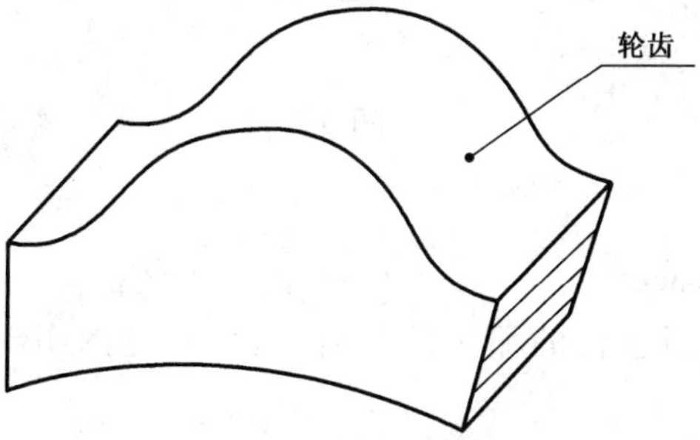

图 14

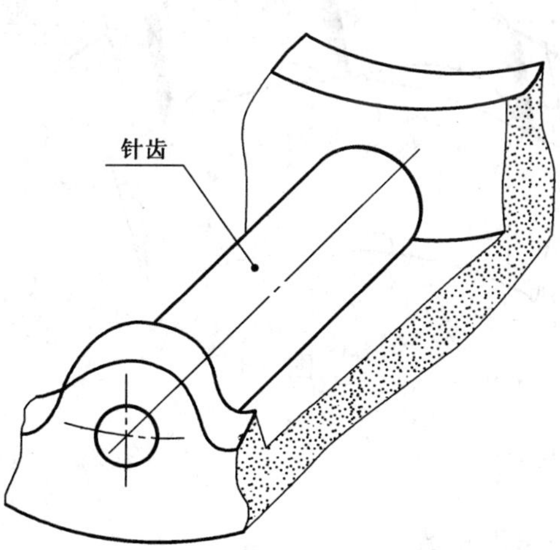

图 15

2.2.1.2

齿槽　tooth space

摆线齿轮(或针齿轮)上两相邻轮齿之间的空间(见图16、图17)。

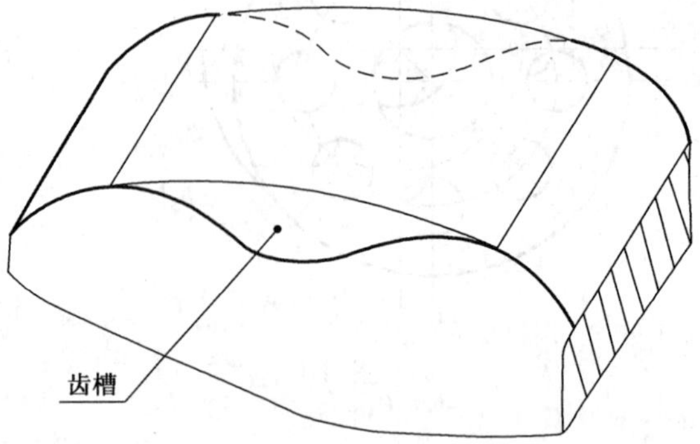

图 16

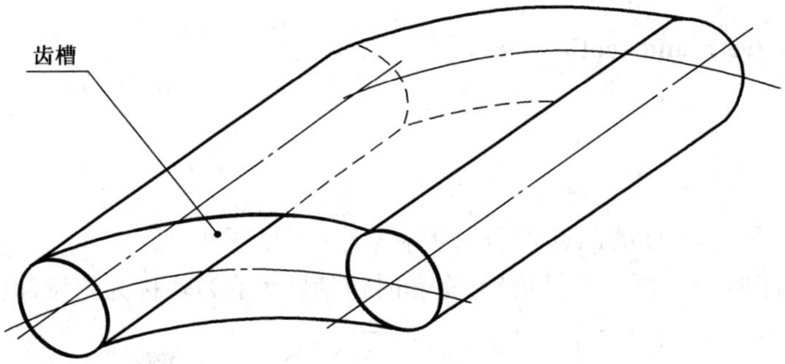

图 17

2.2.1.3

齿槽底　bottom of tooth space

位于齿槽底部,被齿根曲面所包含的那一部分齿槽表面(见图18)。在一般情况下,摆线齿轮的齿槽底为一直线。

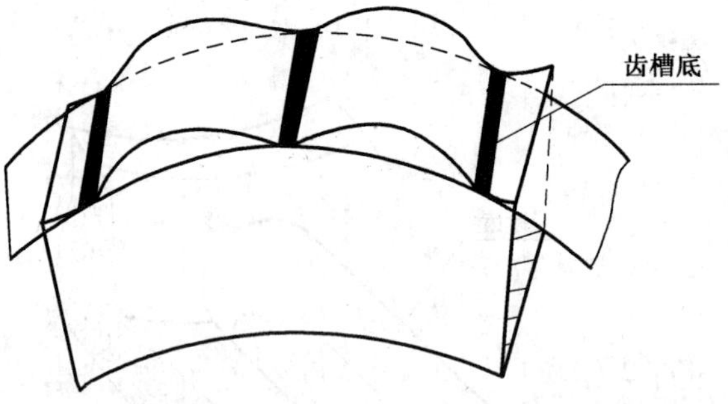

图 18

2.2.1.4

齿数　number of teeth

一个摆线齿轮(或针齿轮)的轮齿总数。

注:对于进行抽齿的针齿轮,指的是其理论轮齿总数。

2.2.2

齿面和齿廓　tooth flank and tooth profile

2.2.2.1

齿面　tooth flank

位于齿顶曲面和齿根曲面之间的轮齿侧表面(见图 19、图 20)。

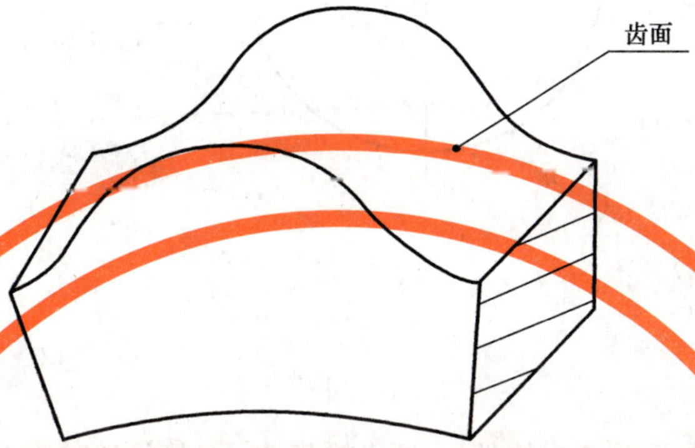

图 19

图 20

2.2.2.2

齿廓　tooth profile

齿面被端平面所截的截线(见图 21、图 22)。

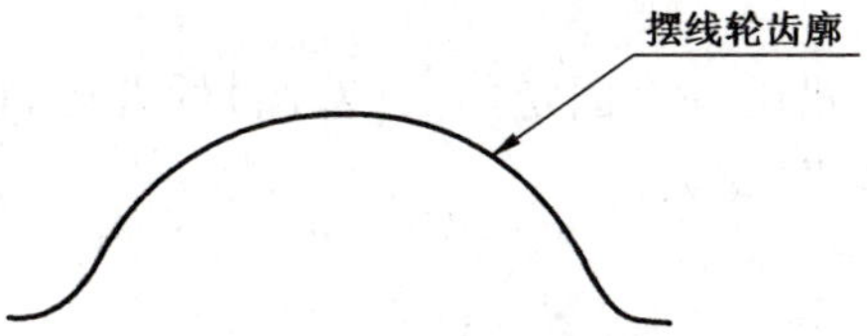

图 21

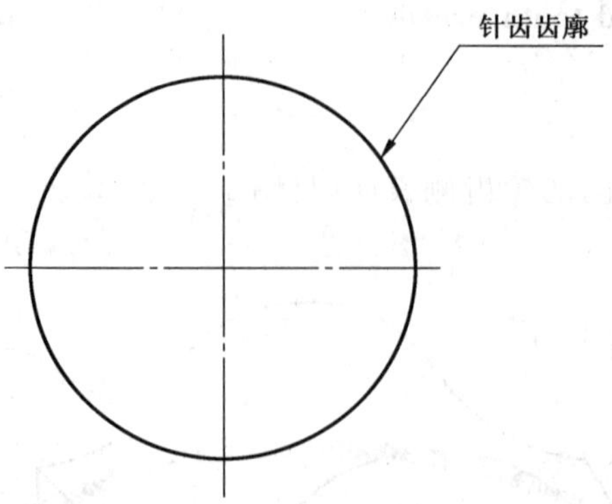

图 22

2.2.2.3

齿顶　crest;top land

位于轮齿顶部,被齿顶曲面所包含的那一部分轮齿表面(见图 23)。在一般情况下,摆线齿轮和针齿轮的齿顶为一直线。

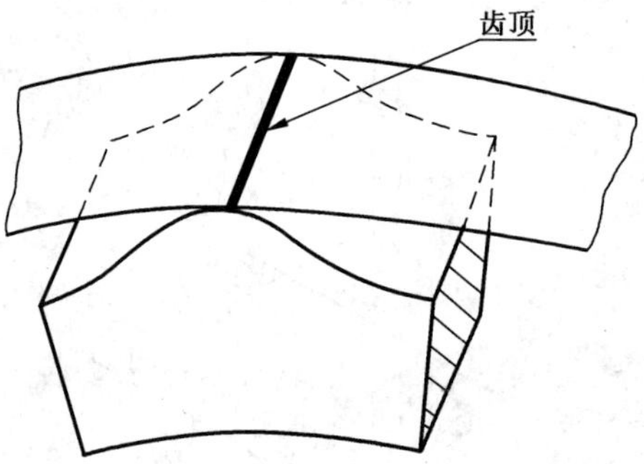

图 23

2.3

摆线针轮行星传动中的几何学和运动学概念　geometrical and kinematical notions used in cycloidal drives

2.3.1

摆线　trochoids

2.3.1.1

外摆线　epicycloid

在平面上,一个动圆(发生圆)沿着一个固定的圆(基圆)的外侧,做外切或内切的纯滚动时,动圆上一点的轨迹,称为外摆线(见图 24、图 25)。

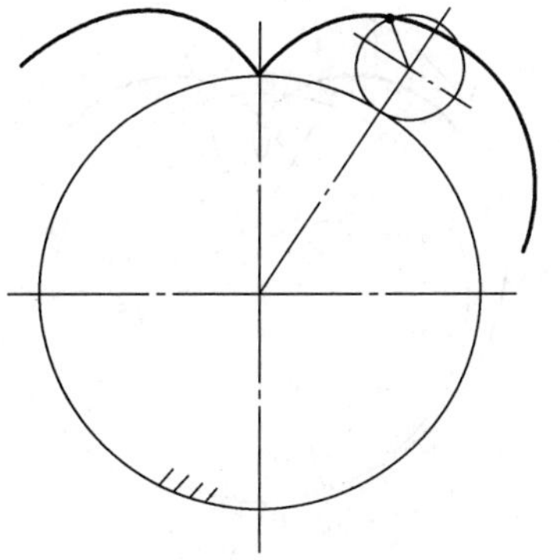

图 24

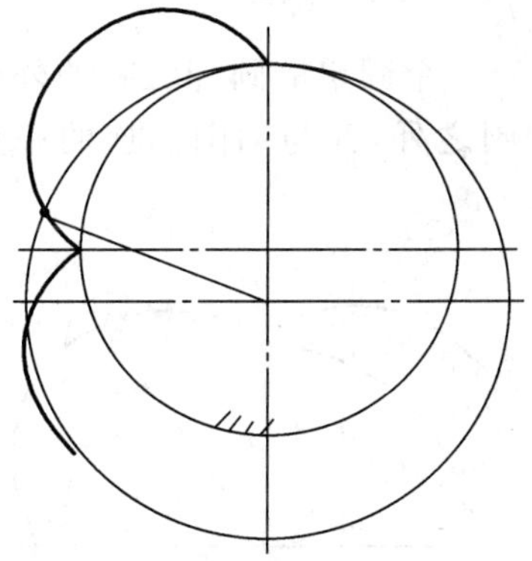

图 25

2.3.1.2

长幅外摆线　prolate epicycloid

在平面上，一个动圆（发生圆）沿着一个固定的圆（基圆）的外侧，做外切或内切的纯滚动时，位于做外切的动圆之外，或位于做内切的动圆之内，并与动圆固连的一点的轨迹，称为长幅外摆线（见图 26、图 27）。

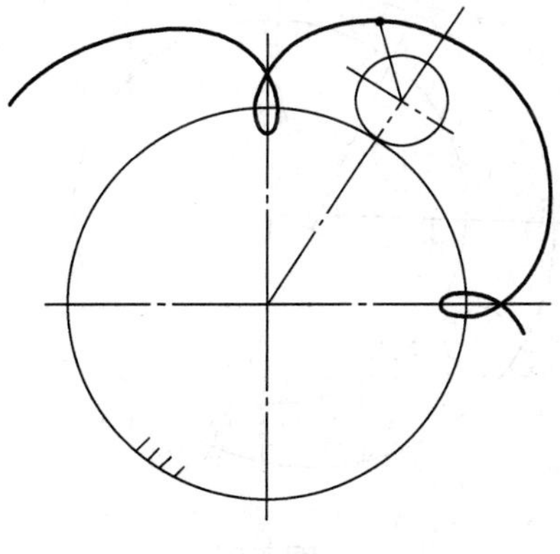

图 26

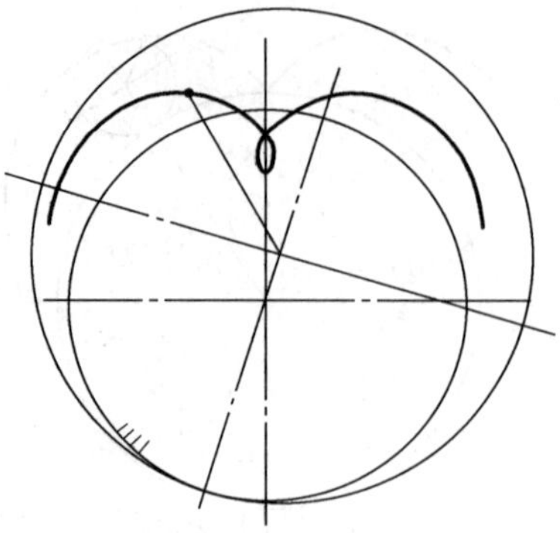

图 27

2.3.1.3

短幅外摆线　curtate epicycloid

在平面上，一个动圆(发生圆)沿着一个固定的圆(基圆)的外侧，做外切或内切的纯滚动时，位于做外切的动圆之内，或位于做内切的动圆之外，并与动圆固连的一点的轨迹，称为短幅外摆线(见图28、图29)。

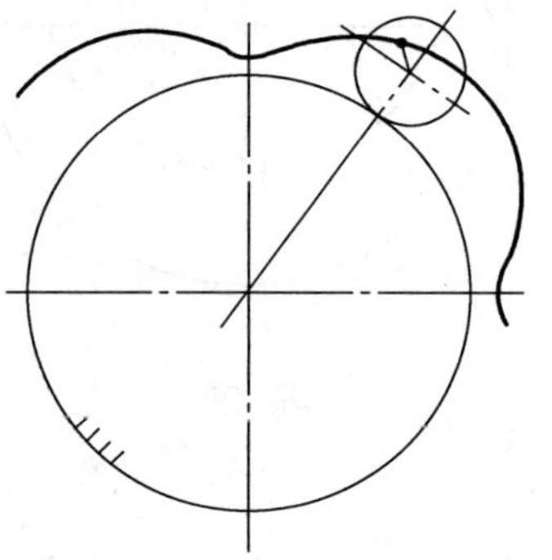

图 28

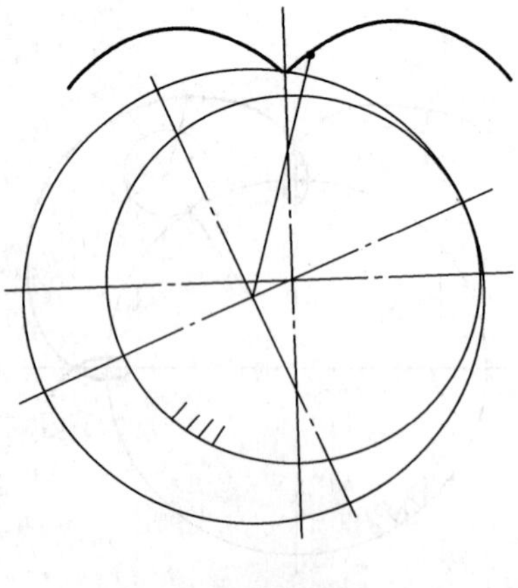

图 29

2.3.1.4

内摆线　hypocycloid

在平面上，一个动圆(发生圆)沿着一个固定的圆(基圆)的内侧做纯滚动时，动圆上一点的轨迹，称为内摆线(见图 30)。

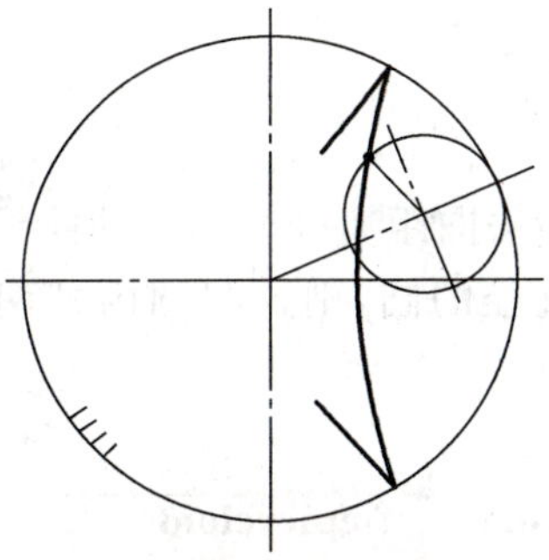

图 30

2.3.1.5

长幅内摆线　prolate hypocycloid

在平面上,一个动圆(发生圆)沿着一个固定的圆(基圆)的内侧做纯滚动时,位于动圆之外并与动圆固连的一点的轨迹,称为长幅内摆线(见图 31)。

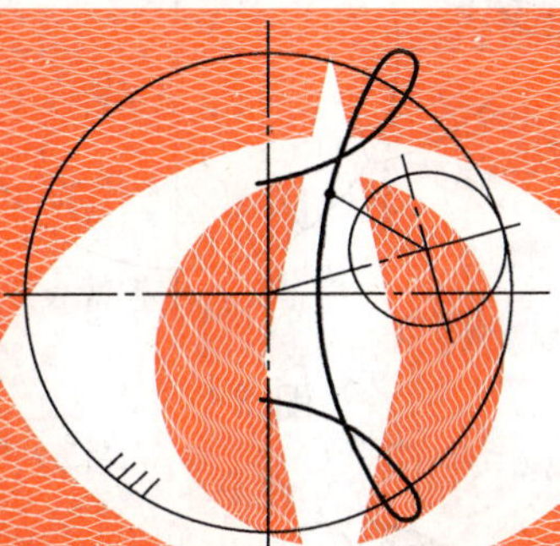

图 31

2.3.1.6

短幅内摆线　curtate hypocycloid

在平面上,一个动圆(发生圆)沿着一个固定的圆(基圆)的内侧做纯滚动时,位于动圆之内并与动圆固连的一点的轨迹,称为短幅内摆线(见图 32)。

图 32

2.3.2

等距曲线　equidistant curves

2.3.2.1

等距曲线　equidistant curves

在平面上，与一既定曲线上各点的法向距离处处相等的曲线，称为该既定曲线的等距曲线。若以该既定曲线上各点为圆心，做一系列等直径的圆，则这些圆内外两侧的包络线也就是该既定曲线的等距曲线。

2.3.2.2

外摆线的等距曲线　equidistant curves of epicycloid

在平面上，以外摆线为既定曲线时的等距曲线，称为该外摆线的等距曲线（见图 33、图 34）。

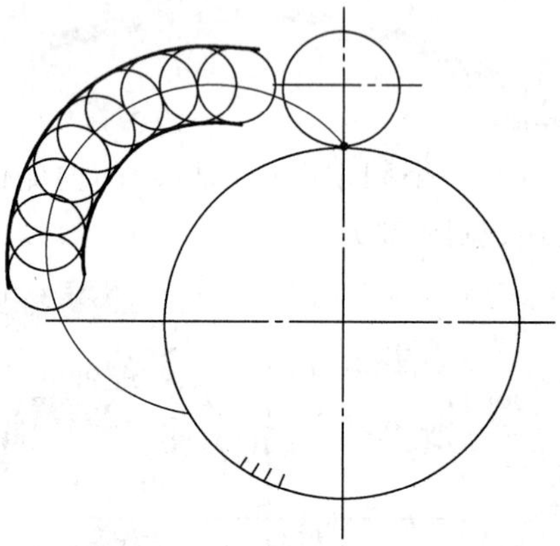

图 33

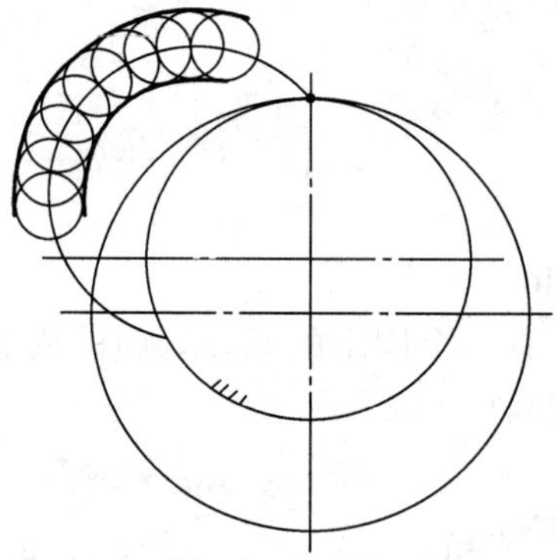

图 34

2.3.2.3

长幅外摆线的等距曲线　equidistant curves of prolate epicycloid

在平面上，以长幅外摆线为既定曲线时的等距曲线，称为该长幅外摆线的等距曲线（见图 35、图 36）。

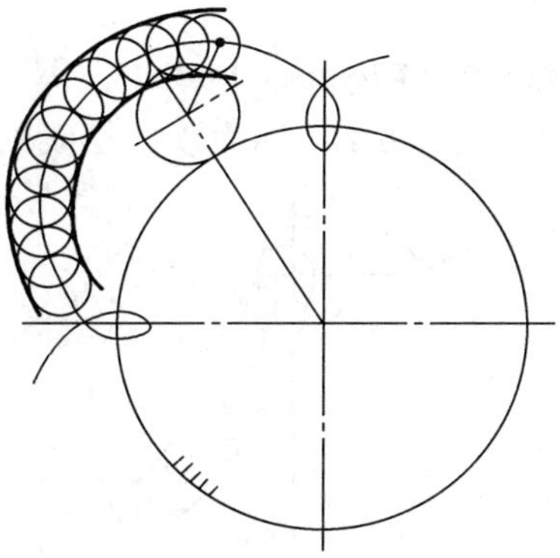

图 35

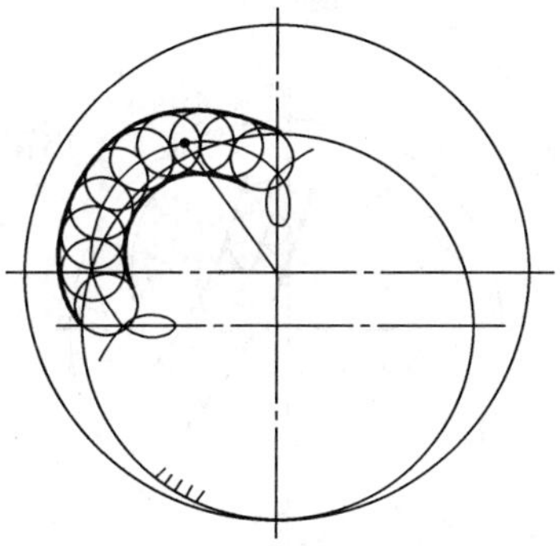

图 36

2.3.2.4

短幅外摆线的等距曲线　equidistant curves of curtate epicycloid

在平面上,以短幅外摆线为既定曲线时的等距曲线,称为该短幅外摆线的等距曲线(见图 37、图 38)。

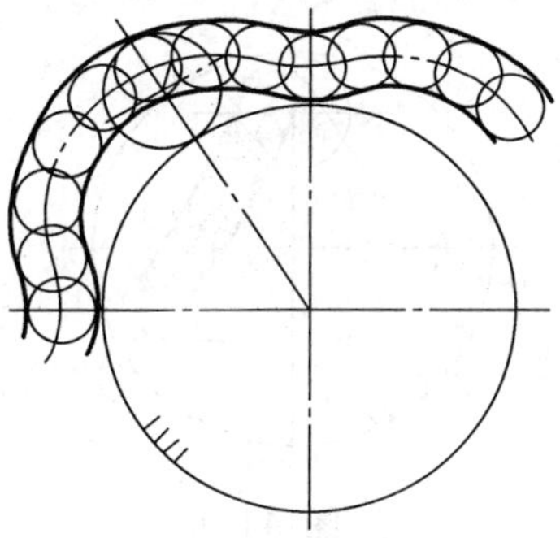

图 37

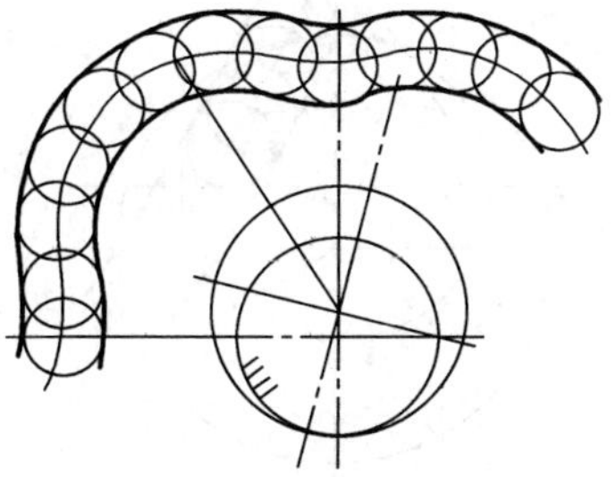

图 38

2.3.2.5

内摆线的等距曲线　equidistant curves of hypocycloid

在平面上,以内摆线为既定曲线时的等距曲线,称为该内摆线的等距曲线(见图 39、图 40)。

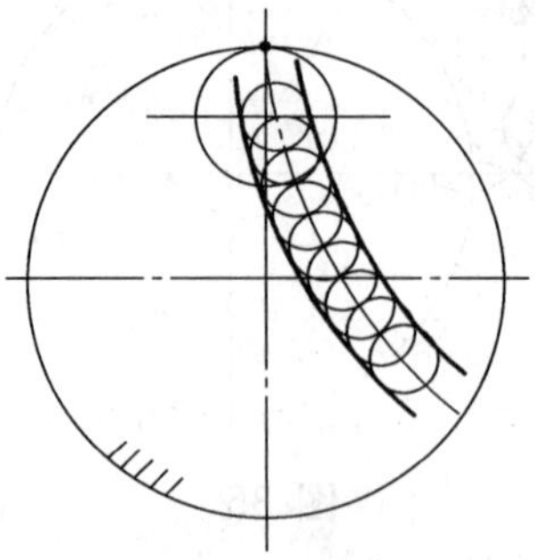

图 39

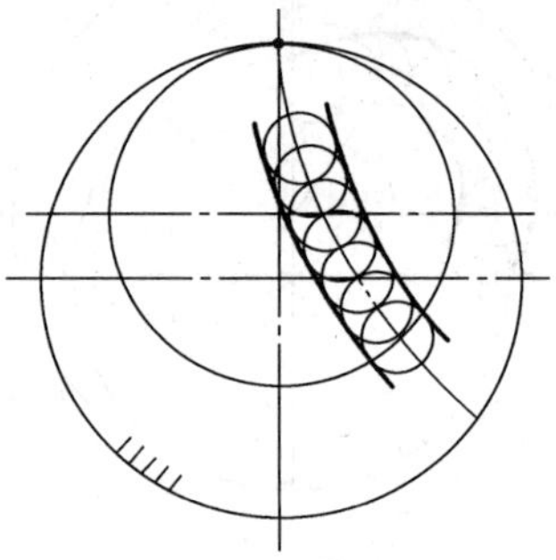

图 40

2.3.2.6

短幅内摆线的等距曲线　equidistant curves of curtate hypocycloid

在平面上,以短幅内摆线为既定曲线时的等距曲线,称为该短幅内摆线的等距曲线(见图 41、图 42)。

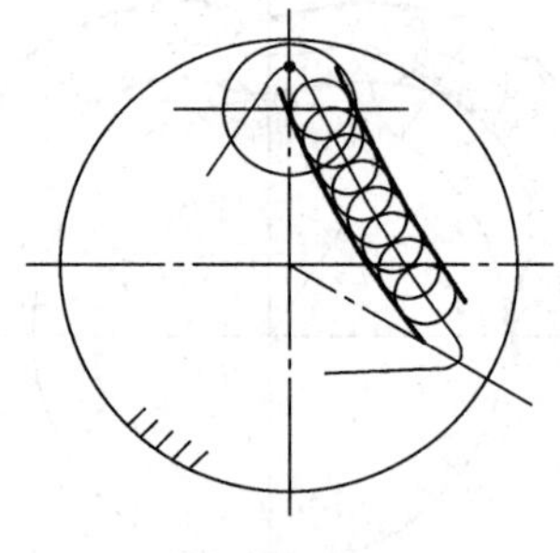

图 41

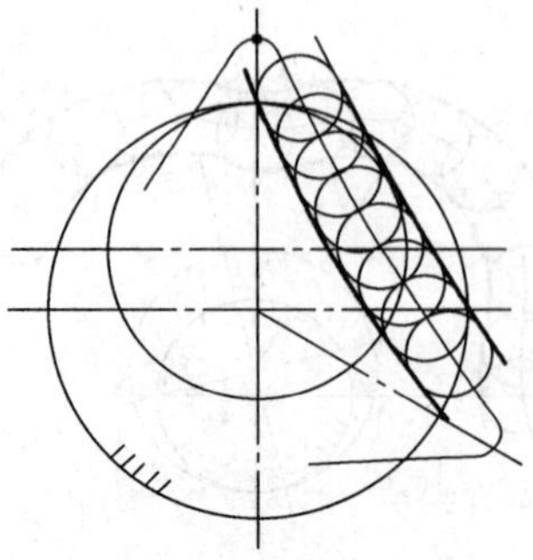

图 42

2.4

干涉与修形 interference and modification of the flank shape

2.4.1

轮齿的干涉 interference of flank

2.4.1.1

啮合干涉 meshing interference

摆线齿轮与针齿轮在啮合过程中，由于制造安装误差或轮齿变形等原因导致任一轮齿的齿面越出了所允许的运动界限，而出现的在理论上穿越其相啮齿面的现象(见图 43)。

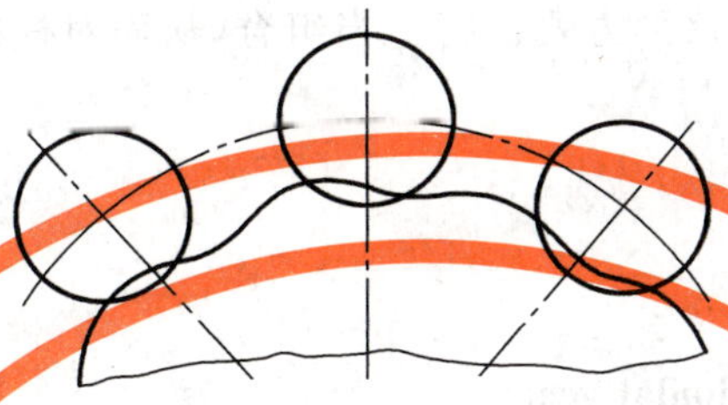

图 43

2.4.1.2

切齿干涉 cutter interference

切制摆线齿轮的轮齿时，由于摆线齿轮的部分理论齿廓的曲率半径的绝对值小于与其配对的针齿的半径，以致在加工时过多地切除了部分有效的齿廓曲线，这种现象称为切齿干涉(见图 44)。

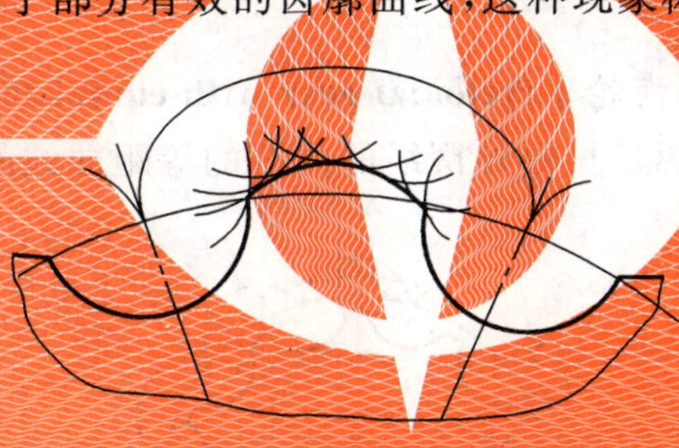

图 44

2.4.2

齿廓修形 profile modification

2.4.2.1

齿廓修形 profile modification

为了改善传动的啮合性能，对轮齿按摆线的等距曲线所形成的齿廓进行微量修削，称为齿廓修形。

2.4.2.2

移距修形 moved distance modification

齿廓修形的一种，它是在摆线齿轮的轮齿最后成形加工时，将切齿工具相对于轮坯中心沿径向移动一个微小的距离，从而对摆线齿轮的齿廓进行微量修削。

2.4.2.3

等距修形 equidistance modification

齿廓修形的一种，它是在摆线齿轮的轮齿最后成形加工时，将切齿工具的曲率半径适当变动，从而对摆线齿轮的齿廓进行微量修削。

2.4.2.4

转角修形 rotated angle modification

齿廓修形的一种，它是在摆线齿轮的轮齿最后成形加工时，相对于切齿工具在初始加工时的位置，将摆线齿轮轮坯绕其中心转过一个微小的角度,从而对摆线齿轮的齿廓进行微量修削。

2.4.2.5

偏距修形 eccentricity modification

齿廓修形的一种,它是在摆线齿轮的轮齿最后成形加工时,适当调整偏心距的值,从而对摆线齿轮的齿廓进行微量修削。

2.4.2.6

组合修形 combination modification

齿廓修形的组合方式,它是在摆线齿轮的轮齿最后成形加工时,将移距修形、等距修形、转角修形以及偏距修形中的两种或两种以上的修形方式进行适当组合,从而对摆线齿轮的齿廓进行微量修削。

3 摆线[齿]轮

3.1

摆线齿轮的类型 types of cycloidal gears

3.1.1

按齿廓形状划分的定义 definitions in terms of profile forms

3.1.1.1

外摆线的等距曲线的摆线齿轮 cycloidal gear with equidistant curve of epicycloid

一个摆线齿轮,其端面上的齿廓是外摆线的内侧的等距曲线的凹齿部分(见图 45)。

3.1.1.2

长幅外摆线的等距曲线的摆线齿轮 cycloidal gear with equidistant curve of prolate epicycloid

一个摆线齿轮,其端面上的齿廓是长幅外摆线的内侧的等距曲线的凹齿部分(见图 46)。

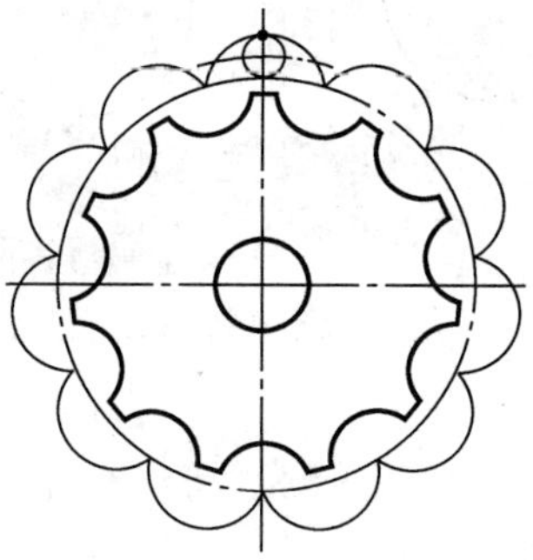

图 45

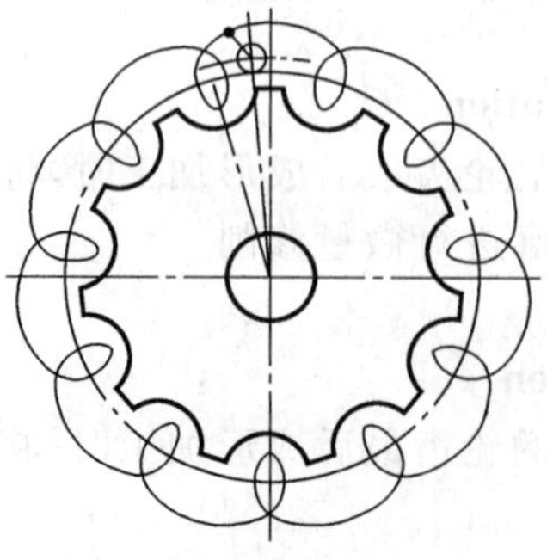

图 46

3.1.1.3

短幅外摆线的等距曲线的摆线齿轮　cycloidal gear with equidistant curve of curtate epicycloid

一个摆线齿轮，其端面上的齿廓是短幅外摆线的内侧的等距曲线(见图 47、图 48)。

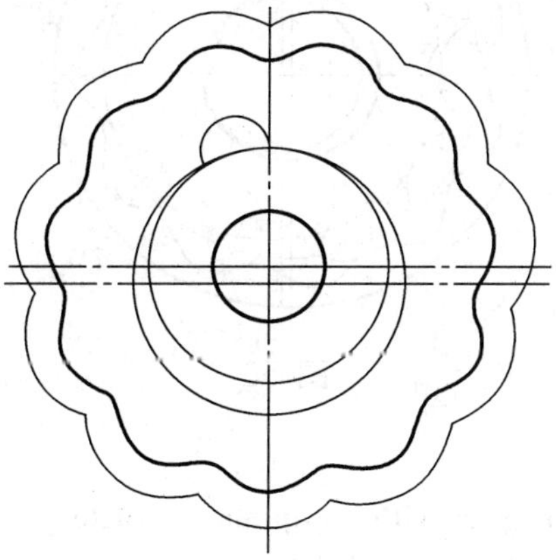

图 47

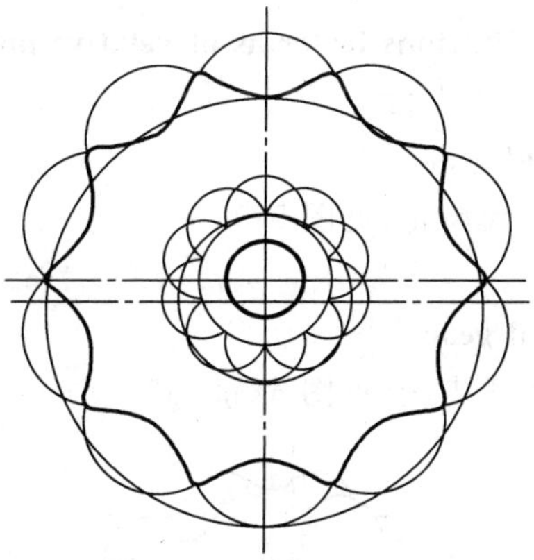

图 48

3.1.1.4

内摆线的等距曲线的摆线齿轮　cycloidal gear with equidistant curve of hypocycloid

一个摆线齿轮，其端面上的齿廓是内摆线的外侧的等距曲线(见图 49)。

3.1.1.5

短幅内摆线的等距曲线的摆线齿轮　cycloidal gear with equidistant curve of curtate hypocycloid

一个摆线齿轮，其端面上的齿廓是短幅内摆线的外侧的等距曲线(见图 50)。

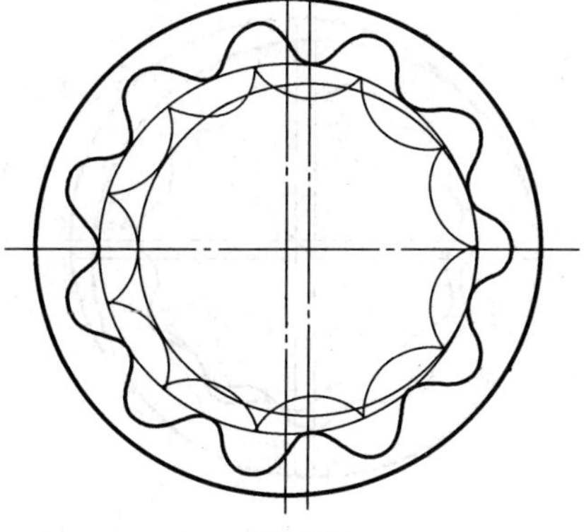

图 49

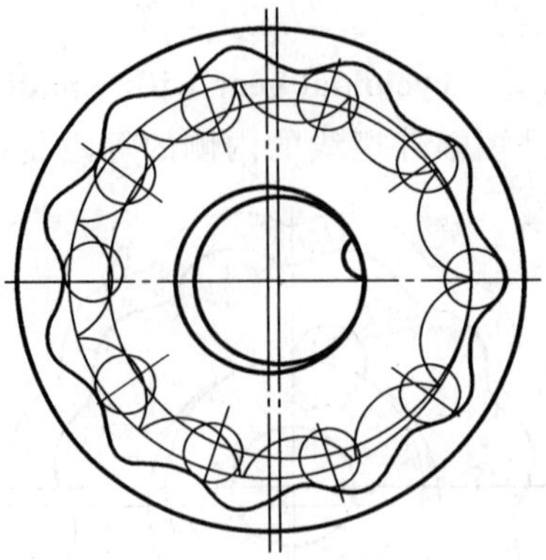

图 50

3.1.1.6

复合齿形的摆线齿轮　cycloidal gear with compound profile

一个摆线齿轮，其端面上的齿廓是由一条短幅外摆线的内侧的等距曲线与另一条曲线复合而成。

3.1.2

按轮齿相对位置划分的定义　definitions in terms of relative position of teeth

3.1.2.1

外齿摆线齿轮　external cycloidal gear

齿顶曲面位于齿根曲面之外的摆线齿轮(见图 51)。

3.1.2.2

内齿摆线齿轮　internal cycloidal gear

齿顶曲面位于齿根曲面之内的摆线齿轮(见图 52)。

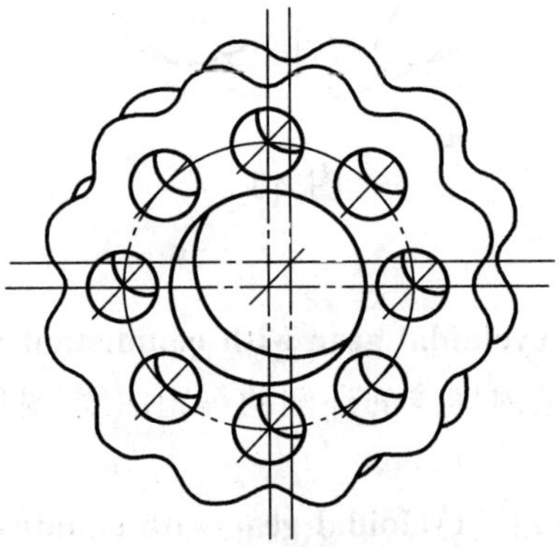

图 51

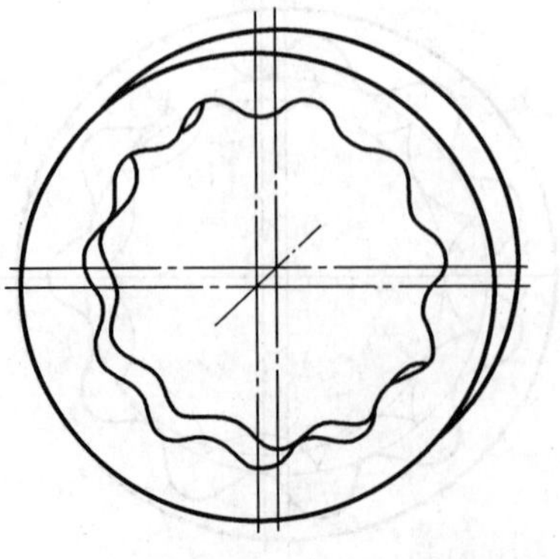

图 52

3.2

假想曲面和曲线　imaginary surfaces and curves

3.2.1

假想曲面　imaginary surfaces

3.2.1.1

分布圆柱面　distribution cylinder

摆线齿轮的轮齿的分布曲面。该曲面即摆线齿轮理论齿廓的平均齿高所在的曲面(见图 53)。

3.2.1.2

节圆柱面　pitch cylinder

摆线齿轮与针齿轮啮合副中摆线齿轮的节曲面(见图 54)。

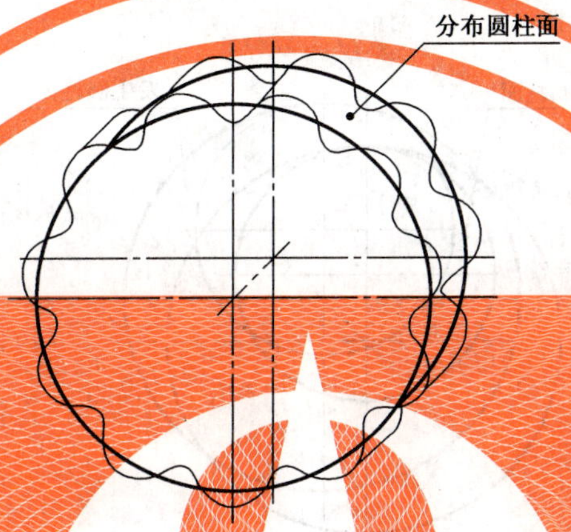

图 53

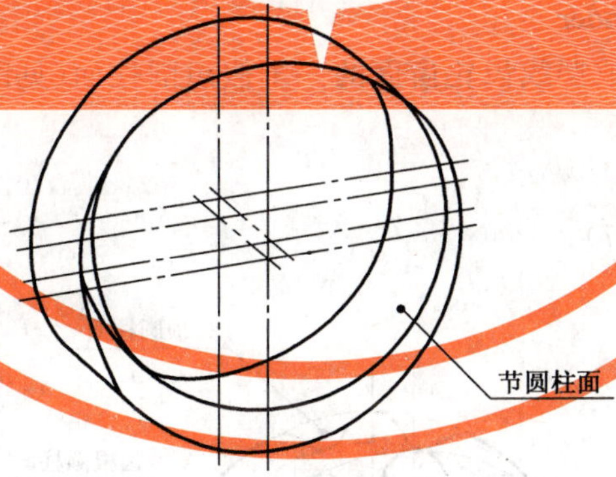

图 54

3.2.1.3

基圆柱面　base cylinder

摆线齿轮上的一个假想的圆柱面,形成摆线齿轮齿面的发生圆柱面在此假想圆柱面上做纯滚动运动(见图 55、图 56)。

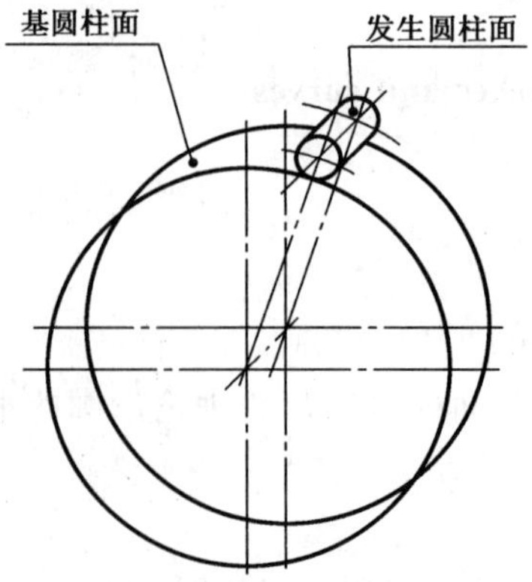

图 55

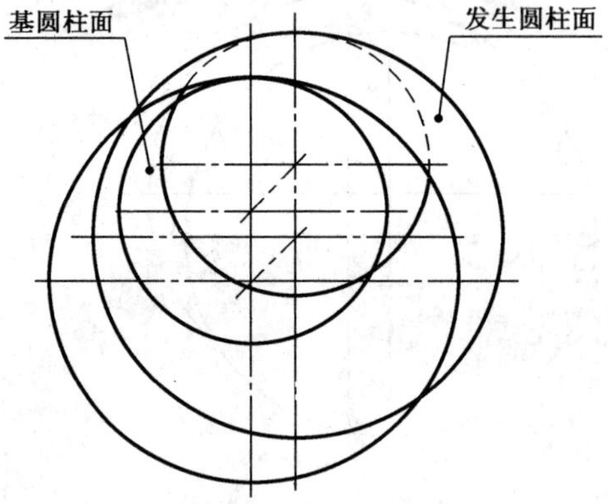

图 56

3.2.1.4

发生圆柱面　generating cylinder

在基圆柱面上做纯滚动以形成摆线齿轮齿面的一个假想圆柱面(见图 55、图 56)。

3.2.1.5

齿顶圆柱面　tip cylinder

摆线齿轮的齿顶曲面(见图 57)。

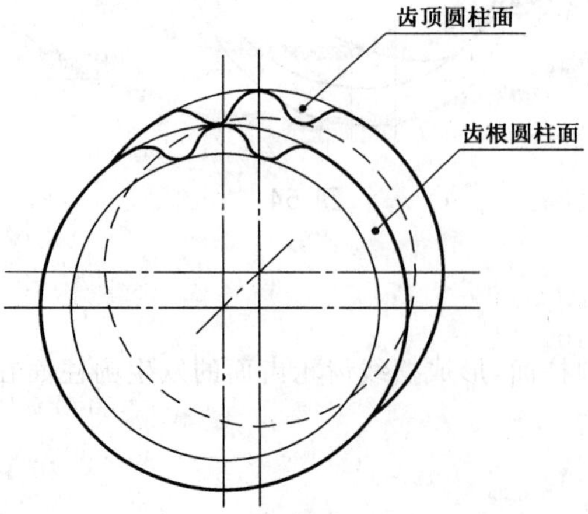

图 57

3.2.1.6

齿根圆柱面　root cylinder

摆线齿轮的齿根曲面(见图 57)。

3.2.1.7

柱销孔中心圆柱面　cylinder of pin holes' centres

柱销孔中心分布圆柱面　distribution cylinder of pin holes' centres

摆线齿轮的柱销孔中心曲面(见图 58)。

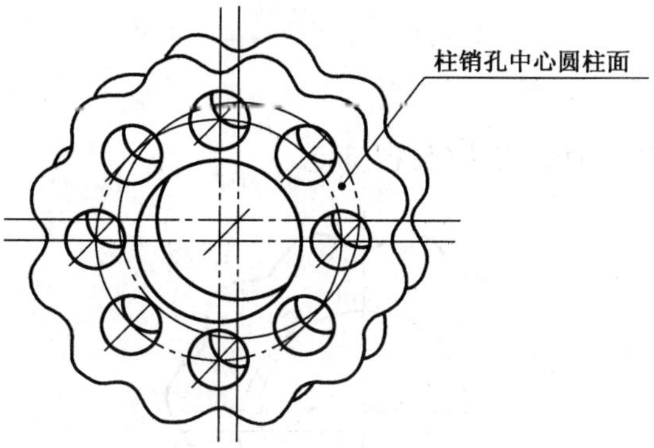

图 58

3.2.2

假想曲线　imaginary curves

3.2.2.1

节点　pitch point

在摆线齿轮与针齿轮啮合副中,其两节圆的切点,称为节点(见图 59)。

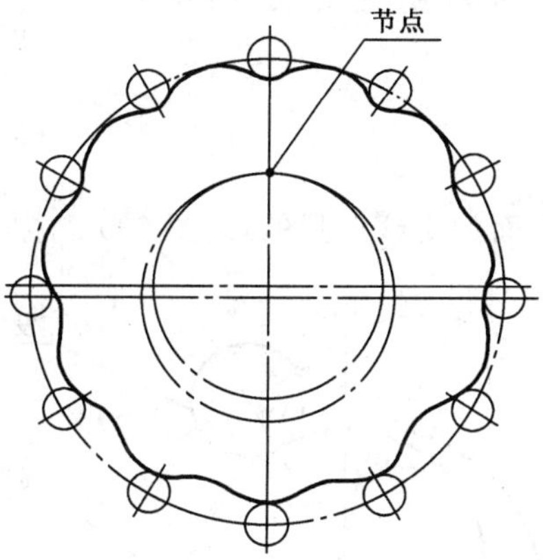

图 59

3.2.2.2

分布圆　distribution circle

摆线齿轮的分布圆柱面与端平面的交线(见图 60)。

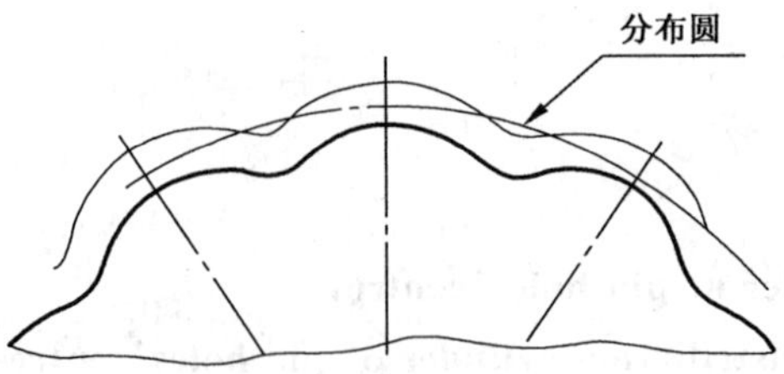

图 60

3.2.2.3

节圆　pitch circle

摆线齿轮的节圆柱面与端平面的交线(见图 61)。

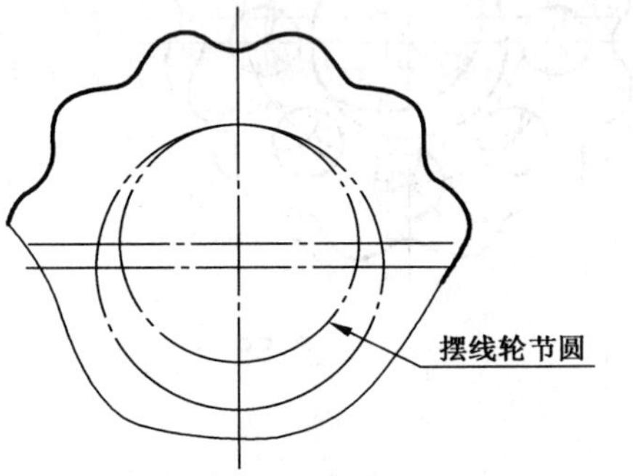

图 61

3.2.2.4

基圆　base circle

摆线齿轮的基圆柱面与端平面的交线(见图 62、图 63)。

3.2.2.5

发生圆　generating circle

滚圆　rolling circle

摆线齿轮的发生圆柱面与端平面的交线(见图 62、图 63)。

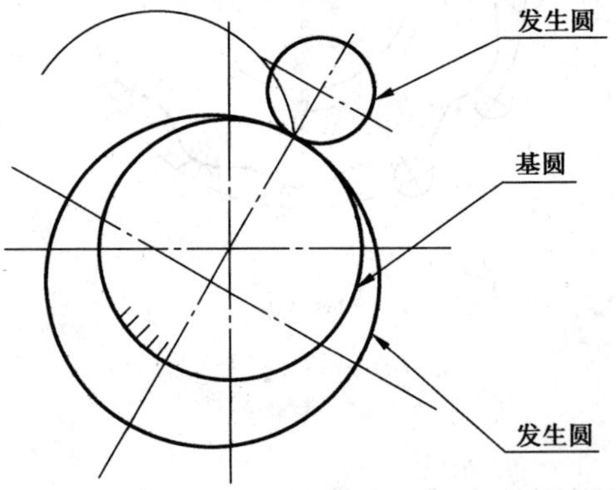

图 62

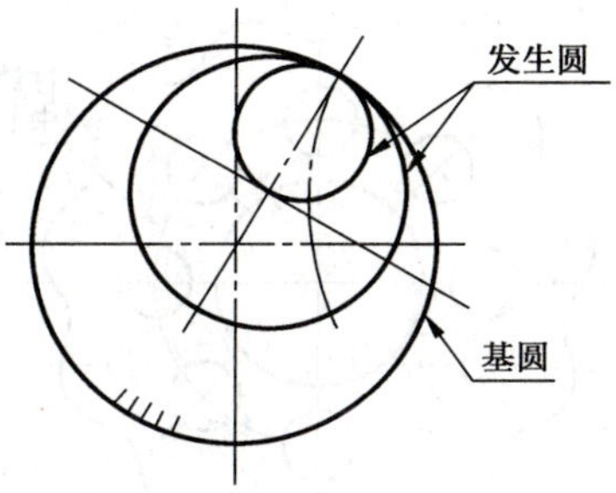

图 63

3.2.2.6

齿顶圆　tip circle

摆线齿轮的齿顶圆柱面与端平面的交线(见图 64、图 65)。

3.2.2.7

齿根圆　root circle

摆线齿轮的齿根圆柱面与端平面的交线(见图 64、图 65)。

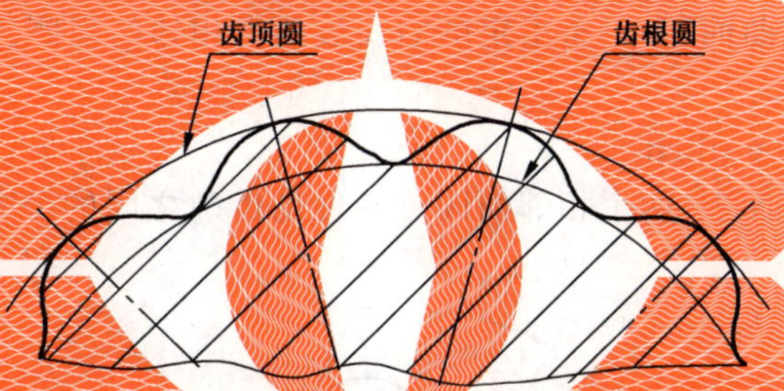

图 64

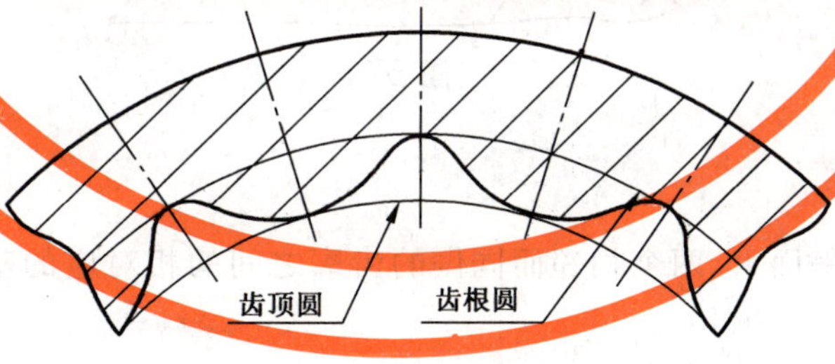

图 65

3.2.2.8

柱销孔中心圆　circle of pin holes'centres

柱销孔中心分布圆　distribution circle of pin holes'centres

摆线齿轮的柱销孔中心圆柱面与端平面的交线(见图 66)。

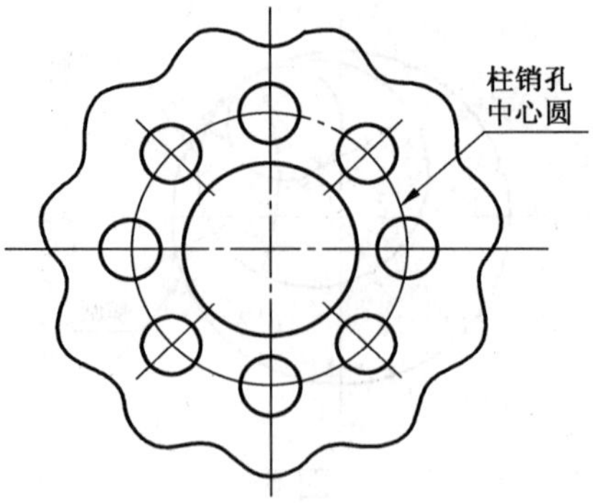

图 66

3.3

尺寸和系数 **dimensions and coefficients**

3.3.1

齿距 **pitch**

3.3.1.1

齿距 **pitch**

在摆线齿轮的某一既定曲面上，一条给定的曲线被两个相邻的同侧齿面所截取的长度，称为齿距。

3.3.1.2

分布圆齿距 **distribution pitch**

在摆线齿轮的一个端平面上，两个相邻而同侧的理论齿廓之间的分布圆弧长，称为分布圆齿距（见图 67）。

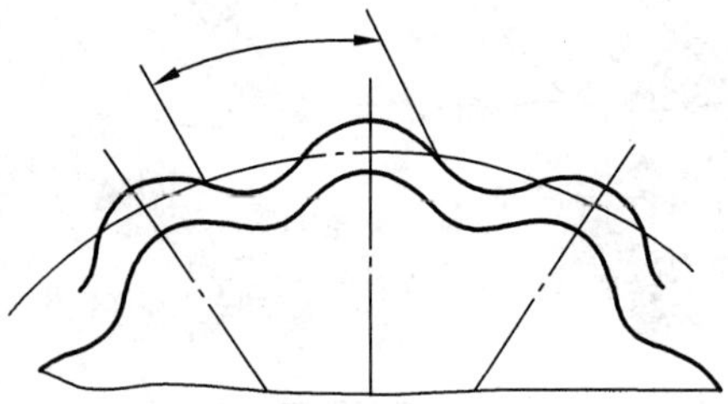

图 67

3.3.1.3

基圆齿距 **base pitch**

在摆线齿轮的一个端平面上，两个相邻而同侧的齿廓之间的相对应的基圆弧长，称为基圆齿距（见图 68、图 69）。

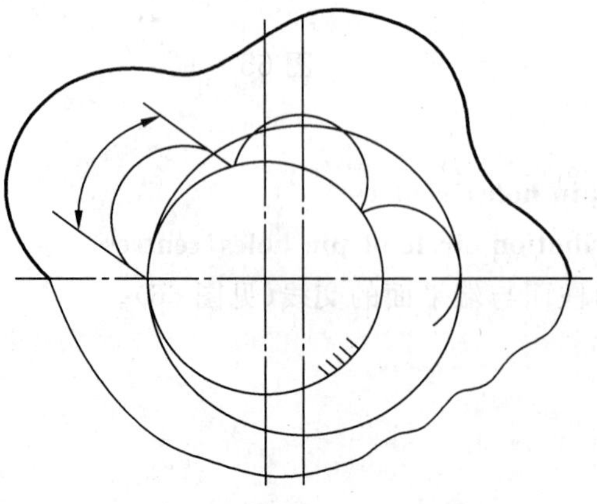

图 68

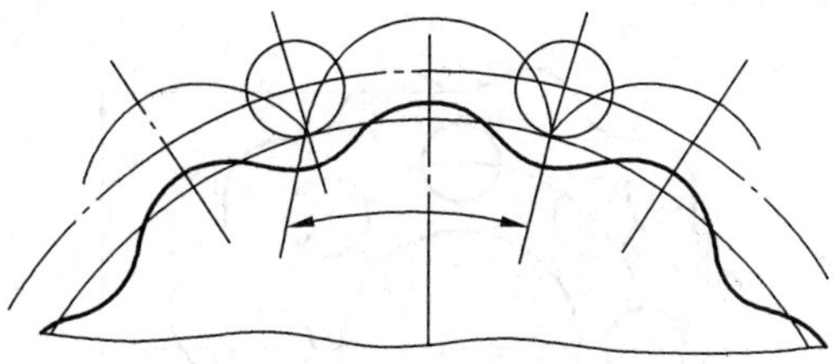

图 69

3.3.1.4

公法线长度　common normal length

对于外齿摆线齿轮，相隔若干个齿的两外侧齿面各与两平行平面分别相切，此两平行平面之间的垂直距离就称为该外齿摆线齿轮的公法线长度(见图 70)。

对于内齿摆线齿轮，指的是相隔若干个齿槽的两外侧齿面(见图 71)。

必须指明两平行平面所跨的齿数(或齿槽数)。

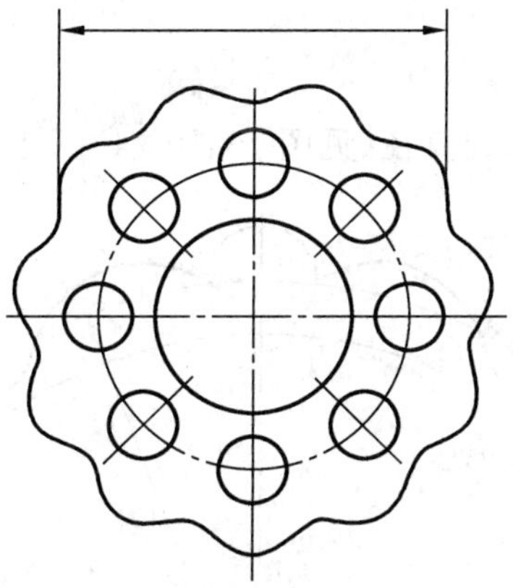

(跨4个齿)

图 70

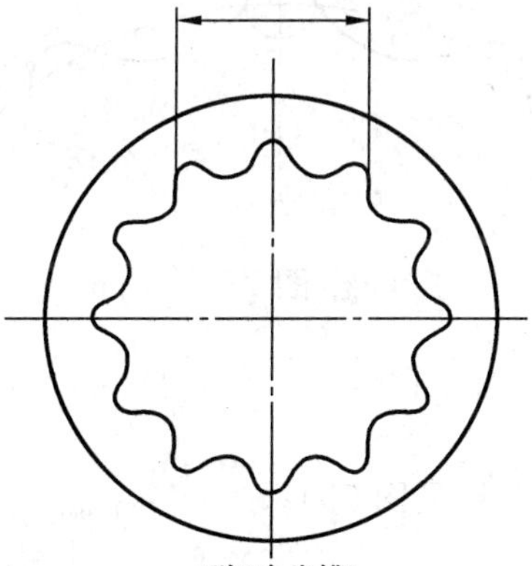

(跨3个齿槽)

图 71

3.3.1.5

顶根距　tip-root distance

以整支摆线为基础形成齿廓的奇数齿的摆线齿轮，在 180°方向上，摆线齿轮的齿顶圆与齿根圆之间的垂直距离，称为顶根距(见图72)。

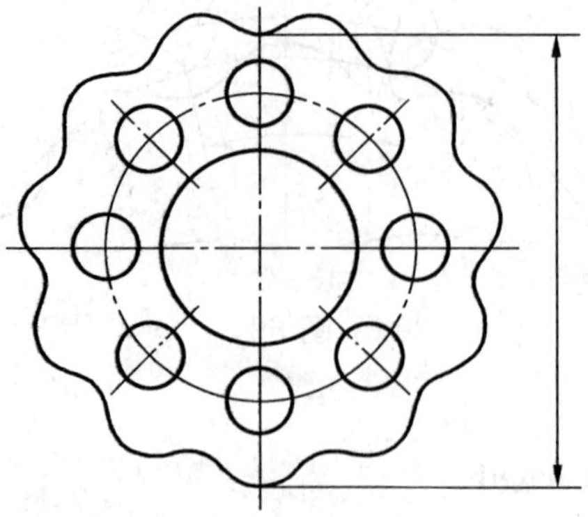

图72

3.3.2

直径 diameter

3.3.2.1

分布圆直径 distribution diameter

摆线齿轮的分布圆柱面和分布圆的直径(见图73、图74)。

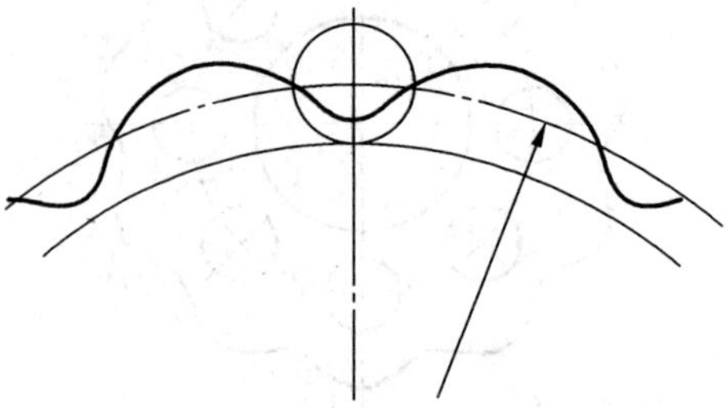

图73

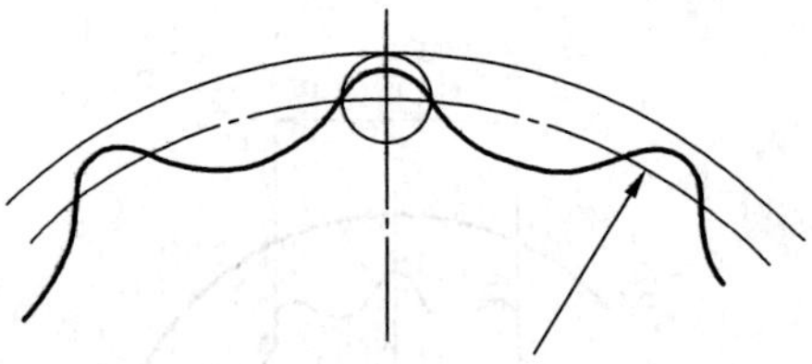

图74

3.3.2.2

节圆直径 pitch diameter

摆线齿轮的节圆柱面和节圆的直径(见图75)。

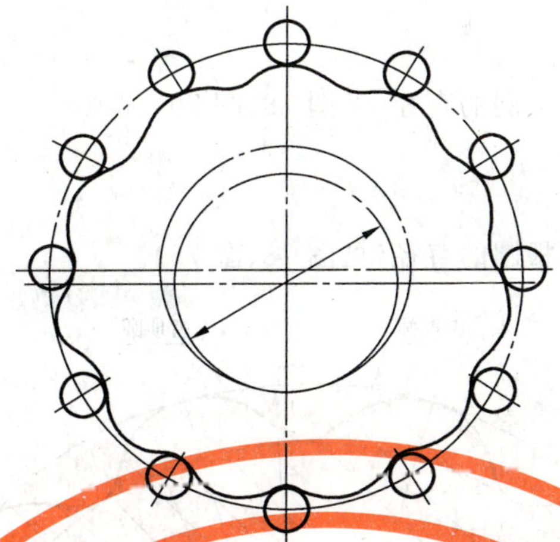

图 75

3.3.2.3

基圆直径　base diameter

摆线齿轮的基圆柱面和基圆的直径(见图 76、图 77)。

3.3.2.4

发生圆直径　generating diameter

滚圆直径　rolling diameter

形成摆线齿廓的发生圆柱面和发生圆的直径(见图 76、图 77)。

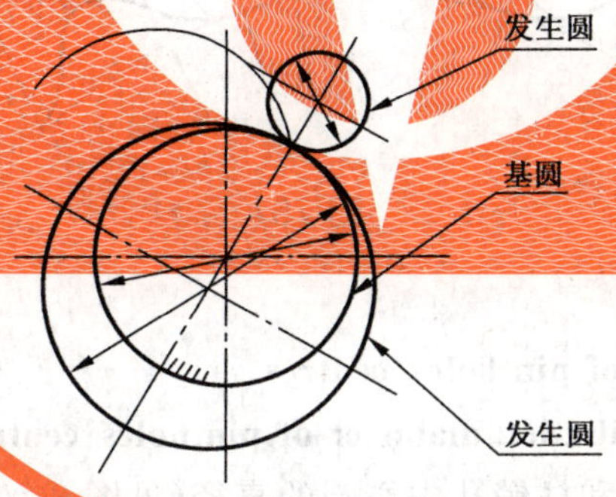

图 76

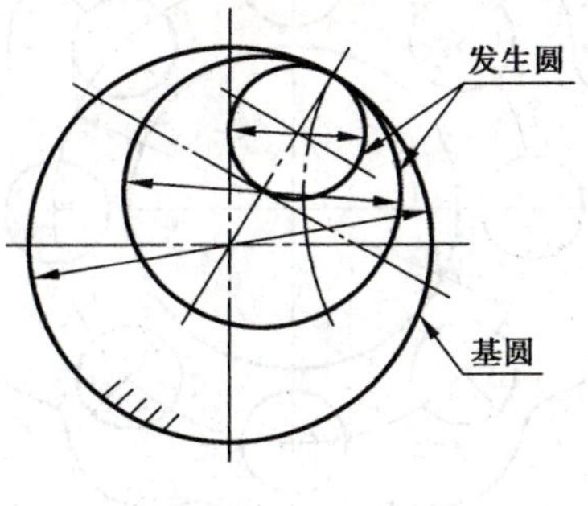

图 77

3.3.2.5

顶圆直径　tip diameter

摆线齿轮的齿顶圆柱面和齿顶圆的直径(见图78、图79)。

3.3.2.6

根圆直径　root diameter

摆线齿轮的齿根圆柱面和齿根圆的直径(见图78、图79)。

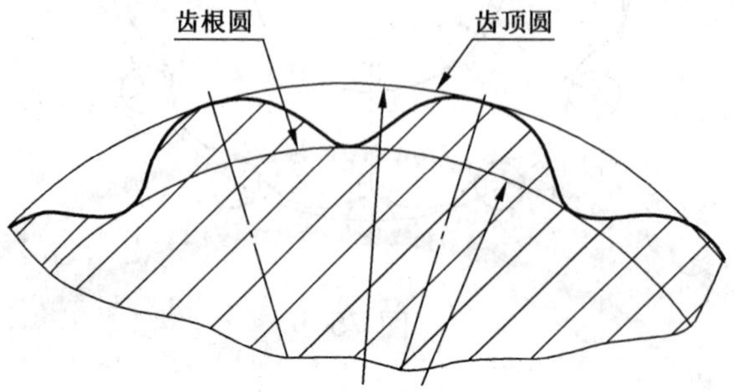

图 78

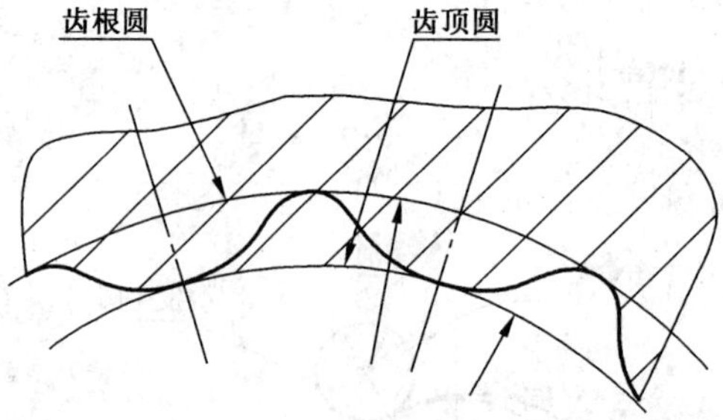

图 79

3.3.2.7

柱销孔中心圆直径　diameter of pin holes' centres

柱销孔中心分布圆直径　distribution diameter of pin holes' centres

摆线齿轮的柱销孔中心圆柱面和柱销孔中心圆的直径(见图80)。

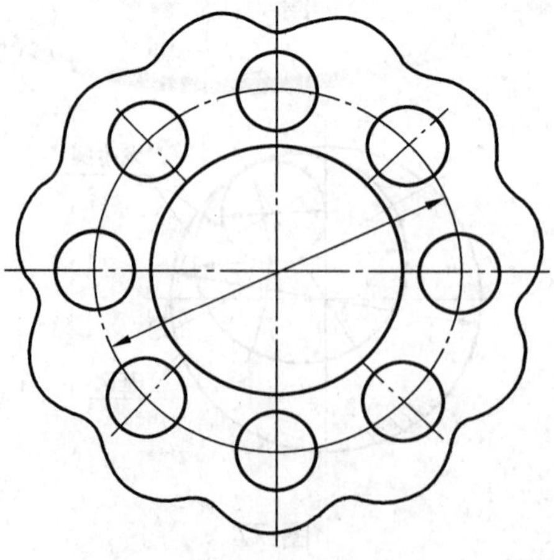

图 80

3.3.3

齿高和齿宽　tooth depth and facewidth

3.3.3.1

齿高　tooth depth

摆线齿轮的齿顶圆与齿根圆之间的径向距离(见图81、图82)。

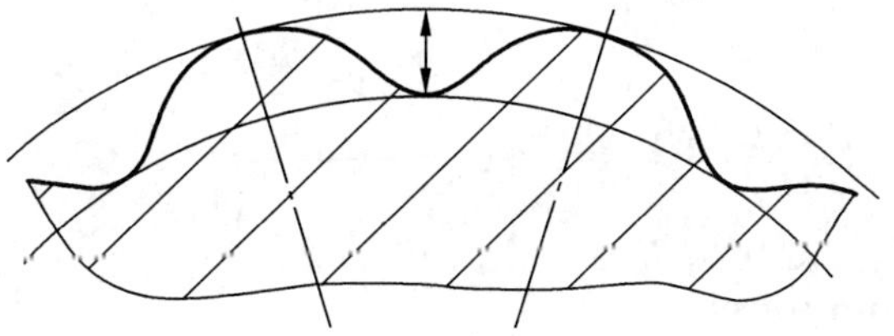

图81

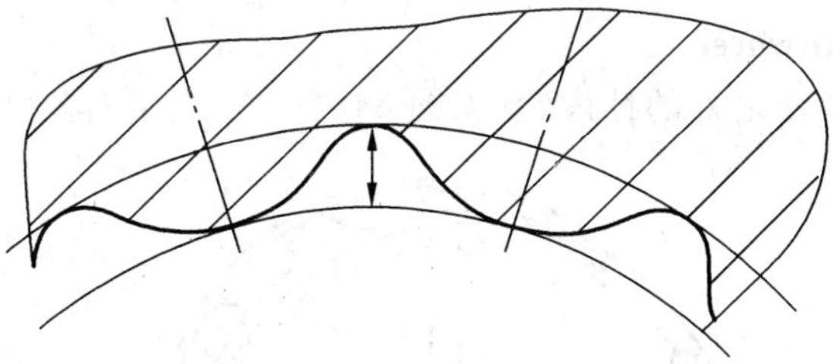

图82

3.3.3.2

齿宽　facewidth

摆线齿轮的有齿部位沿分布圆柱面的直母线方向度量的宽度(见图83)。

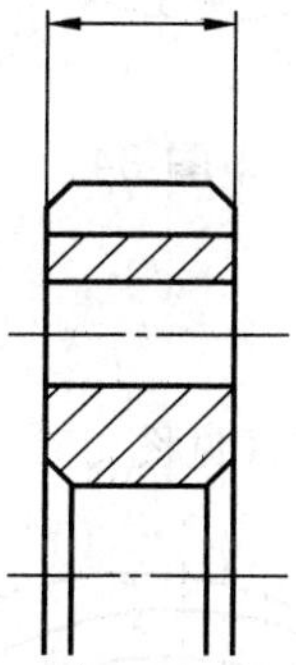

图83

3.3.4

变幅系数　radius variation coefficients

3.3.4.1

幅高　panel height

在平面上,以整支摆线为基础形成齿廓的理论齿廓曲线,在半径方向的最低点与最高点之间的距离。

3.3.4.2

短幅系数　curtate coefficient

短幅外(或内)摆线的幅高与外(或内)摆线幅高的比值。

3.3.4.3

长幅系数　prolate coefficient

长幅外(或内)摆线的幅高与外(或内)摆线幅高的比值。

4　针[齿]轮

4.1

针齿轮的类型　types of pin wheel

4.1.1

按轮齿相对位置划分的定义　definitions in terms of relative position of teeth

4.1.1.1

外齿针齿轮　external pin wheel

齿顶圆柱面位于齿根圆柱面之外的针齿轮(见图 84)。

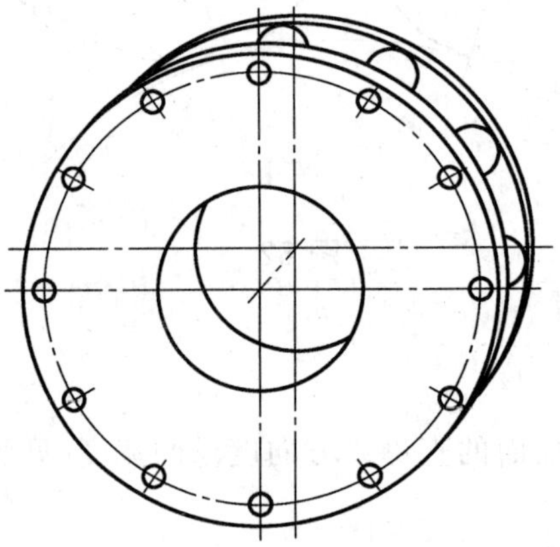

图 84

4.1.1.2

内齿针齿轮　internal pin wheel

齿顶圆柱面位于齿根圆柱面之内的针齿轮(见图 85)。

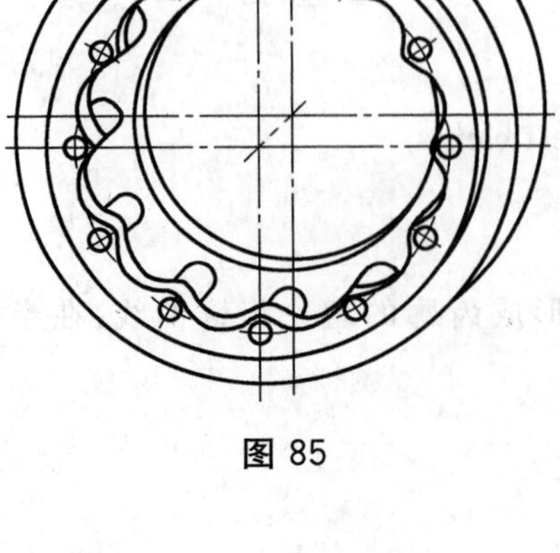

图 85

4.2

假想曲面和曲线　imaginary surfaces and curves

4.2.1

假想曲面　imaginary surfaces

4.2.1.1

针齿中心圆柱面　cylinder of gear pins' centres

针齿中心分布圆柱面　distribution cylinder of gear pins' centres

在针齿轮上各针齿的中心线所在的曲面(见图 86)。

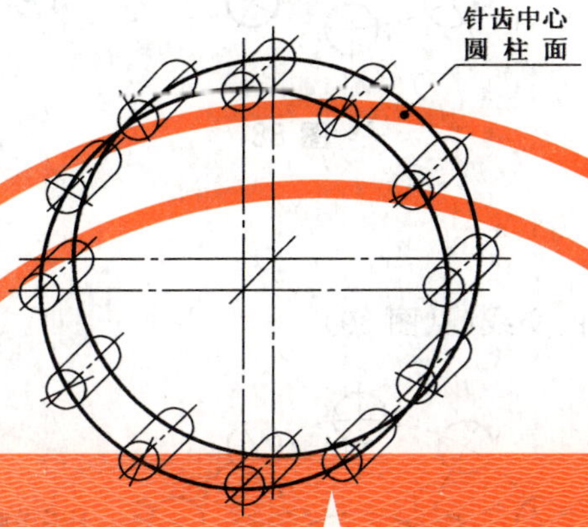

图 86

4.2.1.2

节圆柱面　pitch cylinder

摆线齿轮与针齿轮啮合副中针齿轮的节曲面(见图 87)。

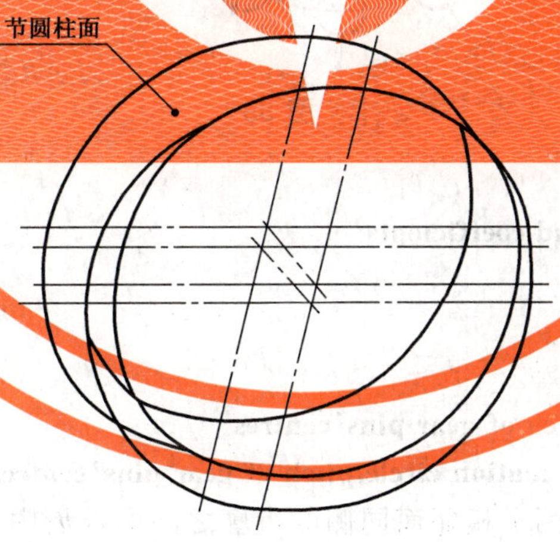

图 87

4.2.2

假想曲线　imaginary curves

4.2.2.1

针齿中心圆　circle of gear pins' centres

针齿中心分布圆　distribution circle of gear pins' centres

针齿轮的针齿中心圆柱面与端平面的交线(见图 88)。

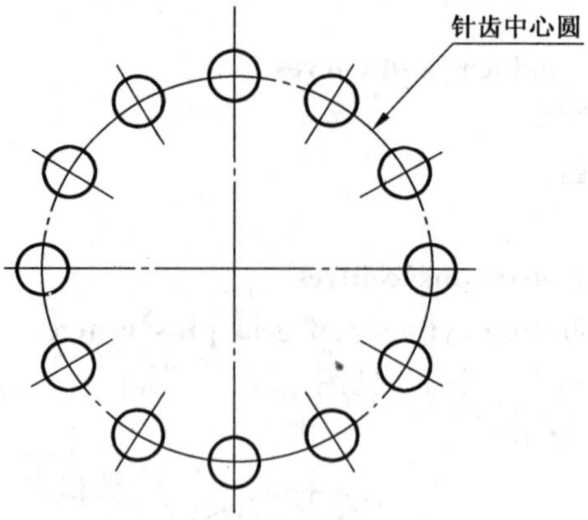

图 88

4.2.2.2

节圆　pitch circle

针齿轮的节圆柱面与端平面的交线(见图 89)。

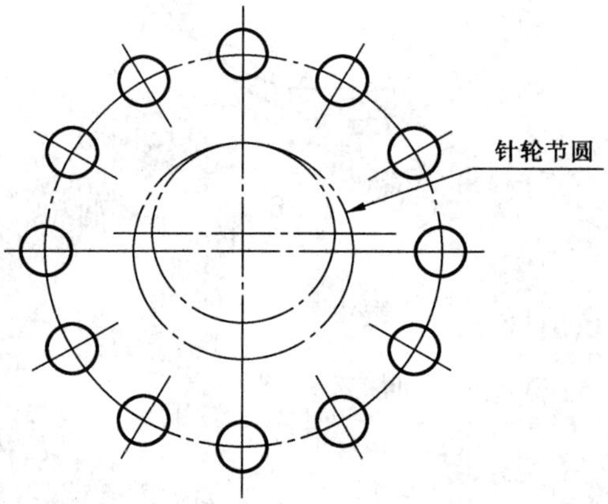

图 89

4.3

尺寸和系数　dimensions and coefficients

4.3.1

齿距　pitch

4.3.1.1

针齿中心圆齿距　circle pitch of gear pins' centres

针齿中心分布圆齿距　distribution circle pitch of gear pins' centres

在针齿轮的一个端平面上,两个相邻而同侧的齿廓之间的针齿中心圆弧长,称为针齿中心圆齿距(见图 90)。

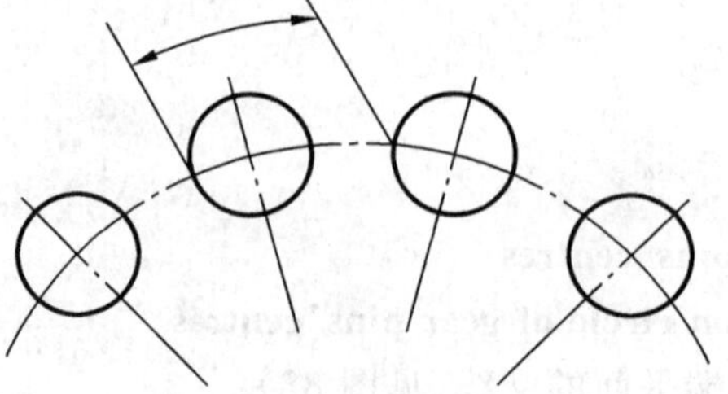

图 90

4.3.1.2

公法线长度　common normal length

对于外齿针齿轮，相隔若干个针齿的两外侧齿面各与两平行平面分别相切，此两平行平面之间的垂直距离就称为该外齿针齿轮的公法线长度(见图 91)。

对于内齿针齿轮，指的是相隔若干个齿槽的两外侧齿面(见图 92)。

必须指明两平行平面所跨的齿数(或齿槽数)。

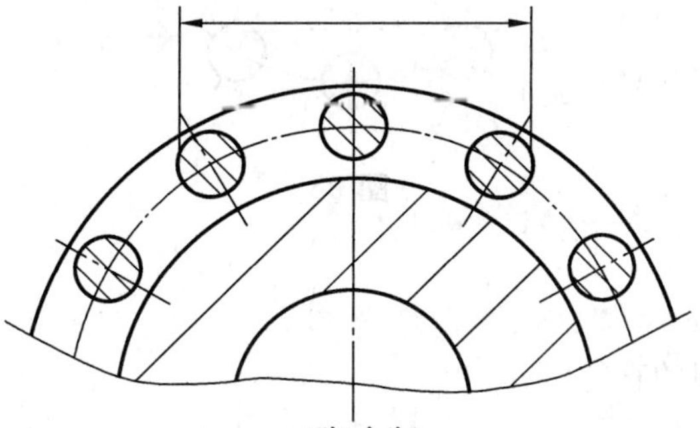

图 91

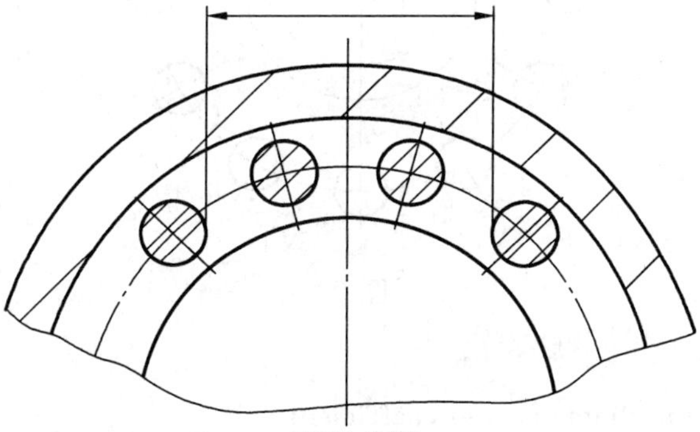

图 92

4.3.2

直径　diameter

4.3.2.1

针齿中心圆直径　diameter of gear pins' centres

针齿中心分布圆直径　distribution diameter of gear pins' centres

针齿轮的针齿中心圆柱面和针齿中心圆的直径(见图 93)。

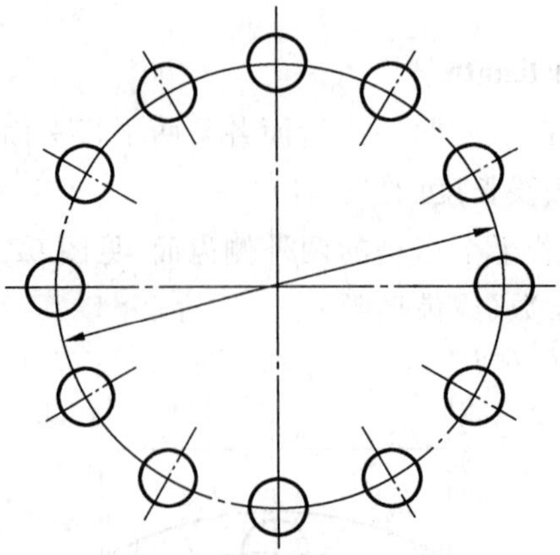

图 93

4.3.2.2

节圆直径　pitch diameter

针齿轮的节圆柱面和节圆的直径(见图 94)。

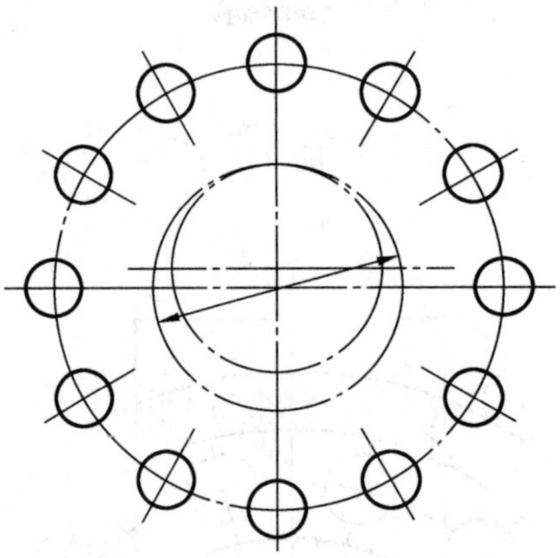

图 94

4.3.3

针齿直径和系数　gear pin diameter and coefficient

4.3.3.1

针齿直径　gear pin diameter

没有针齿套的针齿销称为针齿,其直径即针齿直径(见图 95)。

具有针齿套的针齿,其直径是指针齿套的外径(见图 96)。

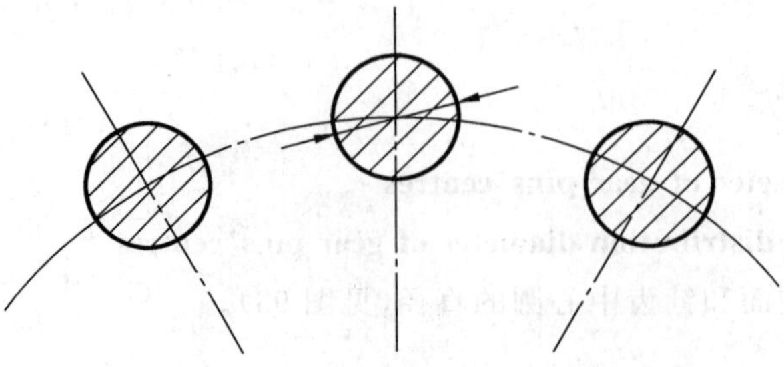

图 95

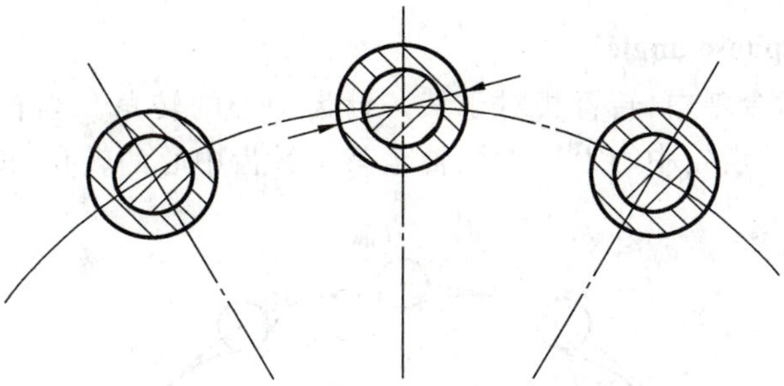

图 96

4.3.3.2

针径系数　coefficient of gear pin diameter

在针齿轮的端平面上，相邻两针齿中心之间的距离与针齿直径之比值，称为针径系数。

5　摆线针轮行星齿轮副

5.1

角度尺寸和侧隙　angular dimensions and backlashes

5.1.1

角度尺寸　angular dimensions

5.1.1.1

啮合角　working pressure angle

在端平面上，摆线齿轮齿廓与针齿齿廓在接触点处的公法线与通过节点的圆周速度方向所夹的锐角，称为啮合角(见图 97)。

摆线齿轮轮齿和针齿轮轮齿在不同位置啮合时，其啮合角不相等。

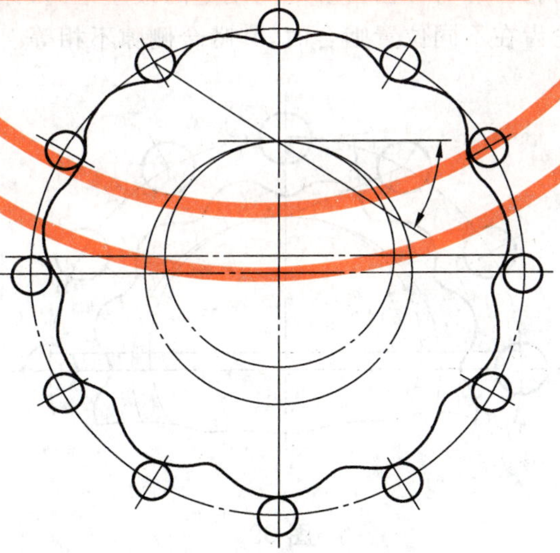

图 97

5.1.1.2

啮合相位角　meshing phase angle

在摆线齿轮与针齿轮啮合副中，转臂相对于某一针齿中心的转角。当转臂固定并与直角坐标系的纵轴重合时(坐标原点取在针齿轮中心上)，由纵轴至某一针齿中心的转角，即啮合相位角(见图 98)。

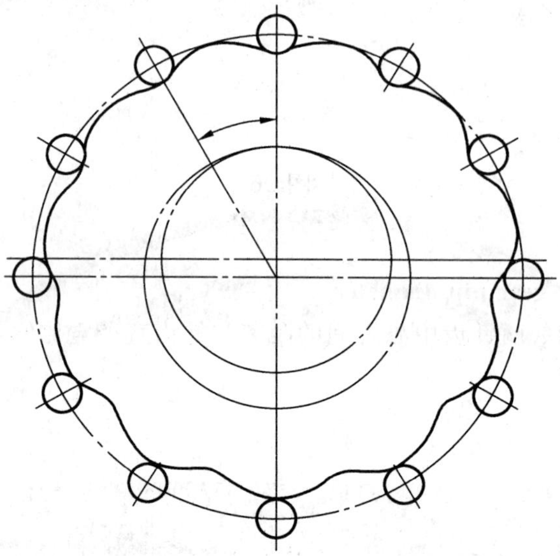

图 98

5.1.2

侧隙　backlashes

5.1.2.1

啮合侧隙　working backlash

当一对相啮合的摆线齿轮与针齿轮处于理论啮合位置时，在某一针齿中心与节点的连线(即齿廓接触点的公法线方向)上，摆线齿轮齿廓与针齿齿廓之间度量的最短距离，称为啮合侧隙(见图 99)。

摆线齿轮轮齿和针齿轮轮齿在不同位置啮合时，其啮合侧隙不相等。

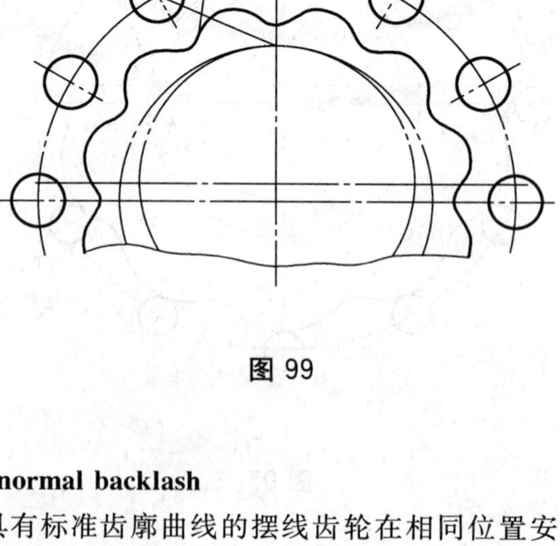

图 99

5.1.2.2

原始法向间隙　original normal backlash

经过修形的摆线齿轮与具有标准齿廓曲线的摆线齿轮在相同位置安装时，各摆线齿轮轮齿与针齿轮轮齿均未接触,此时各针齿与对应的本该相接触的摆线齿轮各轮齿之间在公法线方向上存在的间隙,称为原始法向间隙。

5.1.2.3

初始法向间隙　initial normal backlash

经过修形的摆线齿轮与针齿轮副在刚开始转动以传递载荷时,摆线齿轮上某个齿将与针齿轮上某个齿首先接触,而其余各对齿之间还存在着大小不等的法向间隙,此法向间隙就称为初始法向间隙。

5.2

其他线性尺寸　other linear dimensions

5.2.1

有效齿宽和齿宽系数　effective facewidth and coefficient of facewidth

5.2.1.1

有效齿宽　effective facewidth

在摆线齿轮轮齿和针齿轮轮齿的啮合中,两者在齿宽方向上相互搭接的宽度,称为有效齿宽。

5.2.1.2

齿宽系数　coefficient of facewidth

摆线齿轮轮齿宽度与针齿中心圆直径的比值,称为齿宽系数。

索 引

中文索引

英文索引

D

E

F

G

H

I

M

N

O

P

R

root tip [illegible] …… [illegible]
root cylinder [illegible] …… [illegible]
root diameter [illegible] …… [illegible]
root surface [illegible] …… [illegible]
rotated angle modification …… 2.4.2.40

spur gear [illegible] …… [illegible]
surface of the [illegible] …… 2.1.3

tip circle [illegible] …… [illegible]
tip cylinder [illegible] …… [illegible]
tip diameter [illegible] …… [illegible]
tip [illegible] …… [illegible]
tip surface [illegible] …… [illegible]
tooth [illegible] …… [illegible]
tooth depth [illegible] …… [illegible]

tooth profile [illegible] …… [illegible]
tooth space [illegible] …… [illegible]
top land [illegible] …… [illegible]
transverse [illegible] …… [illegible]

[illegible]
working [illegible] angle [illegible] …… [illegible]

ICS 21.120
J 19

中华人民共和国国家标准

GB/T 10107.2—2012
代替 GB/T 10107.2—1988

摆线针轮行星传动　第2部分:图示方法

Cycloidal drives—Part 2:Representation of drawings

2012-09-03 发布　　2013-03-01 实施

中华人民共和国国家质量监督检验检疫总局
中国国家标准化管理委员会　发布

前　言

GB/T 10107《摆线针轮行星传动》包括下列三部分：

——第1部分：基本术语；

——第2部分：图示方法；

——第3部分：几何要素代号。

本部分为GB/T 10107的第2部分。

本部分按照GB/T 1.1—2009给出的规则起草。

本部分代替GB/T 10107.2—1988《摆线针轮行星传动　图示方法》。本部分与GB/T 10107.2—1988相比，除编辑性修订外，主要修改部分如下：

——调整了第3章的题名和内容；

——附录中增加了“针齿壳的图样格式示例(图A.2)”；

——调整了附录的名称(见附录A)。

本部分由中国机械工业联合会提出并归口。

本部分主要起草单位：河北工业大学、天津市石化通用机械研究所。

本部分参加起草单位：天津市减速机总厂有限公司、上海减速机械厂有限公司、江苏泰隆减速机股份有限公司、泰星减速机股份有限公司、山东奥博减速机有限公司、张家港第二纺织机械有限公司。

本部分主要起草人：戴天伟、徐安平、刘志新、马小娟、殷爱国、张明荣。

本部分所代替标准的历次版本发布情况为：

——GB/T 10107.2—1988。

摆线针轮行星传动　第2部分:图示方法

1　范围

GB/T 10107 的本部分规定了机械图样中摆线轮的画法、摆线轮与针轮的啮合画法以及摆线针轮行星传动机构简图的图示符号。

本部分适用于摆线针轮行星传动。

2　规范性引用文件

下列文件对于本文件的应用是必不可少的。凡是注日期的引用文件,仅注日期的版本适用于本文件。凡是不注日期的引用文件,其最新版本(包括所有的修改单)适用于本文件。

GB/T 4457.2—2003　技术制图　图样画法　指引线和基准线的基本规定

GB/T 4457.4—2002　机械制图　图样画法　图线

GB/T 4458.1—2002　机械制图　图样画法　视图

GB/T 4458.2—2003　机械制图　装配图中零、部件序号及其编排方法

GB/T 4458.4—2003　机械制图　尺寸注法

GB/T 4458.5—2003　机械制图　尺寸公差与配合注法

GB/T 4458.6—2002　机械制图　图样画法　剖视图和断面图

GB/T 4460—1984　机械制图　机构运动简图符号

3　摆线轮及其与针轮的啮合画法

3.1　总则

摆线轮的画法以及摆线轮与针轮的啮合画法应符合 GB/T 4457.2、GB/T 4457.4、GB/T 4458.1、GB/T 4458.2、GB/T 4458.4、GB/T 4458.5、GB/T 4458.6、GB/T 4460 的规定。

3.2　摆线轮的画法

3.2.1　齿顶圆和齿顶线用粗实线绘制。

3.2.2　齿根圆和齿根线用细实线绘制,也可省略不画;在剖视图中,齿根线用粗实线绘制。

3.2.3　表示摆线轮一般用两个视图(见图 1)。

3.2.4　为表明齿形,可用粗实线绘出一个或两个齿;或用适当比例的局部放大图表示(见图 1、图 2)。

3.2.5　在剖视图中,当剖切平面通过摆线轮轴线时,轮齿一般按不剖处理(见图 1、图 2);对奇数齿的摆线轮,其轮齿也可按剖切处理。

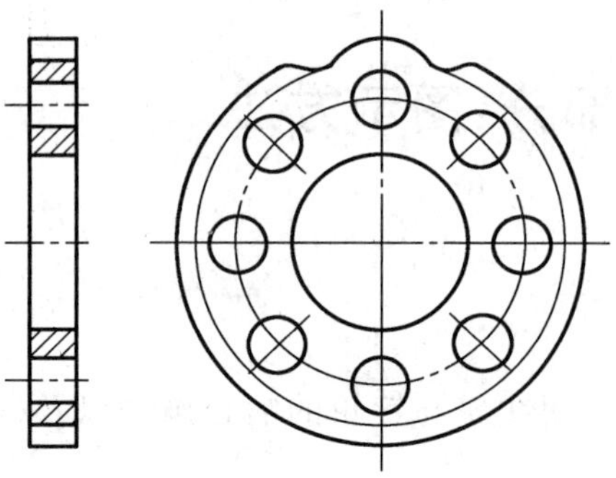

图 1

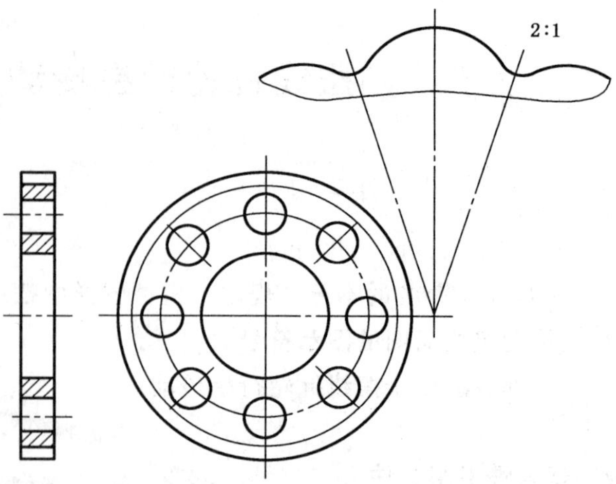

图 2

3.3 摆线轮与针轮的啮合画法

3.3.1 在剖视图中，当剖切平面通过摆线轮和针轮的轴线时，在啮合区内，摆线轮轮齿部分按不剖处理。针轮的针齿销一律按不剖处理。摆线轮轮齿被针齿遮挡的部分用虚线绘制(见图 3)，也可省略不画。

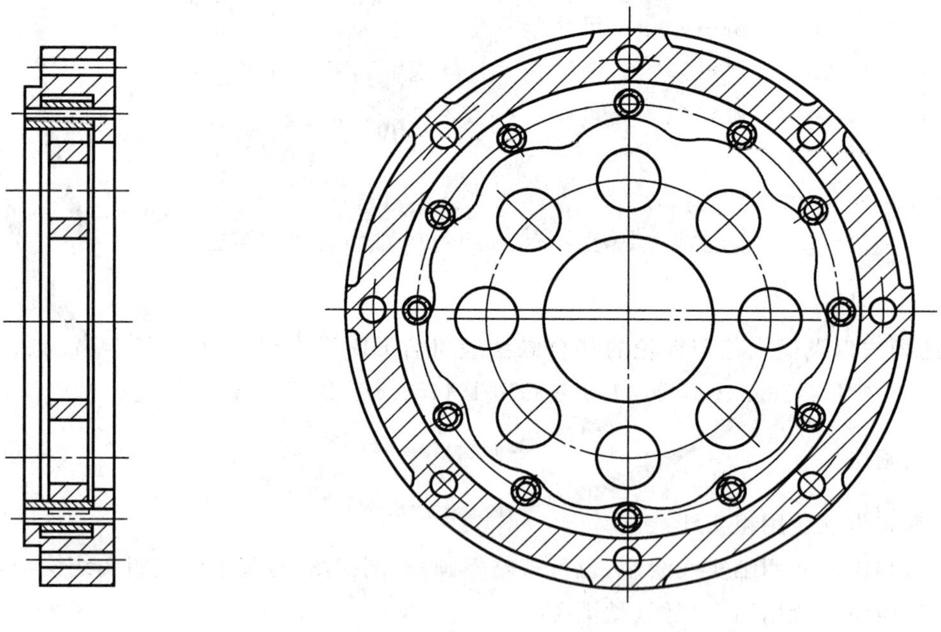

图 3

3.3.2 在剖视图中，当剖切平面垂直于摆线轮与针轮轴线时，摆线轮按不剖绘制。

4 摆线轮、针轮及其行星传动机构简图的图示符号

摆线轮、针轮及其行星传动机构简图的基本和可用图示符号（见表 1）。

表 1

名称	基本符号	可用符号
摆线轮	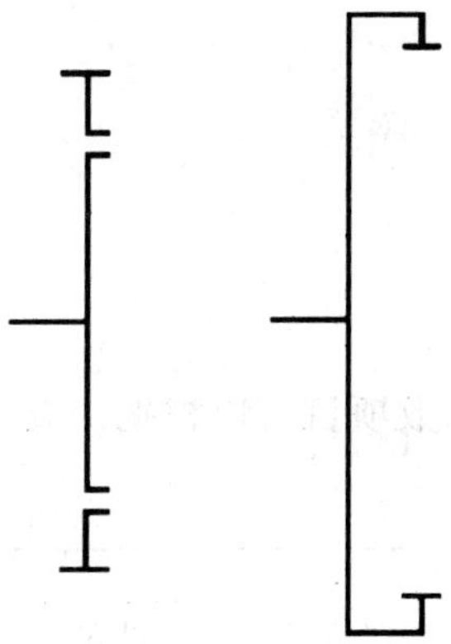	—
针轮	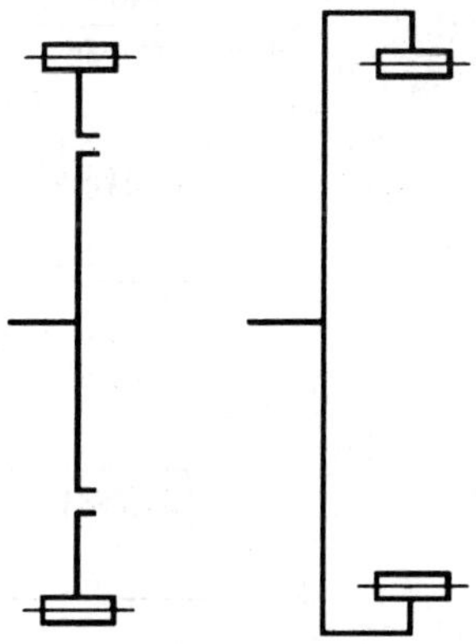	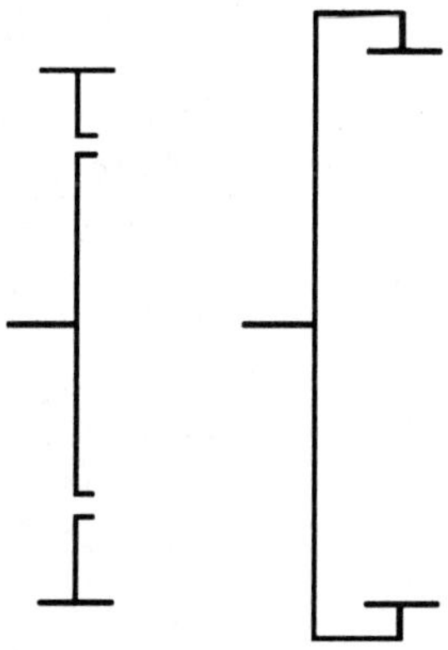
传动机构	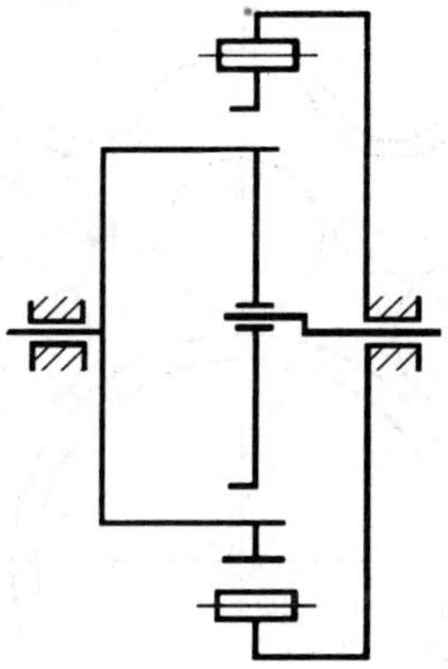	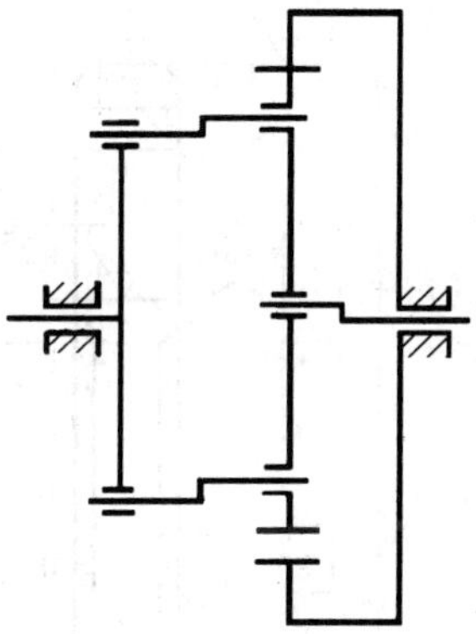

5 图样格式

图样格式见附录 A。

附 录 A
（资料性附录）
图样格式示例

A.1 外齿摆线轮的图样格式

外齿摆线轮的图样格式示例见图 A.1。

图中参数表一般放在图样的右上角；参数表中列出的参数项目可以根据需要增减，检验项目按功能要求而定；图样中的技术要求一般放在该图样的右下角。

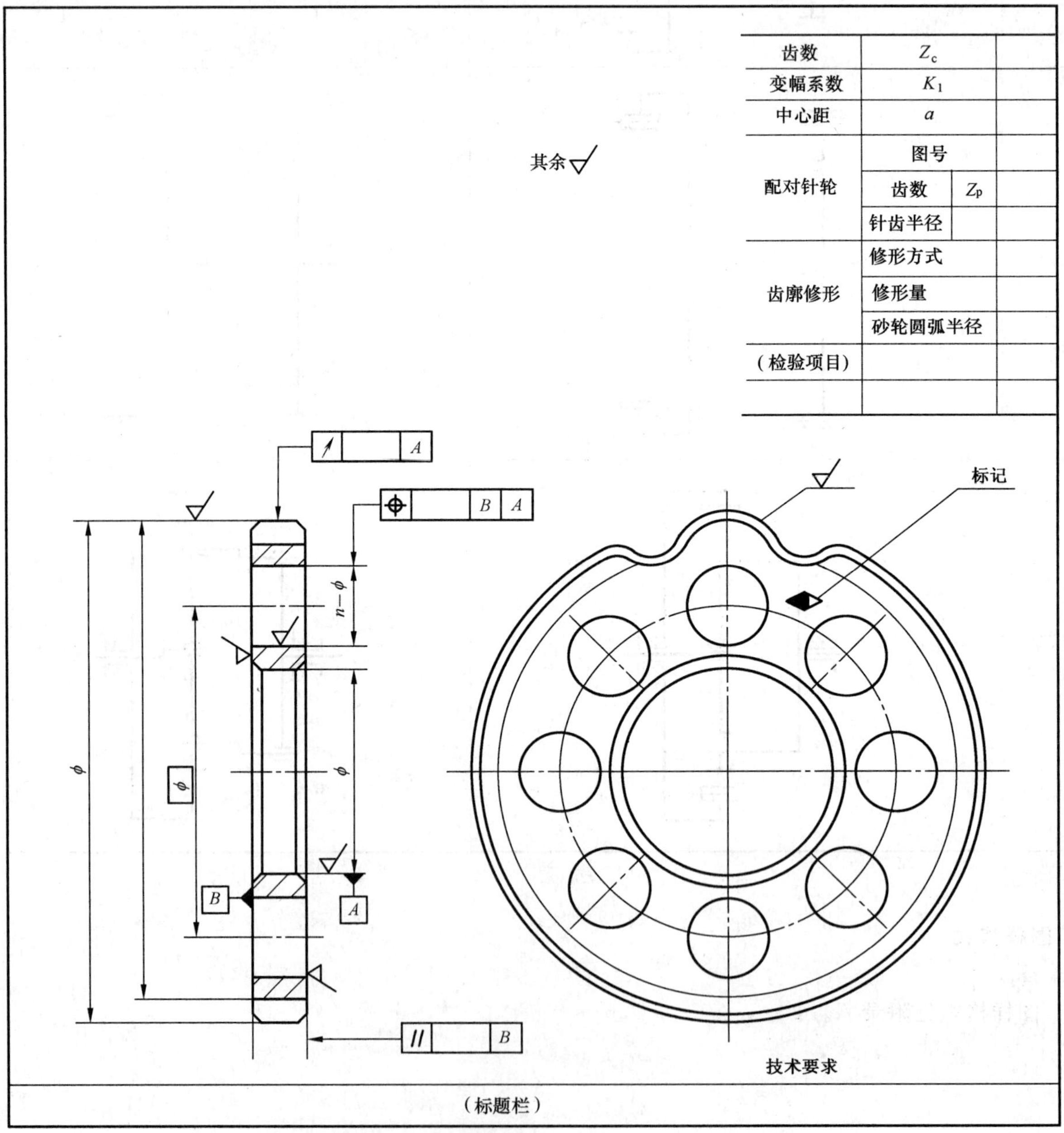

图 A.1

A.2 针齿壳的图样格式

针齿壳的图样格式示例见图 A.2。

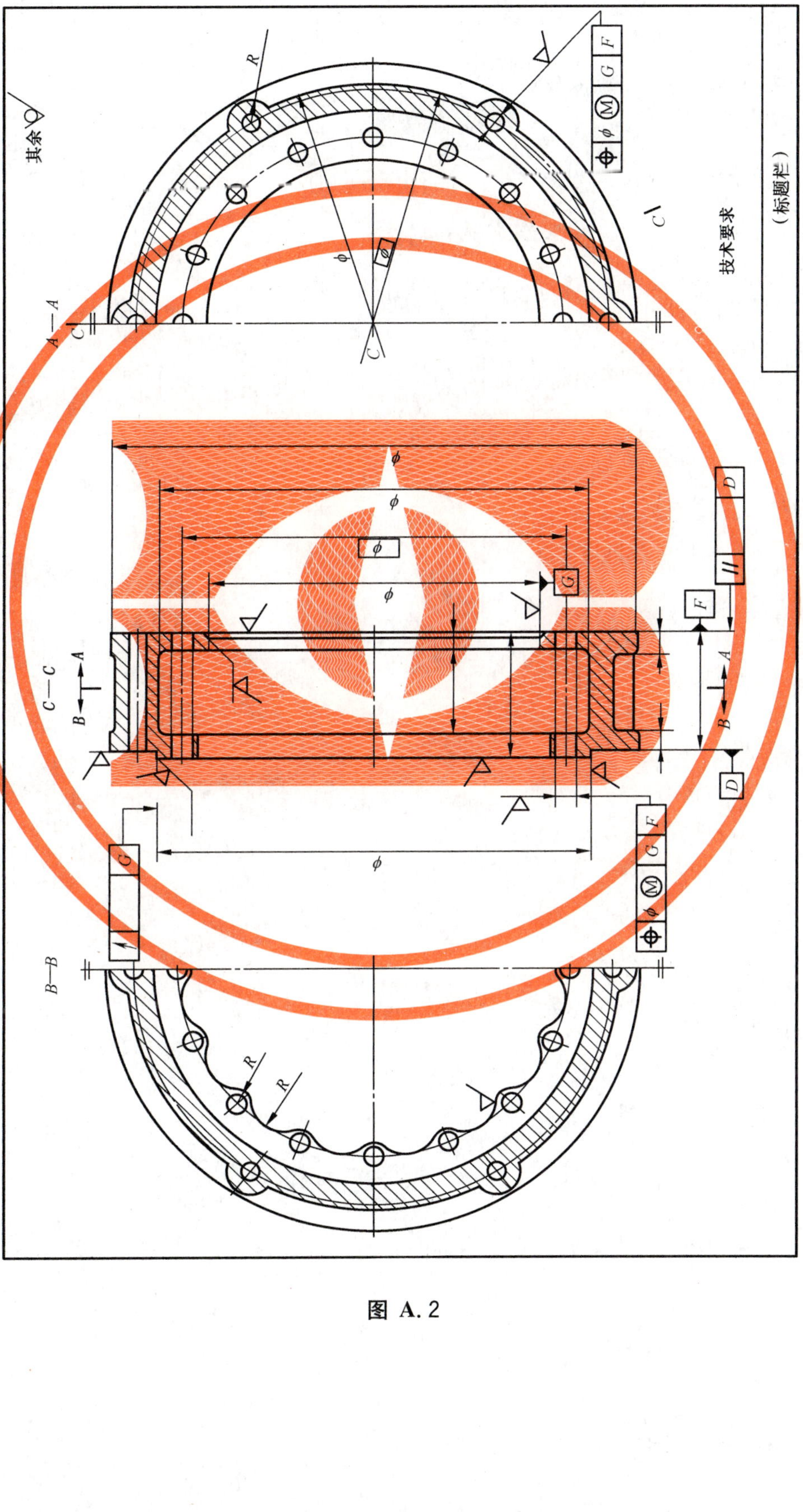

图 A.2

图中用一个公共剖切平面剖开针齿壳并按不同方向投影时，其所得到的两个剖视图，应按图样中的 $A—A$、$B—B$ 形式标注；对于幅面较大的针齿壳的图样，其标题栏一般配置在图样的右下方；图样中的技术要求应放在图样的右下角。

ICS 21.120
J 19

中华人民共和国国家标准

GB/T 10107.3—2012
代替 GB/T 10107.3—1988

摆线针轮行星传动 第3部分:几何要素代号

Cycloidal drives—Part 3:Symbols of geometrical data

2012-09-03 发布 2013-03-01 实施

中华人民共和国国家质量监督检验检疫总局
中国国家标准化管理委员会 发布

前　言

GB/T 10107《摆线针轮行星传动》包括下列三部分：

——第1部分：基本术语；

——第2部分：图示方法；

——第3部分：几何要素代号。

本部分为GB/T 10107的第3部分。

本部分按照GB/T 1.1—2009给出的规则起草。

本部分代替GB/T 10107.3—1988《摆线针轮行星传动　几何要素代号》。本部分与GB/T 10107.3—1988相比，除编辑性修订外，主要修改部分如下：

——修订和增加了d_p、r_p、D_w和R_w的同义词(见第3章)；

——增加了新的几何要素代号D_0、Δr_p、Δr_{rp}、$\Delta\gamma$、Δe、Δ_o和Δ_i(见第3章)。

本部分由中国机械工业联合会提出并归口。

本部分主要起草单位：河北工业大学、天津市石化通用机械研究所。

本部分参加起草单位：天津市减速机总厂有限公司、上海减速机械厂有限公司、江苏泰隆减速机股份有限公司、泰星减速机股份有限公司、山东奥博减速机有限公司、张家港第二纺织机械有限公司。

本部分主要起草人：戴天伟、徐安平、刘志新、马小娟、侯周明、刘思厚。

本部分所代替标准的历次版本发布情况为：

——GB/T 10107.3—1988。

摆线针轮行星传动
第3部分：几何要素代号

1 范围

GB/T 10107的本部分规定了摆线轮、针轮及其行星传动的几何要素代号。

本部分适用于摆线针轮行星传动。

2 规范性引用文件

下列文件对于本文件的应用是必不可少的。凡是注日期的引用文件，仅注日期的版本适用于本文件。凡是不注日期的引用文件，其最新版本（包括所有的修改单）适用于本文件。

GB/T 10107.1 摆线针轮行星传动 第1部分：基本术语

3 代号

几何要素代号应符合GB/T 10107.1的规定，并用下列拉丁或希腊字母等符号表示：

a ——中心距[偏心距]

b_c ——摆线轮齿宽

b_p ——针轮有效齿宽

d_{ac} ——摆线轮顶圆直径

d_{bc} ——摆线轮基圆直径

d_c ——摆线轮分布圆直径

d_c' ——摆线轮节圆直径

d_{fc} ——摆线轮根圆直径

d_g ——发生圆直径[滚圆直径]

d_p ——针齿中心圆直径[针齿中心分布圆直径]

d_p' ——针轮节圆直径

d_{rp} ——针齿套外径

d_{rw} ——柱销套外径

d_{sp} ——针齿销直径

d_{sw} ——柱销直径

d_w ——柱销孔直径

h ——摆线轮齿高

i ——传动比

j ——啮合侧隙

n ——转速

p_{bc} ——摆线轮基圆齿距

p_c ——摆线轮分布圆齿距

r_{ac} ——摆线轮顶圆半径

r_{bc} ——摆线轮基圆半径
r_c ——摆线轮分布圆半径
r_c' ——摆线轮节圆半径
r_{fc} ——摆线轮根圆半径
r_g ——发生圆半径[滚圆半径]
r_p ——针齿中心圆半径[针齿中心分布圆半径]
r_p' ——针轮节圆半径
r_{rp} ——针齿套外圆半径
r_{rw} ——柱销套外圆半径
r_{sp} ——针齿销半径
r_{sw} ——柱销半径
r_w ——柱销孔半径
D_w ——输出机构柱销孔中心圆直径[输出机构柱销孔中心分布圆直径]
D_0 ——摆线轮中心大孔直径
K_1 ——变幅(短幅或长幅)系数
K_2 ——针径系数
R_w ——输出机构柱销孔中心圆半径[输出机构柱销孔中心分布圆半径]
W_{af} ——摆线轮顶根距
W_k ——跨 k 齿测量的公法线长度(对于外齿轮),跨 k 齿槽测量的公法线长度(对于内齿轮)
Z_c ——摆线轮齿数
Z_p ——针轮齿数
Z_w ——输出机构柱销孔数
α ——啮合角
ρ ——摆线轮齿廓曲线的曲率半径
ϕ_d ——齿宽系数
ϕ_{HP} ——啮合相位角
ω ——角速度
Δr_p ——移距修形量
Δr_{rp} ——等距修形量
$\Delta\gamma$ ——转角修形量
Δe ——偏距修形量
Δ_o ——原始法向间隙
Δ_i ——初始法向间隙

ICS 25.220.40
A 29

中华人民共和国国家标准

GB/T 10125—2012/ISO 9227:2006
代替 GB/T 10125—1997

人造气氛腐蚀试验　盐雾试验

Corrosion tests in artificial atmospheres—Salt spray tests

(ISO 9227:2006,IDT)

2012-12-31 发布　　　　2013-10-01 实施

中华人民共和国国家质量监督检验检疫总局
中国国家标准化管理委员会　发布

前　　言

本标准按照 GB/T 1.1—2009 给出的规则起草。

本标准代替 GB/T 10125—1997《人造气氛腐蚀试验　盐雾试验》，与 GB/T 10125—1997 相比主要变化如下：

——增加了引言；
——增加了适用范围(见第 1 章)；
——规范性引用文件作了重新调整；
——修改了氯化钠溶液浓度，并对溶液的 pH 值的调整方法做了更详细的规定(见第 3 章)；
——修改了盐雾箱的容积不小于 0.4 m^3(见 4.2)；
——对盐雾装置要求进行了补充(见 4.4)；
——增加了再次使用的具体要求(见 4.6)；
——增加了对 AASS 试验的腐蚀性能试验方法的规定，全面修改了 CASS 试验的腐蚀性能试验方法，部分修改了 NSS 试验的腐蚀性能试验方法的试样基本要求。预处理、试验时间和试验后处理等方面的内容(见第 5 章)；
——增加了有机涂层试板的要求(见第 6 章)；
——修改了试样的放置(见第 7 章)；
——增加了试验条件的新要求(见第 8 章)；
——增加了试验后试样处理的方法(见第 10 章)；
——增加了有机涂层的评价方法(见第 11 章)；
——增加了对试验报告的要求(见第 12 章)；
——修改了盐雾箱的设计简图(见附录 A)；
——增加了采用锌参比试样评价盐雾箱腐蚀性能的补充方法(见附录 B)；
——增加了有机涂层的试验样板(见附录 C)；
——增加了有机涂层的试验样板需要补充的信息(见附录 D)；
——增加了关于钢参比试样牌号的补充信息(见附录 E)。

本标准采用翻译法等同采用 ISO 9227:2006《人造气氛腐蚀试验　盐雾试验》。

与本标准中规范性引用的国际文件有一致性对应关系的我国文件见附录 NA。

本标准做了下列编辑性修改：

——取消了 ISO 9227:2006 前言，增加了本标准前言。
——用“本标准”代替“本国际标准”。
——增加了资料性附录 NA，与本标准中规范性引用的国际文件有一致性对应关系的我国文件。

本标准由中国机械工业联合会提出。

本标准由全国金属与非金属覆盖层标准化技术委员会(SAC/TC 57)归口。

本标准起草单位：武汉材料保护研究所、马鞍山鼎泰稀土科技股份有限公司、桐乡铁盛线路器材有限公司、宁波高新区远创科技有限公司、武汉材保新材料有限公司、武汉大学。

本标准主要起草人：张艳、姜磊、刘硕、史志民、刘冀鲁、沈洪卫、何迎春、李新立、李安忠、褚其峰、丁卫军、谢凡、章强、李志。

本标准所代替标准的历次版本发布情况为：

GB/T 10125—1997。

引　　言

由于影响金属腐蚀的因素很多,单一的抗盐雾性能不能代替抗其他介质的性能,所以本标准获得的试验结果不能作为被试材料在所有使用环境中抗腐蚀性能的直接指南。同时,各种材料在试验中的性能也不能作为这些材料在使用中的耐蚀性的直接指南。

尽管如此,本标准规定的方法仍可作为检验被试材料有或无防腐蚀性能的一种方法。

盐雾试验可作为快速评价有机和无机覆盖层的不连续性、孔隙及破损等缺陷的试验方法,也可作为具有相似覆盖层的试样的工艺质量比较。

从盐雾试验的比较结果得出不同涂层体系的长期腐蚀行为是不可靠的,因为这些涂层体系在实际环境中的耐腐蚀性与在盐雾试验中的耐腐蚀性明显不同。

人造气氛腐蚀试验　盐雾试验

1　范围

本标准规定了中性盐雾(NSS)、乙酸盐雾(AASS)和铜加速乙酸盐雾(CASS)试验使用的设备，试剂和方法。

本标准适用于评价金属材料及覆盖层的耐蚀性，被测试对象可以是具有永久性或暂时性防蚀性能的，也可以是不具有永久性或暂时性防蚀性能的。

本标准也规定了评估试验箱环境腐蚀性的方法。

本标准未规定试样尺寸，特殊产品的试验周期和结果解释，这些内容参见相应的产品规范。

本试验适用于检测金属及其合金、金属覆盖层、有机覆盖层、阳极氧化膜和转化膜的不连续性，如孔隙及其他缺陷。

中性盐雾试验适用于：

——金属及其合金；

——金属覆盖层(阳极性或阴极性)；

——转化膜；

——阳极氧化膜；

——金属基体上的有机涂层。

乙酸盐雾试验适用于铜＋镍＋铬或镍＋铬装饰性镀层，也适用于铝的阳极氧化膜。

铜加速乙酸盐雾试验适用于铜＋镍＋铬或镍＋铬装饰性镀层，也适用于铝的阳极氧化膜。

本试验适用于对金属材料具有或不具有腐蚀保护时的性能对比，不适用于对不同材料进行有耐蚀性的排序。

2　规范性引用文件

下列文件对于本文件的应用是必不可少的。凡是注日期的引用文件，仅注日期的版本适用于本文件。凡是不注日期的引用文件，其最新版本(包括所有的修改单)适用于本文件。

ISO 1514:2004　色漆和清漆　标准试板(Paints and varnishes Standard panels for testing)

ISO 2808:2007　色漆和清漆　漆膜厚度的测定(Paints and varnishes Determination of film thickness)

ISO 3574:1999　商业级和冲压级的冷轧碳素钢薄板(Cold-reduced carbon steel sheet of commercial and drawing qualities)

ISO 8407:2009　金属和合金的腐蚀　从腐蚀试验样本中清除腐蚀产物(Corrosion of metals and Alloys　Removal of corrosion products from corrosion test specimens)

ISO 17872:2007　色漆和清漆　腐蚀试验用金属板涂层划痕标记导则(Paints and varnishes Guidelines for the introduction of scribe marks through coatings on metalic panels for corrosion testing)

3 试验溶液

3.1 氯化钠溶液配制

本试验所用试剂采用化学纯或化学纯以上的试剂。在温度为 25 ℃±2 ℃时电导率不高于 20 μS/cm 的蒸馏水或去离子水中溶解的氯化钠，配制成浓度为 50 g/L±5 g/L。所收集的喷雾液浓度应为 50 g/L±5 g/L。在 25 ℃时，配制的溶液密度在 1.029～1.036 范围内。

氯化钠中的铜含量应低于 0.001%（质量分数），镍含量应低于 0.001%（质量分数）。铜和镍的含量由原子吸收分光光度法或其他具有相同精度的分析方法测定。氯化钠中碘化钠含量不应超过 0.1%（质量分数）或以干盐计算的总杂质不应超过 0.5%（质量分数）。

注：如果在 25 ℃±2 ℃的时配制的溶液的 pH 值超出 6.0～7.0 的范围，则应检测盐或水中含有不需要的杂质。

3.2 调整 pH 值

3.2.1 盐溶液的 pH 值

根据收集的喷雾溶液的 pH 值调整盐溶液到规定的 pH 值。

3.2.2 中性盐雾试验(NSS 试验)

试验溶液(3.1)的 pH 值应调整至使盐雾箱(4.2)收集的喷雾溶液的 pH 值在 6.5～7.2 之间。pH 值的测量应在 25 ℃±2 ℃用酸度计测量，也可用测量精度不大于 0.3 的精密 pH 试纸进行日常检测。超出范围时，可加入分析纯盐酸、氢氧化钠或碳酸氢钠来进行调整。

喷雾时溶液中二氧化碳损失可能导致 pH 值变化。应采取相应措施，例如，将溶液加热到超过 35 ℃，才送入仪器或由新的沸腾水配制溶液，以降低溶液中的二氧化碳含量，可避免 pH 值的变化。

3.2.3 乙酸盐雾试验(AASS 试验)

在按 3.1 制备的盐溶液中加入适量的冰乙酸，以保证盐雾箱(见 4.2)内收集液的 pH 值为 3.1～3.3。如初配制的溶液 pH 值为 3.0～3.1，则收集液的 pH 值一般在 3.1～3.3 范围内。pH 值的测量应在 25 ℃±2 ℃用酸度计测量，也可用测量精度不大于 0.1 的精密 pH 试纸进行日常检测。溶液的 pH 值可用冰乙酸或氢氧化钠调整。

3.2.4 铜加速乙酸盐雾试验(CASS 试验)

在按 3.1 制备的盐溶液中，加入氯化铜($CuCl_2 \cdot 2H_2O$)，其浓度为 0.26 g/L±0.02 g/L(即 0.205 g/L±0.015 g/L 无水氯化铜)。溶液的 pH 值调整方法与 3.2.3 相同。

3.3 过滤

溶液在使用前进行过滤，以避免溶液中的固体物质堵塞喷嘴。

4 试验设备

4.1 设备材料

用于制作试验设备的材料必须抗盐雾腐蚀和不影响试验结果。

4.2 盐雾箱

盐雾箱的容积应不小于 0.4 m^3，因为较小的容积难以保证喷雾的均匀性。对于大容积的箱体，需要确保在盐雾试验期间，满足盐雾的均匀分布。箱顶部要避免试验时聚积的溶液滴落到试样上。

盐雾箱的形状和尺寸应能使箱内溶液的收集速度符合 8.3 规定。

基于环保考虑，建议设备采用适当方式处置废液。

注：盐雾箱设计简图参见附录 A。

4.3 温度控制装置

加热系统应保持箱内温度达到 8.1 规定。温度测量区应距箱内壁不小于 100 mm。

4.4 喷雾装置

喷雾装置由一个压缩空气供给器、一个盐水槽和一个或多个喷雾器组成。

供应到喷雾器的压缩空气应通过过滤器，去除油质和固体颗粒。喷雾压力应控制在 70 kPa[1)]～170 kPa 范围内。

注：雾化喷嘴可能存在一个"临界压力"，在此压力下盐雾的腐蚀性可能发生异常。若不能确定喷嘴的临界压力，则通过安装压力调节阀，将空气压力波动控制在± 0.7 kPa 范围，以减少喷嘴在"临界压力"下工作的可能性。

为防止雾滴中水分蒸发，空气在进入喷雾器前应进入装有蒸馏水或去离子水的饱和塔湿化，其温度应高于箱内温度 10 ℃以上。调节喷雾压力、饱和塔水温及使用适合的喷嘴，使箱内盐雾沉降率和收集液的浓度符合 8.3 规定。表 1 给出在不同喷雾压力下盐雾试验的饱和塔温度的指导值。水位应自动调节，以保证足够的湿度。

表 1　饱和塔中热水温度的指导值

喷雾压力 kPa	当进行不同类型的盐雾试验时，饱和塔水温度的指导值/℃	
	中性盐雾试验(NSS) 和乙酸盐雾试验(AASS)	铜加速乙酸盐雾试验(CASS)
70	45	61
84	46	63
98	48	64
112	49	66
126	50	67
140	52	69

4.5 盐雾收集器

箱内至少放两个盐雾收集器，一个靠近喷嘴，一个远离喷嘴。收集器用玻璃等惰性材料制成漏斗形状，直径为 100 mm，收集面积约 80 cm^2，漏斗管插入带有刻度的容器中，要求收集的是盐雾，而不是从试样或其他部位滴下的液体。

4.6 再次使用

如果试验箱曾被用于 AASS 或 CASS 试验，或其他与 NSS 不同的溶液，不能直接用于 NSS 试验。

---

1)　1 kPa=1 kN/m^2=0.01 atm=0.01 bar=0.145 psi。

对于这类情况，必须彻底清洗盐雾箱。在放入试样试验之前，应按照第5章规定的方法进行重新评价，尤其要确保收集液的pH值在规定范围内。

5 评价盐雾箱腐蚀性能的方法

5.1 总则

为了检验试验设备或不同实验室里同类设备试验结果的重现性，应对设备按5.2～5.4规定验证。

注：在固定的操作中，评价盐雾箱腐蚀性能的合适时间间隔一般为3个月。

采用钢参比试样确定试验的腐蚀性。

作为钢参比试样的补充，高纯度锌参比试样可以进行试验，并参照附录B的规定确定腐蚀性能。

5.2 中性盐雾试验(NSS试验)

5.2.1 参比试样

参比试样采用4块或6块符合ISO 3574的CR4级冷轧碳钢板，其板厚1 mm±0.2 mm，试样尺寸为150 mm×70 mm。表面应无缺陷，即无孔隙、划痕及氧化色。表面粗糙度 $Ra=0.8\ \mu m \pm 0.3\ \mu m$。从冷轧钢板或带上截取试样。

参比试样经小心清洗后立即投入试验。除按6.2和6.3规定之外，还应清除一切尘埃、油或影响试验结果的其他外来物质。

采用清洁的软刷或超声清洗装置，用适当有机溶剂(沸点在60 ℃～120 ℃之间的碳氢化合物)彻底清洗试样。清洗后，用新溶剂漂洗试样，然后干燥。

清洗后的试样吹干称重，精确到±1 mg，然后用可剥性塑料膜保护试样背面。试样的边缘也可用可剥性塑料膜进行保护。

5.2.2 参比试样的放置

试样放置在箱内四角(如果是六块试样，那么将它们放置在包括四角在内的六个不同的位置上)，未保护一面朝上并与垂直方向成20°±5°的角度。

用惰性材料(例如塑料)制成或涂覆参比试样架。参比试样的下边缘应与盐雾收集器的上部处于同一水平。试验时间48 h。

在验证过程中与参比试样不同的样品不应放在试验箱内。

5.2.3 测定质量损失

试验结束后应立即取出参比试样，除掉试样背面的保护膜，按ISO 8407规定的物理及化学方法去除腐蚀产物。在23 ℃下于20%(质量分数)分析纯级别的柠檬酸二铵($(NH_4)_2HC_6H_5O_7$)水溶液中浸泡10 min。浸泡后，在室温下用水清洗试样，再用乙醇清洗，干燥后称重。

试样称重精确到±1 mg。通过计算参比试样暴露面积，得出单位面积质量损失。

每次清除腐蚀产物时，建议配制新溶液。

注：可以按照ISO 8407中的规定，用50%(体积分数)的盐酸溶液($\rho_{20}=1.18$ g/mL)，其中加入3.5 g/L的六次甲基四胺缓蚀剂，浸泡试样除去腐蚀产物，然后在室温中用水清洗试样，再用乙醇清洗，干燥后称重。

5.2.4 中性盐雾装置的运行检验

经48 h试验后，每块参比试样的质量损失在70 g/m^2±20 g/m^2范围内说明设备运行正常(见参考文献21)。

5.3 乙酸盐雾试验(AASS试验)

5.3.1 参比试样

参比试样采用四块或六块符合ISO 3574的CR4级冷轧碳钢板,其板厚1 mm±0.2 mm,试样尺寸为150 mm×70 mm。表面应无缺陷,即无孔隙、划痕及氧化色。表面粗糙度 Ra=0.8 μm±0.3 μm。从冷轧钢板或带上截取试样。

参比试样经小心清洗后立即投入试验。除按6.2和6.3规定之外,还应清除一切尘埃、油或影响试验结果的其他外来物质。

采用清洁的软刷或超声清洗装置,用适当有机溶剂(沸点在60 ℃~120 ℃之间的碳氢化合物)彻底清洗试样。清洗后,用新溶剂漂洗试样,然后干燥。

清洗后的试样吹干称重,精确到±1 mg,然后用可剥性塑料膜保护试样背面。试样的边缘也可用可剥性塑料膜进行保护。

5.3.2 参比试样的放置

试样放置在箱内四角(如果是6块试样,那么将它们放置在包括四角在内的6个不同的位置上),未保护一面朝上并与垂直方向成20°±5°的角度。

用惰性材料(例如塑料)制成或涂覆参比试样架。参比试样的下边缘应与盐雾收集器的上部处于同一水平。试验时间24 h。

在验证过程中与参比试样不同的样品不应放在试验箱内。

5.3.3 测定质量损失

试验结束后应立即取出参比试样,除掉试样背面的保护膜,按ISO 8407规定的物理及化学方法去除腐蚀产物。在23 ℃下于20%(质量分数)分析纯级别的柠檬酸二铵[$(NH_4)_2HC_6H_5O_7$]水溶液中浸泡10 min。浸泡后,在室温下用水清洗试样,再用乙醇清洗,干燥后称重。

试样称重精确到±1 mg。通过计算参比试样暴露面积,得出单位面积质量损失。

每次清除腐蚀产物时,建议配制新溶液。

注:可以按照ISO 8407中的规定,用50%(体积分数)的盐酸(ρ_{20}=1.18 g/mL)溶液,其中加入3.5 g/L的六次甲基四胺缓蚀剂,浸泡试样除去腐蚀产物,然后在室温中用水清洗试样,再用乙醇清洗,干燥后称重。

5.3.4 乙酸盐雾装置的运行检验

经24 h试验后,每块参比试样的质量损失在40 g/m^2±10 g/m^{2}范围内说明设备运行正常(见参考文献[21])。

5.4 铜加速乙酸盐雾试验(CASS试验)

5.4.1 参比试样

参比试样采用4块或6块符合ISO 3574的CR4级冷轧碳钢板,其板厚1 mm±0.2 mm,试样尺寸为150 mm×70 mm。表面应无缺陷,即无孔隙、划痕及氧化色。表面粗糙度 Ra=0.8 μm±0.3 μm。从冷轧钢板或带上截取试样。

参比试样经小心清洗后立即投入试验。除按6.2和6.3规定之外,还应清除一切尘埃、油或影响试验结果的其他外来物质。

采用清洁的软刷或超声清洗装置,用适当有机溶剂(沸点在60 ℃~120 ℃之间的碳氢化合物)彻底清洗试样。清洗后，用新溶剂漂洗试样，然后干燥。

清洗后的试样吹干称重，精确到±1 mg，然后用可剥性塑料膜保护试样背面。试样的边缘也可用可剥性塑料膜进行保护。

5.4.2 参比试样的放置

试样放置在箱内四角（如果是6块试样，那么将它们放置在包括四角在内的6个不同的位置上），未保护一面朝上并与垂直方向成20°±5°的角度。

用惰性材料（例如塑料）制成或涂覆参比试样架。参比试样的下边缘应与盐雾收集器的上部处于同一水平。试验时间24 h。

在验证过程中与参比试样不同的样品不应放在试验箱内。

5.4.3 测定质量损失

试验结束后应立即取出参比试样，除掉试样背面的保护膜，按ISO 8407规定的物理及化学方法去除腐蚀产物。在23 ℃下于20%（质量分数）分析纯级别的柠檬酸二铵[$(NH_4)_2HC_6H_5O_7$]水溶液中浸泡10 min。浸泡后，在室温下用水清洗试样，再用乙醇清洗，干燥后称重。

试样称重精确到±1 mg。通过计算参比试样暴露面积，得出单位面积质量损失。

每次清除腐蚀产物时，建议配制新溶液。

注：可以按照ISO 8407中的规定，用50%（体积分数）的盐酸溶液（ρ_{20}＝1.18 g/mL），其中加入3.5 g/L的六次甲基四胺缓蚀剂，浸泡试样除去腐蚀产物，然后在室温中用水清洗试样，再用乙醇清洗，干燥后称重。

5.4.4 铜加速乙酸盐雾装置的运行检验

经24 h试验后，每块参比试样的质量损失在55 g/m^2±15 g/m^{2}范围内说明设备运行正常（见参考文献21）。

6 试样

6.1 试样的类型、数量、形状和尺寸，根据被试材料或产品有关标准选择，若无标准，有关双方可以协商决定。除非另有规定或商定，用于试验的有机涂层试板应符合ISO 1514规定的底材，尺寸约为150 mm×100 mm×1 mm。附录C描述了有机涂层试板的制备。附录D给出了有机涂层试板测试必需的补充信息。

6.2 如果没有其他规定，试验前试样应彻底清洗干净，清洗方法取决于试样材料性质，试样表面及其污物清洗不应采用可能浸蚀试样表面的磨料或溶剂。

试样清洗后应注意避免再次污染。

6.3 如果试样是从带有覆盖层的工件上切割下来的，不能损坏切割区附近的覆盖层。除另有规定外，应用适当的覆盖层如油漆、石蜡或胶带等对切割区进行保护。

7 试样放置

7.1 试样不应放在盐雾直接喷射的位置。

7.2 试样表面在盐雾箱中的放置角度是非常重要的。试样原则上应放平。在盐雾箱中被试表面与垂直方向成15°～25°，并尽可能成20°，对于不规则的试样，例如整个工件，也应尽可能接近上述规定。

7.3 试样可以放置在箱内不同水平面上，但不能接触箱体，也不能相互接触。试样之间的距离应不影响盐雾自由降落在被试表面上，试样或其支架上的液滴不得落在其他试样上。对总的试验周期超过96 h的新检验或试验，可允许试样移位[2)]。

7.4 试样支架用惰性的非金属材料制成。悬挂试样的材料不能用金属，而应用人造纤维，棉纤维或其他绝缘材料。

8 试验条件

8.1 试验条件见表2。

表2 试验条件

试验方法	中性盐雾试验(NSS)	乙酸盐雾试验(AASS)	铜加速乙酸盐雾试验(CASS)
温度	35 ℃±2 ℃	35 ℃±2 ℃	50 ℃±2 ℃
80 cm^2 的水平面积的平均沉降率	1.5 mL/h±0.5 mL/h		
氯化钠溶液的浓度(收集溶液)	50 g/L±5 g/L		
pH 值(收集溶液)	6.5～7.2	3.1～3.3	3.1～3.3

8.2 试验前，应在盐雾箱内空置或装满模拟试样，并确认盐雾沉降率和其他试验条件在规定范围内后，才能将试样置于盐雾箱内并开始试验。

8.3 每个收集装置(4.5)的收集液氯化钠浓度和 pH 值应在表2给出的范围内。

盐雾沉降的速度应在连续喷雾至少 24 h 后测量。

8.4 用过的喷雾溶液不应重复使用。

9 试验周期

9.1 试验周期应根据被试材料或产品的有关标准选择。若无标准，可经有关方面协商决定。

推荐的试验周期为 2 h、6 h、24 h、48 h、72 h、96 h、144 h、168 h、240 h、480 h、720 h 、1 000 h。

9.2 在规定的试验周期内喷雾不得中断，只有当需要短暂观察试样时才能打开盐雾箱。

9.3 如果试验终止取决于开始出现腐蚀的时间，应经常检查试样。因此，这些试样不能同要求预定试验周期的试样一起试验。

9.4 可定期目视检查预定试验周期的试样，但在检查过程中，不能破坏被试表面，开箱检查的时间与次数应尽可能少。

10 试验后试样的处理

试验结束后取出试样，为减少腐蚀产物的脱落，试样在清洗前放在室内自然干燥 0.5 h～1 h，然后用温度不高于 40 ℃的清洁流动水轻轻清洗以除去试样表面残留的盐雾溶液，接着在距离试样约300 mm 处用气压不超过 200 kPa 的空气立即吹干。

注：可以采用 ISO 8407 所述的方法处理试验后的试样。

在试验规范中，如何处理试验后的试样应考虑工程实用性。

2） 在此情况下移位的次数和频率由操作者确定，而且要在试验报告中说明。

11 试验结果的评价

试验结果的评价标准，通常应由被试材料或产品标准提出。一般试验仅需考虑以下几方面：

a) 试验后的外观；

b) 除去表面腐蚀产物后外观；

c) 腐蚀缺陷的数量及分布(即：点蚀、裂纹、气泡、锈蚀或有机涂层划痕处锈蚀的蔓延程度等)，可按照 ISO 8993 和 ISO 10289 所规定的方法以及 ISO 4628-1、ISO 4628-2、ISO 4628-3、ISO 4628-4、ISO 4628-5、ISO 4628-8 中所述的有机涂层的评价方法进行评定(见附录 D)；

d) 开始出现腐蚀的时间；

e) 质量变化；

f) 显微形貌变化；

g) 力学性能变化。

注：被试涂层或产品的恰当评价是在良好的工程实践中确定的。

12 试验报告

12.1 试验报告必须写明采用的评价标准和得到的试验结果。如有必要，应有每个试样的试验结果，每组相同试样的平均试验结果或试样的照片 。

12.2 根据试验目的及要求，试验报告应包括如下内容：

a) 本标准号和所参照的有关标准；

b) 试验使用的盐和水的类型；

c) 被试材料或产品的说明；

d) 试样的尺寸、形状、试样面积和表面状态；

e) 试样的制备，包括试验前的清洗和对试样边缘或其他特殊区域的保护措施；

f) 覆盖层的已知特征及表面处理的说明；

g) 试样数量；

h) 试验后试样的清洗方法，如有必要，应说明由清洗引起的失重；

i) 试样放置角度；

j) 试样位移的频率和次数；

k) 试验周期以及中间检查结果；

l) 为了检查试验条件的准确性，特地放在盐雾箱内的参比试样的性能；

m) 试验温度；

n) 盐雾沉降率；

o) 试验溶液和收集溶液的 pH 值；

p) 收集液的密度；

q) 参比试样的腐蚀率(质量损失，g/m^2)；

r) 影响试验结果的意外情况；

s) 检查的时间间隔。

附 录 A
（资料性附录）
盐雾箱设计简图

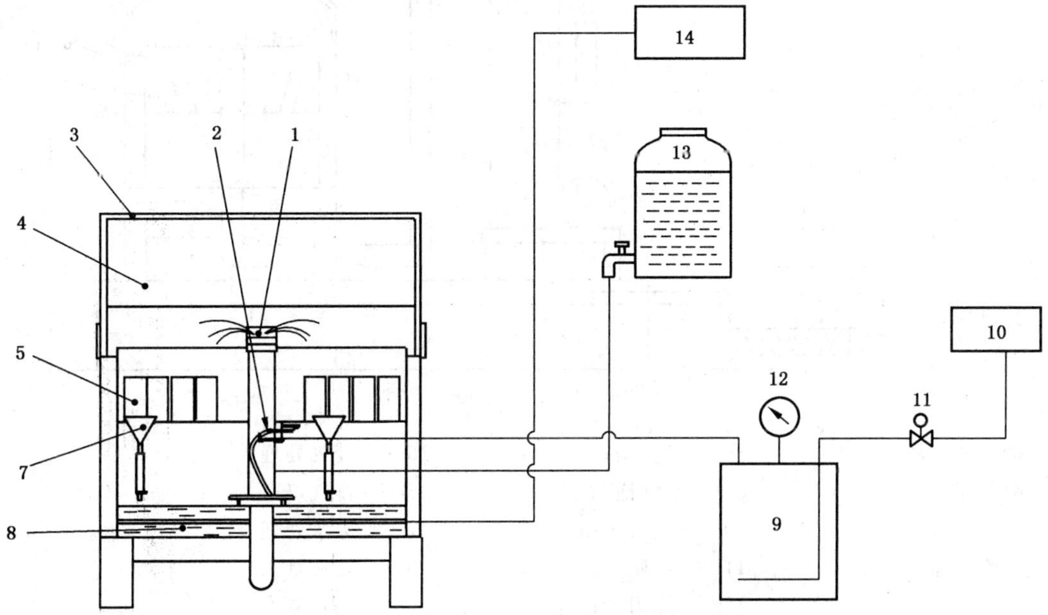

说明：

1——盐雾分散塔；
2——喷雾器；
3——试验箱盖；
4——试验箱体；
5——试样；
6——试样支架；
7——盐雾收集器；
8——给湿槽；
9——空气饱和器；
10——空气压缩机；
11——电磁阀；
12——压力表；
13——溶液箱；
14——温度控制器；
15——废气处理；
16——排气口；
17——废水处理；
18——盐托盘；
19——加热器。

图 A.1 盐雾箱的设计简图 正面图

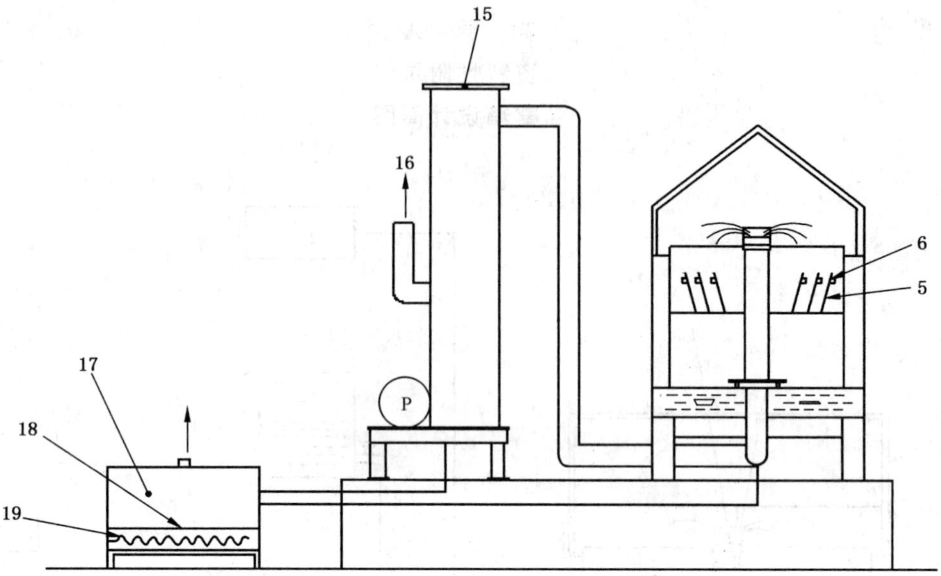

说明：

1——盐雾分散塔；
2——喷雾器；
3——试验箱盖；
4——试验箱体；
5——试样；
6——试样支架；
7——盐雾收集器；
8——给湿槽；
9——空气饱和器；
10——空气压缩机；
11——电磁阀；
12——压力计；
13——溶液箱；
14——温度控制器；
15——废气处理；
16——排气口；
17——废水处理；
18——盐托盘；
19——加热器。

图 A.2 盐雾箱的设计简图 侧面图

试验结束后，当雾气通过建筑物的出口向外排放以及废水向外排放到管道之前，试验设备最好有合适的处理方式。

附 录 B
（资料性附录）
采用锌参比试样评价盐雾箱腐蚀性的补充方法

B.1 参比试样

根据本标准，为了检验试验期间盐雾箱中的腐蚀性，使用 4 块或者 6 块参比试样，每块试样的杂质质量分数小于 0.1%。

参比试样的尺寸应为 50 mm×100 mm×1 mm。

试验前，应用碳氢化合物溶剂仔细清洗试样以去除能影响腐蚀速率测量结果的明显污迹，油剂或其他外来物质。干燥后，参比试样称重精确到±1 mg。

用可去除的涂层保护试样背面，如吸附性塑料膜。

B.2 参比试样的放置

将 4 块参比试样放置在盐雾箱内四角（如果是 6 块试样，那么将它们放置在包括四角在内的 6 个不同的位置上），未保护一面朝上并与垂直方向成 20°±5°的角度。参比试样支架应由惰性材料如塑料制成或涂覆。参比试样放置的高度应与被测试样相同。

NSS 试验推荐试验时间为 48h，AASS 试验为 24h，CASS 试验为 24 h。

B.3 质量损失的测定

试验结束后，立即去除保护性涂层，然后按照 ISO 8407 的规定反复清洗，去除腐蚀产物，化学清洗方法如下：

在 1 000 mL 去离子水中加入 250 g±5 g 的 $C_2H_5NO_2$（p.a.）配成饱和氨基乙酸溶液。

化学清洗工序最好重复浸泡 5 min，每次浸泡后应在室温下用流动水轻轻刷洗试样，用丙酮或乙醇清洗。干燥后称重，参比试样称重精确到±1 mg。按 ISO 8407 中所述绘制试样质量随清洗次数的变化曲线。

注：为了在浸泡过程中更有效的溶解腐蚀产物，可以搅动清洗液，最好使用超声清洗。

按照 ISO 8407 标准规定，从质量随清洗次数变化曲线上可以得到去除腐蚀产物后的试样的真实质量，用参比试样试验前质量减去试验后去除腐蚀产物后的试样质量，再除以参比试样的有效试验面积，计算得出参比试样每平方米的质量损失。

B.4 试验仪器运行良好

每块钢参比试样和锌参比试样的质量损失如在规定范围内（见表 B.1），则认为试验仪器运行良好。

表 B.1 验证盐雾箱腐蚀性能时，锌参比试样和钢参比试样质量损失的允许范围

试验方法	试验时间/h	锌参比试样质量损失的允许范围/g/m^2	钢参比试样质量损失的允许范围/g/m^2
NSS	48	50±25	70±20(见 5.2.4)
AASS	24	30±15	40±10(见 5.3.4)
CASS	24	50±20	55±15(见 5.4.4)

附　录　C
（规范性附录）
有机涂层的试验样板

C.1　试板的制备与涂漆

除非另有规定或商定，按 ISO 1514 的规定制备每一块试板，然后用待试产品或体系按规定方法进行涂装。

除非另有规定，试板的背面和边缘也用待试产品或体系涂覆。

如果试样的背面和边缘上涂有与被试产品不同，则应具有比被试产品更好的耐腐蚀性。

C.2　干燥和状态调节

涂覆试样按规定时间和条件干燥，除另有规定，应在温度 23 ℃±2 ℃和相对湿度 50%±2%、具有空气循环，不受阳光直接暴晒的条件下，状态调节至少 16 h，然后尽快投入试验。

C.3　涂层厚度

用 ISO 2808 规定的非破坏性方法之一测定干涂层的厚度，以 μm 计。

C.4　划痕的刻制

划痕按 ISO 17872 中规定处理，所有的划痕距试板的每一条边和划痕之间应至少为 25 mm。

划痕应为透过涂层至底材的直线。

实施划痕时使用一种带有硬尖的划痕工具，划痕应有两侧平行或上部加宽的断面，金属底材划痕宽度为 0.2 mm～1.0 mm，另有规定除外。

可以划一道或两道划痕。除非另有规定，划痕应与试板的长边平行。

用于划痕标记的工具应统一规格。不允许使用其他刀具。

对铝板底材来说，应使用两条划痕相互垂直但不交叉，一条划痕应与铝板轧制方向平行，而另一条划痕与铝板轧制方向垂直。

附 录 D
(规范性附录)
有机涂层的试验样板需要补充的信息

如需要,应提供本附录中的各项补充信息。

所需要资料最好经有关各方同意,可以部分地或全部地来自于受试样品的国际标准或国家标准或其他文件。

a) 所使用的底材及表面处理方法(见 C.1)。

b) 涂料施涂至底材上的方法(见 C.1)。

c) 试验前试板干燥(或烘烤)和状态调节(如需要)时间和条件(见 C.2)。

d) 干涂层厚度(以 μm 计),用 ISO 2808 的方法测量厚度,是单一涂层还是复合涂层(见 C.3)。

e) 曝露前要刻制的划痕数量和位置(见 C.4)。

f) 试验持续时间。

g) 在评定测试覆盖层耐蚀性及所使用的测试方法中,需考虑其特性。

附 录 E
（资料性附录）
关于钢参比试样牌号的补充信息

本附录提供本标准钢参比试样所用的标准牌号与国内外标准牌号的近似对照表。

表 E.1 本标准钢参比试样牌号与国内外标准牌号近似对照表

标准号	本标准	GB/T 5213—2008	ISO 3574:1999	EN 13130—2006	JIS G 3141—2005	ASTM A 1008M-07
牌号	5.2.1、5.3.1、5.4.1 采用 ISO 3574:1999 的 CR4	DC05（特深冲级）	CR4（特深冲级）	DC05（特深冲级）	SPCF（（特深冲级）	DDS

附 录 NA
（资料性附录）
与本标准中规范性引用的国际文件有一致性对应关系的我国文件

GB/T 6461 金属基体上的金属和其他无机覆盖层 腐蚀实验后试样和试件的评级(GB/T 6461—2002，ISO 10289:1999,IDT)

GB/T 9271 色漆和清漆 标准试板(GB/T 9271—2008,ISO 1514:2004，MOD)

GB/T 13452.2 色漆和清漆 漆膜厚度的测定(GB/T 13452.2—2008,ISO 2808:2007,IDT)

GB/T 16545 金属和合金的腐蚀 腐蚀试样上腐蚀产物的清除(GB/T 16545—1996,ISO 8407:1991,IDT)

参 考 文 献

[1] ISO 1456:2003, Metallic coatings—Electrodeposited coatings of nickel plus chromium and of copper plus nickel plus chromium

[2] ISO 1458:2002, Metallic coatings—Electrodeposited coatings of nickel

[3] ISO 1513:1992, Paints and varnishes—Examination and preparation of samples for testing

[4] ISO 3270:1984, Paints and varnishes and their raw materials—Temperatures and humidities for conditioning and testing

[5] ISO 3613:2000, Chromate conversion coatings on zinc, cadmium, aluminium-zinc alloys and zinc-aluminium alloys—Test methods

[6] ISO 3696:1987, Water for analytical laboratory use—Specification and test methods

[7] ISO 4520:1981, Chromate conversion coatings on electroplated zinc and cadmium coatings

[8] ISO 4527:2003, Metallic coatings—Autocatalytic (electroless) nickel-phosphorus alloy coatings —Specification and test methods

[9] ISO 4628-1:2003, Paints and varnishes—Evaluation of degradation of coatings—Designation of quantity and size of defects, and of intensity of uniform changes in appearance—Part 1: General introduction and designation system

[10] ISO 4628-2:2003, Paints and varnishes—Evaluation of degradation of coatings—Designation of quantity and size of defects, and of intensity of uniform changes in appearance—Part 2: Assessment of degree of blistering

[11] ISO 4628-3:2003, Paints and varnishes—Evaluation of degradation of coatings—Designation of quantity and size of defects, and of intensity of uniform changes in appearance—Part 3: Assessment of degree of rusting

[12] ISO 4628-4:2003, Paints and varnishes—Evaluation of degradation of coatings—Designation of quantity and size of defects, and of intensity of uniform changes in appearance—Part 4: Assessment of degree of cracking

[13] ISO 4628-5:2003, Paints and varnishes—Evaluation of degradation of coatings—Designation of quantity and size of defects, and of intensity of uniform changes in appearance—Part 5: Assessment of degree of flaking

[14] ISO 4628-8:2005, Paints and varnishes—Evaluation of degradation of coatings—Designation of quantity and size of defects, and of intensity of uniform changes in appearance—Part 8: Assessment of degree of delamination and corrosion around a scribe

[15] ISO 7253:1996, Paints and varnishes—Determination of resistance to neutral salt spray (fog)

[16] ISO 7599:1983, Anodizing of aluminium and its alloys—General specifications for anodic oxide coatings on aluminium

[17] ISO 8993:1989, Anodized aluminium and aluminium alloys—Rating system for the evaluation of pitting corrosion—Chart method

[18] ISO 8994:1989, Anodized aluminium and aluminium alloys—Rating system for the evaluation of pitting corrosion—Grid method

[19] ISO 10289:1999, Methods for corrosion testing of metallic and other inorganic coatings on metallic substrates—Rating of test specimens and manufactured articles subjected to corrosion tests

[20] ISO 15528:2000, Paints, varnishes and raw materials for paints and varnishes—Sampling
[21] SHIGERU SUGA and SHIGEO SUGA, "Report on the results from the ISO/TC 156/WG 7 International Round Robin Test Programme on ISO 9227 Salt spray tests"; J. Surface Finish. Soc. Japan; Vol. 56, p. 28 (2005)

ICS 31.060.30
L 11

中华人民共和国国家标准

GB/T 10185—2012
代替 GB/T 10185—1988

电子设备用固定电容器 第7部分:分规范 金属箔式聚苯乙烯膜介质直流固定电容器

Fixed capacitors for use in electronic equipment—Part 7:Sectional specification—Fixed polystyrene film dielectric metal foil d. c. capacitors

2012-11-05 发布 2013-02-15 实施

中华人民共和国国家质量监督检验检疫总局
中国国家标准化管理委员会 发布

前　言

《电子设备用固定电容器》系列国家标准分为如下若干部分：

——第1部分：总规范(GB/T 2693—2001,idt IEC 60384-1:1999)；

——第2部分：分规范　金属化聚乙烯对苯二甲酸酯膜介质直流固定电容器(GB/T 7332—2011/IEC 60384-2:2005)；

——第2-1部分：空白详细规范　金属化聚乙烯对苯二甲酸酯膜介质直流固定电容器　评定水平E和EZ(GB/T 7333—2012/IEC 60384-2-1:2005)；

——第3部分：分规范　表面安装 MnO_2 固体电解质钽固定电容器(IEC 60384-3:2007)；

——第3-1部分：空白详细规范　表面安装 MnO_2 固体电解质钽固定电容器　评定水平EZ(IEC 60384-3-1:2007)；

——第4部分：分规范　固体和非固体电解质铝电解电容器(GB/T 5993—2003/IEC 60384-4:1998,第1号修改单:2000)；

——第4-1部分：空白详细规范　非固体电解质铝电容器　评定水平EZ(GB/T 5994—2003/IEC 60384-4-1:2000)；

——第4-2部分：空白详细规范　固体(MnO_2)电解质的铝电解固定电容器　评定水平EZ(IEC 60384-4-2:2007)；

——第6部分：分规范　金属化聚丙烯薄膜介质直流固定电容器(IEC 60384-6:2005)；

——第6-1部分：空白详细规范　金属化聚丙烯薄膜介质直流固定电容器(IEC 60384-6-1:2005)；

——第7部分：分规范　金属箔式聚苯乙烯膜介质直流固定电容器(GB/T 10185—2012)；

——第7-1部分：空白详细规范　金属箔式聚苯乙烯膜介质直流固定电容器　评定水平E(GB/T 10186—2012)；

——第8部分：分规范　1类瓷介固定电容器(GB/T 5966—2011/IEC 60384-8:2005)；

——第8-1部分：空白详细规范　1类瓷介固定电容器　评定水平EZ(GB/T 5967—2011/IEC 60384-8-1:2005)；

——第9部分：分规范　2类瓷介固定电容器(GB/T 5968—2011/IEC 60384-9:2005)；

——第9-1部分：空白详细规范　2类瓷介固定电容器　评定水平EZ(GB/T 5969—2012/IEC 60384-9-1:2005)；

——第11部分：分规范　金属箔式聚乙烯对苯二甲酸乙二醇酯膜介质直流固定电容器(IEC 60384-11:2008)；

——第11-1部分：空白详细规范　金属箔式聚乙烯对苯二甲酸乙二醇酯膜介质直流固定电容器(IEC 60384-11-1:2008)；

——第12部分：分规范　金属箔式聚碳酸酯膜介质直流固定电容器(GB/T 10679—1995/IEC 60384-12:1988)；

——第12-1部分：空白详细规范　金属箔式聚碳酸酯膜介质直流固定电容器　评定水平E(GB/T 10680—1995/IEC 60384-12-1:1988)；

——第13部分：分规范　金属箔式聚丙烯膜介质直流固定电容器(IEC 60384-13:2006)；

——第13-1部分：空白详细规范　金属箔式聚丙烯膜介质直流固定电容器　评定水平E(IEC 60384-13-1:2006)；

——第14部分：分规范　抑制电源电磁干扰用固定电容器(GB/T 14472—1998,idt IEC 60384-14:

1993,第 1 号修改单:1995);

——第 14-1 部分:空白详细规范　抑制电源电磁干扰用固定电容器　评定水平 D(GB/T 14473—1998,idt IEC 60384-14-1:1993);

——第 15 部分:分规范　非固体或固体电解质钽固定电容器(GB/T 7213—2003,idt IEC 60384-15:1982,第 1 号修改单:1987,第 2 号修改单:1992);

——第 15 部分:空白详细规范　非固体电解质箔电极钽电容器　评定水平 E(GB/T 12794—1991,idt IEC 60384-15-1:1984);

——第 15 部分:空白详细规范　非固体电解质多孔阳极钽电容器　评定水平 E(GB/T 12795—1991,idt IEC 60384-15-2:1984);

——第 15-3 部分:空白详细规范　固体电解质和多孔阳极钽电容器　评定水平 E(GB/T 7214—2003/IEC 60384-15-3:1992);

——第 16 部分:分规范　金属化聚丙烯膜介质直流固定电容器(GB/T 10190—2012/IEC 60384-16:2005);

——第 16-1 部分:空白详细规范　金属化聚丙烯膜介质直流固定电容器　评定水平 E 和 EZ(GB/T 10191—2011/IEC 60384-16-1:2005);

——第 17 部分:分规范　金属化聚丙烯薄膜介质交流和脉冲固定电容器(IEC 60384-17:2005);

——第 17-1 部分:空白详细规范　金属化聚丙烯薄膜介质交流和脉冲固定电容器　评定水平 EZ(IEC 60384-17-1:2005);

——第 18 部分:分规范　固体(MnO_2)与非固体电解质片式铝固定电容器(GB/T 17206—1998,idt IEC 60384-18:1993,第 1 号修改单:1998);

——第 18-1 部分:空白详细规范　表面安装固体(MnO_2)电解质铝固定电容器　评定水平 EZ(GB/T 17207—2012/IEC 60384-18-1:2007);

——第 18 部分:空白详细规范　非固体电解质片式铝固定电容器　评定水平 E(GB/T 17208—1998,idt IEC 60384-18-2:1993);

——第 19 部分:分规范　表面安装金属化聚乙烯对苯二甲酸酯膜介质片式直流固定电容器(IEC 60384-19:2006);

——第 19-1 部分:空白详细规范　表面安装金属化聚乙烯对苯二甲酸酯膜介质直流固定电容器　评定水平 E (IEC 60384-19-1:2006);

——第 21 部分:分规范　表面安装用 1 类多层瓷介固定电容器(GB/T 21041—2007/IEC 60384-21:2004);

——第 21-1 部分:空白详细规范　表面安装用 1 类多层瓷介固定电容器　评定水平 EZ(GB/T 21038—2007/IEC 60384-21-1:2004);

——第 22 部分:分规范　表面安装用 2 类多层瓷介固定电容器(GB/T 21042—2007/IEC 60384-22:2004);

——第 22-1 部分:空白详细规范　表面安装用 2 类多层瓷介固定电容器　评定水平 EZ(GB/T 21040—2007/IEC 60384-22-1:2004)。

本部分为《电子设备用固定电容器》系列国家标准的第 7 部分。

本部分按照 GB/T 1.1—2009 给出的规则起草。

本部分代替 GB/T 10185—1988。本部分与 GB/T 10185—1988 相比,主要变化如下:

——增加了标志耐溶剂试验和元件耐溶剂试验;

——增加了低气压试验持续时间;

——依据 GB/T 1.1—2009 的修改。

本部分由中华人民共和国工业和信息化部提出。

本部分由全国电子设备用阻容元件标准化技术委员会(SAC/TC 165)归口。

本部分起草单位:鹤壁市华中科技电子有限责任公司。

本部分主要起草人:樊金河、宁小波、杜宝玉、孟素芬、付颖颖、李素兰。

本部分所代替标准的历次版本发布情况为:

——GB/T 10185—1988。

电子设备用固定电容器 第7部分:分规范 金属箔式聚苯乙烯膜介质直流固定电容器

1 范围

本部分规定了金属箔式聚苯乙烯膜介质直流固定电容器的优先额定值和特性,并从 GB/T 2693—2001 中选择适当的质量评定程序、试验和测量方法,以及给出一般性能要求。详细规范中引用本部分的规定的试验严酷等级和要求应具有与本部分相同或更高的性能水平,不允许降低性能水平。

本部分适用于电子设备用的以聚苯乙烯膜作为介质,并以金属箔作电极的直流固定电容器。

本部分不包括无功功率超过 200 VA 的电容器。

本部分不包括抑制电源电磁干扰用固定电容器,它包括在 GB/T 14472—1998 中。

2 规范性引用文件

下列文件对于本部分的应用是必不可少的。凡是注日期的引用文件,仅注日期的版本适用于本部分。凡是不注日期的引用文件,其最新版本(包括所有的修改单)适用于本部分。

GB/T 321—2005 优先数和优先数系(ISO 3:1973,IDT)

GB/T 2421.1—2008 电工电子产品环境试验 概述和指南(IEC 60068-1:1988,IDT)

GB/T 2471—1995 电阻器和电容器优先数系(idt IEC 60063:1963)

GB/T 2693—2001 电子设备用固定电容器 第1部分:总规范(idt IEC 60384-1:1999)

GB/T 14472—1998 电子设备用固定电容器 第14部分:分规范 抑制电源电磁干扰用固定电容器(idt IEC 60384-14:1993,第1号修改单:1995)

IEC 60062:2004 电阻器和电容器的标志代码

IEC 60410:1973 计数检查抽样方案和程序(Sampling plans and procedures for Inspection by Attribute)

IECQ 01:2008 电子元器件 IEC 质量评定体系基本规则(Basic Rules of the IEC Quality Assessment System for Electronic Components (IECQ System))

IEC QC 001002-3:1998 IEC 电子元器件 IEC 质量评定体系(IECQ) 程序规则-第3部分:批准程序(IEC Quality Assessment System for Electronic Components (IECQ System) Rules of Procedure—Part 3: Approval procedures)

3 术语和定义

GB/T 2693 界定的以及下列术语和定义适用于本文件。为了便于使用,以下重复列出了 GB/T 2693 中的某些术语和定义。

3.1

稳定性等级 stability level

稳定性等级是根据在规定的试验后,其温度系数的偏差和允许电容量的变化确定的。在详细规范中应规定稳定性等级。6.2.4 的表 2 中规定了优先的稳定性等级。

3.2

额定电压 rated voltage

U_R

额定电压是在额定温度下可以连续施加到电容器上的最高直流电压。

注：施加到电容器上的直流电压和交流电压峰值应不超过额定电压。在一定频率时，除非详细规范另有规定，交流电压的峰值不超过额定电压的百分比如下，同时，不应超过 280V：

50 Hz	20%
100 Hz	15%
1 000 Hz	3%
10 000 Hz	1%

4 详细规范应给出的内容

4.1 总则

详细规范应按空白详细规范来制定。详细规范中不应规定低于总规范、分规范或空白详细规范所规定的要求。当有更严格的要求时，应列在详细规范的 3.8 中，并在试验一览表中注明，例如用一个星号表示。

注：为了方便起见，在 4.2 中规定的内容可用表格形式表示。

4.2 外形图和尺寸

应有一幅电容器的图形作为为便于识别和与其他电容器进行比较的一种辅助手段，影响互换性和安装的尺寸及其公差应在详细规范中给出。全部尺寸应以毫米为单位。但是，当最初的尺寸以英寸给出时，应补充以毫米更换的公制尺寸。

通常应给出电容器主体的长度、宽度、高度和引线间距(圆柱形电容器则应给出主体直径)，以及引出端的长度和直径。必要时，例如详细规范所包括的(电容量值/电压范围)项目较多时，其尺寸及公差应列在图下的表格中。

当外形不同于上述描述时，详细规范应给出能足以说明电容器外形的尺寸数据。当电容器不是设计用于印制电路板时，详细规范中应明确地说明。

4.3 安装

详细规范应规定正常使用时以及在振动、碰撞(或冲击)试验中所采用的安装方法。电容器应以其正常方式安装。某种电容器的设计可能在其使用中需要特殊的安装夹具，在这种情况下，详细规范中应说明这种安装夹具。而且这种安装夹具在振动和碰撞(或冲击)试验中应加以采用。

4.4 额定值和特性

4.4.1 标称电容量范围

按 6.2.1 规定。

注：当按照详细规范批准的产品与详细规范的规定标称电容量范围不同时，应加下列说明："每一电压范围内标称电容量的有效范围在合格产品一览表中给出。"

4.4.2 特殊特性

如果认为特殊的特性对于充分说明元件的设计和应用是必须的，可把这些附加的特性列出。

4.4.3 焊接

详细规范应规定适用的可焊性和耐焊接热试验的试验方法、严酷等级和要求。

4.5 标志

详细规范应规定在电容器上和包装上的标志内容。与本部分第5章的差别应特别说明。

5 标志

5.1 总则

按 GB/T 2693—2001 中 2.4 的规定。

5.2 标志内容

a) 标称电容量；
b) 额定电压(直流电压可以用符号“⎓”或“—”表示)；
c) 标称电容量的允许偏差；
d) 制造年月(或周)；
e) 承制方的名称或商标；
f) 连接外箔引出端的标记(当详细规范中规定时)；
g) 温度系数和稳定性等级；
h) 气候类别；
i) 承制方的型号名称；
j) 依据的详细规范。

5.3 标志要求

标志内容应从5.2中给出的项目中选取。每项的相对重要性按其在项目顺序中的位置来表示。电容器上应清楚地标出5.2的a)、b)和c)项，并尽可能标出认为必要的其他项目，电容器上的标志应避免任何重复的内容。

电容器的包装上应清楚地标出5.2中所列出项目(不包括f))的全部内容。

使用任何附加标志均应不引起混淆。

6 优先额定值和特性

6.1 优先特性

6.1.1 优先气候类别

本部分所涉及的电容器是按 GB/T 2421.1—2008 总则的规定划分气候类别。

下限类别温度和上限类别温度及稳态湿热试验的持续时间从下面选取：

下限类别温度：−55 ℃，−40 ℃，−25 ℃和−10 ℃。

上限类别温度：70 ℃和 85 ℃。

稳态湿热试验的持续时间：4[1] d，10d，21d 和 56d。

---

1) 如果要求辅助干燥。

寒冷和干热试验的严酷等级分别为下限和上限类别温度。

6.1.2 辅助干燥时温度为 55 ℃±2 ℃和相对湿度不超过 20%的条件下，进行 1 h～6 h 的处理。

6.2 优先额定值

6.2.1 标称电容量 C_R

标称电容量的优先值是从 GB/T 2471—1995 的 E6、E12、E24、E48、E96 和 E192 系列中选取。

6.2.2 标称电容量的允许偏差

标称电容量的优先允许偏差按表 1 的规定。

表 1 优先系数

优先数系	优先允许偏差	偏差符号
E6	±20%	M
E12	±10%	K
E24	±5%	J
E48	±2%	G
E96	±1%	F
E192	±0.5%	D

任何情况下，最小偏差是±1 pF，也可以规定 E192 系列以外的其他电容量和其他偏差。

6.2.3 额定电压 U_R

额定电压的优先值是：40、63、160、250 和它们的十进倍数。这些数值符合 GB/T 321—2005 中规定的优先值的基本系列 R5。

6.2.4 稳定性等级与温度系数和电容量变化的关系

表 2 中给出了按稳定性等级规定的温度系数(α)及其偏差的优先值和电容量允许变化的优先值，以及这些数值的优先组合。

对小于 50 pF 的电容量表 2 不适用。

表 2 温度系数

稳定性等级	温度系数(α)和允许偏差 (10^{-6}/℃)				电容量允许变化[a]
	−80	−100	−125	−160	
1	±20	±25	±30	±40	±(0.3%+0.3 pF)
2	±40	±50	±60	±80	±(0.5%+0.5 pF)
3	±60	±70	±80	±100	±(0.75%+0.75 pF)
4			±125	±160	±(1%+1 pF)

[a] 下列各项试验后电容量允许变化：
温度循环漂移(1 次循环)；
温度快速变化；
耐久性。

6.2.5 类别电压 U_C

额定温度等于类别温度，因此类别电压等于额定电压。

7 质量评定程序

7.1 初始制造阶段

初始制造阶段是电容器芯子的卷绕或与之等效的操作。

7.2 结构类似元件

用同样工艺和材料生产的，虽然可能是不同外壳号和不同数值的电容器可认为是结构类似的电容器。

7.3 放行批证明记录

当详细规范中有规定而且订货方有要求时，GB/T 2693—2001 中 3.9 所要求的内容应适用。在耐久性试验后，要求提供变量数据的参数是电容量变化、损耗角正切和绝缘电阻。

7.4 鉴定批准

7.4.1 总则

鉴定批准试验程序按 GB/T 2693—2001 中 3.5 的规定。

以逐批和周期检验为基础进行鉴定批准试验所用的一览表在表 4 中给出，采用固定样本大小一览表的程序在下述的 7.4.2 和 7.4.3 中给出。

7.4.2 以固定样本大小程序为基础的鉴定批准

抽样：

固定样本大小程序已在 GB/T 2693—2001 中 3.5.3b）中说明，样本应足以代表谋求获得批准的电容器的范围，这个范围可以是也可以不是详细规范所包括的整个范围。

样本应由具有最低和最高电压以及这些电压中最小和最大电容量的样品组成。当额定电压多于四种时，其中一个中间电压也应进行试验。这样，对某一范围的批准，就要求对四种或六种（电容量-电压的组合）值进行试验。当范围的组成小于四种值时，被试样品应按四种值要求进行试验。

允许的备份样品如下：

a） 每种值一只样品，可以用来替换“0”组中允许的不合格品。

b） 每种值一只样品，可以用来替换不属于制造原因而引起的不合格品。

“0”组中给出的样品数是假定各试验组均适用时的数量，如果不是这样，则样品数量可以相应地减少。

鉴定批准试验一览表中增加试验组时，则“0”组所需的样品数应按增加的试验组所要求的样品数来增加。

表 3 规定了鉴定批准试验每组或每分组被试样品数和允许的不合格品数。

7.4.3 试验

由一个详细规范所包括的电容器的批准，必须通过表 3 和表 4 所规定的全部一系列试验。每组的各项试验应按规定的顺序进行。

全部样品经受“0”组试验，然后再分到其他各组。

在“0”组试验中发现不合格的样品，不得用于其他各组。

一个电容器未能满足某一试验组的全部或一部分试验要求时，就算作“一个不合格品”。

当不合格品数不超过规定的每组或每分组的允许不合格品数以及总的允许不合格品数时，应给予鉴定批准。

注： 表 3 和表 4 一起构成固定样本大小试验一览表，表 3 中包括不同试验或试验组的抽样和允许不合格品的详细说明，而表 4 与第 4 章中所包括的试验详细说明一起给出了试验条件和性能要求的完整摘要。并且指出了在详细规范中必须选定的试验方法或试验条件等。

固定样本大小试验一览表中试验条件和性能要求应与详细规范中用于质量一致性检验的那些规定相同。

表 3 鉴定批准试验用抽样方案及允许不合格品数

试验组	试验项目	本部分章条号	样本大小(*n*)和允许不合格品数(*pd*) 每种值[c]	四种值和少于四种值的试验[c]			六种值的试验[c]		
			n	4*n*	*pd*	总 *pd*	6*n*	*pd*	总 *pd*
0	外观检查	8.1							
	尺寸	8.1							
	耐电压	8.2.1							
	电容量	8.2.2							
	损耗角正切	8.2.3							
	绝缘电阻	8.2.4	29	116	2[b]		174	3[b]	
	备份样品		2	8			12		
1A	引出端强度	8.3	3	12	1	4	18	1	6
	耐焊接热	8.4							
	元件耐溶剂	8.13							
1B	可焊性	8.5	6	24	1		36	2[b]	
	标志耐溶剂	8.14							
	温度快速变化	8.6							
	振动	8.7							
	碰撞或冲击[a]	8.8 或 8.9							
1	气候顺序	8.10	9	36	2		54	3	
2	稳态湿热	8.11	5	20	1		30	2[b]	
3	耐久性	8.12	10	40	2[b]		60	3[b]	
4	随温度变化的特性	8.2.5	5	20	1		30	2	
	电感[d]	8.2.6							
	外箔引出端[d]	8.2.7							

注：“0”组的总 *pd* 栏为打叉空格；总 *pd* 值 4 和 6 适用于 1A～4 组全部。

[a] 按详细规范要求。
[b] 对于任一种允许的不合格品数不得多于 1 个。
[c] 电容量-电压组合，见 7.4.2。
[d] 如果详细规范有要求。

表 4 鉴定批准试验一览表

章条号和试验项目[a]	D 或 ND[b]	试验条件[a]	样品数(n)和允许不合格品数(pd)	性能要求[a]
0 组	ND[b]		见表 3	
8.1 外观检查			↓	按 8.1 标志清晰并符合详细规范的规定
8.1 尺寸(详细的)				见详细规范
8.2.1 耐电压		方法见详细规范		无击穿或飞弧
8.2.2 电容量				在规定偏差范围内
8.2.3 损耗角正切($\tan\delta$)				按 8.2.3.3
8.2.4 绝缘电阻		方法见详细规范		按 8.2.4.3
1A 组	D[b]		见表 3	
8.3.2 初始测量		电容量 损耗角正切	↓	
8.3 引出端强度		外观检查		无可见损伤
8.4 耐焊接热		不预先干燥 方法(1A 或 1B):见详细规范 恢复:1 h～2 h		
8.4.3 最后测量		外观检查 电容量 损耗角正切		无可见损伤 标志清晰 $\Delta C/C$:见详细规范 按 8.2.3.3
8.13 元件耐溶剂(适用时)		溶剂:… 溶剂温度:… 方法 2 恢复:…		见详细规范
1B 组	D[b]		见表 3	
8.5 可焊性		不老化 方法见详细规范	↓	镀锡良好性按适用情况,以湿润引出端焊料自由流动或以在…s 内焊料应流动方式表明。
8.14 标志耐溶剂(适用时)		溶剂:… 溶剂温度:… 方法 1 擦拭材料:脱脂棉 恢复:…		见详细规范
8.6.2 初始测量		电容量 损耗角正切		
8.6 温度快速变化		θ_A =下限类别温度 θ_B =上限类别温度		

表 4 (续)

章条号和试验项目[a]	D或ND[b]	试验条件[a]	样品数(n)和允许不合格品数(pd)	性能要求[a]
	D[b]	5次循环 持续时间 t_1:… 恢复:1 h～2 h 外观检查 电容量 损耗角正切	见表3	 无可见损伤 $\Delta C/C$:在6.2.4有关稳定性等级规定的极限范围内 按8.2.3.3
8.7 振动		安装方法见详细规范 程序B4 频率范围:…Hz～…Hz 振幅:0.75 mm或98 m/s^2(取严酷等级较低者) 总持续时间:6 h		
8.7.3 最后检查		外观检查 电容量		无可见损伤 $\Delta C/C$:与8.6.2测量值比较,见详细规范
8.8 碰撞(或冲击,见8.9)		安装方法见详细规范 碰撞次数:… 加速度:…m/s^2 脉冲持续时间:…ms		
8.9 冲击(或碰撞,见8.8)		安装方法见详细规范 加速度:…m/s^2 脉冲持续时间:…ms		
8.8.4或8.9.4最后测量		外观检查 电容量		无可见损伤 $\Delta C/C$:与8.7.3测量值比较,见详细规范
1组 8.10 气候顺序	D[b]		见表3	
8.10.2 预处理(如果详细规范有要求)		持续时间:…h		
8.10.3 初始测量		电容量 损耗角正切 绝缘电阻		
8.10.4 干热		温度:上限类别温度 持续时间:16 h		
8.10.5 循环湿热,试验Db,第一个循环				
8.10.6 寒冷		温度:下限类别温度 持续时间:2 h		
8.10.7 低气压(如果详细规范有要求)		气压:8.5 kPa(85 mbar) 持续时间:1 h		

表 4（续）

章条号和试验项目[a]	D 或 ND[b]	试验条件[a]	样品数(n)和允许不合格品数(pd)	性能要求[a]
8.10.7.4 中间测量		外观检查	见表 3	无永久性击穿、飞弧或有害变形
8.10.8 循环湿热，试验 Db，其余循环		恢复：1 h～ 2 h	↓	
8.10.8.3 最后测量		外观检查	↓	无可见损伤 标志清晰
		电容量	↓	$\Delta C/C$：与 8.10.3 测量值比较，见 8.10.8.3
		损耗角正切	↓	$\tan\delta \leqslant$ 8.2.3.3 的初始值的 1.2 倍
		绝缘电阻	↓	气候类别 | 绝缘电阻 | ≥8.2.4.3 中数值的 -/-/56 | 20% -/-/21 | 50% -/-/10 | 50% -/-/04 | 50%
2 组 8.11 稳态湿热	D[b]		见表 3	
8.11.2 初始测量		电容量 损耗角正切 恢复：1 h～ 2 h	↓	
8.11.4 最后测量		外观检查	↓	无可见损伤 标志清晰
		电容量	↓	$\Delta C/C$：与 8.11.2 测量值比较，见 8.11.3
		损耗角正切	↓	$\tan\delta \leqslant$ 8.2.3.3 的初始值的 1.2 倍
		绝缘电阻	↓	气候类别 | 绝缘电阻 | ≥8.2.4.3 中数值的 -/-/56 | 20% -/-/21 | 50% -/-/10 | 50% -/-/04 | 50%

表 4（续）

章条号和试验项目[a]	D 或 ND[b]	试验条件[a]	样品数(*n*)和允许不合格品数(*pd*)	性能要求[a]
3 组	D[b]		见表 3	
8.12 耐久性		持续时间：…h		
8.12.2 初始测量		电容量 损耗角正切		
8.12.6 最后测量		外观检查		无可见损伤 标志清晰
		电容量		$\Delta C/C$：与 8.12.2 测量值比较，在 6.2.4 有关稳定性等级规定的极限范围内
		损耗角正切		$\tan\delta$：按 8.2.3.3 或≤8.12.2 测量值的 1.4 倍，取较大者
		绝缘电阻		按 8.2.4.3
4 组	D[b]		见表 3	
8.2.5 随温度变化的特性		电容量		按 8.2.5
8.2.6 电感(要求时)				在详细规范规定的极限值范围内
8.2.7 外箔引出端(要求时)				按 8.2.7

[a] 试验和性能要求的章条号引自第 8 章。

[b] 表中：D＝破坏性的；ND＝非破坏性的。

7.5 质量一致性检验

7.5.1 检验批的构成

a) A 组和 B 组检验

这些试验应在逐批的基础上进行。

承制方可按下列条款将现行生产的产品组合成检验批。

1) 批应由结构类似的电容器组成(见 7.2)。

2a) 试验样品应能够代表该检验批中所包括的各种值和尺寸：

——与其数量有关；

——任一种值至少有 5 只样品。

2b) 如果样品中任一种值的样品数少于 5 只，则抽样基数应由承制方和国家监督检查机构协商确定。

b) C 组检验

这些试验应在周期的基础上进行。

样品应是规定周期内现行生产的电容器的代表性产品，并应划分成高、中、低额定电压。为了包括整个批准的范围，在任一周期内应在每一电压组中试验一个外壳号。为了覆盖整个范围，应对在以后周期内生产的其他外壳号和(或)额定电压进行试验。

7.5.2 试验一览表

质量一致性检验的逐批和周期试验一览表在 GB/T 10186—2012 空白详细规范的表 4 中给出。

7.5.3 延期交货

当按照 GB/T 2693—2001 中 3.10 的程序进行重新检验时，应按 A 组和 B 组检验中的规定检验可焊性和电容量。

7.5.4 评定水平

在空白详细规范中规定的评定水平应优先从表 5A 和 5B 中选取：

表 5A 评定水平

检验分组[b]	D[a]		E		F[a]		G[a]	
	IL	AQL %	IL	AQL %	IL	AQL %	IL	AQL %
A1			S-4	2.5				
A2			Ⅱ	1.0				
B1			S-3	2.5				

注：IL＝检验水平；
AQL＝合格质量水平。

表 5B 评定水平

检验分组[b]	D[a]			E			F[a]			G[a]		
	p	n	c	p	n	c	p	n	c	p	n	c
C1A				6	9	1						
C1B				6	18	1						
C1				6	27	2						
C2				6	15	1						
C3				3	21	1						
C4				12	9	1						

注：p＝周期(按月计)
n＝样品数
c＝合格判定数(允许不合格品数)

[a] 评定水平 D、F 和 G 正在考虑中。
[b] 检验分组的内容在有关的空白详细规范第 4 章中规定。

8 试验和测量方法

8.1 外观和尺寸检查

按 GB/T 2693—2001 中 4.4 的规定。

8.2 电气试验

8.2.1 耐电压

8.2.1.1 总则

按 GB/T 2693—2001 中 4.6 的规定。

8.2.1.2 试验电路

R_1 和标称电容量的乘积应小于或等于 1 s，但应大于 0.01 s。

R_1 包括电源的内阻。

R_2 应将放电电流值限制到等于或小于 1 A。

8.2.1.3 下列电压应施加在 GB/T 2693—2001 中 4.5.3 表 3 中的各测量点之间，对鉴定批准试验时间为 1 min，对于质量一致性试验时间为 1 s。

表 6 测量点

试验点	试验电压
1a)	$2U_R$
1b)，1c)和 1d)	$2U_R$，最低为 400 V

8.2.2 电容量

8.2.2.1 总则

按 GB/T 2693—2001 中 4.7 的规定。

8.2.2.2 电容量应在规定频率下测量，或修正到规定频率时的数值，规定的测量频率如下：

a) 标称电容量 $C_R \leqslant 1\,000$ pF：

测量用：(1±20%)MHz 或 100(1±20%)kHz

仲裁用：(1±20%)MHz

b) 标称电容量 $C_R > 1\,000$ pF：

测量用：(1±20%)kHz 或 10(1±20%)kHz

仲裁用：(1±20%)kHz

施加的峰值电压应不超过额定电压的 3%或 5 V，取较小者。

8.2.2.3 电容量应在规定的偏差范围以内。

注：对于小于 10 pF 或大于 1 μF 的电容器，测量方法和极限值应在详细规范中给出。

8.2.3 损耗角正切(tanδ)

8.2.3.1 总则

按 GB/T 2693—2001 中 4.8.1 的下列详细规定。

8.2.3.2 测量条件

$\tan\delta$ 按下列方法测量并记录其数据(作为基准值用):

测量频率与 8.2.2.2 测量电容量使用的频率相同。

测量仪器的准确度应保证测量误差不超过 1×10^{-4}。

8.2.3.3 要求

损耗角正切不超过下列极限值:

在 1 MHz 或 100 kHz, $C_R\leqslant1\,000$ pF 时, $\tan\delta$ 极限值为 0.001。

在 1 kHz 或 10 kHz, $C_R>1\,000$ pF 时, $\tan\delta$ 极限值为 0.000 5。

当标称电容量等于或小于 10 pF,或者大于 1 μF,其极限值应在详细规范中给出。

8.2.4 绝缘电阻

8.2.4.1 总则

按 GB/T 2693—2001 中 4.5 的下列详细规定。

8.2.4.2 测量前,电容器应充分放电,放电电路的电阻与被试电容器的标称电容量的乘积应大于或等于 0.01 s 或为详细规范规定的任何其他值。

8.2.4.3 测量电压按照 GB/T 2693—2001 中 4.5.2 的规定。

电压应以通过电压源内阻的修正值立刻加到电容器上。

电源内阻和电容器的标称电容量的乘积应小于 1 s 或详细规范规定的任何其他值。

绝缘电阻应满足表 7 要求:

表 7 引出端间绝缘电阻

按 GB/T 2693—2001 中 4.5.3 表 3 规定的测量点	要求					
	RC 最小乘积 (*R*=引出端间的绝缘电阻, C_R=标称电容量) s		引出端之间的最小绝缘电阻 GΩ		引出端与外壳间的最小绝缘电阻 GΩ	
	$C_R>0.1$ μF		$C_R\leqslant0.1$ μF			
	气候类别:					
	-/-/56	-/-/21 -/-/10 -/-/04	-/-/56	-/-/21 -/-/10 -/-/04	-/-/56	-/-/21 -/-/10 -/-/04
1a)	50 000	10 000	500	100	—	—
1b),1c)和 1d)	—	—	—	—	500	100

对于测量电容器两个引出端间很高的绝缘电阻时,需要采用三端或保护环法测量。这时,电容器的两引出端均与外壳绝缘。

8.2.4.4 当试验不在 20 ℃温度下进行时,如有必要,应将测量结果乘以适当的修正系数修正到 20 ℃时的值。在有争议的情况下,以 20 ℃时的测量值为准。表 8 给出的修正系数可以认为是金属箔式聚苯乙烯膜介质电容器的平均值。

表 8 修正系数

温度/℃	修正系数
15	0.75
20	1.0
23	1.25
27	1.5
30	1.75
35	2.0

8.2.5 随温度变化的特性

8.2.5.1 总则

按 GB/T 2693—2001 中 4.24.1 静态法和下列详细规定。

8.2.5.2 测量条件

在按 GB/T 2693—2001 中 4.24.1.2 中规定的 b)、d)和 f)点上进行测量电容量。

循环次数:1 次。

8.2.5.3 温度循环期间和以后电容量的变化(温度系数和电容量的温度循环漂移)应在 6.2.4 中有关稳定性等级规定的极限范围内。

8.2.6 电感(要求时)

按 GB/T 2693—2001 中 4.11 及下列详细规定:

应测量电容器的电感,电感的极限值应在详细规范中规定。

注:可以根据测得的谐振频率(例如用吸收法获得谐振频率)和按 8.2.2 测量的电容量来确定电感的近似值。

8.2.7 外箔引出端(要求时)

按 GB/T 2693—2001 中 4.12 及下列详细规定。

连接到外金属箔的引出端的正确标记,应用一种不损伤电容器的方法来检查。

8.3 引出端强度

8.3.1 总则

按 GB 2693—2001 中 4.13 的规定。

8.3.2 初始测量

电容量应按 8.2.2 进行测量。

损耗角正切应按 8.2.3.2 进行测量。

8.4 耐焊接热

8.4.1 总则

按 GB/T 2693—2001 中 4.14 的下列详细规定。

8.4.2 试验条件

不预干燥。

8.4.3 试验的最后检查、测量和要求

电容器应进行外观检查和测量,并符合表4中规定的要求。

8.5 可焊性

8.5.1 总则

按GB/T 2693—2001中4.15的规定。

8.5.2 试验条件

不老化。

球焊法的要求应在详细规范中规定。当焊槽法和球焊法都不适用时,应采用烙铁法试验,此时应使用A号烙铁。

8.5.3 要求

按表4中规定。

8.6 温度快速变化

8.6.1 总则

按GB/T 2693—2001中4.16的规定。

8.6.2 初始测量

初始测量应按8.3.2的规定进行。

8.6.3 循环次数

5次。

在极限温度下暴露时间:30 min或3 h,在详细规范中规定。

恢复后,电容器应符合表4中规定的要求。

对于标称电容量小于50 pF的电容器,其最大电容量变化应在详细规范中规定。

8.7 振动

8.7.1 总则

按GB/T 2693—2001中4.17的规定。

8.7.2 试验程序、严酷等级及安装方法

使用试验Fc的程序B4和下列严酷等级:振幅0.75 mm或加速度98 m/s^2,取较小者,按下列频率范围之一进行:10 Hz~55 Hz,10 Hz~500 Hz,10 Hz~2 000 Hz。总持续时间为6 h。

详细规范应规定频率范围,还应该规定所采用的安装方法。对于具有轴向引线并只靠引线安装的电容器,电容器主体与安装点之间的距离应为(6±1)mm。

8.7.3 最后检查、测量和要求

按表4规定。

8.8 碰撞

8.8.1 总则

按 GB/T 2693—2001 中 4.18 的规定。

详细规范应规定是采用碰撞试验或冲击试验。

8.8.2 初始测量

不要求。

8.8.3 严酷等级

详细规范应规定采用下列严酷等级中的一种：

总碰撞次数：1 000 或 4 000

加速度：390 m/s^2(40 g)，脉冲持续时间：6 ms；或 98 m/s^2(10g)，16 ms

详细规范还应规定所采用的安装方法。对于具有轴向引线并打算只靠引线安装的电容器，电容器主体与安装点之间的距离应为(6±1)mm。

8.8.4 最后检查、测量和要求

电容器应进行外观检查和测量，并符合表 4 规定的要求。

8.9 冲击

8.9.1 总则

按 GB/T 2693—2001 中 4.19 的规定。

详细规范应规定是采用碰撞试验还是冲击试验。

8.9.2 初始测量

不要求。

8.9.3 详细规范应规定采用表 9 中一种优先的严酷等级：

脉冲波形：半正弦波。

表 9 优先严酷等级

峰值加速度 m/s^2(g)	相应的脉冲持续时间 ms
294(30)	18
490(50)	11
981(100)	6

详细规范还应规定所采用的安装方法。对于具有轴向引线并只靠引线安装的电容器，电容器主体与安装点之间的距离应为(6±1)mm。

8.9.4 最后检查、测量和要求

电容器应进行外观检查和测量，并符合表 4 中规定的要求。

8.10 气候顺序

8.10.1 总则

按 GB/T 2693—2001 中 4.21 的规定。

8.10.2 预处理(如果详细规范有要求)

持续时间:在详细规范中规定。

8.10.3 初始测量

如进行预处理,应测量电容量、损耗角正切和绝缘电阻。

否则,应使用适用的 8.4.3 和 8.8.4 或 8.9.4 的最后测量。

8.10.4 干热

按 GB/T 2693—2001 中 4.21.2 规定。

8.10.5 循环湿热,试验 Db,第一个循环

按 GB/T 2693—2001 中 4.21.3 规定。

8.10.6 寒冷

按 GB/T 2693—2001 中 4.21.4 规定。

8.10.7 低气压

8.10.7.1 总则

按 GB/T 2693—2001 中 4.21.5 的规定。

8.10.7.2 试验条件

如详细规范有要求,试验应在温度为 15 ℃～35 ℃,气压为 8.5 kPa(85 mbar)下进行,试验持续时间为 1 h。

8.10.7.3 施加电压条件

当仍然在规定的低气压,并在 1 h 周期的最后 5 min,应施加额定电压。

提交做本试验的电容器样品应按照需要分成 2 个组或 3 个组,每组按 GB/T 2693—2001 中 4.5.3 表 3 的规定做其中一项试验。

8.10.7.4 最后检查和要求

电容器应进行外观检查,并符合表 4 规定。

8.10.8 循环湿热,试验 Db,其余循环

8.10.8.1 总则

按 GB/T 2693—2001 中 4.21.6 的规定。

8.10.8.2 湿热试验结束后 15 min 内,采用 8.2.1 规定的试验电路,在试验点 A 上施加额定电压 1 min。

8.10.8.3 最后检查、测量和要求

在恢复后,电容器应进行外观检查和测量,并应无可见损伤,标志应清晰。

然后,应测量电容量,损耗角正切和绝缘电阻。

与8.10.3测量值比较,电容量变化应不超过表10给出的数值:

表10 稳定性等级

稳定性等级	气候类别		
	-/-/04;-/-/10	-/-/21	-/-/56
1;2	±(1.2%+1.2 pF)	±(1%+1 pF)	±(0.5%+1 pF)
3;4	±(1.5%+1.5 pF)	±(1.2%+1.2 pF)	±(1%+1 pF)

对于电容量小于50 pF的电容器,电容量的最大变化在详细规范中规定。

损耗角正切不超过8.2.3.3规定值的1.2倍。

绝缘电阻不小于8.2.4.3规定值乘以表11的百分数。

表11 绝缘电阻百分数

气候类别	绝缘电阻为初始要求的百分数
-/-/56	≥20%
-/-/21	≥50%
-/-/10	≥50%
-/-/04	≥50%

8.11 稳态湿热

8.11.1 总则

按GB/T 2693—2001中4.22的规定。

8.11.2 初始测量

初始测量应按照8.3.2的规定进行。

8.11.3 湿热试验结束后15 min内,按8.2.1进行耐电压试验,但应施加额定电压。

当在详细规范中有规定时,气候类别-/-/04的电容器应按6.1.2的规定进行辅助干燥 。

经辅助干燥后的电容器,应在试验用标准大气条件中恢复1 h~2 h。

8.11.4 最后检查、测量和要求

在恢复以后,电容器应进行外观检查和测量,并应无可见损伤,标志应清晰。

然后,应测量电容量、损耗角正切和绝缘电阻。

与8.2.2测量值比较,电容量变化应不超过表12数值。

表12 电容量偏差

气候类别	-/-/04;-/-/10	-/-/21	-/-/56
$\Delta C/C$	±(1.2%+1.2 pF)	±(1%+1 pF)	±(0.5%+1 pF)

对于电容量小于50 pF的电容器,电容量的最大变化在详细规范中规定。

损耗角正切不超过8.2.3.3规定值的2倍。

按 8.2.4.2 规定测量的绝缘电阻应不小于 8.2.4.3 规定值乘以表 11 的百分数：

8.12 耐久性

8.12.1 总则

按 GB/T 2693—2001 中 4.23 的规定。

8.12.2 初始测量

初始测量应按照 8.3.2 的规定进行。

8.12.3 电容器应该按表 13 规定试验 1 000 h，除非详细规范另有规定。

表 13 试验电压

类别	-/070/-	-/085/-
温度	70℃	85℃
电压(d.c.)	$1.5U_R$	$1.5U_R$

8.12.4 试验电压分别通过一个电阻器加到每个电容器上，电阻器的阻值近似等于每伏为 1 Ω，最大为 1 200 Ω。

8.12.5 在规定的试验周期后，允许电容器恢复，并通过 8.12.4 规定的同一电阻 R 放电。

8.12.6 最后检查、测量和要求

电容器应进行外观检查和测量，并符合表 4 规定。

8.13 元件耐溶剂(适用时)

按 GB/T 2693—2001 中 4.31 的规定。

8.14 标志耐溶剂(适用时)

按 GB/T 2693—2001 中 4.32 的规定。

附 录 A
（资料性附录）
两引出端间高绝缘电阻的测量方法

在测试电路中测量电容器的绝缘电阻。将被试电容器两端连接到接线柱的 A、B 两端（见图 A.1），串联接到电池和检流计的电路中，从检流计显示的读数可得到所测的绝缘电阻。

如果 A、B 两接线柱绝缘不良，就会有泄漏电阻 R_L，跨接在 A、B 两端，从而影响 R 的测量结果，因为泄漏电阻是与被测电阻并联，除非被测电阻比 R_L 小得多，才不会发生上述情况，消除泄漏电阻 R_L 的有害影响，可用一个金属环围绕套在带电（高电位）的接线柱 B 上，金属环与接线柱绝缘套管的绝缘材料接触，并且也与电池的接地端相接，就可消除泄漏电阻 R_L 的影响。

泄漏电阻 R_L 可分为 R_{LA} 和 R_{LB} 两部分，从图 A.2 看出 R_{LB} 部分与电池并联，这样，它就不会影响检流计测出的结果。同样 R_{LA} 与检流计并联，R_{LA} 的值至少在几百兆欧左右，因此保护环短接，这也就使检流计的读数的影响，可以忽略不计。

另一个误差的原因是电池直接从 A 引出端漏电。如将电池放在金属板上，并与电池接地端连接，就可防止这一现象。

本测试系统虽然用检流计做指示器，其功与能相当于用电子测试装置进行测量。

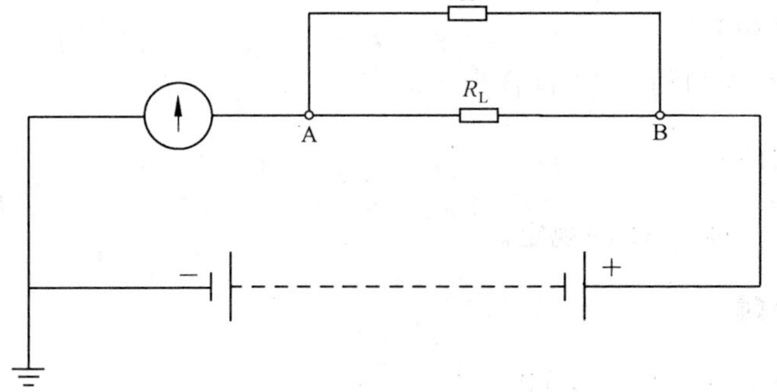

图 A.1

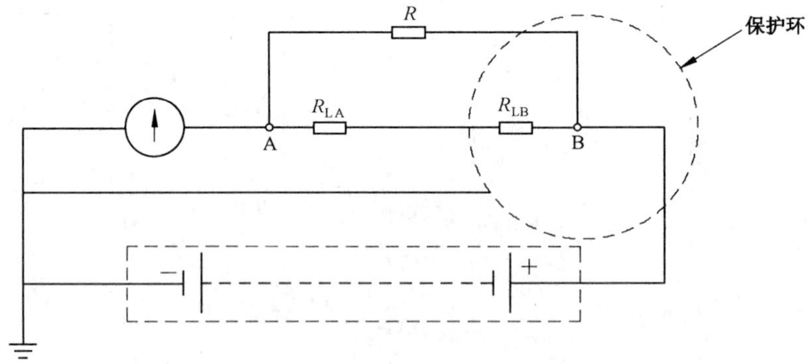

图 A.2

ICS 31.060.30
L 11

中华人民共和国国家标准

GB/T 10186—2012
代替 GB/T 10186—1988

电子设备用固定电容器 第 7-1 部分：空白详细规范 金属箔式聚苯乙烯膜介质直流固定电容器 评定水平 E

Fixed capacitors for use in electronic equipment—
Part 7-1: Blank detail specification—
Fixed polystyrene film dielectric metal foil d. c. capacitors—
Assessment level E

2012-11-05 发布　　2013-02-15 实施

中华人民共和国国家质量监督检验检疫总局
中国国家标准化管理委员会　发布

前　言

《电子设备用固定电容器》系列国家标准分为如下若干部分：

——第1部分：总规范(GB/T 2693—2001,idt IEC 60384-1:1999)；

——第2部分：分规范　金属化聚乙烯对苯二甲酸酯膜介质直流固定电容器(GB/T 7332—2011/IEC 60384-2:2005)；

——第2-1部分：空白详细规范　金属化聚乙烯对苯二甲酸酯膜介质直流固定电容器　评定水平E和EZ(GB/T 7333—2012/IEC 6038-2-1:2005)；

——第3部分：分规范　表面安装 MnO_2 固体电解质钽固定电容器(IEC 60384-3:2007)；

——第3-1部分：空白详细规范　表面安装 MnO_2 固体电解质钽固定电容器　评定水平EZ(IEC 60384-3-1:2007)；

——第4部分：分规范　固体和非固体电解质铝电解电容器(GB/T 5993—2003/IEC 60384-4:1998,第1号修改单:2000)；

——第4-1部分：空白详细规范　非固体电解质铝电容器　评定水平EZ(GB/T 5994—2003/IEC 60384-4-1:2000)；

——第4-2部分：空白详细规范　固体(MnO_2)电解质的铝电解固定电容器　评定水平EZ(IEC 60384-4-2:2007)；

——第6部分：分规范　金属化聚丙烯薄膜介质直流固定电容器(IEC 60384-6:2005)；

——第6-1部分：空白详细规范　金属化聚丙烯薄膜介质直流固定电容器(IEC 60384-6-1:2005)；

——第7部分：分规范　金属箔式聚苯乙烯膜介质直流固定电容器(GB/T 10185—2012)；

——第7-1部分：空白详细规范　金属箔式聚苯乙烯膜介质直流固定电容器　评定水平E(GB/T 10186—2012)；

——第8部分：分规范　1类瓷介固定电容器(GB/T 5966—2011/IEC 60384-8:2005)；

——第8-1部分：空白详细规范　1类瓷介固定电容器　评定水平EZ(GB/T 5967—2011/IEC 60384-8-1:2005)；

——第9部分：分规范　2类瓷介固定电容器(GB/T 5968—2011/IEC 60384-9:2005)；

——第9-1部分：空白详细规范　2类瓷介固定电容器　评定水平EZ(GB/T 5969—2012/IEC 60384-9-1:2005)；

——第11部分：分规范　金属箔式聚乙烯对苯二甲酸乙二醇酯膜介质直流固定电容器(IEC 60384-11:2008)；

——第11-1部分：空白详细规范　金属箔式聚乙烯对苯二甲酸乙二醇酯膜介质直流固定电容器(IEC 60384-11-1:2008)；

——第12部分：分规范　金属箔式聚碳酸酯膜介质直流固定电容器(GB/T 10679—1995/IEC 60384-12:1988)；

——第12-1部分：空白详细规范　金属箔式聚碳酸酯膜介质直流固定电容器　评定水平E(GB/T 10680—1995/IEC 60384-12-1:1988)；

——第13部分：分规范　金属箔式聚丙烯膜介质直流固定电容器(IEC 60384-13:2006)；

——第13-1部分：空白详细规范　金属箔式聚丙烯膜介质直流固定电容器　评定水平E(IEC 60384-13-1:2006)；

——第14部分：分规范　抑制电源电磁干扰用固定电容器(GB/T 14472—1998,idt IEC 60384-14:

1993,第1号修改单:1995);
——第14-1部分:空白详细规范 抑制电源电磁干扰用固定电容器 评定水平D(GB/T 14473—1998,idt IEC 60384-14-1:1993);
——第15部分:分规范 非固体或固体电解质钽固定电容器(GB/T 7213—2003,idt IEC 60384-15:1982,第1号修改单:1987,第2号修改单:1992);
——第15部分:空白详细规范 非固体电解质箔电极钽电容器 评定水平E(GB/T 12794—1991,idt IEC 60384-15-1:1984);
——第15部分:空白详细规范 非固体电解质多孔阳极钽电容器 评定水平E(GB/T 12795—1991/IEC 60384-15-2:1984);
——第15-3部分:空白详细规范 固体电解质和多孔阳极钽电容器 评定水平E(GB/T 7214—2003/IEC 60384-15-3:1992);
——第16部分:分规范 金属化聚丙烯膜介质直流固定电容器(GB/T 10190—2012/IEC 60384-16:2005);
——第16-1部分:空白详细规范 金属化聚丙烯膜介质直流固定电容器 评定水平E和EZ(GB/T 10191—2011/IEC 60384-16-1:2005);
——第17部分:分规范 金属化聚丙烯薄膜介质交流和脉冲固定电容器(IEC 60384-17:2005);
——第17-1部分:空白详细规范 金属化聚丙烯薄膜介质交流和脉冲固定电容器 评定水平EZ(IEC 60384-17-1:2005);
——第18部分:分规范 固体(MnO_2)与非固体电解质片式铝固定电容器(GB/T 17206—1998,idt IEC 60384-18:1993,第1号修改单:1998);
——第18-1部分:空白详细规范 表面安装固体(MnO_2)电解质铝固定电容器 评定水平EZ(GB/T 17207—2012/IEC 60384-18-1:2007);
——第18部分:空白详细规范 非固体电解质片式铝固定电容器 评定水平E(GB/T 17208—1998,idt IEC 60384-18-2:1993);
——第19部分:分规范 表面安装金属化聚乙烯对苯二甲酸酯膜介质直流固定电容器(IEC 60384-19:2006);
——第19-1部分:空白详细规范 表面安装金属化聚乙烯对苯二甲酸酯膜介质直流固定电容器 评定水平E(IEC 60384-19-1:2006);
——第21部分:分规范 表面安装用1类多层瓷介固定电容器(GB/T 21041—2007/IEC 60384-21:2004);
——第21-1部分:空白详细规范 表面安装用1类多层瓷介固定电容器 评定水平EZ(GB/T 21038—2007/IEC 60384-21-1:2004);
——第22部分:分规范 表面安装用2类多层瓷介固定电容器(GB/T 21042—2007/IEC 60384-22:2004);
——第22-1部分:空白详细规范 表面安装用2类多层瓷介固定电容器 评定水平EZ(GB/T 21040—2007/IEC 60384-22-1:2004)。

本部分为《电子设备用固定电容器》系列国家标准的第7-1部分。

本部分按照GB/T 1.1—2009给出的规则起草。

本部分代替GB/T 10186—1988。本部分与GB/T 10186—1988相比,主要变化如下:
——根据其上层规范的修改而进行相应的变更;
——表2电容量和电压值与外形尺寸的关系中增加类别电压一行;
——增加了标志耐溶剂试验和元件耐溶剂试验;
——B组检验由D修改为ND;

——C2 分组最后测量损耗角正切由 2 倍修改为 1.2 倍。

本部分由中华人民共和国工业和信息化部提出。

本部分由全国电子设备用阻容元件标准化技术委员会(SAC/TC 165)归口。

本部分起草单位:鹤壁市华中科技电子有限责任公司。

本部分主要起草人:樊金河、宁小波、李素兰、孟素芬、付颖颖。

本部分所代替标准的历次版本发布情况为:

——GB/T 10186—1988。

引　言

空白详细规范

空白详细规范是分规范的一种补充性文件，它包括了详细规范的格式、编排和最低限度的内容要求。不遵守这些要求的详细规范，认为是不符合电子元件质量评定体系要求的规范。

制定此类电容器详细规范时应考虑分规范 GB/T 10185—2012 中第 4 章的内容。

首页方括号中数字标注的位置上应填写下列相应内容：

详细规范的识别

［1］ 授权起草本详细规范的组织：IEC 或国家标准机构。

［2］ IEC 或国家的详细规范标准编号，发布日期以及国家体制需要的其他内容。

［3］ IEC 或国家的总规范编号及其版本号。

［4］ IEC 或国家标准的空白详细规范编号。

电容器的识别

［5］ 该型号电容器的简述。

［6］ 典型结构的简述(适用时)。

注：当电容器不是设计用于印制电路板时，在详细规范的这个位置上应该明确地加以说明。

［7］ 对于影响互换性的主要尺寸的外形图，和(或)引用的国家文件或国际文件，也可以在详细规范的附录中给出此图。

［8］ 用途或所涉及的应用类别和/或评定水平。

注：详细规范中采用的一个评定水平或若干个评定水平，应从分规范 7.5.4 中选取。这意味着如果试验的分组不变，几个评定水平可共用一个空白详细规范。

［9］ 最重要特性的参考数据，以便在各种类型的电容器之间进行比较。

<table>
<tr><td>(1)</td><td>(2)</td></tr>
<tr><td rowspan="2">电子元器件质量评定按：

(3)</td><td>GB/T 10186—2012
(4)</td></tr>
<tr><td rowspan="2">金属箔式聚苯乙烯膜介质
直流固定电容器　　(5)</td></tr>
<tr><td rowspan="3">外形图：(见表 1)
(第…角示图)

(7)

(在给定的尺寸范围内，允许有其他形状)</td></tr>
<tr><td>(6)</td></tr>
<tr><td>评定水平：E
稳定性等级：…　　(8)</td></tr>
</table>

按本详细规范鉴定合格的元件的有效数据在鉴定合格产品一览表中给出

(9)

电子设备用固定电容器 第7-1部分:空白详细规范 金属箔式聚苯乙烯膜介质直流固定电容器 评定水平E

1 范围

本部分规定了金属箔式聚苯乙烯膜介质直流固定电容器电子元件质量评定体系的评定水平。

本部分制定该类电容器详细规范的格式、编排和最少内容的要求。不符合这些要求的详细规范,认为是不符合电子元件质量评定体系要求的规范,在制定详细规范时应考虑分规范GB/T 10185—2012第4章的内容。

本部分适用于电子设备用的以聚苯乙烯膜作为介质,并以金属箔作电极的直流固定电容器详细规范的编写。

2 规范性引用文件

下列文件对于本部分的应用是必不可少的。凡是注日期的引用文件,仅注日期的版本适用于本部分。凡是不注日期的引用文件,其最新版本(包括所有的修改单)适用于本部分。

GB/T 2693—2001 电子设备用固定电容器 第1部分:总规范(idt IEC 60384-1:1999)

GB/T 10185—2012 电子设备用固定电容器 第7部分:分规范 金属箔式聚苯乙烯膜介质直流固定电容器

IEC 60410:1973 计数抽样检验方法和程序(Sampling plans and procedures for Inspection by Attribute)

3 一般数据

3.1 推荐的安装方法(应填写)

(按分规范GB/T 10185—2012中4.3的规定)

3.2 尺寸

外形代号和尺寸见表1。

表 1　外形代号和尺寸

单位为毫米

外形代码	尺寸					
	ϕ	L	H	D	……	

注 1：当没有外形代码标记时，表 1 可以省略，且尺寸应在表 2 中给出，并将表 2 变成表 1。

注 2：尺寸应按最大尺寸或按标有公差的标称尺寸给出。

3.3　额定值和特性

电容量范围　　　　　　（见表 2）
标称电容量的允许偏差
额定电压　　　　　　　（见表 2）
气候类别
额定温度
最高交流电压（适用时）
损耗角正切
绝缘电阻
稳定性等级
温度系数

表 2　电容量和电压值与外形尺寸的关系

额定电压				
类别电压[a]				
额定容量 （pF，nF 和/或 μF）	外壳号	外壳号	外壳号	外壳号

[a] 如果不同于额定电压。

3.4　标志

电容器和包装的标志应符合 GB/T 10185—2012 中 4.5 的要求。

注：元件和包装上的标志的细节，应在详细规范中完整地给出。

3.5　订货资料

本部分所包括的电容器的订单，应用文字或代号形式至少应包括下列内容：

a）　标称电容量；

b）　标称电容量的允许偏差；

c）　额定直流电压；

d）　详细规范的编号及其版本号，型号规格。

3.6 放行批证明记录

要求或不要求。

3.7 附加内容(不做检验用)

3.8 补充和提高总规范和(或)分规范所规定的严酷等级或要求

注：仅当必要时，才规定增加或提高要求(应在表3中说明)。

表3 其他特性

此表用于对分规范特性的增加或严酷等级的提高。

4 检验要求

4.1 程序

4.1.1 鉴定批准程序应符合分规范 GB/T 10185—2012 中 7.4 的要求。

4.1.2 质量一致性检验的试验一览表(表4)包括抽样、周期、严酷等级和要求。检验批的构成包括在分规范 GB/T 10185—2012 的 7.5.1 中。

表4 质量一致性检验

章条号和试验项目[a]	D或ND[c]	试验条件[a]	IL[b]	AQL[b]	性能要求[a]
A组检查 (逐批) **A1分组**	ND[c]		S-4	2.5%	
8.1 外观检查					按8.1 标志清晰，并符合本部分3.4的规定
8.1 尺寸(规检)					按本部分表1的规定
A2分组	ND[c]		Ⅱ	1.0%	
8.2.1 耐电压 (试验A)		方法：…			无击穿或飞弧
8.2.2 电容量					在规定偏差范围内
8.2.3 损耗角正切					按8.2.3.3
8.2.4 绝缘电阻 (试验A)		方法：…			按8.2.4.3

表 4（续）

章条号和试验项目[a]	D 或 ND[c]	试验条件[a]	IL[b]	AQL[b]	性能要求[a]
B 组检验 （逐批） **B1 分组** 8.5 可焊性 8.14 标志耐溶剂 （适用时）	 ND[c]	 不老化： 方法：… 溶剂：… 溶剂温度：… 方法 1： 擦拭材料：脱脂棉 恢复：…	 S-3	 2.5%	 镀锡良好性按适用情况，以湿润引出端焊料自由流动或以在…s 内焊料应流动方式表明。 见详细规范

章条号和试验项目[a]	D 或 ND[c]	试验条件[a]	样品数和允许不合格品数[c]			性能要求[a]
			P	n	c	
C 组检验 （周期）						
C1 A 分组 C1 分组的部分样品 8.1 尺寸 （详细的） 8.3.2 初始测量 8.3 引出端强度 8.4 耐焊接热 8.4.3 最后测量 8.13 元件耐溶剂 （适用时）	D[c]	 容量 损耗角正切 外观检查 方法：… 外观检查 电容量 损耗角正切 溶剂：… 溶剂温度：… 方法 2 恢复：…	6	9	1	 见详细规范 无可见损伤 无可见损伤 标志清晰 $\Delta C/C$：见详细规范 按 8.2.3.3 见详细规范

表 4（续）

章条号和试验项目[a]	D 或 ND[c]	试验条件[a]	样品数和允许不合格品数[c]			性能要求[a]
			P	n	c	
C1 B 分组 C1 分组的其余样品	D[c]		6	18	1	
8.6.2 初始测量		电容量 损耗角正切				
8.6 温度快速变化		θ_A＝下限类别温度 θ_B＝上限类别温度 5 次循环 持续时间 t_1：… 恢复：1 h～2 h 外观检查 电容量 损耗角正切				 无可见损伤 $\Delta C/C$：与 8.6.2 测量值比较，在分规范 GB/T 10185—2012 中 6.2.4 有关稳定性等级规定的极限范围内。 按 8.2.3.3
8.7 振动		安装方法：见详细规范 程序 B4 频率范围：…Hz 至…Hz 振幅：0.75 mm 或 98 m/s² （取严酷等级较低者） 总持续时间：6 h				
8.7.3 最后检查		外观检查 电容量				无可见损伤 $\Delta C/C$：与 8.6.2 测量值比较，见详细规范
8.8 碰撞（或冲击，见 8.9）		安装方法：见本部分 3.1 碰撞次数：… 加速度：…m/s² 脉冲持续时间：…ms				
8.9 冲击（或碰撞，见 8.8）		安装方法：见本部分 3.1 加速度：…m/s² 脉冲持续时间：…ms				
8.8.4 或 8.9.4 最后测量		外观检查 电容量				无可见损伤 $\Delta C/C$：与 8.7.3 测量值比较，见详细规范

表 4（续）

章条号和试验项目[a]	D 或 ND[c]	试验条件[a]	样品数和允许不合格品数[c]			性能要求[a]
			P	n	c	
C1 分组 C1A 和 C1B 分组的全部样品	D[c]		6	27	2	
8.10 气候顺序						
8.10.2 预处理(如果详细规范有要求)		持续时间：…h				
8.10.3 初始测量		电容量 损耗角正切 绝缘电阻				
8.10.4 干热		温度:上限类别温度 持续时间:16 h				
8.10.5 循环湿热,试验 Db,第一个循环						
8.10.6 寒冷		温度:下限类别温度 持续时间:2 h				
8.10.7 低气压(详细规范有要求时)		气压:8.5 kPa(85 mbar) 持续时间:1 h				
8.10.7.4 中间测量		外观检查				无永久击穿、飞弧或外壳的有害变形
8.10.8 循环湿热,试验 Db,其余循环		恢复:1 h～2 h				
8.10.8.3 最后测量		外观检查				无可见损伤 标志清晰
		电容量				$\Delta C/C$:与 8.10.3 测量值比较,见 8.10.8.3
		损耗角正切				$\tan\delta$:≤8.2.3.3 初始极限的 1.2 倍
		绝缘电阻				气候类别 — 绝缘电阻(≥8.2.4.3 中数值的) -/-/56 — 20% -/-/21 — 50% -/-/10 — 50% -/-/04 — 50%

表 4（续）

章条号和试验项目[a]	D 或 ND[c]	试验条件[a]	样品数和允许不合格品数[c]			性能要求[a]
			P	n	c	
C2 分组	D[c]		6	15	1	
8.11 稳态湿热						
8.11.2 初始测量		电容量 损耗角正切 恢复:1 h～2 h				
8.11.4 最后测量		外观检查				无可见损伤 标志清晰
		电容量				ΔC/C:与 8.11.2 测量值比较，见 8.11.3
		损耗角正切				tanδ:≤8.2.3.3 初始极限的 1.2 倍
		绝缘电阻				气候类别 / 绝缘电阻 ≥8.2.4.3 中数值的 -/-/56 20% -/-/21 50% -/-/10 50% -/-/04 50%
C3 分组			3	21	1	
8.12 耐久性		持续时间:…h				
8.12.2 初始测量		电容量 损耗角正切				
8.12.6 最后测量		外观检查				无可见损伤 标志清晰
		电容量				ΔC/C:与 8.12.2 测量值比较，在分规范 GB/T 10185—2012 的 6.2.4 中有关稳定性等级规定的极限范围内
		损耗角正切				tanδ:按 8.2.3.3，或≤8.12.1 测量值的 1.4 倍，取较大者
		绝缘电阻				按 8.2.4.3

表 4（续）

章条号和试验项目[a]	D或ND[c]	试验条件[a]	样品数和允许不合格品数[c]			性能要求[a]
			P	n	c	
C4 分组 8.2.5 随温度变化的特性 8.2.6 电感(要求时) 8.2.7 外箔引出端(要求时)	ND[c]	 电容量	12	9	1	 按 8.2.5 $L \leqslant \cdots$ mH 按 8.2.7

[a] 试验项目和性能要求的章条号引自分规范 GB/T 10185—2012 和本部分的第 3 章。

[b] 检查水平(IL)和合格质量水平(AQL)选自 IEC 60410:1973。

[c] 表本中：p=周期(按月计)

n=样本大小

c=允许不合格数

D=破坏性的

ND=非破坏性的

IL=检查水平 } IEC 60410

AQL=合格质量水平 } IEC 60410

ICS 31.060.30
L 11

中华人民共和国国家标准

GB/T 10190—2012/IEC 60384-16:2005
代替 GB/T 10190—1988

电子设备用固定电容器
第16部分:分规范　金属化聚丙烯膜介质直流固定电容器

Fixed capacitors for use in electronic equipment—Part 16:Sectional specification—Fixed metallized polypropylene film dielectric d. c. capacitors

(IEC 60384-16:2005,IDT)

2012-11-05 发布　　2013-02-15 实施

中华人民共和国国家质量监督检验检疫总局
中国国家标准化管理委员会　发布

前言

《电子设备用固定电容器》系列国家标准分为如下若干部分：

——第1部分：总规范(GB/T 2693—2001,idt IEC 60384-1:1999)；

——第2部分：分规范 金属化聚乙烯对苯二甲酸酯膜介质直流固定电容器(GB/T 7332—2011/IEC 60384-2:2005)；

——第2-1部分：空白详细规范 金属化聚乙烯对苯二甲酸酯膜介质直流固定电容器 评定水平E和EZ(GB/T 7333—2012/IEC 60384-2-1:2005)；

——第3部分：分规范 表面安装 MnO_2 固体电解质钽固定电容器(IEC 60384-3:2007)；

——第3-1部分：空白详细规范 表面安装 MnO_2 固体电解质钽固定电容器 评定水平EZ(IEC 60384-3-1:2007)；

——第4部分：分规范 固体和非固体电解质铝电解电容器(GB/T 5993—2003/IEC 60384-4:1998,第1号修改单:2000)；

——第4-1部分：空白详细规范 非固体电解质铝电容器 评定水平EZ(GB/T 5994—2003/IEC 60384-4-1:2000)；

——第4-2部分：空白详细规范 固体(MnO_2)电解质的铝电解固定电容器 评定水平EZ(IEC 60384-4-2:2007)；

——第6部分：分规范 金属化聚丙烯薄膜介质直流固定电容器(IEC 60384-6:2005)；

——第6-1部分：空白详细规范 金属化聚丙烯薄膜介质直流固定电容器(IEC 60384-6-1:2005)；

——第7部分：分规范 金属箔式聚苯乙烯膜介质直流固定电容器(GB/T 10185—2012)；

——第7-1部分：空白详细规范 金属箔式聚苯乙烯膜介质直流固定电容器 评定水平E(GB/T 10186—2012)；

——第8部分：分规范 1类瓷介固定电容器(GB/T 5966—2011/IEC 60384-8:2005)；

——第8-1部分：空白详细规范 1类瓷介固定电容器 评定水平EZ(GB/T 5967—2011/IEC 60384-8-1:2005)；

——第9部分：分规范 2类瓷介固定电容器(GB/T 5968—2011/IEC 60384-9:2005)；

——第9-1部分：空白详细规范 2类瓷介固定电容器 评定水平EZ(GB/T 5969—2012/IEC 60384-9-1:2005)；

——第11部分：分规范 金属箔式聚乙烯对苯二甲酸乙二醇酯膜介质直流固定电容器(IEC 60384-11:2008)；

——第11-1部分：空白详细规范 金属箔式聚乙烯对苯二甲酸乙二醇酯膜介质直流固定电容器(IEC 60384-11-1:2008)；

——第12部分：分规范 金属箔式聚碳酸酯膜介质直流固定电容器(GB/T 10679—1995/IEC 60384-12:1988)；

——第12-1部分：空白详细规范 金属箔式聚碳酸酯膜介质直流固定电容器 评定水平E(GB/T 10680—1995/IEC 60384-12-1:1988)；

——第13部分：分规范 金属箔式聚丙烯膜介质直流固定电容器(IEC 60384-13:2006)；

——第13-1部分：空白详细规范 金属箔式聚丙烯膜介质直流固定电容器 评定水平E(IEC 60384-13-1:2006)；

——第14部分：分规范 抑制电源电磁干扰用固定电容器(GB/T 14472—1998,idt IEC 60384-14:

1993,第 1 号修改单:1995);

——第 14-1 部分:空白详细规范　抑制电源电磁干扰用固定电容器　评定水平 D(GB/T 14473—1998,idt IEC 60384-14-1:1993);

——第 15 部分:分规范　非固体或固体电解质钽固定电容器(GB/T 7213—2003,idt IEC 60384-15:1982,第 1 号修改单:1987,第 2 号修改单:1992);

——第 15 部分:空白详细规范　非固体电解质箔电极钽电容器　评定水平 E(GB/T 12794—1991,idt IEC 60384-15-1:1984);

——第 15 部分:空白详细规范　非固体电解质多孔阳极钽电容器　评定水平 E(GB/T 12795—1991,idt IEC 60384-15-2:1984);

——第 15-3 部分:空白详细规范　固体电解质和多孔阳极钽电容器　评定水平 E(GB/T 7214—2003/IEC 60384-15-3:1992);

——第 16 部分:分规范　金属化聚丙烯膜介质直流固定电容器(GB/T 10190—2012/IEC 60384-16:2005);

——第 16-1 部分:空白详细规范　金属化聚丙烯膜介质直流固定电容器　评定水平 E 和 EZ(GB/T 10191—2011/IEC 60384-16-1:2005);

——第 17 部分:分规范　金属化聚丙烯薄膜介质交流和脉冲固定电容器(IEC 60384-17:2005);

——第 17-1 部分:空白详细规范　金属化聚丙烯薄膜介质交流和脉冲固定电容器　评定水平 EZ(IEC 60384-17-1:2005);

——第 18 部分:分规范　固体(MnO_2)与非固体电解质片式铝固定电容器(GB/T 17206—1998,idt IEC 60384-18:1993,第 1 号修改单:1998);

——第 18-1 部分:空白详细规范　表面安装固体(MnO_2)电解质铝固定电容器　评定水平 EZ(GB/T 17207—2012/IEC 60384-18-1:2007);

——第 18 部分:空白详细规范　非固体电解质片式铝固定电容器　评定水平 E(GB/T 17208—1998,idt IEC 60384-18-2:1993);

——第 19 部分:分规范　表面安装金属化聚乙烯对苯二甲酸酯膜介质直流固定电容器(IEC 60384-19:2006);

——第 19-1 部分:空白详细规范　表面安装金属化聚乙烯对苯二甲酸酯膜介质直流固定电容器　评定水平 E(IEC 60384-19-1:2006);

——第 21 部分:分规范　表面安装用 1 类多层瓷介固定电容器(GB/T 21041—2007/IEC 60384-21:2004);

——第 21-1 部分:空白详细规范　表面安装用 1 类多层瓷介固定电容器　评定水平 EZ(GB/T 21038—2007/IEC 60384-21-1:2004);

——第 22 部分:分规范　表面安装用 2 类多层瓷介固定电容器(GB/T 21042—2007/IEC 60384-22:2004);

——第 22-1 部分:空白详细规范　表面安装用 2 类多层瓷介固定电容器　评定水平 EZ(GB/T 21040—2007/IEC 60384-22-1:2004)。

本部分为《电子设备用固定电容器》系列国家标准的第 16 部分。

本部分按照 GB/T 1.1—2009 和 GB/T 20000.2—2009 给出的规则起草。

本部分使用翻译法等同采用 IEC 60384-16:2005《电子设备用固定电容器　第 16 部分:分规范　金属化聚丙烯膜介质直流固定电容器》。

与本部分中规范性引用的国际文件有一致性对应关系的我国文件如下:

——GB/T 321—2005　优先数和优先数系(ISO 3:1973,IDT);

——GB/T 2421.1—2008　电工电子产品环境试验　概述和指南(IEC 60068-1:1988,IDT);

——GB/T 2693—2001 电子设备用固定电容器 第1部分:总规范(idt IEC 60384-1:1999);

——GB/T 10191—2011 电子设备用固定电容器 第16-1部分:空白详细规范 金属化聚丙烯膜介质直流固定电容器 评定水平E和EZ(IEC 60384-16-1:2005,IDT)。

本部分做了下列编辑性修改:

——删除了IEC前言;

——本标准一词改为本部分。

本部分代替GB/T 10190—1988。本部分与GB/T 10190—1988相比,主要变化如下:

——增加了金属化聚丙烯膜介质直流固定电容器评定水平EZ;

——评定水平E的A1、A2各分组的检查水平IL调整为S-3,增加了A0检验分组;

——增加了标志耐溶剂试验和元件耐溶剂试验等内容;

——充放电试验增加了径向、轴向引出电容器的充放电速率du/dt试验值;

——增加了“上限类别温度105 ℃”;

——2.2.6额定温度中修改为“额定温度的标准值为85 ℃;对于上限类别温度为70 ℃者,额定温度为70 ℃”;

——振动试验的振幅、碰撞试验的加速度及冲击试验峰值加速度分别调整为“0.75 mm或100 m/s^2”、“400 m/s^2或100 m/s^2”和“300 m/s^2,500 m/s^2,1 000 m/s^2”;

——在表12“上限类别温度的特性”中,70 ℃时电容量温度特性调整为$-2.5\% \leqslant \frac{\Delta C}{C} \leqslant 0$。

本部分由中华人民共和国工业和信息化部提出。

本部分由全国电子设备用阻容元件标准化技术委员会(SAC/TC 165)归口。

本部分起草单位:鹤壁市华中科技电子有限责任公司。

本部分主要起草人:樊金河、宁小波、张素霞、李素兰、杜宝玉、李建涛。

本部分所代替标准的历次版本发布情况为:

——GB/T 10190—1988。

电子设备用固定电容器 第16部分:分规范 金属化聚丙烯膜介质直流固定电容器

1 总则

1.1 范围

本部分适用于电子设备用金属化聚丙烯介质固定电容器。

这类电容器可具有取决于使用条件的“自愈特性”,并且主要在直流电压下使用。交流电压和脉冲用电容器不包括在本部分,而包括在IEC 60384-17《电子设备用固定电容器 第17部分:分规范 金属化聚丙烯膜介质交流和脉冲固定电容器》。

在50Hz时适用的最大功率为500 VA,最大峰值电压为2 500 V。电容器包括两个性能等级,1级为长寿命用途,2级为一般用途。

抑制电磁干扰用的电容器不包括在本部分中,而包括在IEC 60384-14《电子设备用固定电容器 第14部分:分规范 抑制电源电磁干扰用固定电容器》。

防触电的电容器包括在IEC 60065中,荧光灯和电动机电容器包括在IEC 33和IEC 34技术委员会中。

1.2 目的

本部分的目的是对这种类型的电容器规定优先额定值和特性,并从IEC 60384-1《电子设备用固定电容器 第1部分:总规范》中选择适当的质量评定程序、试验和测量方法,以及给出一般性能要求。

详细规范中引用本部分规定的试验严酷等级和要求时,应具有与本部分相同或较高的性能水平,不允许降低性能水平。

1.3 规范性引用文件

下列文件对于本部分的应用是必不可少的。凡是注日期的引用文件,仅注日期的版本适用于本部分。凡是不注日期的引用文件,其最新版本(包括所有的修改单)适用于本部分。

GB/T 2471—1995 电阻器和电容器优先数和优先系数(idt IEC 60063:1963,包括第一号修订单(1967),第二号修改单(1977))

IEC 60068-1 电工电子产品环境试验 概述和指南(Environmental testing—Part 1:General and guidance)

IEC 60384-1 电子设备用固定电容器 第1部分:总规范(Fixed capacitors for use in electronic equipment—Part 1:Generic specification)

IEC 60384-16-1 电子设备用固定电容器 第16-1部分:空白详细规范:金属化聚丙烯薄膜介质直流固定电容器评定水平E和EZ(Fixed capacitors for use in electronic equipment—Part 16-1: Blank detail specification:Fixed metallized polypropylene film dielectric d. c. capacitors Assessment levels E and EZ)

IEC 60410 计数检查抽样方案和程序(Sampling plans and procedures for Inspection by Attribute)

ISO 3 优先数和优先数系(Preferred numbers—Series of preferred numbers)

1.4 详细规范中应规定的内容

详细规范应按有关的空白详细规范来制定。

详细规范中不应低于总规范、分规范或空白详细规范所规定的要求。当规定有更严格的要求时，应列在详细规范的1.9中，并在试验一览表中注明，例如用一个星号表示。

注：为了方便起见，在1.4.1中规定的内容可用表格形式表示。

每个详细规范应规定下列内容，而且引用的各种数值应优先从本部分相应条款规定的数值中选取。

1.4.1 外形图和尺寸

为便于识别并与其他电容器进行比较，应附有电容器的外形图。影响互换性和安装的尺寸及其允许偏差应在详细规范中给出，所有尺寸应优先以毫米为单位标注。

通常应给出电容器主体的长度、宽度、高度以及引线的间距。对圆柱形电容器，则应给出主体的直径、长度以及引出端的直径。必要时，例如当详细规范中包括多个项目(电容量值/电压范围)时，其尺寸及其允许偏差应列在图下的表格中。

当电容器外形不同于上述形状时，详细规范应规定能足以说明电容器外形的尺寸数据。当电容器不是设计用于印制电路板时，详细规范中应明确说明。

1.4.2 安装

详细规范应规定正常使用时以及在振动、碰撞或冲击试验中所采用的安装方法。电容器应采用正常的方式安装。如果电容器的设计可能在其使用中需要特殊的安装夹具，在这种情况下，详细规范中应对安装夹具加以说明，而且在振动、碰撞或冲击试验中使用这种安装夹具。

1.4.3 额定值和特性

额定值和特性应符合本部分的有关条款以及下列规定：

1.4.3.1 标称电容量范围

见2.2.1。

注：当按照详细规范批准的产品可能具有不同电容量范围时，应增加下列说明：

“每一电压范围内的标称电容量有效范围应在IEC QC 001005中给出。”

1.4.3.2 特殊特性

当认为附加的特性对于充分说明元件的设计和应用效果是必需的，可列出特殊特性。

1.4.3.3 焊接

详细规范应规定适用的可焊性和耐焊接热试验的试验方法、严酷等级和要求。

1.4.4 标志

详细规范应规定电容器和包装上的标志内容。

与本部分1.6中不同之处，应明确说明。

1.5 术语和定义

除IEC 60384-1适用的术语和定义外，下列术语和定义适用于本部分。

1.5.1

性能等级　performance grades

1.5.1.1

1 级电容器(长寿命)　performance Grade 1 capacitors(long-life)

对于电参数有严格要求的长期使用的电容器。

1.5.1.2

2 级电容器(一般用途)　performance Grade 2 capacitors(general purpose)

对电参数不需要如 1 级电容器那样严格要求的一般用途的电容器。

1.5.2

稳定性等级　stability grade

气候和机械试验后以及耐久性试验后的电容量变化。

注：性能等级和稳定性等级应在详细规范中注明。

1.5.3

性能等级和稳定性等级的组合　performance grade and stability grade combinations

表 1 列出了优先值。

表 1　优先值

性能等级	稳定性等级	组合符号
1	1	1.1
	2	1.2
2	—	2

性能等级和稳定性等级的三种组合与电容量稳定性和损耗角正切的数值有关。三种组合的性能差别在表 4 中加以说明。

1.5.4

额定电压　rated voltage

额定电压是在额定温度下可以连续施加到电容器上的最高直流电压。

注：施加到电容器上的直流电压和交流电压峰值之和应不超过额定电压。在不同频率下允许的交流电压峰值在考虑中。

1.6　标志

按 IEC 60384-1 中 2.4 和下列规定：

1.6.1　标志中给出的内容通常从下列项目中选取。每项的相对重要性按其所在项目顺序中的位置来表示：

a)　标称电容量；

b)　额定电压(直流电压可以用符号“⎓”或“—”表示)；

c)　标称电容量的允许偏差；

d)　制造年、月(或周)；

e)　承制方的名称或商标；

f)　气候类别；

g)　承制方的型号名称；

h)　详细规范编号。

1.6.2　电容器上应清楚地标出上述的 a)、b)和 c)项，并尽可能地标出认为必要的其余项目，电容器上的标志内容应避免任何重复。

1.6.3 电容器的包装上应清楚地标出 1.6.1 中所列项目的全部内容。

1.6.4 使用任何附加标志均不应引起混淆。

2 优先额定值和特性

2.1 优先特性

详细规范中给出的各种特性值应优先从下列数值中选取：

2.1.1 优先气候类别

本部分所包括的电容器是按 IEC 60068-1 的规定划分气候类别的。

下限和上限类别温度以及稳态湿热试验的持续时间应从下列数值中选取：

下限类别温度：−55 ℃、−40 ℃、−25 ℃和−10 ℃。

上限类别温度：70 ℃、85 ℃、100 ℃和 105 ℃。

稳态湿热试验的持续时间：4 d、10 d、21 d 和 56 d。

寒冷和干热试验的严酷等级是分别为下限和上限类别温度。

2.2 优先额定值

2.2.1 标称电容量(C_R)

标称电容量的优先值从 GB/T 2471—1995 中给出的优先值的 E 系列中选取。

2.2.2 标称电容量的允许偏差

标称电容量的优先允许偏差为：+20％、±10％、±5 ％、±2％、±1％。

2.2.3 标称电容量和允许偏差值的结合

电容量系列和允许偏差的优先组合见表 2。

表 2 优先组合

优 先 组 合	
系列	允许偏差
E6	±20％
E12	±10％
E24	±5％
E48	±2％
E96	±1％

2.2.4 额定电压(U_R)

额定电压的优先值是：40 V、63 V、100 V、160 V、250 V、400 V、630 V、1 000 V、1 600 V 和 2 500 V。这些数值符合 ISO 3 中规定的 R5 基本优先数系。

2.2.5 类别电压(U_C)

对于上限类别温度不超过 85 ℃者，类别电压等于额定电压(U_R)。上限类别温度大于 85 ℃时，类别电压等于 0.7 U_R。

2.2.6 额定温度

额定温度的标准值为 85 ℃;对于上限类别温度为 70 ℃者,额定温度为 70 ℃。

3 质量评定程序

3.1 初始制造阶段

初始制造阶段是电容器芯子的卷绕或与之等效的操作。

3.2 结构类似元件

用同样工艺和材料生产的电容器,即使它们的外壳尺寸和数值可能不同,也可认为是结构类似的电容器。

3.3 放行批证明记录

当详细规范中有规定而且订货方有要求时,应提供 IEC 60384-1 中 3.9 所规定的资料。在耐久性试验后,需要的变量参数是电容量变化,损耗角正切和绝缘电阻。

3.4 鉴定批准

鉴定批准试验程序按 IEC 60384-1 总规范中 3.5 的规定。

以逐批和周期试验为基础的鉴定批准试验的一览表在表 4 中给出,使用固定样本大小一览表的程序在下述的 3.4.1.1 和 3.4.1.2 中给出。

3.4.1 以固定样本大小为基础的鉴定批准程序

3.4.1.1 抽样

固定样本大小程序按照 IEC 60384-1 中 3.5.3 b)的规定,样本应能代表申请鉴定批准的电容器范围,该范围可以是也可以不是详细规范所包括的全部范围。

样本应由最低和最高电压以及这些电压中最小和最大电容量的样品组成。当额定电压多于四种时,还应试验一个中间电压的电容器。这样,对于一个范围的批准,需要试验四种或六种数值(电容量/电压的组合)。当少于四种数值时,需要试验的样品数应为四种数值所要求的样品数。

允许按照下列规定使用备份样品:

a) 每种数值一只样品,可以用来替换“0”组中允许的不合格品。

b) 每种数值一只样品,可替换不属于承制方的偶然原因而引起的不合格品。

“0”组中给出的样品数是假设各试验组全部进行试验的情况下给定的,若非如此,则样品数量可以相应地减少。

当鉴定批准试验一览表中增加组别时,则“0”组所需的样品数也应增加,增加的样品数应为增加组别所要求的样品数。

表 3 规定了鉴定批准试验每个组或每个分组被试样品数,同时给出了允许不合格品数。

3.4.1.2 试验

由一个详细规范所包括的电容器进行鉴定批准时,需要进行表 3 和表 4 规定的全部试验。每组的各项试验应按规定的顺序进行。

全部样品均应经受“0”组试验，然后再分配到其他各组。

“0”组试验中发现的不合格样品，不得用于其他各组。

一个电容器没有满足某一个试验组的全部或部分试验要求时，就算作“一个不合格品”。

当不合格品数不超过每个组或每个分组规定的允许不合格品数而且不超过总的允许不合格品数时，应给予鉴定批准。

注：表3和表4一起构成固定样本大小试验一览表，表3包括各个试验或试验组的抽样细节和允许不合格品数，而表4与第4章中所包括的试验细节一起给出了试验条件和性能要求的完整摘要，并且指出了需要的试验方法或试验条件必须在详细规范中选定。

固定样本的大小试验一览表中试验条件和性能要求应与详细规范中质量一致性检验的规定相同。

表3 鉴定批准试验用抽样方案及允许不合格品数

试验组	试验项目	本部分章条号	样品数(n)和允许不合格品数(c)						
			每种值[c]	四种值和少于四种值的试验[c]			六种值的试验[c]		
			n	$4n$	c	总 c	$6n$	c	总 c
0	外观检查	4.1							
	尺寸	4.1							
	电容量	4.2.2							
	损耗角正切	4.2.3	29	116	2[b]		174	3[b]	
	耐电压	4.2.1							
	绝缘电阻	4.2.4							
	电感[a]	4.2.5							
	密封[a]								
	备份样品		2	8			12		
1A	引出端强度	4.3	3	12	1		18	1	
	耐焊接热	4.4							
	元件耐溶剂	4.14							
1B	可焊性	4.5	6	24	1		36	2[b]	
	标志耐溶剂	4.15							
	温度快速变化	4.6							
	振动	4.7							
	碰撞或冲击[a]	4.8或4.9							
1	气候顺序	4.10	9	36	2	4	54	3	6
2	稳态湿热	4.11	5	20	1		30	2[b]	
3	耐久性	4.12	10	40	2[b]		60	3[b]	
4	随温度而定的特性	4.2.6	5	20	1		30	2	
	充电和放电	4.13							

[a] 按详细规范要求。

[b] 对任何一种值的允许不合格品数不得超过1只。

[c] 电容量/电压组合，见本部分3.4.1.1。

表 4　鉴定批准试验一览表

章条号和试验项目[a]	D 或 ND[b]	试验条件[a]	样品数(n)和允许不合格品数(c)	性能要求[a]
0 组	ND[b]		见表 3	
4.1　外观检查				按 4.1 标志清晰，并符合详细规范的规定
4.1　尺寸(详细的)				见详细规范
4.2.2　电容量				在规定偏差范围内
4.2.3　损耗角正切(tanδ)		频率：1 kHz		按 4.2.3.2
4.2.1　耐电压		方法：见详细规范		无击穿或飞弧
4.2.4　绝缘电阻		方法：见详细规范		按 4.2.4.2
4.2.5　电感(适用时)				电感：≤…mH(见详细规范)
密封((适用时)		方法：见详细规范		无浸渍料渗出或外壳的有害变形
1A 组	D[b]		见表 3	
4.3.1　初始测量		电容量 损耗角正切： $C_R>1\ \mu F$，在 1 kHz 下测量 $C_R\leqslant 1\ \mu F$，在 10 kHz 下测量		
4.3　引出端强度		外观检查		无可见损伤
4.4　耐焊接热		不预先干燥 方法(1A 或 1B)：见详细规范		
4.14　元件耐溶剂(适用时)		溶剂：… 溶剂温度：… 方法 2 恢复时间：…		见详细规范
4.4.2　最后测量		外观检查		无可见损伤
		电容量		$\Delta C/C$：与 4.3.1 测量值比较， 1.1 级：≤1% 1.2 级：≤2% 2 级：≤3%
		损耗角正切		tanδ：与 4.3.1 测量值比较，其增量： $C\leqslant 1\ \mu F$： 1.1 级：≤0.001 1.2 级：≤0.002 2 级：≤0.004 $C>1\ \mu F$：见详细规范

表 4（续）

章条号和试验项目[a]	D 或 ND[b]	试验条件[a]	样品数(n)和允许不合格品数(c)	性能要求[a]
1B 组	D		见表 3	
4.5 可焊性		不老化 方法：见详细规范		镀锡良好按适用情况，以湿润引出端的焊料自由流动或以在…s 内焊料应流动方式表明
4.15 标志耐溶剂(适用时)		溶剂：… 溶剂温度：… 方法 2 恢复时间：…		见详细规范
4.6.1 初始测量		电容量 损耗角正切： $C_R>1\ \mu F$，在 1 kHz 下测量 $C_R\leqslant 1\ \mu F$，在 10 kHz 下测量		
4.6 温度快速变化		T_A＝下限类别温度 T_B＝上限类别温度 5 次循环 持续时间：t=30 min 外观检查		无可见损伤
4.7 振动		安装方法见详细规范 频率范围：从…Hz 到…Hz 振幅：0.75 mm 或加速度 100 m/s^2 (取严酷等级较小者) 总持续时间：6 h		
4.7.2 最后测量		外观检查		无可见损伤
4.8 碰撞(或冲击，见 4.9)		安装方法：见详细规范 碰撞次数：… 加速度：…m/s^2 脉冲持续时间：…ms		
4.9 冲击(或碰撞，见 4.8)		安装方法：见详细规范 冲击次数：… 加速度：…m/s^2 脉冲持续时间：…ms		
4.8.3 或 4.9.3 最后测量		外观检查 电容量		无可见损伤 $\Delta C/C$：与 4.6.1 测量值比较， 1.1 级：≤1% 1.2 级：≤2% 2 级：≤3%

表 4（续）

章条号和试验项目[a]	D 或 ND[b]	试验条件[a]	样品数(n)和允许不合格品数(c)	性能要求[a]
1B 组(续)	D	损耗角正切	见表 3	与 4.6.1 测量值比较，其 $\tan\delta$ 增量： $C\leqslant 1\ \mu F$： 1.1 级：$\leqslant 0.001$ 1.2 级：$\leqslant 0.002$ 2 级：$\leqslant 0.004$ $C>1\ \mu F$：见详细规范
		绝缘电阻	↓	$\geqslant$4.2.4.2 中数值的 50%
1 组 4.10 气候顺序	D		见表 3	
4.10.2 干热		温度：上限类别温度 持续时间：16 h		
4.10.3 循环湿热 试验 Db，第一次循环				
4.10.4 寒冷		温度：下限类别温度 持续时间：2 h		
4.10.5 低气压（详细规范有要求时）		大气压力：8 kPa		
4.10.5.3 中间测量		外观检查		无永久性击穿、飞弧或外壳的有害变形
4.10.6 循环湿热 试验 Db，其余循环				
4.10.6.2 最后测量		外观检查		无可见损伤 标志清晰
		电容量		$\Delta C/C$：按适用，与 4.4.2，4.8.3 或 4.9.3 的测量值比较，其增量： 1.1 级：$\leqslant 1\%$ 1.2 级：$\leqslant 3\%$ 2 级：$\leqslant 5\%$
		损耗角正切		$\tan\delta$：按适用，与 4.3.1 或 4.6.1 测量值比较，其增量： $C\leqslant 1\ \mu F$： 1.1 级：$\leqslant 0.0015$ 1.2 级：$\leqslant 0.003$ 2 级：$\leqslant 0.005$ $C>1\ \mu F$：见详细规范
		绝缘电阻	↓	$\geqslant$4.2.4.2 中数值的 50%

表 4（续）

章条号和试验项目[a]	D 或 ND[b]	试验条件[a]	样品数(*n*)和允许不合格品数(*c*)	性能要求[a]
2 组 4.11　稳态湿热 4.11.1　初始测量 4.11.3　最后测量	D	 电容量 损耗角正切：1 kHz 外观检查 电容量 损耗角正切 绝缘电阻	见表 3 ↓	 无可见损伤 标志清晰 $\Delta C/C$：与 4.11.1 测量值比较， 1.1 级：≤1% 1.2 级：≤3% 2 级：　≤5% 与 4.11.1 测量值比较，其 tanδ 增量： C≤1 μF： 1 级：≤0.001 2 级：≤0.002 C>1 μF：见详细规范 ≥4.2.4.2 中数值的 50%
3 组 4.12　耐久性 4.12.1　初始测量 4.12.5　最后测量	D	 持续时间： 1 级：2 000 h 2 级：1 000 h 电容量 损耗角正切 C_R>1 μF，在 1 kHz 下测量 C_R≤1 μF，在 10 kHz 下测量 外观检查 电容量 损耗角正切 绝缘电阻	见表 3 ↓	 无可见损伤 标志清晰 $\Delta C/C$：与 4.12.1 测量值比较， 1.1 级：≤1% 1.2 级：≤3% 2 级：　≤5% tanδ：与 4.12.1 测量值比较的增量： C≤1 μF： 1 级：≤0.002 2 级：≤0.004 C>1 μF：见详细规范 ≥4.2.4.2 中数值的 50%

表 4（续）

章条号和试验项目[a]	D 或 ND[b]	试验条件[a]	样品数(n)和允许不合格品数(c)	性能要求[a]
4 组	D		见表 3	
4.2.6 随温度而定的特性(适用时)		电容量 绝缘电阻		按 4.2.6 按 4.2.6
4.13 充电和放电				
4.13.1 初始测量		电容量 损耗角正切： $C_R>1$ μF,在 1 kHz 下测量 $C_R\leqslant1$ μF,在 10 kHz 下测量 充电持续时间：…s 放电持续时间：…s		
4.13.3 最后测量		电容量 损耗角正切 绝缘电阻		$\Delta C/C$:与 4.13.1 测量值比较， 1.1 级：≤1% 1.2 级：≤3% 2 级： ≤5% tanδ:与 4.13.1 测量值比较，其增量： $C\leqslant1$ μF: 1 级：≤0.003 2 级：≤0.005 $C>1$ μF:见详细规范 ≥4.2.4.2 中数值的 50%

[a] 试验项目和性能要求的章条号引自本部分第 4 章。

[b] 表中：D=破坏性的；ND=非破坏性的。

3.5 质量一致性检验

3.5.1 检验批的组成

a) A 组和 B 组检验

A 组和 B 组检验为逐批检验。

承制方可按下列规定将现行生产的产品组合成检验批。

1) 检验批应由结构类似的电容器组成(见 3.2)。

2a) 试验样品应能够代表该检验批中所包括的各种数值和尺寸：

——与其数量有关；

——任一种值至少需要 5 只样品。

2b) 如果样本中任一种值的样品数少于 5 只，则抽样基数应由承制方和国家监督检验机构协商确定。

b) C 组检验

C 组检验为周期检验。

样品应代表规定周期内现行生产的电容器，并应划分成高、中、低额定电压。为了包括整个批准的范围，在任一周期内应在每一电压组中试验一个外壳尺寸。在以后的周期中，应试验生产其他外壳尺寸和(或)额定电压值，以覆盖整个范围。

3.5.2 试验一览表

质量一致性检验的逐批和周期试验一览表在 IEC 60384-16-1 的空白详细规范表 4 中给出。

3.5.3 延期交货

当按照 IEC 60384-1 中 3.10 的程序必须进行重新检验时，应按 A 组和 B 组检验的规定检验可焊性和电容量。

3.5.4 评定水平

空白详细规范中规定的评定水平应优先从下列表 5 和表 6 中选取。

表 5 逐批检验

检验分组[b]	D[a]		E		F[a]		G[a]		EZ		
	IL	AQL %	IL	AQL %	IL	AQL %	IL	AQL %	IL	n	c
A0									100%[c]		
A1			S-3	2.5						[d]	0
A2			S-3	1.0						[d]	0
B1			S-3	2.5						[d]	0

IL=检验水平；
AQL=合格质量水平；
n=样本大小；
c=允许不合格品数。

[a,b] 见表 6。

[c] 100%试验后，为了用每百万分之几的不合格品数(ppm)来检测产品出厂质量水平，应进行抽样复验。抽样水平由承制方决定。计算 ppm 数值时，任何参数值的不合格即判定一个不合格项。若一个样品中有一个或多个不合格项时，即判定该批产品拒收。

[d] 试验数量：按 IEC 60410 中表 2a 中的代码字母 IL 直接分配样本大小(一次正常检验抽样方案)。

表 6 周期检验

检验分组[b]	D[a]			E			F[a]			G[a]			EZ		
	p	n	c	p	n	c	p	n	c	p	n	c	p	n	c
C1A				6	9	1							6	5	0
C1B				6	18	1							6	5	0
C1				6	27	2							6	10	0
C2				6	15	1							6	10	0
C3				3	21	1							6	10	0
C4				3	9	1							6	10	0
C5				12	6	1							6	10	0

p=周期(月)；
n=样本大小；
c=允许不合格品数。

[a] 评定水平 D、F 和 G 正在考虑中。

[b] 各检验分组的内容在有关的空白详细规范第 2 章规定。

4 试验和测量程序

4.1 外观和尺寸检查

按 IEC 60384-1 中 4.4 的规定。

4.2 电气试验

4.2.1 耐电压

按 IEC 60384-1 中 4.6 和下列详细规定：

4.2.1.1 试验电路

删除电容器 C_1。

R_1 和被试电容器的标称电容量 C_X 的乘积应小于或等于 1 s，且大于 0.01 s。

R_1 包括电源的内阻。

R_2 应将放电电流值限制到小于或等于 1A。

4.2.1.2 下列电压应施加在 IEC 60384-1 中表 3 的各测量点之间，对鉴定批准试验时间为 1 min，对于质量一致性试验的逐批检验试验时间为 1 s。

表 7 施加电压

试验点	试验电压
1a)	1 级：$1.6U_R$ 2 级：$1.4U_R$
1b)，1c)	$2U_R$ 最低为 200 V
注：在施加电压期间，允许有自愈性击穿。	

4.2.2 电容量

按 IEC 60384-1 中 4.7 和下列详细规定：

4.2.2.1 电容量应在频率 1 000 Hz 下测量，或将电容量修正到 1 000 Hz 频率时的数值。对于标称电容量大于 10 μF 的电容器，可在 50 Hz～120 Hz 的频率下测量，但 1 kHz 为仲裁频率。

在 1 000 Hz 时施加电压的峰值不应超过额定电压的 3%，在 50 Hz～120 Hz 时施加电压的峰值不应超过额定电压的 20%，且最大值为 100 V（有效值为 70 V）。

4.2.2.2 电容量应在规定的允许偏差范围内。

4.2.3 损耗角正切（tanδ）

按 IEC 60384-1 中 4.8 和下列详细规定：

4.2.3.1 在 1 000 Hz 时测量的条件

应按下列规定测量 tanδ：

——频率：1 000 Hz；

——峰值电压：≤额定电压的 3%；

——测量误差：$\leqslant 5\times10^{-4}$（绝对值）。

4.2.3.2 在 1 000 Hz 下测量的要求

tanδ 不应超过表 8 给定的适用值：

表 8 测量要求

<table>
<tr><td rowspan="2">测量频率</td><td rowspan="2">标称电容量</td><td colspan="2">损耗角正切</td></tr>
<tr><td>1 级性能</td><td>2 级性能</td></tr>
<tr><td>1 000 Hz</td><td>$C_R \leqslant 1\ \mu F$</td><td>$\leqslant 10\times10^{-4}$</td><td>$\leqslant 20\times10^{-4}$</td></tr>
<tr><td colspan="4">注：$C_R > 1\ \mu F$ 时，tanδ 的值应在详细规范中规定。</td></tr>
</table>

4.2.3.3 在 10 kHz 时测量的条件

对于 $C_R \leqslant 1\ \mu F$ 的电容器，应按下列规定测量 tanδ：

——频率：10 kHz；

——电压：≤1 V(有效值)；

——测量误差：$\leqslant 5\times10^{-4}$(绝对值)。

4.2.4 绝缘电阻

按 IEC 60384-1 中 4.5 和下列详细规定：

4.2.4.1 测量前，电容器应充分放电。放电电路的电阻与被试电容器的标称电容量的乘积应大于或等于 0.01 s 或为详细规范中规定的任何其他值。

4.2.4.2 测量电压应按照 IEC 60384-1 中 4.5.2 的规定。

考虑了电源内阻的修正值电压应直接施加到电容器上。

电源内阻和电容器的标称电容量的乘积应小于 1 s 或为详细规范规定的任何其他值。

绝缘电阻应满足表 9 要求：

表 9 绝缘电阻要求

<table>
<tr><td colspan="4">最小 RC
乘积
(R=引出端间的绝缘电阻，C=标称电容量)
s</td><td colspan="4">引出端之间的
最小绝缘电阻
GΩ</td><td>引出端与外壳之间的
最小绝缘电阻
GΩ</td></tr>
<tr><td colspan="9">按照 IEC 60384-1 中表 3 规定的测量点：</td></tr>
<tr><td colspan="4">1a)</td><td colspan="4">1a)</td><td>1b),1c)</td></tr>
<tr><td colspan="8">标称电容量：</td><td rowspan="7"></td></tr>
<tr><td colspan="4">>0.33 μF</td><td colspan="4">≤0.33 μF</td></tr>
<tr><td colspan="8">额定电压：</td></tr>
<tr><td colspan="2">>100 V</td><td colspan="2">≤100 V</td><td colspan="2">>100 V</td><td colspan="2">≤100 V</td></tr>
<tr><td colspan="8">等级：</td></tr>
<tr><td>1</td><td>2</td><td>1</td><td>2</td><td>1</td><td>2</td><td>1</td><td>2</td></tr>
<tr><td>30 000</td><td>7 500</td><td>15 000</td><td>3 750</td><td>100</td><td>25</td><td>50</td><td>12.5</td><td>100</td></tr>
</table>

4.2.4.3 当试验不在 20 ℃温度下进行时，如有必要，应将测量结果乘以相应的修正系数修正到 20 ℃时的值。在有争议的情况下，以 20 ℃下的测量结果为准。表 10 中修正系数可以认为是金属化聚丙烯

薄膜介质电容器的平均修正系数：

表 10　修正系数

温　度/℃	修 正 系 数
15	0.75
20	1
23	1.25
27	1.5
30	1.75
35	2

4.2.5　电感（如有要求）

按 IEC 60384-1 中 4.11 和下列详细规定：

最大电感值应在详细规范中规定。

根据测得的谐振频率并按照 4.2.2 测量的电容量值来确定电感的近似值。

4.2.6　随温度而定的特性（详细规范中有要求时）

按 IEC 60384-1 中 4.24.1 和下列详细规定：

电容量应在 IEC 60384-1 中 4.24.1.2 的 b)、d)和 f)点上进行测量，同样也在 f)点上测量绝缘电阻。

上限类别温度和下限类别温度的特性分别见表 11 和表 12。

表 11　上限类别温度的特性

在 f)点的试验温度	电容量温度特性	绝缘电阻（测量点 1a）		绝缘电阻（测量点 1b)和 1c)） GΩ
		$C_R>0.33\ \mu F$ $R_1\times C_R$ s	$C_R\leqslant 0.33\ \mu F$ R_1 GΩ	
70 ℃	$-2.5\%\leqslant\frac{\Delta C}{C}\leqslant 0$	1 500	5	5
85 ℃	$-3.25\%\leqslant\frac{\Delta C}{C}\leqslant 0$	1 200	4	4
100 ℃	$-4\%\leqslant\frac{\Delta C}{C}\leqslant 0$	750	2.5	2.5

表 12　下限类别温度的特性

在 b)点的试验温度	电容量温度特性
−10 ℃和−25 ℃	$0\leqslant\frac{\Delta C}{C}\leqslant +2.25\%$
−40 ℃	$0\leqslant\frac{\Delta C}{C}\leqslant +3\%$
−55 ℃	$0\leqslant\frac{\Delta C}{C}\leqslant +3.75\%$

4.3 引出端强度

按 IEC 60384-1 中 4.13 和下列详细规定。

4.3.1 初始测量

应按 4.2.2 测量电容量。

应按适用的 4.2.3.1 和 4.2.3.3 测量损耗角正切。

4.4 耐焊接热

按 IEC 60384-1 中 4.14 和下列详细规定。

4.4.1 条件：不预先干燥。

4.4.2 最后检查、测量和要求

电容器应进行外观检查和测量并应符合表 4 中规定的要求。

4.5 可焊性

按 IEC 60384-1 中 4.15 和下列详细规定。

4.5.1 试验条件：不老化

焊球法的要求应在详细规范中规定。当焊槽法和焊球法都不适用时，应采用烙铁法试验，此时应使用 A 号烙铁。

4.5.2 性能要求在表 4 中给出。

4.6 温度快速变化

按 IEC 60384-1 中 4.16 和下列详细规定。

4.6.1 初始测量

初始测量应按照 4.3.1 的规定进行。

4.6.2 循环次数：5 次

在极限温度下暴露时间：除对于体积较大的电容器在详细规范中另行规定外，其余均为 30 min。

当详细规范中有规定时，电容器应在恢复后进行测量；电容器应满足详细规范的要求。

4.7 振动

按 IEC 60384-1 中 4.17 和下列详细规定。

4.7.1 适用于试验 Fc 的严酷等级：

振幅 0.75 m/s^2 或加速度 100 m/s^2，取严酷等级较低者，在下列频率范围之一进行：10 Hz～55 Hz，10 Hz～500 Hz，10 Hz～2 000 Hz。总持续时间为：6 h。

详细规范应规定频率范围，还应规定所采用的安装方法。对于具有轴向引线并预定只靠引线安装的电容器，电容器主体与安装点之间的距离应为 6 mm±1 mm。

4.7.2 最后检查、测量和要求

见表 4。

4.8 碰撞

按 IEC 60384-1 中 4.18 和下列详细规定：

详细规范应规定采用碰撞试验还是冲击试验。

4.8.1 初始测量

不要求。

4.8.2 详细规范应规定采用下列其中一种严酷等级：

总碰撞次数：1 000 次或 4 000 次

加速度：400 m/s^2，脉冲持续时间：6 ms 或 100 m/s^2，16 ms

详细规范应规定所采用的安装方法。对于具有轴向引线并预定只靠引线安装的电容器，电容器主体与安装点之间的距离应为 6 mm±1 mm。

4.8.3 最后检查、测量和要求

电容器应进行外观检查和测量，并应符合表 4 规定的要求。

4.9 冲击

按 IEC 60384-1 中 4.19 和下列详细规定：

详细规范应规定采用碰撞试验还是冲击试验。

4.9.1 初始测量

不要求。

4.9.2 详细规范应规定采用表 13 中一种优先的严酷等级。

脉冲波形：半正弦波。

表 13 优先严酷等级

峰值加速度 m/s^2	相应的脉冲持续时间 ms
300	18
500	11
1 000	6

详细规范还应规定所采用的安装方法。对于具有轴向引线并预定只靠引线安装的电容器，电容器主体与安装点之间的距离应为 6 mm±1 mm。

4.9.3 最后检查、测量和要求

电容器应进行外观检查和测量，并应符合表 4 规定的要求。

4.10 气候顺序

按 IEC 60384-1 中 4.21 和下列详细规定：

4.10.1 初始测量

不要求，按适用的 4.4.2，4.8.3 或 4.9.3。

4.10.2 干热

按 IEC 60384-1 中 4.21.2。

4.10.3 循环湿热，试验 Db，第 1 个循环

按 IEC 60384-1 中 4.21.3。

4.10.4 寒冷

按 IEC 60384-1 中 4.21.4。

4.10.5 低气压

按 IEC 60384-1 中 4.21.5 和下列详细规定：

4.10.5.1 如详细规范有要求，试验应在温度为 15 ℃～35 ℃，大气压力为 8 kPa 下进行，试验持续时间为 1 h。

4.10.5.2 当在规定的低气压下 1 h 持续时间的最后 5 min，应施加额定电压。

提交本试验的电容器样品按需要应再分成 2 部分或 3 部分，每部分只进行 IEC 60384-1 中表 3 规定的一项试验。试验电压按 4.2.1.2 的规定施加在引出端和外壳等测量点上。

4.10.5.3 最后检查和要求

电容器应进行外观检查并应符合表 4 规定的要求。

4.10.6 循环湿热，试验 Db，其余的循环

按 IEC 60384-1 中 4.21.6 和下列详细规定：

4.10.6.1 从湿热试验箱取出后，在 15 min 内，采用 4.2.1 中规定的试验电路，在试验点 A 上施加额定电压 1 min。

4.10.6.2 最后检查、测量和要求

在恢复以后，电容器应进行外观检查和测量，并应符合表 4 中规定的要求。

4.11 稳态湿热

按 IEC 60384-1 中 4.22 和下列详细规定：

4.11.1 初始测量

按 4.2.2 测量电容量，应按 4.2.3.1 测量损耗角正切。

4.11.2 湿热试验结束后，在 15 min 内，按 4.2.1 规定进行耐电压试验，但应施加额定电压。

4.11.3 最后检查、测量和要求

在恢复以后，电容器应进行外观检查和测量，并应符合表 4 规定的要求。

4.12 耐久性

按 IEC 60384-1 中 4.23 和下列详细规定：

4.12.1 初始测量

初始测量应按 4.3.1 的规定进行。

4.12.2 1 级电容器应试验 2 000 h；2 级电容器应试验 1 000 h。试验应按表 14 所列规定进行：

表 14 试验条件

类别	—/070/—	—/085/—	—/100/—	
温度	70 ℃	85 ℃	100 ℃	85 ℃
电压(d.c.)	$1.25U_R$	$1.25\ U_R$	$1.25U_C$	$1.25\ U_R$
样本分成部分	1 个部分	1 个部分	2 个部分	

4.12.3 试验电压应通过一个电阻值 $R=\frac{0.022}{C_R}(\Omega)$ 的电阻器分别加到每个电容器上，其中 C_R 为标称

电容量(F),R 为电阻值(Ω),R 值不超过计算值的 30%,但最大值为 2MΩ。

4.12.4 在规定的试验时间以后,应使电容器恢复,然后通过 4.12.3 规定的同一电阻器 R 放电。

4.12.5 最后检查、测量和要求

电容器应进行外观检查和测量,并应符合表 4 规定的要求。

4.13 充电和放电

按 IEC 60384-1 中 4.27 和下列详细规定:

4.13.1 初始测量

对于标称电容量 $C_R \leqslant 1\ \mu F$ 的电容器,应按 4.2.3 规定的方法测量 $\tan\delta$。

4.13.2 电容器应在标准大气压试验条件下,以 0.1/s~60 次/s 的速率承受充电和放电试验 10 000 次循环,试验的速率不应导致电容器的温度超过环境温度 10 ℃。每次循环由电容器的充电和放电组成。在有争议的情况下,以 1 次/s~2 次/s 作为标准速率。

每个电容器应通过一个无感电阻器 R_1 分别放电,R_1 的阻值按公式(1)计算:

$$R_1 = \frac{U_R}{C_R \times \frac{du}{dt}} \qquad \cdots\cdots(1)$$

式中:

U_R ——电容器的额定电压,单位为伏;

C_R ——标称电容量,单位为微法;

du/dt ——表 15 给出的以伏/微秒为单位的相应值;

R_1 ——放电电路的总电阻值,并按 E24 数系选择使其最接近计算值,但最小为 2.2 Ω。

施加的试验电压应为$(1 \pm 5\%)U_R$。

电容器应通过 R_2 电阻器充电,$R_2 \geqslant 22 \times R_1$。

允许的充电时间不应小于 $10 \times C_R \times R_2$。

a) 径向引出电容器的 du/dt (V/μs)试验值:

表 15 引线间距

额定电压/V	引线间距“e”(2.5 mm 或 2.54 mm)的倍数 (见注 1)							
	2e	3e	4e	6e	9e	11e	15e	17e
40	50	28	21.5	13	8	6.4	4.8	4.2
63	58	32.5	24.5	15	9.2	7.4	5.5	4.8
100	96.5	54	47.5	27	16	12.9	9.5	8.3
250		105	76	43	30	20.5	15.5	13
400		210	152	86	52	41	30.5	26.5
630			269	141	82.5	64.5	47	40.5

注 1:当引线间距不等于喷金层间的距离即芯子长度时,详细规范应说明芯子长度或给出芯子长度的确定方法。应使用最接近芯子长度的引线间距来确定 du/dt 试验值。

注 2:表中给出的 du/dt 值仅供试验用,不一定等于电容器在连续工作期间所耐受的 du/dt 值。

b) 轴向引出电容器的 du/dt (V/μs)试验值:

du/dt 试验值应从表 15 中查出,引线间距尺寸是与其主体长度减 3 mm,最接近的表 15 中径向引出电容器的引线间距尺寸,如这样做与芯子长度不能大致相符,此时详细规范应说明芯子长度或芯子长度的确定方法。

4.13.3 最后测量和要求

在恢复以后，电容器应进行测量，并应符合表4规定的要求。

4.14 元件耐溶剂

按IEC 60384-1中4.31的规定。

4.15 标志耐溶剂

按IEC 60384-1中4.32的规定。

参 考 文 献

[1] IEC 60065 音频、视频及类似电子设备 安全要求(Audio,video and similar electronic apparatus—Safety requirements)

[2] IEC 60384-14 电子设备用固定电容器 第14部分:分规范 抑制电源电磁干扰用固定电容器(Fixed capacitors fou use in electronic equipment—Part 14: Sectional specification: Fixed capacitors for eletromagnetic interference suppression and connection to the supply mains)

[3] IEC 60384-17 电子设备用固定电容器 第17部分:分规范 金属化聚丙烯薄膜介质交流和脉冲固定电容器(Fixed capacitors fou use in electronic equipment—Part 17:Sectional specification: Fixed metallized polypropylene film dielectric a. c. and pulse capacitors)

[4] IEC QC001005 IEC电子元器件质量评定体系(IECQ) 经IECQ-CECC体系(包括ISO 9000)认可的企业、产品和服务的登记表)(IEC Quality Assessment System for Electronic Components (IECQ)—Register of firms,products and services approved under the IECQ-CECC system,including ISO 9000)

ICS 67.240
X 04

中华人民共和国国家标准

GB/T 10220—2012/ISO 6658:2005
代替 GB/T 10220—1988

感官分析 方法学 总论

Sensory analysis—Methodology—General guidance

(ISO 6658:2005,IDT)

2012-06-29 发布 2012-11-01 实施

中华人民共和国国家质量监督检验检疫总局
中国国家标准化管理委员会 发布

前　　言

本标准按照 GB/T 1.1—2009 给出的规则起草。

本标准代替 GB/T 10220—1988《感官分析方法总论》。

本标准与 GB/T 10220—1988 相比，技术内容变化主要有：

——增加了标准前言；

——将“主题内容与适用范围”修改为“范围”，并修改了范围的内容(见第 1 章、GB/T 10220—1988 的第 1 章)；

——将“引用标准”修改为“规范性引用文件”，并对规范性引用文件的版本做出规定(见第 2 章、GB/T 10220—1988 的第 2 章)；

——将“术语”修改为“术语和定义”，并增加“感官分析”术语的定义(见第 3 章、GB/T 10220—1988 的第 3 章)；

——增加一般要求中“基本信息”、“目标陈述”、“检验方法选择”、“检验设计及执行”的内容(见 4.1～4.3、4.7)；

——增加检验方法中“概述”和“自由选择剖面”的内容(见 5.1、5.4.4)；

——删除了差别检验中对评价员人数的要求(GB/T 10220—1988 的 5.3.2.2)；

——简化了结果分析中“A-非 A”检验中具体统计方法的描述以及删除了其中的表 1(见 6.2.6、GB/T 10220—1988 的 6.1.5)；

——资料性附录修改为附录 A 和参考文献两个要素，并且将表 B.1 改为表 A.1，删除了表 B.2，增加了参考文献引用数量。

本标准等同采用 ISO 6658:2005《感官分析　方法学　导则》。

与本标准中规范性引用的国际文件有一致性对应关系的我国文件如下：

——GB/T 10221—2012　感官分析　术语(ISO 5492:2008，MOD)。

本标准与 ISO 6658:2005 相比，本标准只做了以下编辑性的修改：

——为了与现有的系列标准一致，对国际标准的中文译名进行了修改；

——删除了国际标准前言，增加了国家标准前言；

——修改国际标准 4.1 中的印刷错误。

本标准由中华人民共和国农业部提出并归口。

本标准起草单位：中国农业科学院农业质量标准与检测技术研究所、农业部农产品质量监督检验测试中心(郑州)。

本标准主要起草人：张军锋、张玲、刘继红、钱永忠、王敏、王建、吴绪金、司敬沛、毛雪飞。

本标准于 1988 年首次发布，本次为第一次修订。

引　言

本标准是对感官分析方法学的综合介绍，在进行其他标准所阐述的具体检验程序前，应仔细阅读本标准。本标准涵盖感官分析方法学的通用领域，具有以下作用：

a) 对特定检验用户，提供相关感官分析方法基本特点的简要背景知识；

b) 对所有检验或大多数检验，提供一般要求、检验程序以及结果解释等方面的细节性说明；

c) 对不同的特殊检验，充分提供要求、检验程序以及结果解释等方面的指导性说明，以帮助用户选择最佳的检验方案，解决特定问题。

本标准包括3个主要方面的内容，见第4、5、6章。

应首先阅读第4章“一般要求”。第5章“检验方法”中，按下列5个标题顺序描述了主要检验方法：

——定义；

——应用；

——评价员；

——检验步骤；

——结果分析。

第6章涉及到数据收集及感官数据分析的一般原则，也简要包含了结果统计处理的一般原则。

感官分析 方法学 总论

1 范围

本标准给出了感官分析应用的一般性导则，阐述了食品感官分析中的各种检验方法，以及结果统计分析中需要使用的技术方法。

本标准中的检验方法仅适用于客观性感官分析。某个检验方法是否可用于偏爱性检验，标准中已说明。

2 规范性引用文件

下列文件对于本文件的应用是必不可少的。凡是注日期的引用文件，仅注日期的版本适用于本文件。凡是不注日期的引用文件，其最新版本(包括所有的修改单)适用于本文件。

ISO 5492:2008 感官分析 术语

3 术语和定义

ISO 5492 界定的术语及定义适用于本文件。

3.1

感官分析 sensory analysis

用感觉器官检验产品的感官特性相关的科学。

4 一般要求

4.1 基本信息

感官分析中需要掌握的基本信息具体如下：

a) 人对一种刺激的响应与先前的经验或来自环境的其他感官刺激密不可分。

注：以上两种因素的影响可控制，影响结果可标准化。

b) 检验中，任一组感官评价员中感官响应的差异是必然的、不可避免的；这种差异由个体内或个体间生理和心理上的差异引起的。

注：经过培训，群组中个体感官响应会保持高度一致性。认识到这些因素在结果分析中很重要。

c) 感官检验中人员响应引起的系统偏差可导致失真的数据和不正确的解释，这种情况很难识别。应通过合适的试验设计和检验过程，尽可能识别并控制以上产生偏差的因素。

d) 由检验结果作出的评定结论的有效性取决于采用的检验方法以及检验过程，包括提出的问题。

4.2 目标陈述

检验目标主要有以下三类：

a) 对产品进行分类，排序或描述。

b) 对两个或两个以上产品进行区分，重要的是理清所需要的检验目标：

——差异是否存在；

——差异的大小；

——差异的方向(性质)；

——差异的影响，如对偏爱的影响；

——是否全部或部分人员能察觉到差异。

c) 确证产品没有差异。

感官分析中，因为问题的初始概念需要理清，所以选择适宜的检验方案前，应针对给定问题进行充分地讨论或思考。

4.3 检验方法选择

选择合适的检验方法很大程度上取决于检验目标的性质，同时，还需要考虑产品相关因素、评价员、检验环境、分析精度的预期水平以及结论的统计置信度等。针对检验结果需要采取的各项措施应提前确定。

第5章给出了与每种检验相关的指导说明。要确认给定检验方法的适用性，应进行预备试验。

受感官疲劳和适应性的影响，一个评价过程中，根据检验性质和产品类型，只能对有限样品进行评价。在样品之间，采用适当的漱口步骤以及设置恢复过程，可以缓和上述影响。

大多数情况下需要设置对照样，但这会限制任一给定评价过程中用于评价的样品数量。

开始检验前，应确定统计方案。特别是被评价样品数量需要进行一次以上评价过程时，更应如此。详细的统计方案应从专业化文件中选择。任何想要保持样品数量或评价员数量最少时，无论使用何种检验方法，都应考虑ISO 16820中所叙述的序贯分析方法。

4.4 评价员的选择与培训

感官分析小组就像一台真正的“测量仪器”，其分析结果取决于评价小组成员。因此，需要认真地招募愿意参加感官评价小组的人员，并需要真正投入时间和财力。同时若使招募运行有效，有必要在组织过程中提供管理支持服务。

感官评价可由三类评价员执行：即“评价员”、“优选评价员”或“专家评价员”。“评价员”可以是尚不完全符合选择标准或未经过培训的“准评价员”，或者是已参加过一些感官检验的人员(初级评价员)。“优选评价员”是经过挑选和参加过特定感官检验培训的评价员。“专家评价员”是指那些经过挑选并参加过多种感官分析方法培训以及在评价工作中感觉敏锐的评价员。

注：由公司聘用的其主要职责是进行感官分析工作的评价员是专家评价员的例型。

评价员的挑选和培训方法取决于指定给他的任务和检验方法。描述性检验与差别检验对评价员的培训步骤和要求不同。

ISO 8586-1中给出了挑选和培训评价员的详细步骤及方法。应注意的是，这些方法有时只是从适用人员中选择了较好的候选者，而非满足预先确定标准的人员。挑选有能力进行区分和描述食品感官特性的评价员与挑选用于偏爱检验的评价员，其程序有很大不同，前者需要挑选和培训，而后者只要求评价小组能够代表人群中特定的一类，例如一组消费者。

若执行挑选步骤，挑选评价员的一些重要标准如下：

a) 具有从事感官分析任务的一般能力，包括对被检刺激的特殊敏感性；

b) 时间上许可；

c) 有主观能动性(意愿和兴趣)；

d) 身体健康(无特殊过敏或药物治疗史)，牙齿和卫生状况良好。

对“优选评价员”和“专家评价员”的能力应进行定期考核，以保证他们能持续符合初始选择标准。

4.5 检验材料

被检产品的特性决定检验的试验方案，并会影响完成目标所需的检验类型。例如，热食食品的检验方案中，既要考虑产品的冷却速度及其对感官特性可能产生的影响，又要考虑保持产品在检验前处于热状态，感官特性可能发生的变化。

样品准备和提供方法应适合该产品以及检验涉及的问题。

示例1：通常热状态下消费的产品，应按其常用方式进行样品制备，并在热状态下进行检验。然而，在某些情况下，升温或许会利于一些风味的评价。

示例2：为保持其质地特征，通常切块消费的产品不应搅碎，但需要确保提供给每位评价员的样品之间的一致性，包括样品大小相似，组分一致。

检验样品采样时应符合采样基本原则（符合被检产品相关的国际标准）。任何情况下，应将样品编码或组批数文件化。只有被检样品具有代表性，得出的有关整体产品的结论才是有效的。

对于无法直接品尝的材料，如食品配料，有时需用载体进行产品评价的相关检验（参见ISO 5497）。

进行外观评价时，应指定光线条件。当检验只涉及风味差异时，利用光照条件弱化样品颜色差异，可部分掩蔽颜色差异所带来的影响。

选择的容器不应影响感官检验或样品特性。容器包括可清洗的陶瓷制品或玻璃容器以及一次性塑料或纸制容器，但是，这些容器不应转移释放化学物质而导致样品污染。特别是可清洗的容器应使用无味、无污染的清洁剂清洗，并用清水冲洗干净。塑料或纸制容器包括隔热容器应无味、无污染。

两个样品以及两次评价活动之间，评价员可以使用味觉清洁剂，也可使用蒸馏水、碳酸水和平味食品（如无盐饼干），但应确保味觉清洁剂的使用不影响被评价产品的风味。应检查水的供给以保证其无味。对于一些特殊检验，可使用去离子水、玻璃容器蒸馏的水、低矿物质含量泉水、活性碳过滤水或白开水，但应注意有些水可能带有不同味道。

4.6 检验室

感官分析应在专用检验室中进行（详见ISO 8589）。其目的是为每位评价员创建一个最小干扰的隔离环境，以便每位评价员可以快速适应新的检验任务。检验过程中，不应进行与检验无关的活动，包括样品准备，因为这些活动可导致结果偏离。检验室应温度舒适，通风良好；空气流动应有限定，以防止室内温度过度波动。不允许持久性的气味（如烟草味或化妆品味）污染检验室环境。

检验室中应限制声音。相对于波动的噪声，检验室中的低背景噪声对感官分析的影响更小。交谈比背景噪声更易使评价者分心。中断的影响最大。

尽管有色光线几乎不能完全掩蔽样品外观的差异，但控制光线的颜色和强度通常有利于检验。

检验室表面应无吸附性，设计上应方便卫生保洁。品评间的空间尺寸很重要，过低的天花板或者狭窄的空间会产生压抑感或者引起幽闭恐惧感。应保证座位的舒适性。

如果利用计算机采集数据，在操作过程中应注意安全卫生，并避免影响感官判断。

4.7 检验设计及执行

检验的设计和执行取决于项目目标、所选择的检验方法以及以人作为评价主体时的实际局限性。特别是，应充分认识到所选择的检验方法中偏差也许是必然的，应以偏差最小化的方式进行检验。潜在的偏差来源于心理和生理两个方面。

最严重的心理偏差缘于评价员的相互影响，应采用独立品评间或以隔离评价员的方式使该种偏差最小化。同时，应严格管理评价员的活动。

样品呈送的方式和次序是检验的重要环节，能引起心理偏差。例如，样品应用随机的三位数字进行编码，每次检验的编码都应改变。评价次序是偏差的又一来源，一般情况下，评价次序应指定。样品和评价员均较少时，可以对次序进行均衡，使每一可能次序出现的次数相同。检验量较大时，次序可以均衡或随机分布。

心理偏差常常与检验样品的性质有关。特别是，重复暴露于某一特殊风味刺激时，可能对该刺激产生感官适应;咀嚼固态食品时可能会产生感官疲劳。在一个评价活动中,这两种因素会限制被评价样品的数量。专业评价小组或许被建议吐出样品,但是,这可能导致特定感官特性信息的丢失。

饥饿和过饱能影响评价员的能力,如果评价进行得过于频繁,评价员能力会下降。如有可能,在检验前一小时内,应禁止评价员吸烟和食用零食(如咖啡)。评价员不应将任何外来气味带入到评价活动中,如烟草味、化妆品气味,这些气味能影响其他评价员的响应。

一天中,选择进行检验的时间段很重要。最佳评价能力一般在上午及下午的中间时段,因此在时间安排上应考虑当地习惯的饮食时间。如果评价员有情绪不安、感冒及其他疾病,在康复前应禁止参加检验。

结果的校对包括三个方面:

——确认所有数据已准确记录(计算机录入的或人工记录的);

——确认支持或质疑结果解释的任何相关信息都已注明;

——若计划进一步的评价活动,应检查评价员继续参加的积极性。

5 检验方法

5.1 概述

最常用的检验方法分为三类:

a) 差别检验用于确定产品间差异或相似的可能性(见5.2);

b) 标度和类别检验用于估计差异的次序或大小,或者样品应归属的类别或等级(见5.3);

c) 描述性检验用于识别存在于样品中的特殊感官特性(见5.4)。

评价员的数量应根据检验目的,考虑α或β风险,参照有关标准来确定。此外,与常规方法相比,序贯分析(见ISO 16820)进行较少的检验次数就可以作出结论。

这些检验方法也可以是定量的。

5.2 差别检验

5.2.1 概述

下列检验通常用于确定样品间差异或相似的可能性:

a) 成对比较检验(见5.2.2);

b) 三点检验(见5.2.3);

c) 二-三点 检验(见5.2.4);

d) "五中取二"检验(见5.2.5);

e) "A"-非"A"检验(见5.2.6)。

以上检验,结果的分析方法各有不同。

5.2.2 成对比较检验

5.2.2.1 定义

提供成对样品进行比较并按照给定标准确定差异的一种差别检验。

详见ISO 5495。

5.2.2.2 应用

成对比较检验可用于:

a) 确定在某一指定特性中(如甜味)是否存在可感知的差异,或者不可感知的差异;

b) 选择、培训或者考核评价员的能力；

c) 依据消费者检验的背景资料，比较对两种产品的偏爱程度。

与其他差别检验相比，成对比较检验的优点是简单且不易产生感官疲劳；缺点是当比较的样品数增加时，需要比较的数目迅速增大，以至于不具有可行性。

5.2.2.3 步骤

评价员接收一组两个样品(成对)，指出被考察特性最强的样品，即使仅凭猜测。样品之一可能是对照样。对每个样品被选择的次数进行计数。

检验完成前，应确定随后的统计检验是单边的(即检验负责人期望差异处于一个特定方向上，而且在此假设的方向上存在差异)还是双边的(即检验负责人无法预期差异方向，且假设差异可以是在两个方向的任意一个)。

差异和偏爱的问题不应混淆，因为选择评价员的标准不同。

5.2.2.4 结果分析

见 6.2.2。

5.2.3 三点检验

5.2.3.1 定义

同时提供三个已编码的样品，其中两个是相同的，要求评价员挑出不同的单个样品的一种差别检验。

详见 ISO 4120。

5.2.3.2 应用

三点检验可用于：

a) 差异性质未知时；

b) 选择和培训评价员。

该检验不能用于确定偏爱性。其缺点是：

——评价大量样品时，不经济；

——对风味强烈的样品，与成对比较检验相比，更容易受感官疲劳的影响；

——如果差异性质已知，与有些检验相比，统计效率较低；

——只有当产品尽可能匀质的情况下，才可以使用此方法。

5.2.3.3 步骤

向评价员提供一组三个已编码的样品，其中两个是相同的，要求评价员挑出不同的单个样品。

具有三个不同排列次序的两类样品组中，两种样品出现的次数应相等。即

BAA ABA AAB

ABB BAB BBA

5.2.3.4 结果分析

见 6.2.3。

5.2.4 二-三点检验

5.2.4.1 定义

首先提供参比样，接着提供两个样品，其中一个与参比样相同，要求评价员识别出此样品的一种差

别检验。

详见 ISO 10399。

5.2.4.2 应用

二-三点检验用于确定一个给定样品与参比样之间是否存在感官差异或相似性。这种方法尤其适用于评价员对参比样熟知的情况，例如，正常生产的样品。

如果样品有后味，这种检验方法就不如成对比较检验(5.2.2)或 A-非 A 检验(5.2.6)适宜。

5.2.4.3 步骤

首先向评价员提供已识别的参比样，接着提供两个已编码的样品，其中之一与参比样相同，要求评价员识别出此样品。

5.2.4.4 结果分析

见 6.2.4。

5.2.5 "五中取二"检验

5.2.5.1 定义

五个已编码的样品，其中两个样品是一种类型，另外三个是另一种类型。要求评价员将样品按类型分成两组的一种差别检验。

5.2.5.2 应用

确定差异时，用五中取二检验比其他检验更经济(该方法在统计学上效率更高)。

该检验的缺点与三点检验相似(5.2.3)，更易受感觉疲劳和记忆效果的影响，但具有较强的统计效力。该检验主要用于视觉、听觉或触觉上的感官分析。

5.2.5.3 步骤

向评价员提供一组五个已编码的样品，并告知其中有两个是一种类型，另外三个是另一种类型。要求评价员按类型把样品分成两组。

当评价员数目小于 20 时，样品提供次序应从以下 20 种不同排列次序中随机挑选：

AAABB	BBBAA	AABAB	BBABA	ABAAB
BABBA	BAAAB	ABBBA	AABBA	BBAAB
ABABA	BABAB	BAABA	ABBAB	ABBAA
BAABB	BABAA	ABABB	BBAAA	AABBB

5.2.5.4 结果分析

见 6.2.5。

5.2.6 "A"-"非 A"检验

5.2.6.1 定义

在评价员学会识别样品"A"后，将一系列可能是"A"或"非 A"的样品提供给他们，要求评价员指出哪个样品是"A"的一种差别检验。

详见 ISO 8588。

5.2.6.2 应用

该检验是差别检验的一种，可用于评价外观有变化或留有持久后味的样品。

尤其适用于无法获得完全相似的、可重复的样品的检验。

5.2.6.3 步骤

每次只向评价员提供一个样品。首先向评价员提供几次参比样品“A”，直到评价员能够识别它为止。然后随机提供几个可能是“A”或“非 A”的样品，评价员必须确定它们是哪一个。在评价员接收两次样品之间应有适当的时间间隔(如 2 min～5 min)，一次评价活动中，只能检查少量样品。

5.2.6.4 结果分析

见 6.2.6。

5.3 标度和类别的使用

5.3.1 概述

详见 ISO 4121。

感官分析中的测量方法可能是用于判定样品在类别、规格或等级中应处的位置，也可能是用于对样品特性大小或样品间的差异进行数值估计。

用于导出数字的响应标度和与记录值相应的测量标度之间没有直接的关系。因此，用获得响应标度数值的相同方法能够得到顺序测量标度(非等距间隔)的数值或位于等距测量标度(等距间隔)上的数值。对于顺序测量标度，不能认为两个记录值之间的差异大小就是反映可感知强度间的差异，也不能认为两个记录值的比率就是反映可感知强度间的比率。对于等距测量标度，较大的记录值与较大的可感知强度(或喜悦程度)存在对应关系，并且两个记录值间差异的大小反映了被测量性质可感知强度差异的大小。然而，零记录值并不表明性质的完全缺失，两个记录值的比率也不能反映可感知强度间的比率。

响应标度的选择取决于研究目标和所研究产品。在任一特定事件中，需要从几个同等良好的标度中选择一个。无论采用哪种响应标度，都应便于使用、有鉴别性、无偏差以及易于评价员理解(见 ISO 4121)。

5.3.2 结果解释

5.3.2.1 测量数据的质量

测量数据的质量取决于其获得的方式，与响应标度无关。应考虑以下因素：

——评价员的培训水平(参见 ISO 8586-1 和 ISO 8586-2)；

——样品的提供方法(见 4.5 和 4.7)。

5.3.2.2 统计效力和解释

与所用的响应标度相比，统计分析更多地受测量标度性质(顺序的、等距的或成比率的)的影响。

顺序标度上的测量结果最好使用非参数统计方法，例如，两样品配对测量结果采用 Wilcoxon 检验，两个以上样品测量结果采用 Friedman 检验。等距标度和比率标度的测量结果可以进行参数检验统计分析，例如：残差符合正态分布时，采用变异分析。

参数检验通常比非参数检验更有效力，即：如果存在差异，参数检验更有可能对其进行阐明。另一方面，非参数检验比参数检验更稳定，即：非参数检验受异常数据的影响较小。

感官分析是对感官性质的感知结果而不是对感官性质本身进行评价，并且在检验中不可能实现完全的等距间隔。尽管测量结果符合等距或比率测量标度而常常用于结果解释，但在特定感官分析中，这种解释应以一种工作假设来表述。

5.3.2.3 测量类型

区别以下测量类型将有助于感官分析检验：

a) 分类；

b) 分等；

c) 排序；

d) 评估和评分。

“测量”是通用术语，指以上几种测量类型。

5.3.3 分类

5.3.3.1 概述

分类是将样品(以自身特征或者样品的识别标记)划归到预先命名类别中的方法。

5.3.3.2 应用

分类方法适用于欲将样品划归到无特定次序的最适合的类别中的情形。例如，鱼可按所属种分类、样品可按所具缺陷类型分类。分类的原则是将样品划归到最具典型特征的类别中去。如果用数字代表类别，那么测量数据即与命名标度相对应，而数字仅仅是标记。这些数字不反映差异的次序和大小。

5.3.4 分等

5.3.4.1 概述

分等是将样品按照质量的顺序标度进行分组的一种方法。

5.3.4.2 应用

分等适用于欲将样品划归到能反映质量特性的最适合的类别中。例如，鱼可按其新鲜程度分等，样品可按其缺陷程度分等。分等的原则是将样品划归到最具等级特征的类别中去，如果用数字代表等级类别，那么测量数据即与顺序标度相对应。这些数字仅表示等级差异的次序。

5.3.5 排序

5.3.5.1 概述

详见ISO 8587。

注：可对照5.3.6。

排序是将系列样品按某一指定特性强度或程度次序进行排列的一种分类方法。该方法不评价样品间差异的大小。如果序列上的位置用数字表示，那么所取得的测量标度是顺序标度。

5.3.5.2 应用

排序可用于快速表征具有复杂特性的(如：特性和风味)少量样品(6个左右)或仅用外观特性评价的大量样品(20个左右)。

5.3.5.3 步骤

应确保评价员理解和认同样品排序所依据的特性或指标。首先,每个评价员独立地按预定次序对编码样品进行检验,并给出一个初步的排序结果。然后,评价员可以通过样品的再检验来复查排序结果,必要时,可调整排序结果。

5.3.6 评估和评分

5.3.6.1 概述

评估是将每个样品定位于顺序标度上某一位置点的一种分类方法。可能有多个样品位于相同的标度点。标度可以是数字、文字、图示或者它们的组合,可以是连续的或离散的、单极的或双极的(见ISO 4121)。如果标度是数字,这个过程就叫做"评分"。使用样品作为参照来定义标度上的特殊位点,对评价员很有用。

5.3.6.2 应用

评估可以用于评价样品间一个或多个特性的强度或偏爱程度。

虽然排序和评估都实行顺序标度,但它们并不等同。排序是将样品按照一定次序排列,其结果只涉及排序的样品组。评估则不论被评价样品的特殊性如何,因为使用相同的顺序标度,因此给出的是特性或偏爱程度的一个序列估计。所以,如果样品组之间的结果进行比较时,使用评估的方法更好些。但是,由于排序方法鼓励评价员运用样品间任何可感知的差异,因此,评估给出相同的结果时,排序则可能显示样品间有细微差异。

5.3.6.3 步骤

所用类别应明确定义并使评价员理解。每个评价员独立地按照预定次序依次检查样品并将这些样品归于某一标度点上。

5.4 描述性检验

5.4.1 检验类型

这些检验可适用于一个或多个样品,以便同时定性和定量地表征一个或多个感官特性。检验类型可分为:

a) 简单描述检验(见5.4.2);

b) 感官剖面和描述性分析方法(见5.4.3);

c) 自由选择剖面(见5.4.4)。

5.4.2 简单描述检验

5.4.2.1 定义

获得样品整体特征中单个特性的定性描述的检验。

5.4.2.2 应用

该检验可用于:

——识别和描述某一特殊样品或多个样品的特性;

——将感知到的特性建立一个序列。

该检验用于描述已经确定的差异,也可用于培训评价员或为更深入的描述技术开发基本词汇。

5.4.2.3 步骤

该检验可适用于一个或多个样品。当在一次评价活动中提供多个样品时,样品的提供顺序对结果有影响。可通过改变样品的呈送顺序进行重复检验来估计这种影响的大小。

每个评价员独立地评价样品并作记录,可以提供一张特性检查表,可由评价小组负责人主持一次讨论会然后再评价。

5.4.2.4 结果解释

设计一张适合于样品的描述性词汇列表,根据每一描述性词汇使用频数得出评价结果。最好对评价结论作公开讨论。

5.4.3 定量描述和感官剖面检验

5.4.3.1 定义

从简单描述检验已确定词汇中选择术语,用可重现的方式评价产品感官性质的一种检验或理论方法。

在强度标度上,对单个特性在样品整体感官印象中贡献进行评估,其结果可用于确定产品的感官剖面。该方法适用于评价样品中所有单个特性或它们的组合。

详见 ISO 6564、ISO 8586-1 和 ISO 13299。

5.4.3.2 应用

该检验可用于:

——新产品的开发;

——确定产品间差异的性质;

——质量控制;

——提供与仪器测量数据相对比的感官数据;

——提供与消费者数据相对比的感官数据。

5.4.3.3 评价员

应由经过该方法专门培训的优选评价员或专家评价员组成评价小组。

根据情况:

——评价小组负责人可指导培训;

——评价小组负责人可组织讨论,使评价小组意见一致;

——评价小组也可没有负责人,由检验组织者控制评价活动。

5.4.3.4 步骤

对被检产品的各种特性进行一组预备试验(或训练),以便确定表征和区分产品的重要感官特性。用这些试验结果设计出一张描述性词汇表并确定提供和检查样品的实验程序。随后,评价小组接受培训掌握方法,特别是学会如何使用这些术语词汇。在此阶段,有一组纯化合物或天然产物作为参比物质非常有用,这些物质会产生特有的气味或风味,或者具有特有的质地或视觉特性。

在检验活动中,评价员对照词汇表检查样品。在强度标度上给每一出现的特性打分。

要注意所感知到的各因素的顺序(包括后味出现的顺序)并对气味和风味的整体印象打分。

5.4.3.5 结果解释

数据处理有两种基本方法。

在一致性剖面方法中，评价员完成评价后，评价小组负责人随即表列这些结果并组织讨论不同意见，如有必要还可对样品重新检查。根据讨论结果，评价小组对剖面形成一致意见。

在描述性分析方法中，不经讨论，得到的剖面是评价员给每一描述词评分的系列平均值。

平均值可以进行统计比较，如采用变异分析。对所有描述性分析方法，也可以用多变量分析技术。

5.4.4 自由选择剖面

5.4.4.1 定义

由未经培训或略经培训的评价员用各自的一组描述词来评价产品的一种描述方法。

5.4.4.2 应用

该方法适用于新产品开发(尤其是绘制产品特性分布的直观图)。其显著优点是可免除对评价小组的训练。

5.4.4.3 评价员

不需要专门培训的评价员。

5.4.4.4 步骤

对样品的多种特性进行评价并尽力表征和区分它们，然后由评价小组的每一位人员产生各自独特的描述性词汇表。

接着，每个评价员用各自的词汇构建常规描述评估单完成对样品的评价。

5.4.4.5 结果解释

数据通常由 Generalized Procrustes Analysis 或 Statis 统计软件进行分析，生成一个多维度的一致性直观图形，并评价每一评价员的数据与统计生成图形的符合程度。

6 结果分析

6.1 概述

本章简要给出了感官检验结果的统计分析所使用的一些适宜方法。关于特殊检验的更多方法细节可参见相关参考文献。黑体字显示的统计术语在附录 A 中有解释，且与 ISO 3534-1、ISO 3534-2、ISO 3534-3 中的解释相一致。

6.2 差别检验

6.2.1 概述

5.2 中描述的差别检验是用来确定两种样品 A 和 B 之间是否存在着可觉察的差异(或是否偏爱某一个)。分析是基于每一类别的评价员数量。例如有多少人偏爱样品 A，多少人偏爱样品 B，或多少人作出正确选择。

需要时，本标准涉及的统计方法中，也描述了如何用之给出结果解释。

6.2.2 **成对比较检验(参见 ISO 5495)**

6.2.2.1 **统计解释**

该检验有两种形式,第一种与确定两种产品间具体差异方向有关;第二种与确定两种产品间偏爱哪一种有关。

在这两种情况下,原假设是:两种产品没有显著性差异(在强度上或者偏爱程度上)。原假设定量表述为:从参加检验的人员中随机抽取评价员,其选择样品 A 或样品 B 的概率相等(1/2)。

根据作出样品 A(或样品 B)具有较大特性强度或被偏爱的判断数目对结果作出解释。结果解释还取决于与原假设相反的备择假设。按检验前所指定备择假设的性质来确定检验是双边的还是单边的。

6.2.2.2 **双边检验**

双边检验是仅期望发现两种产品在特性强度上是否存在差异(强度检验)或者是否其中之一更被消费者偏爱(偏爱检验)。备择假设可记作:$P_A \neq P_B$(即 $P_A > P_B$ 或 $P_A < P_B$)。

如果对某一种样品投票的人数不少于附录 A 表 A.1 中第二列的数,则在 5%的显著性水平上拒绝原假设。

在此情况下,结论是:两种样品之间有显著性差异。如果对样品 A 投票的人数多,就所讨论的特性,则可得出结论:样品 A 的强度大于样品 B(或基于评价员的投票被明显偏爱)。

6.2.2.3 **单边(方向上的)检验**

单边检验是期望发现某一指定样品(例如样品 A)是否明显比另一个样品具有较大的强度;备择假设:$P_A > 1/2$。只有当相反方向上的任何结果不被解释为真实结果,而只是对原假设不产生怀疑的偶然结果,定向检验才是适合的。

如果选择样品 A 的数目不少于表 A.1 中第四列的数,则在 5%的显著性水平上拒绝原假设。在此情况下,结论是:评价小组明显认为 A 优于 B(在特性强度上)。

6.2.3 **三点检验(ISO 4120)**

原假设:产品间不可能区分。在此情况下,识别某一样品不同于其他两个样品的概率为:$P_0 = 1/3$。在统计术语中,原假设 H_0 可表示为:$P_0 = 1/3$。

检验是单边的。检验负责人想知道两个样品间是否能够区分,将会拒绝原假设而接受备择假设:即 $P > 1/3$。

如果正确回答的数目大于或等于表 A.1 中第三列中相应的数值,则在 5%的显著性水平上,与正确回答的比率显著高于 $P_0 = 1/3$ 的结论相符合。

6.2.4 **二-三点检验**

原假设:产品间不可能区分。在此情况下,识别出某一样品与参比样品相同的概率为:$P_0 = 1/2$。在统计术语中,原假设 H_0 可表示为:$P_0 = 1/2$。

检验是单边的。检验负责人想知道两个样品间是否能够区分,在 5%显著性水平上,如果正确回答的数目大于或等于表 A.1 中第四列的数值,将会拒绝原假设而接受备择假设:$P > 1/2$。

6.2.5 **"五中取二"检验**

原假设:$P_0 = 1/10$。检验是单边的,并且备择假设是 $P > 1/10$。将正确回答的数与表 A.1 中第五列相应的数值比较。

6.2.6 **"A"-"非 A"检验(参见 ISO 8588)**

将"A"响应和"非 A"响应的数目分别与相应的感官分析中是"A"或"非 A"的已知样品进行汇总，给出一个 2×2 的表格。对两类样品，用独立卡方(χ^2)检验或者确切概率法(Fisher 检验)可以确定"A"和"非 A"响应的比率是否不同。

检验是单边的。原假设：两响应比率相同；备择假设："A"响应的比率大于已知样品是"A"的比率。

6.2.7 **差别检验中"无差异"回答的处理**

差别检验中，可能会产生"无差异"的回答，然而，可以规定不允许"无差异"回答(即强迫选择技术)。这样做利用了那些想选择"无差异"的评价员的响应，不过他们的判断结果大部分还是正确的。这种方法的缺点是有可能使想诚实记录"无差异"的评价员产生抵触情绪。

如果允许出现"无差异"的结果，应报告选择"无差异"的评价员数目，统计分析时，仅利用报告有差异的结果。结论以评价员表示偏爱或报告出差异的形式表达。

6.2.8 **系统影响**

应检查是否有相关联的系统影响因素，例如：

——每个评价员的检验顺序；

——多个评价员的样品提供序列。

6.2.9 **序贯方法(见 ISO 16820)**

序贯方法中，检验期间连续检查某一差别检验积累的结果，一旦能够作出判断，即停止检验。形成结论时，该方法通常比预定样本所需要的试验次数少。

6.3 **标度和类别检验**

6.3.1 **概述**

详见 ISO 4121。

用 5.3 中指出的各类检验方法进行感官分析，统计方法的选择取决于检验目的以及所检验产品的数量。本节给出了所使用的统计方法的简要内容。各统计检验方法中具体细节问题，可以参考相关的统计学书籍或向统计学专家咨询。

6.3.2 **分类**

对一种产品所得到的结果可汇总为分属每一类别的频率数。然后可用独立卡方(χ^2)检验比较两种或多种产品落入不同类别的分布。即检验原假设：分布相同；备择假设：分布不同。

6.3.3 **分等(见 ISO 4121)**

如同分类一样将数据汇总。既可以用中位数概括结果，也可以用秩和检验对产品作统计比较，但需要调整数据以适应大量相持秩。如果以一个样品的数据为基础对大量(批量)样品作出判断，参见 ISO 2859-1、ISO 2859-2、ISO 2859-3、ISO 2859-4 和 ISO 3951 来获取一个适宜采样方案的特征数。

6.3.4 **排序(见 ISO 8587)**

当一些评价员按 5.3.5 将样品排序后，可进行统计检验以确定这些样品是否有显著的差异(秩和检验)。还可以进行检验以确定某一特殊样品是否比其他样品具有明显较高或较低的秩次。

排序检验的评分结果可用于将产品分为不同组群。

6.3.5 评估

对离散标度上少数点的评估，一种样品结果可如分类一样处理。对连续数据或许多点的离散数据，可分组并统计落入每一区间的频数。

当评估多种样品时，应采用非参数方法比较所得到的数据分布。

如果数据(数据本身或经过变换)满足评分条件，那么可以使用5.3.6中给出的方法。

6.3.6 评分

对一种样品所得到的结果可用中位数或平均值(算术平均值)以及用某些度量分散程度的值(例如极差或标准偏差)来汇总。

如果仅涉及两种样品，并且分值分布的正态性假设是合理的，则可用 t 检验(见ISO 2854)。对两个以上样品的分值，常用的方法是方差分析。

如果样品的分值分布不是正态的，用自由分布方法可能更有效。

6.4 分析或描述性检验

详见ISO 6564。

5.4.2.4和5.4.3.5中给出了处理简单描述检验和风味剖面检验结果的具体方法。

附 录 A
（资料性附录）
统计学术语

A.1 假设检验的原假设

在感官分析中，为了证实一个假设需要进行某种统计检验，在检验之前，应清楚表明这一假设。它应该明确地表述以便翻译成统计学语言中的原假设。

原假设一般是假设两种样品之间在特性强度上没有差别（或对其中之一没有偏爱）。

A.2 备择假设

备择假设是当原假设被拒绝时而接受的一种假设。如果原假设 H_0 是 $P=P_0$。那么备择假设 H_1 可以是双边的（$P \neq P_0$）或单边的（例如 $P>P_0$）。两种类型在 6.2.2 中均给出了例型。

A.3 显著性和显著性水平

分析检验结果可能得出以下两种结论：

——不拒绝原假设；

——拒绝原假设。

由于任何检验都是由有限的评价员来进行，所以拒绝原假设的结论（赞同备择假设）涉及到一类风险。显著性水平是当原假设是真而被拒绝的概率（或这种概率的最大值）。这称为 α 风险。

显著性分析检验的经典逻辑中，需预先设定可接受的 α 风险。通常事先指定显著性水平的值是 $\alpha=0.05$（5%）或 $\alpha=0.01$（1%）。用以解释检验结果的大多数统计表都包括了这两个显著性水平。应注意：原假设可能在“5%的水平”上被拒绝而在“1%的水平”上不被拒绝。

如果原假设在“1%的水平上”被拒绝了，则在“5%的水平上”更被拒绝。因此对 5%的水平用“显著”一词表示，而对 1%的水平用“非常显著”一词来表示。

A.4 第Ⅱ类错误与检验功效

即使检验没有拒绝原假设，这也并不证明在任何情况下原假设都是正确的。这只是意味着：有限的可用信息（n 个评价员检验）不足以拒绝原假设（在选定的置信水平）。信息量越多（n 值越大），当原假设错误的话，拒绝原假设的证据越充分；随着参加检验的评价员数量增加，检验的效力就增加。例如：在偏爱检验中（6.2.2）选择 20 个评价员，原假设 $P_0=1/2$ 可能不会被拒绝（结论是两种产品中的任一个都未被明显偏爱）；但是，当选择 100 个评价员检验时，偏爱两种产品中的某一种就会明显显示出来。

第Ⅱ类错误（它依赖于所选的显著性水平）是当备择假设是正确的时候而没有拒绝原假设的概率（用 β 表示）。检验的功效就是原假设不正确时被拒绝的概率，即 $1-\beta$。

如果原假设和备择假设能够用参数值来表示，如在区别检验（成对比较检验、三点检验、二-三点检验等）中，则第Ⅱ类错误可作为参数的函数计算出来。对于那些原假设和备择假设不能用一个参数值来表示的检验（如评估检验、分类检验），一般不可能计算出第Ⅱ类错误的大小。

显著性表见表 A.1。

表 A.1 显著性表

评价员数	成对比较 检验(双边)	三点检验	二-三点检验和 成对比较检验(单边)	“五中取二”检验
5	—	4	5	3
6	6	5	6	3
7	7	5	7	3
8	8	6	7	3
9	8	6	8	4
10	9	7	9	4
11	10	7	9	4
12	10	8	10	4
13	11	8	10	4
14	12	9	11	4
15	12	9	12	5
16	13	9	12	5
17	13	10	13	5
18	14	10	13	5
19	15	11	14	5
20	15	11	15	5
21	16	12	15	6
22	17	12	16	6
23	17	12	16	6
24	18	13	17	6
25	18	13	18	6
26	19	14	18	6
27	20	14	19	6
28	20	15	19	7
29	21	15	20	7
30	21	15	20	7

注：以上均为5%的置信水平下的结果。其他的置信水平下的结果见参考文献[23]。

参 考 文 献

[1] ISO 2854 Statistical interpretation of data—Techniques of estimation and tests relating to means and variances

[2] ISO 2859 (all parts) Sampling procedures for inspection by attributes

[3] ISO 3534-1 Statistics—Vocabulary and symbols—Part 1: Probability and general statistical terms

[4] ISO 3534-2 Statistics—Vocabulary and symbols—Part 2:Statistical quality control

[5] ISO 3534-3 Statistics—Vocabulary and symbols—Part 3:Design of experiments

[6] ISO 3951 (all parts) Sampling procedures for inspection by variables

[7] ISO 3972 Sensory analysis—Methodology—Method of investigating sensitivity of taste

[8] ISO 4120 Sensory analysis—Methodology—Triangle test

[9] ISO 4121 Sensory analysis—Guidelines for the use of quantitative response scales

[10] ISO 5495 Sensory analysis—Methodology—Paired comparison test

[11] ISO 5497 Sensory analysis—Methodology—Guidelines for the preparation of sample for which direct sensory analysis is not feasible

[12] ISO 6564 Sensory analysis—Methodology—Flavor profile methods

[13] ISO 8586-1 Sensory analysis—General guidance for the selection, training and monitoring of assessors—Part 1:Selected assessors

[14] ISO 8586-2 Sensory analysis—General guidance for the selection, training and monitoring of assessors—Part 2:Experts

[15] ISO 8587 Sensory analysis—Methodology—Ranking

[16] ISO 8588 Sensory analysis—Methodology—"A"-"not A" test

[17] ISO 8589 Sensory analysis—General guidance for the design of test rooms

[18] ISO 10399 Sensory analysis—Methodology—Duo-trio test

[19] ISO 13299 Sensory analysis—Methodology—General guidance for establishing a sensory profile

[20] ISO 13300-1 Sensory analysis—General guidance for the staff of a sensory evaluation laboratory—Part 1:Staff responsibilities

[21] ISO 13300-2 Sensory analysis—General guidance for the staff of a sensory evaluation laboratory—Part 2:Recruitment and training of panel leaders

[22] ISO 16820 Sensory analysis—Methodology—Sequential analysis

[23] ROESSLER,PANGBORN,SIDEL,et al. Expanded statistical table for estimating significance in paired perfermance, paired-difference, duo-trio and triangle tests. J. Food Science, 1987 (43):940.

ICS 67.240
B 04

中华人民共和国国家标准

GB/T 10221—2012
代替 GB/T 10221—1998

感官分析 术语

Sensory analysis—Vocabulary

(ISO 5492:2008,MOD)

2012-06-29 发布　　2012-11-01 实施

中华人民共和国国家质量监督检验检疫总局
中国国家标准化管理委员会　发布

前　言

本标准依据 GB/T 1.1—2009 给出的规则起草。

本标准代替 GB/T 10221—1998《感官分析　术语》。

本标准与 GB/T 10221—1988 相比，主要变化如下：

——增加了部分术语和定义（见 2.10、2.11、2.16、2.27、2.38、2.39、3.10、3.11、3.18、3.20、3.21、3.22、3.23、3.34、4.9、4.11、4.14、4.15、4.16、4.17、4.30、4.36、4.46、4.52、4.53、4.56、4.58、4.60、4.61、4.63、4.64、4.66、5.12、5.15、5.23、5.24、5.25、5.26、5.27、5.29.1、5.29.2、5.30、5.31、5.32、5.43、5.46、5.47、5.48）；

——修改了部分术语和定义（见 2.1、2.2、2.5、2.8、2.9、2.13、2.15、2.21、2.24、2.28、2.30、2.31、2.32、2.33、2.35、2.36、3.4、3.8、3.9、3.12、3.16、3.17、3.19、3.24、3.25、3.26、3.27、4.2、4.3、4.4、4.5、4.6、4.7、4.8、4.12、4.13、4.19、4.21、4.23、4.24、4.25、4.27、4.31、4.34、4.35、4.37、4.38、4.39、4.40、4.41、4.44、4.45、4.50、4.51、4.54、4.55、4.57、4.59、4.62、4.67、5.3、5.4、5.6、5.7、5.9、5.10、5.16、5.19、5.22、5.29、5.37、5.38，1998 年版 2.1、2.2、2.5、2.7.1、2.8、2.10、2.29、5.5、2.15、2.18、2.20、2.22、2.23、2.25、2.26、2.27、2.4、3.12、3.4、3.9、3.10、3.22、3.13、3.29、3.30、3.31、4.22、4.2、4.5、4.8、4.10、4.12、4.14、4.49、4.50、4.19、4.18、4.20、4.33、4.39、4.41、4.43、4.44、4.45、4.46、4.47、4.40、4.51、4.54、4.55、4.58、4.59、4.60、4.61、4.62、4.63、4.30、4.32、5.13、5.14、5.16、5.17、5.20、5.23、5.6、5.10、5.26、5.27、5.32、5.33）；

——删除了部分术语和定义（见 1998 年版 2.7.2、2.14、3.6、3.18、3.19、3.21、3.28、4.3、4.4、4.6、4.7、4.9、4.23、4.24）。

本标准采用重新起草法修改采用 ISO 5492:2008《感官分析　术语》（英文版）。

本标准与 ISO 5492:2008 相比，本标准未对技术内容进行修改，只做了以下编辑性的修改：

——用“本标准”代替“本国际标准”；

——删除了国际标准前言，增加了国家标准前言；

——按照我国标准要求调整国家标准章节序号，将国际标准中“范围”、“1　一般性术语”、“2　与感觉有关的术语”、“3　与感官特性有关的术语”、“4　与分析方法有关的术语”，按照我国标准要求修改为“1　范围”、“2　一般性术语”、“3　与感觉有关的术语”、“4　与感官特性有关的术语”、“5　与分析方法有关的术语”。

本标准由中华人民共和国农业部提出并归口。

本标准起草单位：中国农业科学院农业质量标准与检测技术研究所、农业部农产品质量监督检验测试中心（郑州）。

本标准主要起草人：张玲、刘继红、钱永忠、王敏、张军锋、王建、刘进玺、毛雪飞。

本标准的历次版本发布情况为：

——GB/T 10221.1—1984、GB/T 10221—1998；

——GB/T 10221.2—1984、GB/T 10221—1998；

——GB/T 10221.3—1984、GB/T 10221—1998；

——GB/T 10221.4—1984、GB/T 10221—1998。

感官分析　术语

1　范围

本标准定义了感官分析术语。

本标准适用于所有使用感觉器官评价产品的行业。

2　一般性术语

2.1

感官分析　sensory analysis

用感觉器官检验产品感官特性的科学。

2.2

感官的　sensory

与使用感觉有关的，例如个人经验。

2.3

特性　attribute

可感知的特征。

2.4

感官特性的　organoleptic

与用感觉器官感知的特性（即产品的感官特性）有关的。

2.5

评价员　sensory assessor

参加感官分析的人员。

注 1：准评价员（naive assessor）是尚不符合特定准则的人员。

注 2：初级评价员（initiated assessor）是已参加过感官检验的人员。

2.6

优选评价员　selected assessor

挑选出的具有较强感官分析能力的评价员。

2.7

专家　expert

根据自己的知识或经验，在相关领域中有能力给出感官分析结论的评价员。在感官分析中，有两种类型的专家，即专家评价员和专业专家评价员。

2.8

专家评价员　expert sensory assessor

具有高度的感官敏感性、经过广泛的训练并具有丰富的感官分析方法经验，能够对所涉及领域内的各种产品作出一致的、可重复的感官评价的优选评价员。

2.9

评价小组　sensory panel

参加感官分析的评价员组成的小组。

2.10

小组培训　panel training

评价特定产品时，由评价小组完成的、且评价员定向参加的评价任务的系列培训活动，培训内容可能包括相关产品特性、标准评价标度、评价技术和术语。

2.11

小组一致性　panel consensus

评价员之间在评价产品特性术语和强度时形成的一致性。

2.12

消费者　consumer

产品使用者。

2.13

品尝员　taster

主要用嘴评价食品感官特性的评价员、优选评价员或专家。

注：常被术语“评价员(assessor)”代替。

2.14

品尝　tasting

在嘴中对食品进行的感官评价。

2.15

产品　product

可通过感官分析进行评价的可食用的或其他物质。例如：食品、化妆品、纺织品。

2.16

样品　sample

产品样品　sample of product

用于做评价的样品或一部分产品。

2.17

被检样品　test sample

被检验样品的一部分。

2.18

被检部分　test portion

直接提交评价员检验的那部分被检样品。

2.19

参照值　reference point

与被评价的样品对比的选择值(一个或几个特性值，或某产品的值)。

2.20

对照样品　control sample

选择用作参照值的被检样品。所有其他样品都与其作比较。

注：样品可以被确定为对照样品，也可以作为盲样。

2.21

参比样品　reference sample

认真挑选出来的，用于定义或阐明一个特性或一个给定特性的某一特定水平的刺激或物质。有时本身不是被检材料，所有其他样品都可与其作比较。

2.22

喜好的　hedonic

与喜欢或不喜欢有关的。

2.23

可接受性　acceptability

总体上或在特殊感官特性上对刺激喜爱或不喜爱的程度。

2.24

偏爱　preference

评价员依据喜好标准,从指定样品组中对一种刺激或产品作出的偏向性选择。

2.25

厌恶　aversion

由某种刺激引起的令人讨厌的感觉。

2.26

区别　discrimination

定性和(或)定量鉴别两种或多种刺激的行为。

2.27

区别能力　discriminating ability

感知定量和(或)定性的差异的敏感性、敏锐性和(或)能力。

2.28

食欲　appetite

食用和(或)饮用欲望所呈现的生理和心理状态。

2.29

开胃的　appetizing

描述产品能增进食欲。

2.30

可口性　palatability

令人喜爱食用或饮用的产品特性。

2.31

心理物理学　psychophysics

研究可测量刺激和相应感官反应之间关系的学科。

2.32

嗅觉测量　olfactometry

对评价员嗅觉刺激反应的测量。

注:针对评价员的嗅觉。

2.33

嗅觉测量仪　olfactometer

在可再现条件下向评价员提供嗅觉刺激的仪器。

2.34

气味测量　odorimetry

对物质气味特性的测量。

注:针对产品的气味。

2.35

气味物质　odorant

其挥发性成分能被嗅觉器官(包括神经)感知的物质。

2.36

质量　quality

反映产品、过程或服务能满足明确或隐含需要的特性总和。

2.37

质量要素　quality factor

从评价某产品整体质量的诸要素中所挑选的一个特性或特征。

2.38

态度　attitude

以特定的方式对一系列目标或观念的反应倾向。

2.39

咀嚼　mastication

用牙齿咬、磨碎和粉碎的动作。

3　与感觉有关的术语

3.1

感受器　receptor

能对某种刺激产生反应的感觉器官的特定部分。

3.2

刺激　stimulus

能激发感受器的因素。

3.3

知觉　perception

单一或多种感官刺激效应所形成的意识。

3.4

感觉　sensation

感官刺激引起的心理生理反应。

3.5

敏感性　sensitivity

用感觉器官感知、识别和(或)定性或定量区别一种或多种刺激的能力。

3.6

感官适应　sensory adaptation

由于受连续的和(或)重复刺激而使感觉器官的敏感性暂时改变。

3.7

感官疲劳　sensory fatigue

敏感性降低的感官适应状况。

3.8

(感觉)强度　intensity

感觉强度,感知到的感觉的大小。

3.9

(刺激)强度　intensity

刺激强度,引起可感知感觉的刺激的大小。

3.10

敏锐性　acuity

辨别刺激间细小差别的能力。

3.11

感觉道　modality;sensory modality

由任何一个感官系统介导形成的感觉。如听觉道、味觉道、嗅觉道、触觉道、体觉道或视觉道等。

3.12

味道　taste

在某可溶物质刺激下,味觉器官感知的感觉。

注1:该术语不用于以“风味”表示的味感、嗅感和三叉神经感的复合感觉。

注2:如果该术语被非正式地用于这种含义,它总是与某种修饰词连用。例如发霉的味道、覆盆子的味道、软木塞的味道等。

3.13

味觉的　gustatory

与味觉官能有关的。

3.14

嗅觉的　olfactory

与气味感觉有关的。

3.15

嗅　smell

感受或试图感受某种气味。

3.16

触觉　touch

触觉的官能。

3.17

视觉　vision

视觉的官能。

3.18

听觉的　auditory

与听觉官能有关的。

3.19

三叉神经感　trigeminal sensations

口鼻物质刺感　oro-nasal chemesthesis

化学刺激在口、鼻或咽喉中引起的刺激性感觉。例如:山葵引起的刺激性感觉。

3.20

皮肤触感　cutaneous sense

触觉的　tactile

由皮肤内或皮下(或粘膜内)感受器引起的任一感觉。如接触感、压力感、热感、冷感和痛感。

3.21

化学温度觉　chemothermal sensation

由特定物质引起的冷、热感觉,与该特定物质的温度无关。例如:对辣椒素产生的热感觉,对薄荷醇产生的冷感觉。

3.22

体觉　somesthesis

由位于皮肤、嘴唇、口腔粘膜、舌头、牙周膜内的感受器感知到的压力感(由接触引起的)、温感和痛感。

注:不要和动觉混淆。

3.23

触觉体觉感受器　tactile somesthetic receptor

位于舌头、口腔或咽喉皮肤内,可感知食品外观几何特性的感受器。

3.24

动觉　kinaesthesis

由位于肌肉、肌腱和关节中的神经和器官感知的身体某部位的方位感、动作感及张力感。

注:不要和体觉混淆。

3.25

刺激阈　stimulus threshold

觉察阈　detection threshold

引起感觉所需要的感官刺激的最小值。

注:不需要对感觉加以识别。

3.26

识别阈　recognition threshold

刺激的最小物理强度,该刺激每次提供时评价员可给出相同的描述词。

3.27

差别阈　difference threshold

可感知到的刺激物理强度差别的最小值。

注:差别阈有时可用字母"DL"(差别阈限,difference limen)或"JND"(恰可识别差,just noticeable difference)来表示。

3.28

极限阈　terminal threshold

一种强烈感官刺激的最小值,超过此值就不能感知刺激强度的差别。

3.29

阈下的　sub-threshold

低于所指阈的刺激强度。

3.30

阈上的　supra-threshold

超过所指阈的刺激强度。

3.31

味觉缺失　ageusia

对味道刺激缺乏敏感性。

注:味觉缺失可能是全部的或部分的、永久的或暂时的。

3.32

嗅觉缺失　anosmia

对嗅觉刺激缺乏敏感性。

注:嗅觉缺失可能是全部的或部分的、永久的或暂时的。

3.33

色觉障碍　dyschromatopsia

与标准观察者比较有显著差异的颜色视觉缺陷。

3.34

色盲　colour blindness

区分特定色彩的能力完全或部分缺失。

3.35

拮抗效应　antagonism

两种或多种刺激的联合作用。它导致感觉水平低于预期的各自刺激效应的叠加。

3.36

协同效应　synergism

两种或多种刺激的联合作用。它导致感觉水平超过预期的各自刺激效应的叠加。

3.37

掩蔽　masking

混合特性中一种特性掩盖另一种或几种特性的现象。

3.38

对比效应　contrast effect

提高了对两个同时或连续刺激的差别的反应。

3.39

收敛效应　convergence effect

降低了对两个同时或连续刺激的差别的反应。

4　与感官特性有关的术语

4.1

外观　appearance

物质或物体的所有可见特性。

4.2

基本味道　basic taste

独特味道的任何一种：酸味/复合酸味、苦味、咸味、甜味、鲜味、其他基本味道(包括碱味和金属味)。

4.3

酸味　acidity;acid taste

由某些酸性物质(例如柠檬酸、酒石酸等)的稀水溶液产生的一种基本味道。

4.4

复合酸味　sourness;sour taste

由于有机酸的存在而产生的味觉的复合感觉。

注1：某些语言中，复合酸味与酸味不是同义词。

注2：有时复合酸味含有不好的感觉。

4.5

苦味　bitterness;bitter taste

由某些物质(例如奎宁、咖啡因等)的稀水溶液产生的一种基本味道。

4.6

咸味　saltiness;salty taste

由某些物质(例如氯化钠)的稀水溶液产生的一种基本味道。

4.7

甜味　sweetness;sweet taste

由天然或人造物质(例如蔗糖或阿斯巴甜)的稀水溶液产生的一种基本味道。

4.8

碱味　alkalinity;alkaline taste

由pH>7.0的碱性物质(如氢氧化钠)的稀水溶液产生的味道。

4.9

鲜味 umami

由特定种类的氨基酸或核苷酸(如谷氨酸钠、肌苷酸二钠)的水溶液产生的基本味道。

4.10

涩味 astringency

涩味的 astringent

由某些物质(例如柿单宁、黑刺李单宁)产生的使口腔皮层或粘膜表面收缩、拉紧或起皱的一种复合感觉。

4.11

化学效应 chemical effect

与某物质(如苏打水)接触,舌头上产生的刺痛样化学感觉。

注1:该感觉可能缓慢消失,且与该物质的温度、味道和气味无关。

注2:常用术语:苦涩的(浓茶)astringent、灼热的(威士忌酒)burning、尖刺的(李子汁)sharp、刺激性的(山葵)pungent。

4.12

灼热的 burning

温暖的 warming

描述口腔中的热感觉。例如乙醇产生温暖感觉、辣椒产生灼热感觉。

4.13

刺激性 pungency

刺激性的 pungent

醋、芥末、山葵等刺激口腔和鼻粘膜并引起的强烈感觉。

4.14

化学冷感 chemical cooling

由某些物质(如薄荷醇、薄荷、茴香)引起的降温感觉。

注:刺激撤销后,该感觉通常会持续片刻。

4.15

物理冷感 physical cooling

由低温物质或溶解时吸热物质(如山梨醇)或易挥发物质(如丙酮、乙醇)引起的降温感觉。

注:该感觉仅存在于与刺激直接接触时。

4.16

化学热感 chemical heat

由诸如辣椒素、辣椒等物质引起的升温感觉。

注:刺激撤销后,该感觉通常会持续片刻。

4.17

物理热感 physical heat

接触高温物质(如温度高于48 ℃的水)时引起的升温感觉。

注:该感觉仅存在于与刺激直接接触时。

4.18

气味 odour

嗅某些挥发性物质时,嗅觉器官所感受到的感官特性。

4.19

异常气味 off-odour

通常与产品腐败变质或转化作用有关的一种非正常气味。

4.20

风味　flavour

品尝过程中感知到的嗅感、味感和三叉神经感的复合感觉。

注：它可能受触觉、温度、痛觉和(或)动觉效应的影响。

4.21

异常风味　off-flavour

通常与产品的腐败变质或转化作用有关的一种非正常风味。

4.22

风味增强剂　flavour enhancer

一种能使某种产品的风味增强而本身又不具有这种风味的物质。

4.23

玷染　taint

与该产品无关，由外部污染产生的气味或味道。

4.24

芳香　aroma

(英语或非正式法语)一种带有愉快或不愉快内涵的气味。

4.25

芳香　aroma

(法语)品尝时鼻子后部的嗅觉器官感知的感官特性。

4.26

酒香　bouquet

用以刻划产品(葡萄酒、烈性酒等)的特殊嗅觉特征群。

4.27

主体　body

产品的稠度、质地的致密性、丰满度、浓郁度、风味或构造。

4.28

特征　note

可区别和可识别的气味或风味特色。

4.29

异常特征　off-note

通常与产品的腐败变质或转化作用有关的一种非正常特征。

4.30

个性特征　character note

食品中可感知的感官特性，即风味和质地(包括机械、几何、脂肪和水分等质地特性)。

4.31

色感　colour

由不同波长的光线对视网膜的刺激而产生的色泽、章度、明度等感觉。

4.32

颜色　colour

能引起颜色感觉的产品特性。

4.33

色泽　hue

与波长的变化相应的颜色特性。

注：相对应的孟塞尔术语为“色调”。

4.34

章度 saturation

表明颜色纯度的色度学尺度。

注 1：章度高时呈现出的颜色为单一色泽，没有灰色；章度低时呈现出的颜色包含大量灰色。

注 2：相对应的孟塞尔术语为“色度”。

4.35

明度 lightness

与一种从纯黑到纯白的序列标度中的中灰色相比较得到的视觉亮度。

注：相对应的孟塞尔术语为“明度(value)”。

4.36

对比度 brightness contrast

周围物体或颜色的亮度对某个物体或颜色的视觉亮度的影响。

4.37

透明度 transparency

透明的 transparent

可使光线通过并出现清晰映像。

4.38

半透明度 translucency

半透明的 translucent

可使光线通过但无法辨别出映像。

4.39

不透明度 opacity

不透明的 opaque

不能使光线通过。

4.40

光泽度 gloss

有光泽的 glossy；shiny

表面在某一角度反射出光能最强时呈现的一种发光特性。

4.41

质地 texture

在口中从咬第一口到完成吞咽的过程中，由动觉和体觉感应器，以及在适当条件下视觉及听觉感受器感知到的所有机械的、几何的、表面的和主体的产品特性。

注 1：整个咀嚼过程中，物质与牙齿、腭接触以及与唾液混合时，形体变化影响感知能力。

听觉信息有助于对产品尤其是干制产品的质地进行判断。

注 2：机械特性与对产品压迫产生的反应(硬性、粘聚性、粘性、弹性、粘附性)有关。

几何特性与产品大小、形状及产品中微粒排列(密度、粒度和构造)有关。

表面特性与在口中产品表皮内或表皮周围水分和(或)脂肪含量引起的感觉有关。

主体特性与在口中产品构造中的水分和(或)脂肪含量，以及它们释放方式引起的感觉有关。

4.42

硬性 hardness

与使产品达到变形、穿透或碎裂所需力有关的机械质地特性。

注 1：在口中，它是通过牙齿间(固体)或舌头与上腭间(半固体)对产品的压迫而感知的。

注 2：与不同程度硬性相关的主要形容词有：

——柔软的 soft(低度)，例如奶油乳酪；

——结实的　firm(中度),例如橄榄;

——硬的　hard(高度),例如硬糖块。

4.43

粘聚性　cohesiveness

与物质断裂前的变形程度有关的机械质地特性。它包括碎裂性(4.44)、咀嚼性(4.45)和胶粘性(4.47)。

4.44

碎裂性　fracturability

与粘聚性、硬性和粉碎产品所需力量有关的机械质地特性。

注1:可通过在门齿间(前门牙)或手指间的快速挤压来评价。

注2:与不同程度碎裂性相关的主要形容词有:

——粘聚性的　cohesive(超低度),例如焦糖(太妃糖)、口香糖;

——易碎的　crumbly(低度),例如玉米脆皮松饼蛋糕;

——易裂的　crunchy(中度),例如苹果、生胡萝卜;

——脆的　brittle(高度),例如松脆花生薄片糖、带白兰地酒味的薄脆饼;

——松脆的　crispy(高度),例如炸马铃薯片、玉米片;

——有硬壳的　crusty(高度),例如新鲜法式面包的外皮;

——粉碎的　pulverulent(超高度),一咬立即碎成粉末,例如烹煮过度的鸡蛋黄。

4.45

咀嚼性　chewiness

与咀嚼固体产品至可被吞咽所需的能量有关的机械质地特性。

注:与不同程度咀嚼性相关的主要形容词有:

——融化的　melting(超低度),例如冰淇淋;

——嫩的　tender(低度),例如嫩豌豆;

——有咬劲的　chewy(中度),例如果汁软糖(糖果类);

——坚韧的　tough(高度),例如老牛肉、腊肉皮。

4.46

咀嚼次数　chew count

产品被咀嚼至可被吞咽稠度所需要的咀嚼次数。

4.47

胶粘性　gumminess

与柔软产品的粘聚性有关的机械质地特性。

注1:它与在嘴中将产品磨碎至易吞咽状态所需的力量有关。

注2:与不同程度胶粘性相关的主要形容词有:

——松脆的　short(低度),例如脆饼;

——粉质的、粉状的　mealy(中度),例如某种马铃薯、炒干的扁豆;

——糊状的　pasty(中度),例如栗子泥、面糊;

——胶粘的　gummy(高度),例如煮过火的燕麦片、食用明胶。

4.48

粘性　viscosity

与抗流动性有关的机械质地特性。

注1:它与将勺中液体吸到舌头上或将它展开所需力量有关。

注2:与不同程度粘性相关的形容词主要有:

——流动的　fluid(低度),例如水;

——稀薄的　thin(中度),例如橄榄油;

——滑腻的 unctuous/creamy(中度),例如二次分离的稀奶油、浓缩奶油;

——粘的 thick/viscous(超高度),例如甜炼乳、蜂蜜。

4.49

稠度 consistency

由刺激触觉或视觉感受器而觉察到的机械特性。

4.50

弹性 elasticity;springiness;resilience

与变形恢复速度有关的机械质地特性,以及与解除形变压力后变形物质恢复原状的程度有关的机械质地特性。

注:与不同程度弹性相关的主要形容词有:

——可塑的 plastic(无弹性),例如人造奶油;

——韧性的 malleable(中度),例如棉花糖;

——弹性的 elastic;springy;rubbery(高度),例如熟鱿鱼、蛤肉、口香糖。

4.51

粘附性 adhesiveness

与移动附着在嘴里或粘附于物质上的材料所需力量有关的机械质地特性。

注1:与不同程度粘附性相关的主要形容词有:

——发粘的 tacky(低度),例如棉花糖;

——有粘性的 clinging(中度),例如花生酱;

——粘的;胶质的 gooey;gluey(高度),例如焦糖水果冰淇淋的食品装饰料、煮熟的糯米;

——粘附性的 sticky;adhesive(超高度),例如太妃糖。

注2:样品的粘附性可能有多种体验途径:

——腭:样品在舌头和腭之间充分挤压后,用舌头将产品从腭上完全移走需要的力量;

——嘴唇:产品在嘴唇上的粘附程度——样品放在双唇之间,轻轻挤压后移开,用于评价粘附度;

——牙齿:产品被咀嚼后,粘附在牙齿上的产品量;

——产品:产品放置于嘴中,用舌头将产品分成小片需要的力量;

——手工:用匙状物的背部将粘在一起的样品分成小片需要的力量。

4.52

重 heaviness

重的 heavy

与饮料粘度或固体产品紧密度有关的特性。

注:描述截面结构紧密的固体食品或流动有一定困难的饮料。

4.53

紧密度 denseness

产品完全咬穿后感知到的,与产品截面结构紧密性有关的几何质地特性。

注:与不同程度的紧密度相关的形容词有:

——轻的 light(低度),例如鲜奶油;

——重的 heavy;稠密的 dense(高度),例如栗子泥、传统英式圣诞布丁。

4.54

粒度 granularity

与感知到的产品中粒子的大小、形状和数量有关的几何质地特性。

注:与不同程度粒度相关的主要形容词有:

——平滑的 smooth;粉末的 powdery(无粒度),例如冰糖粉、栗粉;

——细粒的 gritty(低度),例如某种梨;

——颗粒的 grainy(中度),例如粗粒面粉;

——珠状的　beady(有小球状颗粒),例如木薯布丁;
——颗粒状的　granular(有多角形的硬颗粒),例如德麦拉拉蔗糖;
——粗粒的　coarse(高度),例如煮熟的燕麦粥;
——块状的　lumpy(高度,含有大的不规则状颗粒),例如白干酪。

4.55

构型　conformation

与感知到的产品中粒子形状和排列有关的几何质地特性。

注:与不同程度构型相关的主要形容词有:
——囊包状的　cellular:薄壁结构被液体或气体围绕的球形或卵形粒子,例如橙子;
——结晶状的　crystalline:大小相似、结构对称、立体状的多角形粒子,例如砂糖;
——纤维状的　fibrous:沿同一方向排列的长粒子或线状粒子,例如芹菜;
——薄片状　flaky:松软而易于分离的层状结构,例如熟金枪鱼、新月形面包、片状糕点;
——蓬松的　puffy:外壳坚硬,内部充满大而不规则的气腔,例如奶油泡芙(松饼)、爆米花。

4.56

水感　moisture

口中的触觉接收器对食品中水含量的感觉,也与食品自身的润滑特性有关。

注:不仅反映感知到的产品水分总量,还反映水分释放或吸收的类型、速率和方式。

4.57

水分　moisture

描述感知到的产品吸收或释放水分的表面质地特性。

注:与不同程度水分相关的主要形容词有:
表面特性:
——干的　dry(不含水分),例如奶油硬饼干;
——潮湿的　moist(中度),例如去皮苹果;
——湿的　wet(高度),例如荸荠、牡蛎。
主体特性:
——干的　dry(不含水分),例如奶油硬饼干;
——潮湿的　moist(中度),例如苹果;
——多汁的　juicy(高度),例如橙子;
——多水的　succulent(高度),例如生肉;
——水感的　watery(像水一样的感觉),例如西瓜。

4.58

干　dryness

干的　dry

描述感知到产品吸收水分的质地特性。例如奶油硬饼干。

注:舌头和咽喉感觉到干的一种饮品,例如红莓汁。

4.59

脂质　fattiness

与感知到的产品脂肪数量或质量有关的表面质地特性。

注:与不同程度脂质相关的主要形容词有:
——油性的　oily:浸出和流动脂肪的感觉,例如法式调味色拉;
——油腻的　greasy:渗出脂肪的感觉,例如腊肉、炸薯条、炸薯片;
——多脂的　fatty:产品中脂肪含量高,油腻的感觉,例如猪油、牛脂。

4.60

充气　aeration

充气的　aerated

描述含有小而规则小孔的固体、半固体产品。小孔中充满气体(通常为二氧化碳或空气),且通常为软孔壁所包裹。

注 1：见 4.61。

注 2：产品可被描述为起泡的或泡沫样的(细胞壁为流动的，例如奶昔)，或多孔的(细胞壁为固态)，例如棉花糖、蛋白酥皮筒、巧克力慕思、有馅料的柠檬饼、三明治面包。

4.61

起泡　effervescence

起泡的　effervescent

液体产品中，因化学反应产生气体，或压力降低释放气体导致气泡形成。

注 1：见 4.60。

注 2：气泡或气泡形成是作为质地特性被感知，但高度的起泡可通过视觉和听觉感知。

对起泡的程度描述如下：

——静止的　still：无气泡，例如自来水；

——平的　flat：比预期起泡程度低的，例如打开很久的瓶装啤酒；

——刺痛的　tingly：主要作为质地特性，在口中被感知；

——多泡的　bubbly：有肉眼可见的气泡；

——沸腾的　fizzy：有剧烈的气泡，并伴随有嘶嘶声。

4.62

口感　mouthfeel

刺激的物理和化学特性在口中产生的混合感觉。

注：评价员将物理感觉(例如密度、粘度、粒度)定为质地特性，化学感觉(如涩度、致冷性)定为风味特性。

4.63

清洁感　clean feel

清洁的　clean

吞咽后口腔无产品滞留的后感特性(见 4.51 粘附性)。例如水。

4.64

腭清洁剂　palate cleanser

清洁用的　cleansing

用于除去口中残留物的产品。例如：水，奶油苏打饼干。

4.65

后味　after-taste

余味　residual taste

在产品消失后产生的嗅觉和(或)味觉。有别于产品在嘴里时的感觉。

4.66

后感　after-feel

质地刺激移走后，伴随而来的感受。此感受可能是最初感受的延续，或是经过吞咽、唾液消化、稀释以及其他能影响刺激物质或感觉域的阶段后所感受到的不同特性。

4.67

滞留度　persistence

刺激引起的响应滞留于整个测量时间内的程度。

4.68

乏味的　insipid

描述一种风味远不及期望水平的产品。

4.69

平味的　bland

描述风味不浓且无特色的产品。

4.70

中味的　neutral

描述无任何明显特色的产品。

4.71

平淡的　flat

描述对产品的感觉低于所期望的感官水平。

5　与分析方法有关的术语

5.1

客观方法　objective method

受个人意见影响最小的方法。

5.2

主观方法　subjective method

考虑到个人意见的方法。

5.3

分等　grading

为将产品按质量归类，根据标度估计产品质量的方法。例如：排序(ranking)、分类(classification)、评价(rating)和评分(scoring)。

5.4

排序　ranking

同时呈送系列(两个或多个)样品，并按指定特性的强度或程度进行排列的分类方法。

5.5

分类　classification

将样品划归到不同类别的方法。

5.6

评价　rating

用顺序标度测量方法，按照分类方法中的一种记录每一感觉的量值。

5.7

评分　scoring

用与产品或产品特性有数学关联的指定数字评价产品或产品特性。

5.8

筛选　screening

初步的选择过程。

5.9

匹配　matching

确认刺激间相同或相关的试验过程，通常用于确定对照样品和未知样品间或未知样品间的相似程度。

5.10

量值估计　magnitude estimation

用所定数值的比率等同于所对应的感知的数值比率的方法，对特性强度定值的过程。

5.11

独立评价　independent assessment

在没有直接比较的情况下，评价一种或多种刺激。

5.12

绝对判断　absolute judgement

未直接比较即给出对刺激的评价，例如产品单一外观。

5.13

比较评价　comparative assessment

对同时提供的刺激的比较。

5.14

稀释法　dilution method

制备逐渐降低浓度的样品，并顺序检验的方法。

5.15

心理物理学方法　psychophysical method

为可测量物理刺激和感官响应建立联系的程序。

5.16

差别检验　discrimination test

对样品进行比较，以确定样品间差异是否可感知的检验方法。例如：三点检验(5.18)、二-三点检验(5.19)、成对比较检验(5.17)。

5.17

成对比较检验　paired comparison test

提供成对样品，按照给定标准进行比较的一种差别检验。

5.18

三点检验　triangle test

差别检验的一种方法。同时提供三个已编码的样品，其中有两个样品是相同的，要求评价员挑出其中不同的单个样品。

5.19

二-三点检验　duo-trio test

差别检验的一种方法。同时提供三个样品，其中一个已标明为对照样品，要求评价员识别哪一个样品与对照样品相同，或哪一个样品与对照样品不同。

5.20

“五中取二”检验　“two-out-of-five” test

差别检验的一种方法。五个已编码的样品，其中有两个是一种类型，其余三个是另一种类型，要求评价员将这些样品按类型分成两组。

5.21

“A”-“非 A”检验　“A” or “not A” test

差别检验的一种方法。当评价员学会识别样品“A”以后，将一系列可能是“A”或“非 A”的样品提供给他们，要求评价员指出每一个样品是“A”还是“非 A”。

5.22

描述分析　descriptive analysis

由经过培训的评价小组对刺激引起的感官特性进行描述和定量的方法。

5.23

定性的感官剖面　qualitative sensory profile

对样品感官特性的描述，不包含强度值。

5.24

定量的感官剖面　quantitative sensory profile

对样品特性及其强度的描述。

5.25

感官剖面　sensory profile

对样品感官特性的描述，包括按顺序感知的特性以及确定的特性强度值。

注：任何一种剖面的通用术语，无论剖面是全面的或部分的、标记的或非标记的。

5.26

自选感官剖面　free choice sensory profile

每一评价员独立为一组产品选择的特性组成的感官剖面。

注：一致性样品感官剖面经由统计得到。

5.27

质地剖面 texture profile

样品质地的定性或定量感官剖面。

5.28

偏爱检验　preference test

两种或多种样品间更偏爱哪一种的检验方法。

5.29

标度　scale

适用于响应标度或测量标度的术语。

5.29.1

响应标度　response scale

评价员记录量化响应的方法，如数字、文字或图形。

注1：在感官分析中，响应标度是一种装置或工具，用于表达评价员对可转换为数字的特性的响应。

注2：作为响应标度的等价形式，术语"标度"更常用。

5.29.2

测量标度　measurement scale

特性(如感官感知强度)和用于代表特性量值的数字(如评价员记录的或由评价员响应导出的数字)之间的有效联系(如顺序、等距和比率)。

注：作为测量标度的等价形式，术语"标度"更常用。

5.30

强度标度　intensity scale

指示感知强度的一种标度。

5.31

态度标度　attitude scale

指示态度和观点的一种标度。

5.32

对照标度　reference scale

用对照样品确定特性或给定特性的特定强度的一种标度。

5.33

喜好标度　hedonic scale

表达喜欢或不喜欢程度的一种标度。

5.34

双极标度　bipolar scale

两端有相反描述的一种标度。例如一种从硬的到软的质地标度。

5.35

单极标度　unipolar scale

只有一端有描述词的标度。

5.36

顺序标度　ordinal scale

按照被评价特性的感知强度顺序排列量值顺序的一种标度。

5.37

等距标度　interval scale

不仅有顺序标度的特征,还明显有量值间相同差异等价于被测量特性间(感官分析中指感知强度)相同差异的特征的一种标度。

5.38

比率标度　ratio scale

不仅有等距标度的特征,还有刺激量值间比率等价于刺激感知强度间比率的特征的一种标度。

5.39

(评价的)误差　error(of assessment)

观察值(或评价值)与真值之间的差别。

5.40

随机误差　random error

感官分析中不可预测的误差,其平均值趋向于零。

5.41

偏差　bias

感官分析中正负系统误差。

5.42

预期偏差　expectation bias

由于评价员的先入之见造成的偏差。

5.43

光圈效应　halo effect

关联效应的特殊事件。同一时间内,在某一特性上对刺激的喜好和不喜好的评价影响在其他特性上对该刺激的喜好和不喜好的评价。

5.44

真值　true value

感官分析中想要估计的某特定值。

5.45

标准光照度　standard illuminant

国际照明委员会(CIE)定义的自然光或人造光范围内的有色光照度。

5.46

参比点　anchor point

对样品进行评价的参照值。

注:见参照值(2.19)。

5.47

评分值　score

描述刺激性物质在可能特性强度范围内的特定位点的数值。

注:给食品评分就是按照标度或按照有明确数字含义的标准评价食品特性。

5.48

评分表　score sheet

评分卡　score card

计分票。

索　引

汉语拼音索引

A

B

C

D

E

F

G

H

J

K

L

M

N

P

T

W

X

Y

Z

英文对应词索引

A

B

C

D

E

F

G

H

I

S

T

U

V

W